国家出版基金项目
NATIONAL PUBLICATION FOUNDATION

"十四五"国家重点出版物出版规划项目

砂砾岩强非均质稠油油藏开采机理及
提高采收率基础研究丛书

丛书主编　孙新革

卷　二

砂砾岩强非均质稠油油藏蒸汽辅助重力泄油技术

Steam Assisted Gravity Drainage Technology of Glutenite Strong Heterogeneous Heavy Oil Reservoir

孙新革　马德胜　李秀峦　张胜飞
罗池辉　赵长虹　吴永彬　著

中国石油大学出版社
CHINA UNIVERSITY OF PETROLEUM PRESS
山东·青岛

图书在版编目(CIP)数据

砂砾岩强非均质稠油油藏蒸汽辅助重力泄油技术/孙新革等著. -- 青岛:中国石油大学出版社,2023.12

(砂砾岩强非均质稠油油藏开采机理及提高采收率基础研究丛书;卷二)

ISBN 978-7-5636-7692-7

Ⅰ.①砂… Ⅱ.①孙… Ⅲ.①砾岩-稠油开采-注蒸汽-重力泄油 Ⅳ.①TE345

中国国家版本馆 CIP 数据核字(2023)第 250086 号

书　　名: 砂砾岩强非均质稠油油藏蒸汽辅助重力泄油技术
SHALIYAN QIANGFEIJUNZHI CHOUYOU YOUCANG ZHENGQI FUZHU ZHONGLI XIEYOU JISHU

著　　者: 孙新革　马德胜　李秀峦　张胜飞　罗池辉　赵长虹　吴永彬

策划统筹: 李　锋(电话　0532-86983571)

责任编辑: 穆丽娜(电话　0532-86981531)

责任校对: 隋　芳(电话　0532-86983568)

封面设计: 王凌波

出 版 者: 中国石油大学出版社
(地址:山东省青岛市黄岛区长江西路 66 号　邮编:266580)

网　　址: http://cbs.upc.edu.cn

电子邮箱: shiyoujiaoyu@126.com

印 刷 者: 山东临沂新华印刷物流集团有限责任公司

排 版 者: 青岛友一广告传媒有限公司

发 行 者: 中国石油大学出版社(电话　0532-86983440)

开　　本: 787 mm×1 092 mm　1/16

印　　张: 19.25

字　　数: 498 千字

版 印 次: 2023 年 12 月第 1 版　2023 年 12 月第 1 次印刷

书　　号: ISBN 978-7-5636-7692-7

印　　数: 1-1 000 册

定　　价: 136.00 元

序一

新疆准噶尔西北缘浅层稠油发现于20世纪50年代，探明地质储量5.8×10^8 t，油藏具有埋藏浅、储层疏松、原油以“半固-固态”赋存的特点，油品属优质环烷基原油，是国家重大工程和国防尖端装备急需产品的稀缺战略资源。在当时的技术条件下，此类“浅、薄、稠、松、小”的油藏无有效开发手段。为此，新疆油田科技工作者开展了历时半个多世纪的艰难求索，从20世纪60年代在黑油山浅层稠油开展火烧油层矿场试验探索，到80年代普通稠油注蒸汽吞吐试验成功，拉开了准噶尔盆地浅层稠油工业化开发的序幕。到1996年，准噶尔盆地稠油年产量达到200×10^4 t，初步满足了国内对环烷基油品的需求。

进入21世纪以来，面对稠油吞吐老区持续稳产、超稠油效益开发以及注蒸汽尾矿大幅度提高采收率等稠油开发领域的世界级难题，在几代稠油科研工作者的共同努力下，特别是在孙新革带领的稠油开发科研团队的不懈钻研下，先后开展了一系列技术攻关和先导试验，包括在克拉玛依油田九区部署的特稠油蒸汽驱试验、在风城油田部署的超稠油SAGD试验、在红山嘴油田砂砾岩特稠油油藏注蒸汽后部署的火驱试验陆续取得突破，创新形成了以多介质复合蒸汽驱、多井型SAGD、高温火驱为代表的新一代浅层稠油开发系列关键技术，推动了稠油产量不断跨越新的高峰，2014年年产量突破500×10^4 t，之后保持年产量在400×10^4 t以上稳产至今，为国家重大工程建设、国防重器铸造、新疆地区国民经济发展和社会稳定做出了巨大贡献。准噶尔盆地稠油资源丰富，形成的稠油开发提高采收率技术系列将有力支撑新疆油田稠油长期稳产。

新疆油田通过梳理多年来浅层稠油开发取得的成果和经验，凝练形成了“砂砾岩强非均质稠油油藏开采机理及提高采收率基础研究丛书”。该丛书汇聚了几代石油科技工作者的成果与智慧，形成的创新成果和技术装备可以为从事稠油开发的科技工作者提供重要借鉴和示范。该丛书的出版将为我国稠油的高效开发和科技进步做出重要贡献。

中国工程院院士

2023 年 11 月

序二

环烷基原油属稀缺资源，其储量仅占全球原油总储量的2.2%。目前，世界上只有美国、委内瑞拉和中国拥有环烷基原油资源。新疆浅层稠油是我国唯一的环烷烃含量高达69.7%的优质环烷基原油，资源总量超过10×10^8 t，占我国环烷基原油资源总量的70%，是生产火箭煤油、冷冻机油等国防用高端特种油品的稀缺原材料，其规模效益开发对保障我国国防尖端装备建设和新疆地区稳定发展具有重大的战略意义。

新疆浅层稠油油藏以陆相近源辫状河沉积为主，岩性混杂多样，孔隙结构复杂，储层物性复杂，非均质性极强，具有温度低、压力低、孔渗低、流度低、产量低、采收率低的特点，其渗透率仅为国外海相稠油油藏的1/4。与我国东部中深层稠油相比，新疆浅层稠油的黏度更高，且地层温度低，地层压力低，原油黏温反应不敏感，储层的复杂性、流体的特殊性国内外罕见，其规模效益开发技术难度非常大，是公认的世界级难题。

为破解上述难题，从1996年开始，新疆油田联合30余家科研院校，依托多个国家、中石油集团公司级项目，建立了14个稠油开发先导试验区，持续开展了20余年技术攻关，突破了多渗流屏障超稠油SAGD开发、多相协同注蒸汽提高采收率、注蒸汽尾矿高温火驱以及注蒸汽开发绿色节能增效四大核心技术，形成了新一代稠油、超稠油开发技术系列，使原油产量显著增加，并已连续稳产12年，累计为国家生产优质环烷基稠油1×10^8 t以上，支撑了国内高端特种油品原材料的持续有效供给。这些业绩的取得是石油科技工作者“把能源的饭碗牢牢端在自己手里”的具体实践，也是能源行业走自主创新、高质量发展之路的有力践行。

“砂砾岩强非均质稠油油藏开采机理及提高采收率基础研究丛书”是对陆相强非均质稠油、超稠油开发机理、技术、工艺和装备的系统梳理与总结，相信该丛书的出版将对推动稠油开发技术的进步发挥重要作用。

中国工程院院士

2023年11月

丛书前言

能源是国民经济发展的命脉，石油天然气是当今社会发展最重要的能源之一。习近平总书记高度重视石油工业的发展，2021 年 10 月 21 日，他在考察调研胜利油田时强调："石油能源建设对我们国家意义重大，中国作为制造业大国，要发展实体经济，能源的饭碗必须端在自己手里。"为保障国家能源安全，广大石油战线科研人员持续推进技术进步，近年来非常规油气资源开发迅速扩大，开发理论、技术与装备取得大的突破，石油工业进入新阶段。

稠油、致密油、煤层气、页岩气和天然气水合物并称为五大非常规油气资源，是公认的 21 世纪最具前景和最为现实的接替资源。其中，稠油探明储量约为 8 150×10^8 t，占全球石油剩余储量的 70%，但优质环烷基稠油仅占全球资源量的 0.15%。环烷基稠油是炼制火箭煤油、军用柴油、高等级变压器油、耐极寒机油等的最优质原材料，是国防军工和国家重大工程建设不可替代的资源，被誉为石油中的"稀土"。随着国民经济的快速发展、世界政治格局的变化，航空航天、尖端装备、极地科考等重大领域对高端特种油品需求的迅猛增加，优质环烷基稠油规模保供意义重大！

我国优质环烷基稠油主要分布在新疆准噶尔盆地西北缘，三级储量超过 10×10^8 t，原油中沥青质含量(1.1%)低，环烷烃含量高达 69.7%，在世界上极为罕见。新疆准噶尔盆地西北缘稠油资源，从红山嘴油田到风城油田，绵延 150 km，多为砂砾岩强非均质稠油油藏，以陆相近源辫状河沉积为主，岩性混杂多样，孔隙结构复杂，储层物性差，非均质性极强，具有温度低、压力低、孔渗低、流度低、产量低、采收率低的"六低"特点。随着开发的不断深入，开发对象日趋复杂，开发难度日益加大，开发理论、技术不相适应，急需发展新一代砂砾岩强非均质稠油油藏开发理论、技术与先进装备，大幅提高优质环烷基稠油产量及采收率，满足国家重大工程需要。

自 1996 年起，新疆油田依托国家、中石油集团公司 18 个重大科技专项，建立 14 个稠油开发先导试验区，持续开展技术攻关 20 余年，攻克了一批瓶颈技术，形成了砂砾岩强非均质稠油油藏多相协同蒸汽驱、蒸汽辅助重力泄油、火烧驱油三大技术系列及配套工程技术体系，2006 年年产量突破 400×10^4 t，并连续稳产 12 年，新增可采储量 2×10^8 t，奠定了再稳产 20 年以上的理论、技术支撑和物质基础，建成了国内规模最大的强非均质稠油油藏蒸汽驱、蒸汽辅助重力泄油及火烧驱油开发基地，开发技术整体达到了国际领先水平，技术、装备全面实现自主化。总体来看，主要取得以下 4 个方面的重大进展：

(1) 发展气-汽-液-固多相协同耦合驱油理论与方法，揭示砂砾岩强非均质稠油油藏多重孔隙结构储层蒸汽窜流机制和扩大热波及机理，发明低成本耐高温颗粒封堵汽窜通道体系，形成多相协同自适应扩大蒸汽热波及体积技术，工业化应用提高采收率 35 个百分点；

(2) 创新砂砾岩强非均质稠油油藏多渗流屏障双水平井蒸汽辅助重力泄油理论与方法，发明井网优化、升级扩容启动、高温汽液界面精准控制等核心技术，形成强非均质超稠油油藏高效泄油技术系列，突破了 6×10^8 t 超稠油难采储量开发“禁区”；

(3) 建立砂砾岩强非均质稠油油藏高温火驱提高采收率理论与方法，发明低饱和度油层高效点火核心技术，创新火驱井网优化设计和火线监测调控等关键技术，延长尾矿开发周期 15 年，提高采收率 36 个百分点；

(4) 研发浅层砂砾岩强非均质稠油油藏配套工程技术，创新超浅层钻井、高温高压采油工艺和高温复杂采出液高效处理技术，形成绿色节能降耗技术系列，取得 13 项自主创新产品、105 种新设备。

这些科技成果的取得是国家实施建设创新型国家战略的成果，是广大石油员工和科技人员发扬“为国分忧、一心为油”的爱国情怀和“安下心、扎下根、不出油、不死心”的克拉玛依石油精神的实践结果，充分体现了石油人独立自主、艰苦奋斗的创业精神。在实施攻关过程中，创建“产学研用”相结合的创新团队，创新科技研发平台，创新先导试验基地建设，创新人才队伍建设，促进了石油领域科技创新能力的大幅提升。

为了系统总结砂砾岩强非均质稠油油藏研究成果，推动该类油藏开发水平的提高，组织撰写了本丛书。丛书共 4 卷，第一卷《砂砾岩强非均质稠油油藏多相协同蒸汽驱技术》，系统介绍砂砾岩强非均质稠油油藏剩余油分布规律、流场精细表征、蒸汽驱全生命周期开发体系、多相协同提高采收率机理及开发效果评价、配套工艺技术等方面的研究成果；第二卷《砂砾岩强非均质稠油油藏蒸汽辅助重力泄油技术》，在系统分析开发实例的基础上，提出 SAGD 蒸汽腔扩展和流体泄流的关键参数设计思路，描述 SAGD 蒸汽腔发育与产量上升、稳定和递减之间的内在联系，深化浅层超稠油双水平井 SAGD 开采机理，制定油藏工程研究技术政策，形成生产调控、立体井网模式和储层升级扩容等关键技术；第三卷《砂砾岩强非均质稠油油藏高温火烧驱油技术》，着重阐述注蒸汽后油藏火驱的地质和开发特点，深入研究原油氧化动力学特征以及火驱过程中的物理化学变化过程，创新注蒸汽后稠油油藏高温火驱开发机理，并总结油藏工程优化、高效点火、高温燃烧前缘监测与优化调整等核心技术；第四卷《砂砾岩强非均质稠油油藏开发工程技术》，总结不同开发方式下的钻采工程技术，阐述地面工程中注汽、密闭集输、原油脱水、采出水处理、采出气处理以及形成的核心装备等。

丛书内容翔实、资料丰富，展示了砂砾岩强非均质稠油油藏开发的重大标志性成果，是科学研究与现场试验的真实记录，是科研成果的提升和总结，凝聚了众多专家与科研人员的智慧。

中国工程院罗平亚院士、孙金声院士、李阳院士等专家和中国石油大学（北京）王志章、岳大力教授，西南石油大学张烈辉教授在本丛书撰写过程中给予了多次指导，在此一并表示感谢！

新疆油田公司企业首席专家

2023 年 11 月

前言

蒸汽辅助重力泄油(SAGD)技术是开采超稠油油藏的一项创举,对于合适的超稠油油藏,采用此项技术在开采指标和经济效益上都可获得令人满意的结果。本书以风城油田浅层砂砾岩强非均质超稠油油藏为研究背景,在系统分析SAGD开发实例基础上,重点阐述油藏地质参数对SAGD开发的适应性,建立适合浅层超稠油SAGD开发的筛选标准,提出SAGD蒸汽腔扩展和流体泄流的关键参数的设计思路;应用三维物理模拟手段,描述SAGD蒸汽腔发育与产量上升、稳定和递减之间的内在联系,深化浅层超稠油双水平井SAGD开采机理;以夹层描述为核心,建立精细三维储层构型地质模型,采用热采数值模拟技术手段,制定适合浅层超稠油双水平井SAGD特点的油藏工程研究技术政策;采用以流体相态控制为主线、三场监测为手段、sub-cool控制为核心的调控策略,形成注采井间均匀热连通、水平段均匀动用以及蒸汽腔扩展等生产调控关键技术;以突破夹层遮挡和改善渗流为攻关方向,形成立体井网模式和储层升级扩容技术;通过对重力泄油机理的衍生,形成薄层超稠油的驱泄复合技术。

浅层砂砾岩强非均质超稠油油藏开发是世界上公认的难题,本书结合理论认识和实践创新,创建了"储层构型刻画夹层、物理模拟揭示机理、井网井型优化泄油、升级扩容改善渗流、精细调控稳定相态、SAGD衍生驱泄复合、带压作业保护汽腔、复杂采出液循环利用"的强非均质超稠油油藏蒸汽辅助重力泄油有效开发技术体系,丰富了重力泄油理论方法,突破了低品位超稠油有效开发的地质界线。

本书创建了浅层砂砾岩强非均质超稠油蒸汽辅助重力泄油开发技术,丰富了重力泄油开发理论,突破了诸多开发禁区,对实现超稠油经济有效开发具有十分重要的意义。相关研究成果已在新疆风城油田建成年产 100×10^4 t 的生产规模，是国际上低品位超稠油唯一工业化成功的实例，预计 2025 年产量将达到 200×10^4 t 以上。

全书共 10 章，其中第一章由孙新革撰写；第二章由罗池辉撰写；第三章由张胜飞、李秀峦撰写；第四章由孙新革撰写；第五章由孙新革、马德胜、李秀峦撰写；第六章由孙新革完成；第七章由孙新革、罗池辉、马德胜、李秀峦撰写；第八章由孙新革、赵长虹撰写；第九章由罗池辉撰写；第十章由孙新革、罗池辉、吴永彬撰写。全书由孙新革负责统稿。本书可作为高校研究生学习参考用书，也可供稠油开发科技工作者参考。

中国工程院罗平亚院士、袁士义院士、孙金声院士、李阳院士在课题研究中给予了悉心指导，在此表示衷心的感谢！

在本书撰写过程中，中国石油大学（北京）的王志章教授、岳大力教授，西南石油大学的张烈辉教授给予了大力协助，在此也表示衷心的感谢！

目录

第一章 绪论

世界稠油资源分布广泛，储量为$(4\ 000\sim6\ 000)\times10^8\ m^3$，主要分布在北美、南美、欧洲和亚洲。从全球范围来看，稠(重)油主要沿两个带展布，即环太平洋带和阿尔卑斯带。中国稠(重)油资源的分布也受阿尔卑斯构造域和环太平洋构造域控制，主要分布在东部地区和西部地区。全球稠油年产量一直维持在$8\ 000\times10^4$ t左右，是世界经济发展的重要资源。

目前由于国外稠油中镍、钒含量高，而国内稠油中胶质、沥青质含量高等，所以国内外稠油分类标准并不统一。联合国培训研究署(UNITAR)将地层温度下脱气原油黏度为100～10 000 mPa·s、地面相对密度(15.6 ℃)为0.934～1.000的原油定义为重质原油，黏度超过10 000 mPa·s的原油定义为沥青。委内瑞拉能源矿业部的重油分类标准在此基础上将相对密度大于1的部分原油细分为特重原油(黏度小于或等于10 000 mPa·s)和沥青(黏度大于10 000 mPa·s)。我国原油多陆相成因，稠油黏度偏高，相对密度较低，沥青质含量低，胶质含量高，金属含量低。我国稠油和天然沥青开发起步较晚，基本认同了联合国培训研究署的定义，并结合我国稠油特点进行了细化，如中国石油天然气总公司勘探开发研究院的刘文章教授于1987年将UNITAR标准中的重质原油按开采方式进行细分，推荐了我国稠油的分类标准(表1-0-1)，其中将沥青按黏度和密度细分为特稠油和超稠油，超稠油又称天然沥青。

表 1-0-1 中国稠油分类标准

稠油分类			第一指标	第二指标	开采方式
名 称	类 别		黏度/(mPa·s)	相对密度(20 ℃)	
普通稠油	Ⅰ	Ⅰ-1	50* ～150*	>0.920	可先注水
		Ⅰ-2	150* ～10 000	>0.920	热 采
特稠油	Ⅱ		10 000～50 000	>0.950	热 采
超稠油(天然沥青)	Ⅲ		>50 000	>0.980	热 采

注：带*者为油层条件下的原油黏度，无*者为油层温度下的脱气原油黏度。

沥青(超稠油)资源所占的比重较大，主要分布在加拿大的阿萨巴斯卡和奥里诺克重油带，其次是俄罗斯和委内瑞拉的稠油油田。这些油田的沥青开采技术主要是露天开采、蒸汽辅助重力泄油(steam assisted gravity drainage，SAGD)、水平井和重油改质等。

SAGD技术适合开采原油黏度非常高的特超稠油油藏或天然沥青，其基本机理是将热传导与流体热对流相结合，以蒸汽作为热源，依靠沥青及凝析液的重力作用开采稠油。

自 Butler 首先提出蒸汽辅助重力泄油理论后，SAGD 技术在加拿大得到了快速发展，成为开发超稠油的最有效的手段，在加拿大油砂区商业化 SAGD 开采已开展了近 20 年。目前针对海相储集层的 SAGD 技术基本趋于完善，但生产中的调控技术仍处于保密状态。

国内浅层超稠油油藏(埋深小于 700 m、地层原油黏度大于 50 000 mPa・s)主要分布于新疆准噶尔盆地西北缘的克拉玛依油田，蒸汽吞吐和蒸汽驱是其主要的开发方式。蒸汽吞吐技术只能加快油藏早期的开发速度而不能提高原油的最终采收率，对有条件进行蒸汽驱的油藏，蒸汽吞吐只能是注蒸汽开采过程中的一种重要辅助手段。当地层原油黏度大于 1 000 000 mPa・s 时，蒸汽吞吐和蒸汽驱开发技术不具备经济效益，而双水平井 SAGD 是唯一的商业化技术。

20 世纪初，国内针对浅层超稠油双水平井 SAGD 技术的研究基本处于空白，需从储层地质条件筛选、三维物理模拟实验、井网井距设计、注采参数设计、蒸汽腔压力控制、生产调控方法等多方面开展技术攻关。特别是针对国内陆相非均质性严重的砂砾岩储层，双水平井 SAGD 技术更需要在实践中不断探索、创新和完善。

新疆超稠油资源发现于 20 世纪 50 年代，预测资源量为 6×10^8 t，但由于原油黏度高(呈固态或半固态)，无法长期有效动用。随着海相储层 SAGD 技术的逐步商业化，陆相超稠油储层 SAGD 技术的攻关迫在眉睫。

第一节　SAGD 开采技术综述

一、SAGD 技术开采方式及衍生

SAGD 技术是开发超稠油的一项前沿技术，主要利用蒸汽和油水混合液密度差采油。对于在原始地层条件下没有流动能力的高黏度原油，要实现注采井之间的热连通，需经历油层预热阶段。形成热连通后，注入的蒸汽向上超覆，在地层中形成蒸汽腔，蒸汽腔向上及侧面移动，与油层中的原油发生热交换；被加热的原油和蒸汽冷凝水靠重力作用泄到下面的生产井中并产出。

双水平井 SAGD 布井方式(图 1-1-1a)是在靠近油藏的底部钻一对上下平行的水平井，上面的水平井注汽，下面的水平井采油。

直-平组合 SAGD 布井方式(图 1-1-1b)是在油层下部部署水平井，错开一定距离部署一排直井，射开直井并注汽，油层下部水平井采油。

双水平井 SAGD 蒸汽腔(图 1-1-2)具有 3 层结构，内层为蒸汽腔，以汽体状态存在；中间层为可流动流体流动带，以液体状态存在；外层为冷油带，以液体或固体状态存在。

蒸汽腔内泄油方式有以下两种。

(1) 垂向泄油(即顶部泄油)：蒸汽垂直向上运动并加热顶部超稠油，被加热降黏的原油向下运动。

(2) 侧向泄油(即斜面泄油)：蒸汽在向上运动的同时也会向侧向传递热量，加热侧部，使蒸汽腔逐渐向侧向发展。侧部流动呈斜面状，加热的超稠油沿斜面依靠重力向下流动。

在整个蒸汽腔的建立与扩展过程中，垂向泄油与斜面泄油并存，二者作用的结果导致蒸

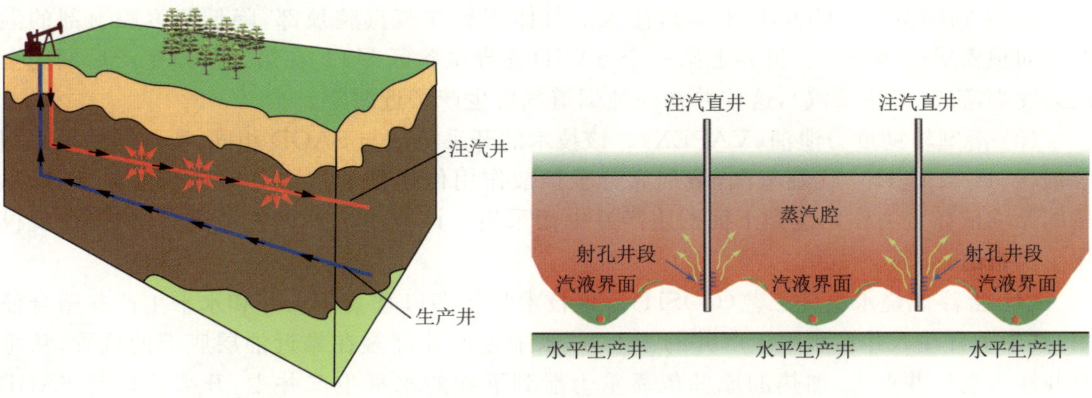

（a）双水平井　　　　　　　　　　（b）直-平组合 SAGD 布井方式

图 1-1-1　双水平井 SAGD 布井方式和直-平组合 SAGD 布井方式

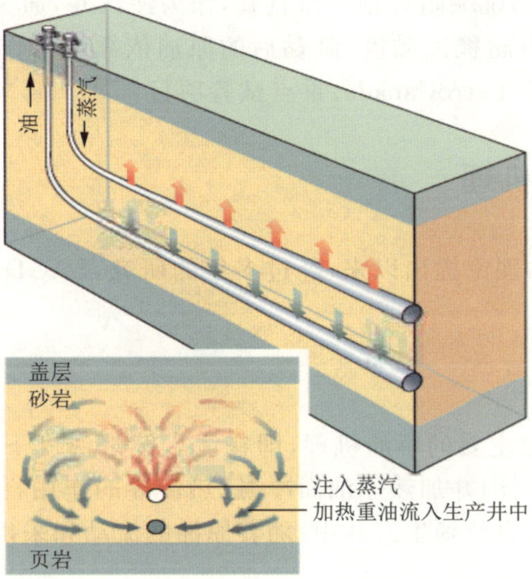

图 1-1-2　双水平井 SAGD 蒸汽腔结构图

汽腔为“蘑菇状”面。

蒸汽腔扩散运动迅速且不规则，直至延伸到油层顶部。移动界面向上运动，在油流和蒸汽带间不规则延伸，形成曲流。当蒸汽腔到达油层顶部时，热扩散在上覆岩层下面的四周进行。蒸汽推进的情况与常规生产作业中的气态锥进十分相似。如果过分地加快水平井的开采，蒸汽腔会向下延伸到井底，发生汽窜。原则上，只要蒸汽腔相对接近运动的油流，依靠重力作用就能有效地将原油驱替到井的附近地区。

根据蒸汽辅助重力泄油原理，形成了诸多 SAGD 衍生技术：

（1）单水平井蒸汽辅助重力泄油（SW-SAGD）。利用一口水平井边注边采，即蒸汽从注汽管柱尾端进入油层与套管的环形空间，并向油层超覆形成蒸汽腔，加热后的原油及冷凝水在重力作用下流入井筒并采出。加拿大利用该技术进行了薄层超稠油开采现场试验，并取得了成功。

（2）蒸汽辅助重力泄油过程中加入气体驱动（SAGP）。向 SAGD 注入的蒸汽中加入少量非凝结气体(如 N_2,CO_2,CH_4等),注入的气体积聚在蒸汽腔顶部,降低蒸汽腔上部的温度及向顶盖层的热损失。世界上第一个 SAGD 先导试验区 UTF 在第二阶段生产后期完全改为注烟道气(不注蒸汽),这些井在注纯烟道气后生产了近两年。

(3) 溶剂辅助重力泄油(VAPEX)。该技术的开采机理与 SAGD 相同,所不同的是采用溶剂(C_3H_8或 C_4H_{10})代替蒸汽,溶剂靠分子扩散作用传递到油层中并降低原油黏度,降黏后的原油依靠重力作用泄到下面的生产井中而采出。该技术已开展先导试验,但未见规模化生产报道。

(4) 上浮燃烧水平井工艺(COSH)。该技术是将多口垂直注入井和水平生产井组合使用,其中垂直注入井在水平生产井的正上方,水平生产井部署在靠近油层底部的位置,从垂直井注入空气并点火,加热的原油依靠重力泄到下面的水平生产井中,开采机理与 SAGD 相近。

(5) 水平井火烧(THAT)。THAI 又叫从趾端到跟端火烧技术或火驱重力泄油技术,其主要机理是:在水平井的趾端附近钻一口直井,作为注汽井,通过在趾端附近燃烧,以高温降黏及裂解降黏方式降低超稠油黏度,降黏后的原油依靠重力作用流到水平段并被采出。该技术为加拿大石油公司(PetroCanada)重点试验项目。

二、SAGD 驱油机理

自蒸汽辅助重力泄油理论提出以来,经过多年的研究,SAGD 驱油机理日趋完善,可总结归纳为以下几点:

1. 重力泄油

重力泄油是 SAGD 最主要的驱油机理,即在注入蒸汽温度下,油层中形成一个饱和蒸汽带;蒸汽流向蒸汽腔的周围并加热原油而冷凝;热传导的作用将蒸汽热能传向油层四周;重力把蒸汽冷凝水及热油驱替到生产井中;随着原油的流动和采出,蒸汽腔不断向上和四周扩散。

2. 弹性驱动

油藏本身的弹性能量也是驱油的动力,在高温蒸汽的作用下,原油和岩石骨架发生膨胀,孔隙度减小,从而有效地提高原油产量。

3. 热膨胀作用

注蒸汽不但使油层中的液体和岩石本身发生热力学膨胀,而且由于蒸汽的比热容比热水高得多,在相同压力条件下,蒸汽的体积比水大数十倍,可有效地增加波及体积,恢复地层压力,从而提高原油采收率。特别是对原始地层压力低的浅层稠油油藏,热膨胀驱油作用更为明显。同时,油藏温度的升高也会引起储层润湿性的变化,诱导相对渗透率向有利的方向转变。

4. 蒸馏作用

过热蒸汽的蒸馏作用比饱和蒸汽更强,具有更高的热焓和更大的比热容;在同一温度条件下，过热蒸汽的蒸馏率较饱和蒸汽提高 32.0%～52.6%；在同一压力条件下，过热度为 80 ℃的过热蒸汽的蒸馏率较饱和蒸汽提高 1.07～1.21 倍。过热蒸汽的蒸馏作用比较充分，对改善超稠油油藏的开发效果有重要作用。

此外，热蒸汽可降低黏度、改善流度比、改变储层岩石润湿性，这些也是驱油动力。

三、SAGD 适应性分析

杨乃群和王选茹等开展了蒸汽辅助重力泄油对油藏及流体适应性的研究。研究表明：① 随着地层深度的增加，井筒热损失加大，井底蒸汽干度降低，蒸汽腔的发育程度差，因此 SAGD 开采的油层最大深度限制在 1 000 m 以内；② 油层厚度越大，重力泄油作用越明显，因此推荐油层厚度大于 15 m；③ 合理的垂向渗透率与水平渗透率比值应大于 0.2；④ 油层的孔隙度应在 15%以上，油藏原始含油饱和度应在 40%以上；⑤ 原油黏度不是决定 SAGD 开采效果的主要因素，但会影响蒸汽前缘推进的速度和产油速度；⑥ 亲油岩石的生产效果最好，亲水岩石的生产效果最差。

H. Shin 和 M. Polikar 通过数值模拟研究认为，油层渗透率 k 和厚度 h 的乘积是最为重要的参数。模拟结果表明，对于高渗透性油藏，当有效厚度为 15 m 时 SAGD 的实施经济有效，即使该油藏具有很高的黏度；对于低渗透性油藏，SAGD 操作的成功可能需要有效厚度达到 20～30 m。Baker 等采用数值模拟方法对水平井进行了研究，认为当含水饱和度比束缚水饱和度大很多时，会极大地影响 SAGD 的生产过程，一般来说含水饱和度在 0.20～0.25 之间的油藏比较适合采用 SAGD 技术；当油藏底部含水饱和度过大时，会有大量的热损失，水层的存在会影响蒸汽腔的生长高度。

Munoz 建立了数值模拟模型，并在此基础上研究了底水对 SAGD 生产的影响，结果表明底水的存在会导致蒸汽热量损失，尤其在水层厚度与油层厚度比大于 0.4 时会对 SAGD 产生严重的影响。

四、油藏非均质对 SAGD 的影响

万仁溥在《采油工程手册》中指出，储层中的页岩对 SAGD 的影响是相当复杂的，且在很大程度上取决于其三维分布情况：连续页岩会抑制蒸汽和超稠油通过，对页岩上部的驱替造成影响；如果夹层很小，即使在空间广泛分布，也不会严重地阻止传质，蒸汽、加热的原油及冷凝液可以绕过夹层流动，实际上还会增加斜面数量，有利于热传导。由此可以得出结论：夹层可能在某一个时期对蒸汽辅助重力泄油的效果有一定的影响，但从整个蒸汽辅助重力泄油的过程来看，不连续的夹层不会对其累积产油量产生根本性的影响。

低渗夹层的存在会影响稠油流度，从而影响 SAGD 的生产。为了研究低渗夹层对 SAGD 蒸汽腔的生长状况以及剩余油分布的影响，Huang 等使用 Long Lake 的稠油油样进行了实验，发现离注采井最近的低渗夹层长度越长、离井距离越小，其对蒸汽腔发育的影响越大。Shin 和 Choe 通过数值模拟研究发现，当注入井和生产井之间的低渗夹层达到 10 m 时会严重影响 SAGD 的生产，但如果低渗夹层位于注入井的上方，即使长达 5～25 m 也几乎不会影响 SAGD 的生产。孔令晓等对加拿大麦凯河区块的泥质薄夹层进行了数值模拟

分析,认为当注采井间夹层超过 7 条、长度超过 20 m 时蒸汽腔几乎无法发育。总的来说,低渗夹层的位置、长度和出现频率决定了它对 SAGD 的影响程度。位于注采井之间的低渗夹层会严重阻碍井间热连通通道的建立,因此布置井位时应当注意油藏中下部的夹层分布。位于注入井上方的低渗夹层如果距离注入井较远,则对蒸汽腔的初期生长影响较小。若低渗夹层长度较长、与井距离过近,则可以采取打分支井等方法建立蒸汽流动通道。

五、SAGD 产量解析模型

解析模型主要建立在质量守恒和能量守恒的基础上,它可以有效地计算出压力和温度分布,得到产油量、蒸汽注入量、含水率等生产指标。

在 Butler 重力泄油理论中,产出率的解析方程是对沿蒸汽腔侧壁排出的油流量的预计,主要致力于描述油藏泄下热油的能力,而不能实现对实际的 SAGD 过程的全部细节的描述。

Azad 和 Chalaturnyk 在 Butler 解析公式的基础上进一步考虑了地质力学的影响,他们的研究表明耦合地质力学的 SAGD 解析方程可以更有效地解释 SAGD 的生产机理。

Zargar 和 Ali 进一步将蒸汽腔在不同时期(纵向上升、横向生长和稳定)的形态加入 SAGD 的解析公式中,并且分析了蒸汽腔的高度和驱替效率等对 SAGD 生产的影响。

M. Nukhaev 等开发出一种新的 SAGD 生产阶段解析模型,该模型考虑了预定产液速度与蒸汽腔发育的相互关系。该模型可以估计不同生产时期的水油比。通过模型还可以估计蒸汽腔底部将要到达注汽井的大致时间和流入生产井的流体温度。数模结果显示,早期高产液速度下可能导致蒸汽突破,应用提出的解析模型可以估计 SAGD 过程中后阶段的蒸汽突破时间。

中石油勘探开发研究院的张胜飞等针对强非均质超稠油油藏,引入物性夹层厚度、尺寸、倾角和等效渗透率、有效泄油压头等参数,建立了从无渗流屏障到多个渗流屏障条件下的叠合界面泄油速度、叠合界面累积油汽比等通解数学模型,丰富了强非均质超稠油高效泄油的理论与方法。

六、SAGD 生产过程优化

H. Shin 和 M. Polikar 于 2005 年针对艾伯特地区阿萨巴斯卡(Athabasca)、冷湖(Cold Lake)、和平河(Peace River)SAGD 项目开展了数值模拟研究,研究结果可归纳为以下几点:

1. SAGD 实施的关键特征

要确保 SAGD 成功,需满足两个重要条件:一个是预热时间,另一个是蒸汽腔的控制。预热时间是要建立注入井和生产井之间的热连通;蒸汽腔的控制是将蒸汽保持在油层内部,而不是让蒸汽无效采出。

2. 预热时间

预热时间受注入井和生产井之间渗透性的影响。通常，注采井距在 5～10 m 之间时，建立热交换的时间在 6 个月左右或者更短。热交换应当沿着整个水平段建立，如果最初的热交换是建立在水平井的一部分而不是整个水平段上，那么将对 SAGD 的效果产生不利的影响。

3. 蒸汽腔的控制

蒸汽腔的控制是维持生成流体的温度在蒸汽饱和温度以下（称为 sub-cool），以防止或减少油藏中蒸汽的损失。通常，最佳的 sub-cool 范围为 5～10 ℃，而 Ito 和 Suzuki 等研究指出，sub-cool 为 40 ℃时便于控制蒸汽腔。

4. SAGD 作业的影响因素

正韵律比反韵律更易于 SAGD 作业。加热的原油流入生产井需要更多可渗透的流动通道，因此生产井周围的高渗透性有利于 SAGD 作业。同样，油层顶部的低渗透性可使蒸汽向水平方向传送而不是流向盖层，从而提高热效率。

预热时间受储层渗透率和注采井间距影响，而注采井间距又与预热时间和渗透率相关，因而可通过增加产量和减少预热时间的方式选择注采井间距。

高的注蒸汽压力意味着高的蒸汽温度，需要更多的能量。SAGD 作业压力通常保持在地层压力左右或者略高于地层压力。

七、蒸汽腔扩展

Butler 基于稳定状态热传导原理，利用原油流动方程对蒸汽指进（简称汽指）的长度进行了估计，发现汽指长度依赖于特定的油藏参数，如渗透率和剩余油饱和度。例如，阿萨巴斯卡沥青矿的渗透率为 1 000×10^{-3} μm^2，100 ℃时原油黏度为 300 mPa·s，汽指长度约为 3 m。

1994 年，Butler 指出汽指在蒸汽腔顶部会上升进入储层，而热油和凝析水会流下来。蒸汽腔顶部是圆顶形的，但在上表面具有正在突进的汽指。蒸汽高速流入这些汽指并在界面处冷凝，热量通过这些汽指传入储层，而热油开始流动时便会沿着汽指的周边向下泄流。再往下，当油开始被加热时，便会与蒸汽形成对流。

P. M. Colins 等于 2005 年开展了 SAGD 过程中的地质力学作用研究，认为注入压力在破裂压力 0.5 MPa 以内导致油砂层中产生剪切破坏，剪切作用将明显增强储层孔隙度、绝对渗透率和油的相对渗透率，这些改变是不可逆转的。地质力学剪切作用对加速蒸汽腔增长有所贡献，但这个增长具有方向性。

2005 年，Ito 和 Lpek 等借助 4 个 SAGD 项目（UTF-A 阶段、UTF-B 阶段、Hangingstone 和 Surmount）的实际现场观测数据讨论了 SAGD 过程中的蒸汽指进现象，首次基于现场监测数据解释了蒸汽指进现象，这拓展了 Butler 蒸汽指进理论。研究发现，在蒸汽波及的地方，蒸汽冷凝水一产生就会在汽指内壁向下流动，加热的原油在汽指周围向下流动，但其黏度仍较高。尽管如此，相当部分的原油流过汽指且在较低部位其黏度进一步降低，原油流量也随之增加。蒸汽和泄流的流体在汽指较低部位建立了对流。由于对流的特性，在蒸汽腔顶部蒸汽指进现象不会一直存在，因为蒸汽流必须克服汽指中流体的泄流。

Ito 和 Lpek 等指出，当剪切破坏作用在蒸汽腔顶部形成时，地层会变得疏松并开始破裂或出现裂缝，这可能是形成汽指的原因。当垂直汽指的蒸汽流增加时，水平方向的蒸汽带发育开始减缓。汽指会在一些能获得较大汽量的区域增长，而在另一些蒸汽供应量很小的区域则发展缓慢。随着时间的推移，蒸汽供应的不均一性会变得越发明显。在蒸汽供应减少的区域，由于蒸汽必须克服对流，所以蒸汽指进会在这里终止，并且蒸汽趋向于流往活跃的蒸汽指进区域。当蒸汽指进作用变差时，地层就表现为非渗透层。

风城油田 SAGD 蒸汽腔监测主要通过数值模拟、理论公式分析、观察井监测、四维微地震监测“四位一体”方式实现。受储层物性影响，风城油田 SAGD 蒸汽腔的发育不是单纯的“上升—扩展—下降”过程，而是复合过程；单斜构造的蒸汽腔优先向上倾方向扩展，试验区构造倾角下 SAGD 向上倾方向横向扩展距离与扩展速度为下倾方向的 1.5～2.0 倍；注汽井上方 3 m 内的连续夹层将阻碍蒸汽腔上升，产生遮挡，随着生产时间的延长，蒸汽可以绕过注汽井上方的不连续夹层，动用夹层上方的原油。通过二维、三维多角度描述 SAGD 蒸汽腔不同生产阶段的发育形态及规律，可制定 SAGD 调整策略，加快蒸汽腔扩展。

第二节　SAGD 开发典型实例

一、加拿大 SAGD 开发实例

国外采用 SAGD 技术开发重油和沥青砂已在现场试验成功并得到工业化应用，这种技术在加拿大、美国和委内瑞拉等国家进行了大量的试验研究和矿场推广应用。

加拿大油砂资源主要分布在西部的阿尔伯达省阿萨巴斯卡区、冷湖地区及和平河地区，其油砂储量占加拿大总油砂储量的 95%以上，具有埋藏浅、规模大、分布集中的特点。据阿尔伯达省能源管理局 2017 年资料，阿尔伯达省、冷湖地区及和平河地区沥青原始地质储量约为 1.84×10^{12} bbl（1 bbl＝0.159 m^3），已探明储量为 $1\ 768\times10^8$ bbl，剩余探明储量为 $1\ 654\times10^8$ bbl，至 2016 年，累积产量（油或沥青）为 114×10^8 bbl。

1998—2016 年年底，在加拿大的不同地区总计实施了 29 个 SAGD 项目，包括 Encana 公司的 MacKay River 项目，Suncor 公司的 Firebag 项目，日本-加拿大油砂公司（Jacos）在 Hangingstong 的 SAGD 项目，加拿大自然资源公司（CNRL）的 Primrose，Wolf Lake 和 Burnt Lake 项目，OPTI 公司与 Nexen 公司在 Long Lake 的项目，ConocoPhillips 公司在 Surmont 的项目等。其中，22 个项目位于阿尔伯达省阿萨巴斯卡区，6 个位于冷湖区，1 个位于和平河区。

据阿尔伯达省能源管理局 2017 年 1 月资料统计，正在运行的项目（22 个）在 2016 年第四季度总平均日产量约为 1 120 000 bbl/d，其中阿尔伯达省 Fort McMurray 地区以南总平均日产量约为 800 000 bbl/d，Fort McMurray 地区以北总平均日产量约为 800 000 bbl/d。冷湖地区 6 个项目中的 3 个 SAGD 项目的总平均日产量为 45 000 bbl/d，另外 3 个没有最新数据。和平河地区的 1 个 SAGD 项目目前处于暂停状态，没有生产数据。

目前在阿尔伯达省的油砂开采方式中，采用 SAGD 方式开采的约占 52%，SAGD 方式开采的原油占总油砂开采原油量的 40%。在原位油砂开采技术中，SAGD 技术占绝对主导地位，SAGD 技术生产的原油占原位油砂开采总产量的 81%，剩下的产量采用注蒸汽增产法(CSS)开采。

1. 加拿大典型 SAGD 区块应用——MacKay River 项目

1) 项目基本情况

MacKay River 项目是由 Petro-Canada 公司于 2002 年实施的 SAGD 油砂开采项目，2009 年 Petro-Canada 公司与 Suncor 公司合并，2009 年之后由 Suncor 公司继续开发至今。MacKay River 项目区位于加拿大 Athabasca 油砂区 Fort McMurray 西北方向约 60 km 处(图 1-2-1)，邻近 Suncor 公司的 Dover 项目区，项目开发面积约为 63.5 km^2。

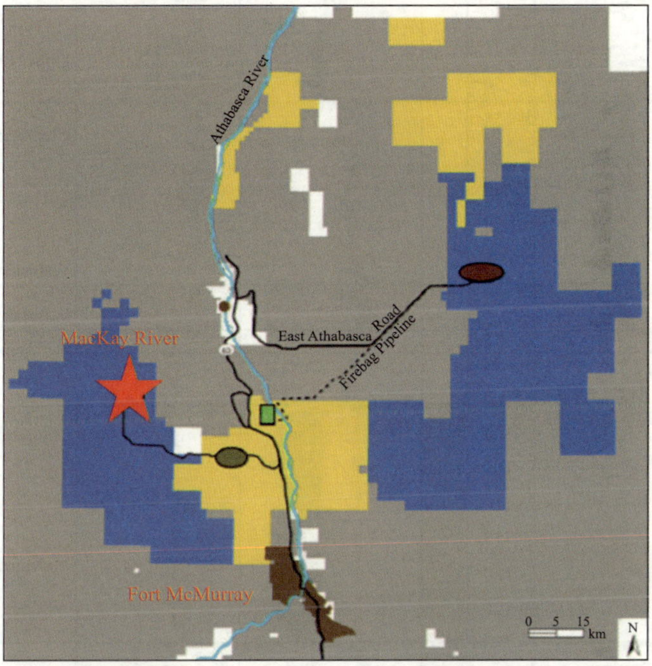

图 1-2-1 MacKay River 项目区位置

2) 区域地质特征

MacKay River 项目的主要产层是下白垩统 Mannville 组的 McMurray 段砂岩。McMurray 段分为上下两部分：下半部分为以河道砂为主的河流相沉积，并与下伏泥盆系碳酸盐岩呈不整合接触；上半部分为以河道沉积为主的混合河流-潮汐沉积。McMurray 段上部覆盖着 Clearwater 组的 Wabiskaw 段，组成了 McMurray 段潜在的盖层(图 1-2-2)。

MacKay River 项目区连续储层的厚度一般大于 15 m，目前开发的区域储层厚度大部分在 25 m 以上。储层向北部和南部方向变薄，并夹杂着页岩层。储层埋深相对较浅，沥青层顶部距离地表只有 75 m，在干净、均匀、堆叠的河道及河口砂中存在厚达 37 m 的连续沥青产层。储层中页岩、碎屑角砾岩含量多达 25%，越靠近开发区域的边缘，储层越变得泥质化，且夹层越多。储层平均孔隙度为 31%，平均沥青饱和度为 86%，质量最好的砂岩中可能出现孔隙度在 35%以上且饱和度高达 90%的情况。储层基底的温度大约为 16 ℃，沥青的黏度大约为 1 000 000 mPa・s。具体的储层参数见表 1-2-1。

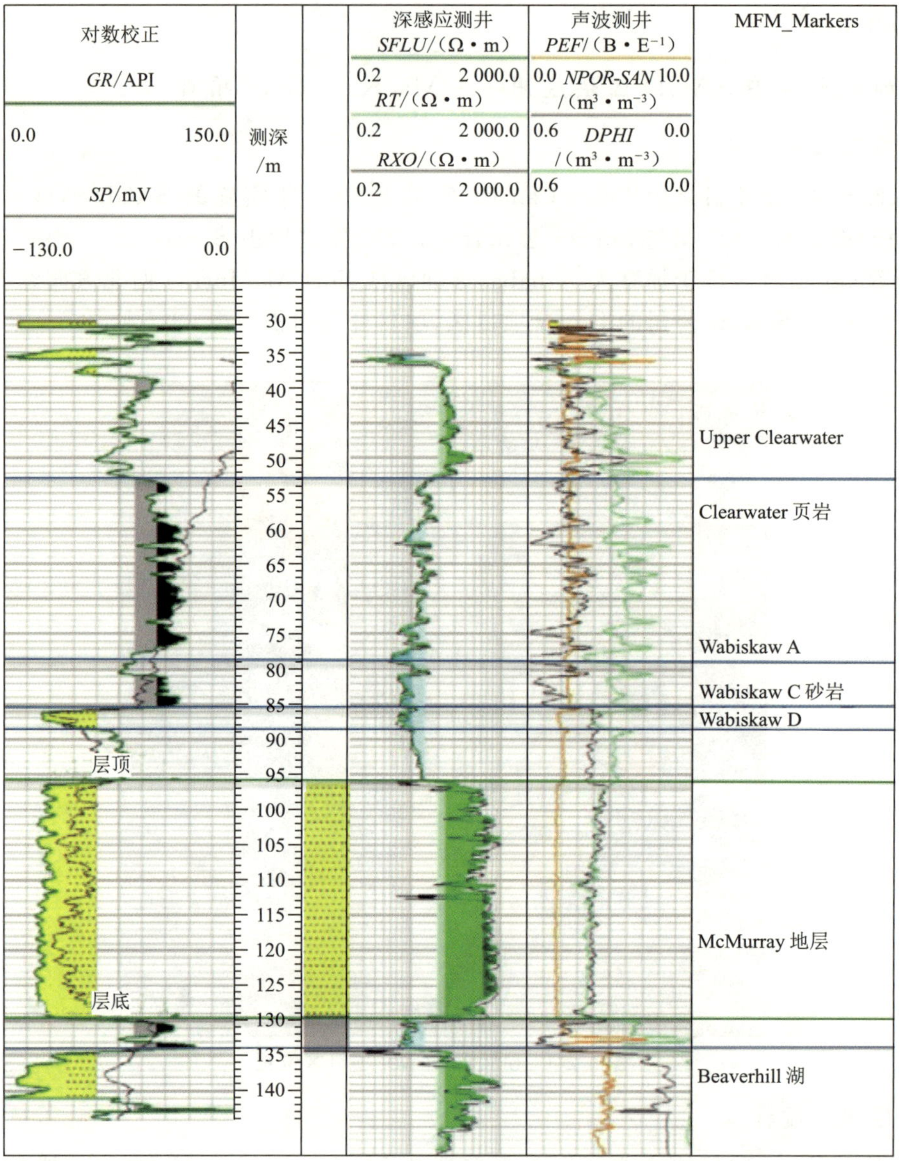

图 1-2-2 单井柱状图

表 1-2-1 MacKay River 项目中 McMurray 段储层物性特征

参 数	数 值	参 数	数 值
储层孔隙度/%	31	初始储层压力/kPa	400
黏度/(mPa・s)	1 000 000	初始储层温度/℃	6～7
纯砂岩中平均孔隙度/%	31.1	净砂层厚度/m	15～30

续表

参 数	数 值	参 数	数 值
水平渗透率/μm^2	1.7～8.5	埋深/m	98～145
垂向渗透率/μm^2	1.1～6.5	平均储层深度/m	109
平均含油饱和度/%	86	平均储层厚度/m	＞25
API 重度/°API	8		

MacKay River 项目区北部局部地区储层上部存在天然气，几乎无顶水，沥青储层通常位于下白垩统不整合处的泥盆纪石灰岩上，可能存在深达 2 m 的底水。

3）项目整体生产情况

MacKay River 项目的生产建设始于 2002 年，至 2016 年 9 月已经陆续建设了 10 个平台（pad）共 137 个井组，分别建立了 A，B，C，D，E，F，G，OO，H，NN，QQ 等井排（图 1-2-3）。截至 2016 年 9 月，共有 7 个平台（Pad 20～Pad 25、Pad 824）98 个井组正在生产，37 个井组关停，2 个井组已废弃或计划废弃。MacKay River 项目区块 2002—2016 年的生产情况如图 1-2-4、图 1-2-5 所示。MacKay River 项目区累积注汽量为 0.481×10^8 m^3，产量为 0.195×10^8 m^3，累积用水 0.483×10^8 m^3，累积汽油比为 2.5，采收率为 44%。

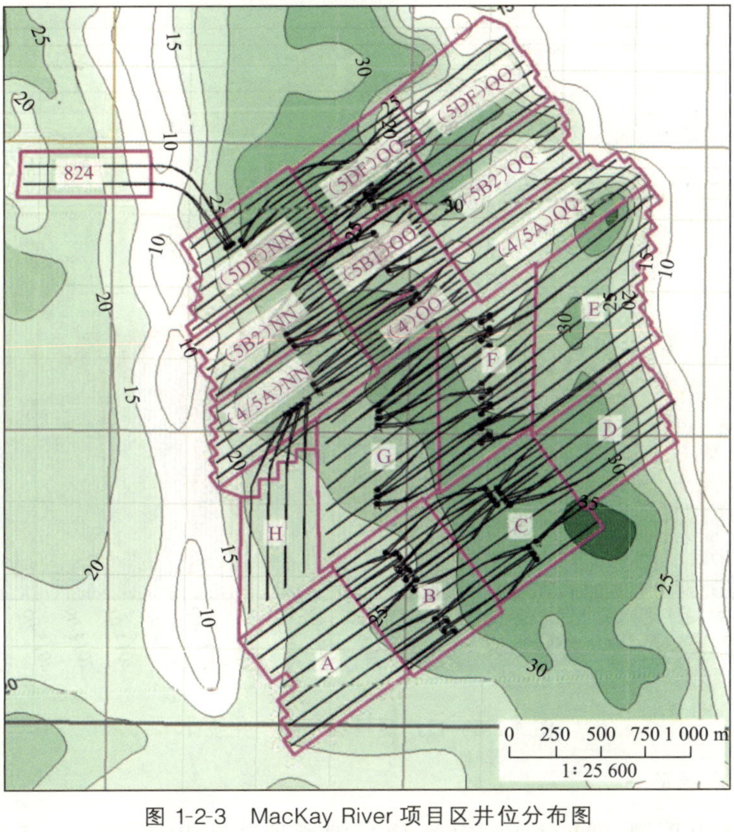

图 1-2-3 MacKay River 项目区井位分布图

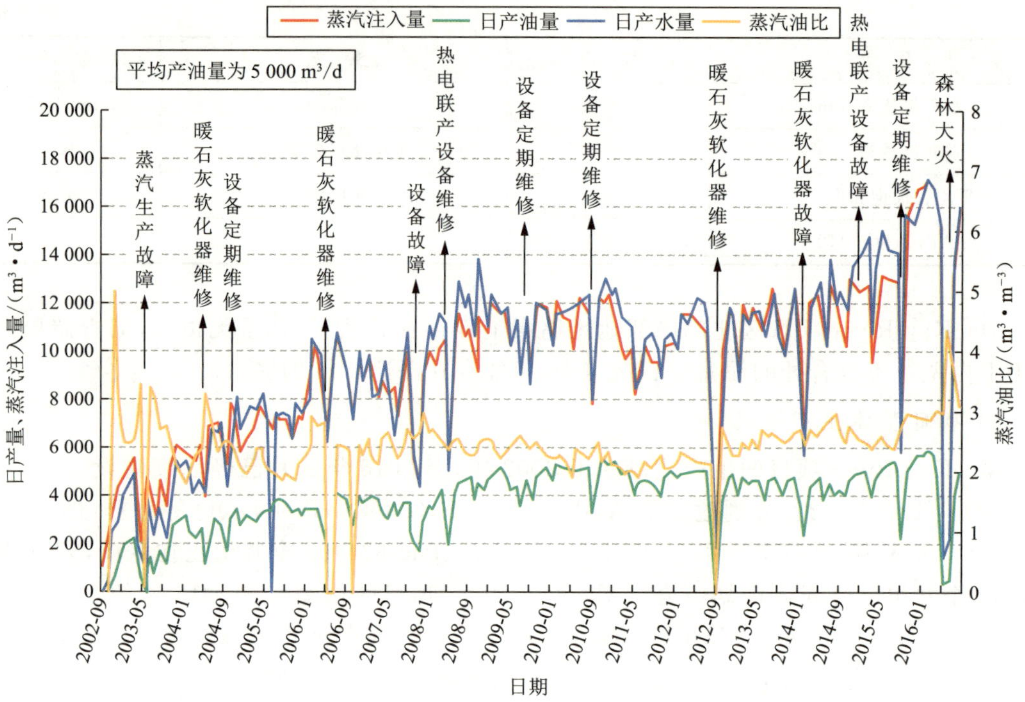

图 1-2-4　日产量情况

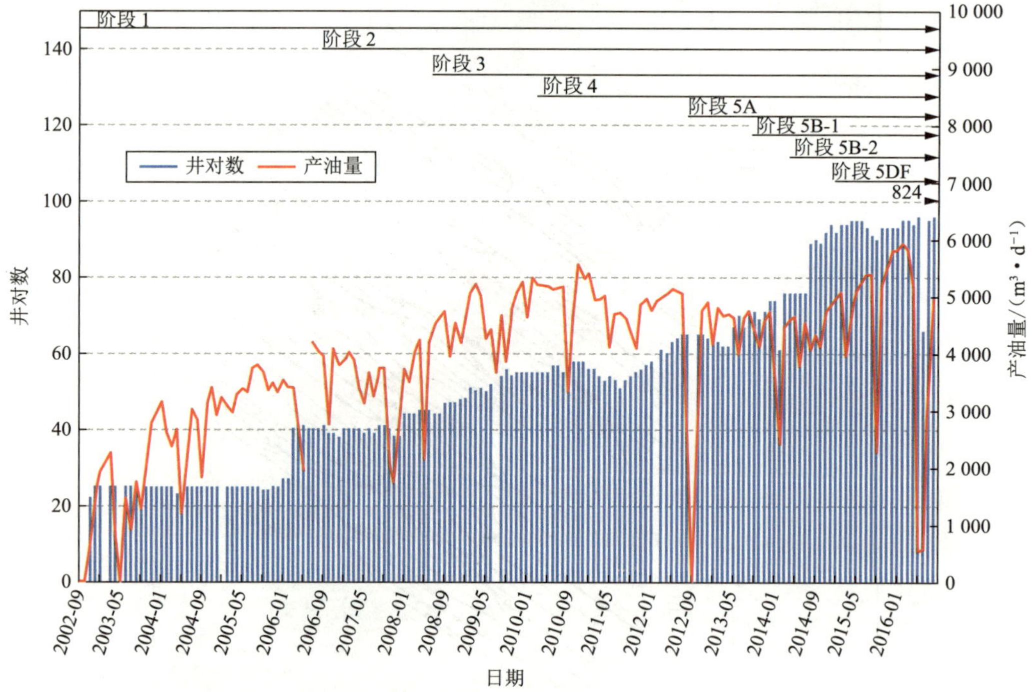

图 1-2-5　日产量情况及生产井统计

4）项目生产经验

（1）操作压力控制。MacKay River 项目油藏埋深在 98～145 m 之间，平均埋深为 109 m，储层压力为 300～500 kPa，平均压力为 400 kPa。项目中的操作压力主要由盖层基底的埋深决定，利用一个测量的盖层破裂压力梯度和一个适当的安全系数确定。例如，产层顶部埋深为 100 m，盖层破裂压力梯度为 21.5 kPa/m，安全系数为 0.9，则最大操作压力为 21.5 kPa/m×100 m×0.9＝1 935 kPa。2002—2010 年，该项目盖层破裂压力梯度为 21.5 kPa/m；2011 年之后，以 Wabiskaw D 盖层底部深度为准，盖层破裂压力梯度取 21 kPa/m，安全系数为 0.9；2014 年之后，允许的井底最大操作压力（MOP）是裂缝闭合压力的 80％。通过降低蒸汽注汽压力使井底流压小于最大操作压力。

不同井的压力是随时监测的。第一阶段，井排 A，B，C 和 D 每天通过井口压力进行监测，部分井安装了井下监测仪器，通过测量纤维环和油管控制阀处的压力进行监测。历年的压力监测资料显示，所有井的压力均未超过最大操作压力。各井排压力整体变化不大，受生产建设的影响，各井排压力在后期均出现下降的趋势，特别是 2011 年之后，由于不同井排相继进入产量递减阶段，注汽量也逐渐减小，井底压力随之产生一定的降低。

（2）气举举升。MacKay River 项目的初始设计是所有的 SAGD 生产井都采用气举的方式进行生产，依据有 3 个方面：① 气举的完井方式成本相对较低；② 气举可以回收气体并用于产生蒸汽；③ 项目区井底地层条件相对比较好，无顶水、边水的影响，井的性能较好。

2. 加拿大典型 SAGD 区块应用——Long Lake 项目

1）项目基本情况

Long Lake 项目是一个综合性蒸汽辅助重力泄油及现场炼化项目，是 2000 年由加拿大 OPTI 公司和 Nexen 公司共建的油砂开采和炼化项目。该项目预计可开发约 10×10^8 bbl 沥青储量，投资 34 亿美元。

Long Lake 项目位于阿尔伯达油砂 Fort McMurray 东南 40 km 处，Long Lake 一期工程是加拿大的第四个综合油砂项目，并且首次尝试把 SAGD 方法（用于 Wabiskaw-McMurray 储层的沥青生产）和炼化（使用 OrCrude™专利技术）结合在一起。

2）区域地质特征

加拿大的油砂主要分布在阿尔伯达省前陆盆地东翼，含油层段为白垩系 Mannville 组的 McMurray 段砂岩，储层为海陆交互相下沉积的碎屑岩。McMurray 段砂岩充填于二级层序界面上的一条超大型下切河谷内。在前陆盆地东西向挤压作用背景下，相对海平面不断上升的过程中，产生了多期与三、四级甚至五级层序相关的高频相对海平面升降，出现了多期下切河谷。后期河谷经常下切前期河谷，形成了一套多期下切河谷叠置的、相对连续的厚层砂岩体，进而形成了 McMurray 段的主要储层。

McMurray 段的厚层砂岩主要位于构造高部位，并且具备高孔渗、较连续的特征。盆地深部生成的原油沿着断层和不整合面不断运移到 McMurray 段储层，形成资源丰富的油藏。在古近纪—新近纪，盆地东北部强烈抬升，白垩系下部砂岩体遭受剥蚀，油藏发生了广泛的生物降解、水洗、挥发和氧化作用，形成了现今分布广泛的油砂。

McMurray 组沥青储层顶部深度在 165～220 m 之间，McMurray 组的层厚为 47～118 m，而沥青储层厚度最高达到 50 m，平均厚度为 30～40 m。储层水平方向的渗透率约为 8 μm^2，垂直方向上为 0.2～4 μm^2，这主要与页岩夹层的分布有关。储层物性最好的部分的孔隙度为 35％，沥青饱和度为 85％。根据井底温度测井曲线，储层底部温度为 9～16 ℃，沥青的黏度约为 5 000 000 mPa·s(表 1-2-2)。

表 1-2-2 Long Lake 项目中 McMurray 段储层物性参数

参 数	数 值	参 数	数 值
沥青储层顶部埋深/m	165～220	水平方向的渗透率/μm^2	8
McMurray 组的地层厚度/m	47～118	垂直方向的渗透率/μm^2	0.2～4
沥青储层厚度最大值/m	50	含水饱和度/%	0.32
沥青储层厚度平均值/m	23	储层温度/℃	6～8
泥层平均厚度/m	2.2	初始油藏压力/kPa	1 000～1 100
层间水平均厚度/m	3.5	API 重度(密度)/°API($g \cdot cm^{-3}$)	6.5(1.025)
顶水厚度/m	3.5	地层原油黏度/(mPa·s)	>5 000 000
泥质含量/%	10.3	50 ℃沥青黏度/(mPa·s)	15 000
有效孔隙度/%	31		

3）项目生产情况

Long Lake 项目在 2000—2003 年间主要完成了项目商业开采设备的监管批准相关工作，2003 年开始进行先导试验试采生产，2003—2006 年为先导试验生产阶段，2007 年开始商业化生产，2007—2017 年主要为生产建设阶段。

(1) SAGD 先导试验阶段(2003—2006 年)。

Long Lake 项目先导试验区位于 Pad 1，包含 3 个井组，如图 1-2-6 所示。该区于 2003 年 4 月开始进行蒸汽循环预热，2003 年 8—10 月开始生产。稳定生产阶段试验区日产量为 250 m^3/d，井底蒸汽压力约为 1 600 kPa。

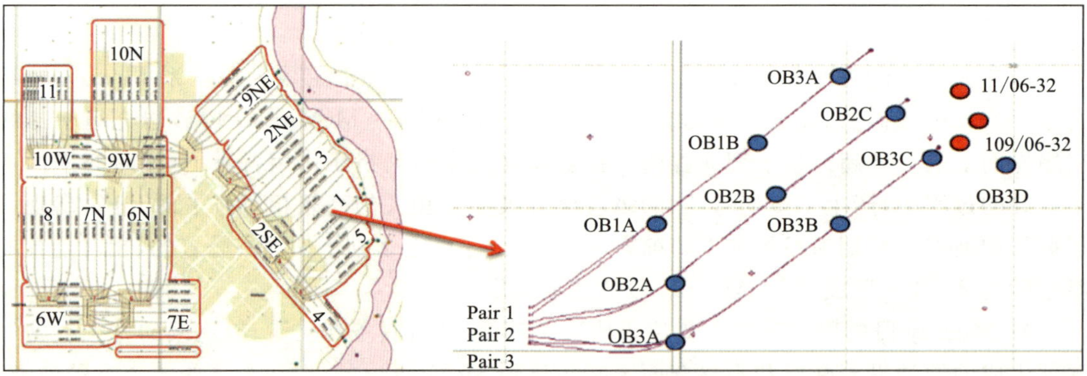

图 1-2-6 Long Lake 项目先导试验井位图

(2) 工业化生产阶段(2007 至今)。

Long Lake 项目的生产动态如图 1-2-7 所示。大多数井组自 2007 年下半年开始进行蒸汽循环预热，在 2008 年上半年之后陆续转为 SAGD 开采，日产量开始显著地增加。由于陆续有平台投入商业开采，逐渐形成一定的产能，产量缓慢增加，至 2008 年 9 月日产量逐渐上升到 2 500 m^3/d 后并稳定生产了一段时间。

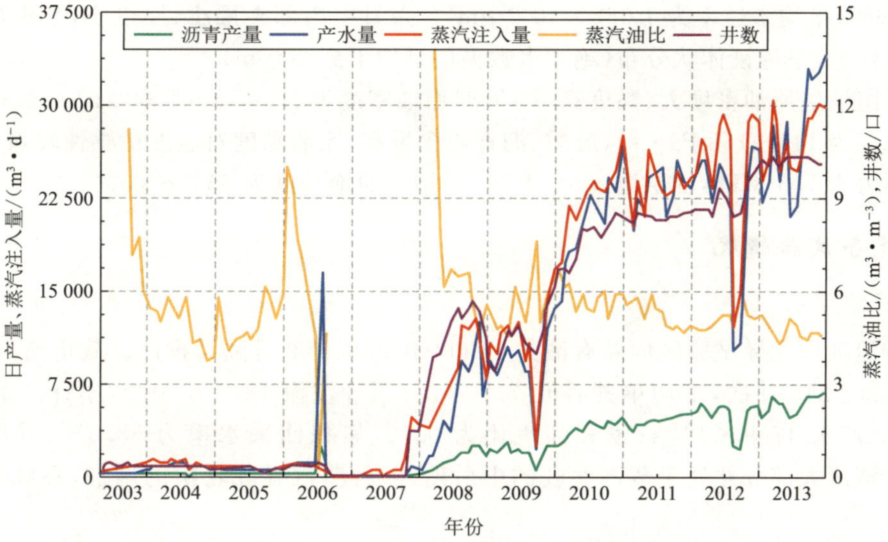

图 1-2-7 Long Lake 项目生产动态曲线

截至 2015 年 12 月，Long Lake 项目累计产沥青 13 021×10^3 m^3，整体采出程度在 22% 左右。Long Lake 项目整体采油速度保持增长的趋势，但是每年的采油速度增长幅度差异大，最大增幅达 6%。

二、辽河油田 SAGD 开发实例

我国超稠油资源储量丰富，居世界第五位，主要分布在辽河、胜利、大港、河南和新疆克拉玛依等油田，估算国内超稠油探明储量约为 5×10^8 t。与国外同类油藏相比，国内此类油藏非均质性强，原油黏度大，开采难度大。下面以辽河油田为例介绍国内 SAGD 开发状况。

1. 油藏地质概况

辽河油田直井与水平井组合 SAGD 开发应用主要集中在曙一区杜 84 块，稠油地层主要为馆陶组(Ng)油层和兴隆台油层。

1) 馆陶组油层

辽河油田曙一区杜 84 块馆陶组油层为巨厚块状边、顶、底水超稠油油藏，是辽河油田超稠油生产的主力区块之一，探明含油面积为 1.92 km^2，原始地质储量为 2 626×10^4 t。该油藏埋藏较深(530～640 m)，原始地层压力为 6.0～6.5 MPa，原油黏度为 23.191×10^4 mPa·s，油层温度为 28～32 ℃。该油藏油层厚度为 88～94 m，垂直与水平渗透率比值为 0.67～0.91，渗透率平均为 5 540×10^{-3} μm^2，含油饱和度为 65%，孔隙度为 36.3%。

2) 兴隆台油层

辽河油田曙一区杜 84 块兴隆台油层位于辽河坳陷西部凹陷斜坡中段，自上而下发育兴Ⅰ、兴Ⅱ、兴Ⅲ、兴Ⅳ及兴Ⅵ共 5 个油层组。其中，兴Ⅵ组为近源水下扇浊流沉积的块状底水油藏，油藏顶部埋深 770～800 m，油层发育，最大油层厚度为 103.5 m，平均为 46.8 m，厚度大于 40 m 的油层在平面上连片稳定分布。兴Ⅵ组油层岩性疏松，油层物性较好，平均孔隙度为 26.6%，平均渗透率为 1 062×10^{-3} μm^2。兴Ⅵ组内部夹层少、厚度小，且夹层在平面上的连续性差，呈透镜体状分布(绝大多数夹层延伸不到 200 m)。

兴Ⅵ组油层原油密度大、黏度高(20 ℃时原油密度为 0.997 4～1.003 g/cm^3，50 ℃时脱气原油黏度为 145～168 Pa·s)，胶质、沥青质含量高，原油黏度对温度敏感性较强。油藏原始地层压力为 7.8 MPa，油层温度为 38 ℃，初始含油饱和度为 65%～70%。

2. 先导试验情况

1) 产能情况

馆陶组油层先导试验区内共有油井 34 口，于 2000 年 9 月陆续投产。截止到 2004 年 12 月，累计吞吐 243 井次，平均单井吞吐 7.2 井次；累计注汽 54.4×10^4 t，累计产油 38.1×10^4 t，累计产水 47.9×10^4 t；累积油汽比为 0.70，累积回采水率为 88.0%，采出程度为 15.3%。该区大部分井处于蒸汽吞吐的中后期，随着蒸汽吞吐轮次的增加，吞吐效果逐渐变差。

兴Ⅵ组试验区内有直井 32 口，于 1997 年初陆续投产。截至 2004 年 12 月底，累计吞吐 318 井次，平均单井吞吐 9.9 井次；累计注汽 60.1×10^4 t，累计产油 33.7×10^4 t，累计产水 48.5×10^4 t；累积油汽比为 0.56，累积回采水率为 80.7%，采出程度为 24.1%。

2) 井网井距

辽河油田杜 84 块馆陶组、兴隆台 2 个先导试验区均以直井、水平井蒸汽吞吐方式开采为主，直井井网为正方形，井距为 70 m，水平井部署在两排直井间 35 m 处。

3) 布井方式

布井方式为水平生产井在两排直井中间，且位于侧下方，垂向距离为 20 m，水平井段长度为 280 m。

直井与水平井组合 SAGD 布井方式有两种：一种是水平井位于直井正下方(正对)，另一种是水平井位于直井侧下方(侧向)，如图 1-2-8 所示。

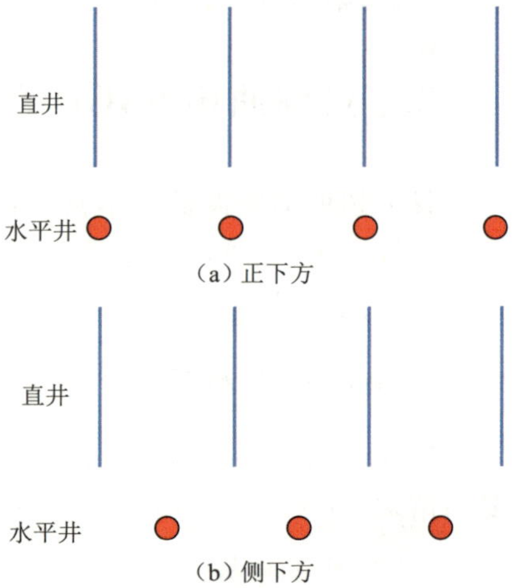

图 1-2-8　直井与水平井组合 SAGD 布井方式示意图

当水平井位于直井侧下方时，可扩大蒸汽腔波及体积，提高水平段动用程度。数值结果(表 1-2-3)表明，侧下方布井要优于正下方布井，采收率可提高 4.9%～5.2%，因此 SAGD 阶段的最佳布井方式为水平井位于直井的侧下方。

表 1-2-3　不同布井方式下 SAGD 开采效果对比

油　层	布井方式	生产时间/d	注汽量/(10^4 t)	采油量/(10^4 t)	油汽比	采收率/%
馆陶组	正下方	4 050	64.55	19.22	0.30	30.9
	侧下方	4 380	64.55	22.47	0.35	36.1
兴隆台	正下方	2 429	33.03	6.228	0.19	17.8
	侧下方	2 737	38.28	7.934	0.21	22.7

4）单井采收率指标

辽河油田杜 84 块兴隆台油层超稠油油藏的 SAGD 先导试验区由 3 排直井（共 10 口老井）和 2 口新钻水平井组成，即在两排直井中间新钻 1 口水平井，水平井段长 280 m。直井是已进行蒸汽吞吐的老井，采出程度为 17%，地层压力已降至 2 MPa，蒸汽吞吐效果已变差，预计最终采收率只有 21%。

新钻水平井蒸汽吞吐 4 周期后转入 SAGD 开采。SAGD 阶段生产 1 480 d，累计注汽 35.52×10^4 t，累计采油 9.09×10^4 t，油汽比为 0.296，平均日产油量可达到 61.4 t/d，采出程度提高 30%。

由于蒸汽吞吐开发方式采收率较低，所以自 2003 年起便开始开展 SAGD 技术攻关工作，2005 年开始投入直井与水平井组合 SAGD 现场试验，共投入 4 个井组，生产效果较好，单井日产水平达 44.4 t/d；2006 年投产 4 个试验井组，单井日产水平达 41.6 t/d；2007 年投入 2 个井组，SAGD 平均单井日产水平达 48.7 t/d；2008 年单井日产水平达 51.4 t/d。SAGD 单井日产油量呈逐年上升的趋势。

图 1-2-9 为该区最早一口水平井的生产曲线。该井高峰期单井日产油量达到 210～255 t/d，高峰期油汽比为 0.40～0.52。该井已连续生产多年，截至 2008 年仍然具有 45～55 t/d 的产能。在整个生产期内，平均单井日产油量为 80～100 t/d，平均油汽比为 0.33～0.35。

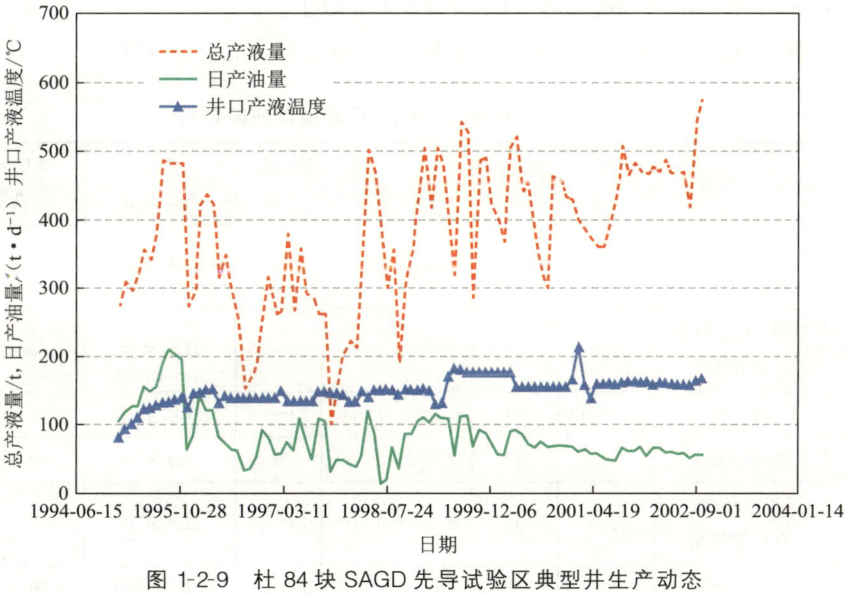

图 1-2-9 杜 84 块 SAGD 先导试验区典型井生产动态

5）SAGD 适用条件

根据国内外的矿场生产经验及研究结果，SAGD 开采的候选油藏应满足以下条件：

（1）油层连续厚度大于 15 m。

（2）油层渗透率大于 500×10^{-3} μm^2。

（3）为了保证蒸汽腔的扩展及原油的向下运动，垂向渗透率必须得到保证。一般要求垂向渗透率与水平渗透率之比大于 0.3。

(4) 由于重力泄油过程发生在蒸汽腔中，因此必须向油层注入干度尽可能高的蒸汽，确保蒸汽腔的形成和扩展。根据研究，井底蒸汽干度应大于 70%，鉴于目前井筒隔热措施的效果，要求油藏埋深在 1 000 m 以内。

(5) 油层中不能有连续分布的页岩夹层。

第三节　SAGD 开发油藏适应性评价

国内外学者开展了 SAGD 对油藏及流体适应性等方面的研究，这些研究主要基于海相均质油藏，而针对陆相辫状河储层的 SAGD 的研究及实例未见报道。考虑到实施的经济性，有必要对陆相辫状河储层 SAGD 开发的地层深度、井底蒸汽干度、油层厚度、合理的垂向渗透率与水平渗透率比值、油藏原始含油饱和度、原油黏度等影响因素进行分析。

一、已开发油藏对比

自 1998 年以来，加拿大在不同类型的沥青砂油藏中开展了 10 多个 SAGD 试验区，并建成了 8 个商业化开采油田，其日产油量均在 4 000 t/d 以上，其中 Pan Canadian 和 OPTI Canadian Inc. 两个石油公司的 SAGD 日产油量达到 10 000 t/d 以上。目前 SAGD 技术在加拿大已属成熟技术，年生产能力达 $2\ 000\times10^4$ t/a 以上。

通过对加拿大 11 个 SAGD 项目进行分析(表 1-3-1 和表 1-3-2)，取得以下主要认识：

表 1-3-1　加拿大部分 SAGD 开发项目油藏特征

项　目	油藏类型	埋深 /m	孔隙度 /%	水平渗透率 /(10^{-3} μm^2)	厚度 /m	井网组合方式	地层温度下黏度 /(mPa·s)
UTF B	块状，顶部有砂泥混层	140	33	3 000～5 000	17～20	双水平井	2 000 000～5 000 000
Foster Creek	块状，部分地区有底水	500	32	2 000～5 000	25～35	双水平井	0～1 000 000
Fair Bank	块　状	250～300	33	5 000～7 000	30～70	双水平井	1 000 000～3 000 000
Burnt Lake	隔夹层较多	500	33	2 000～3 000	20	双水平井	50 000～80 000
MacKay River	块状，顶部有砂泥混层	200	33	3 000～5 000	15～25	双水平井	2 000 000～5 000 000
Tangleflags	块　状	500	32	3 000～5 000	15～25	直井-水平井	10 000～20 000
Christina Lake	块状，部分地区有底水	400～500	33	3 000～5 000	25～35	双水平井	0～1 000 000
East Senlac	块状，部分地区有底水	450	32	3 000～5 000	12～60	双水平井	50 000

续表

项 目	油藏类型	埋深/m	孔隙度/%	水平渗透率/(10^{-3} μm²)	厚度/m	井网组合方式	地层温度下黏度/(mPa·s)
Surmont	块状，部分地区有顶水和底水	300	33	3 000～5 000	50	双水平井	1 000 000～3 000 000
B10	薄 层	400	33	2 000～3 000	10～12	双水平井	200 000～300 000
Long Lake	块状，部分地区有夹层水	350	33	3 000～5 000	20～40	双水平井	>1 000 000

表 1-3-2 加拿大部分 SAGD 开发项目生产情况

项 目	水平段长度/m	举升方式	操作压力/MPa	注汽速度/($m^3 \cdot d^{-1}$)	采液速度/($m^3 \cdot d^{-1}$)	日产油量/($m^3 \cdot d^{-1}$)	累积油汽比
UTF B	500	气 举	2.2～2.5	250～350	250～400	60～120	0.40
Foster Creek	700	气举/电潜泵	2.7	300～450	350～600	80～200	0.37
Fair Bank	1 000	气举/水力泵	1.5～2.5	200～600	300～800	50～300	0.22
Burnt Lake	750～1 000	气举/有杆泵	1.0～6.0	150～350	200～400	50～120	0.27
MacKay River	750	气 举	1.7～2.0	150～250	200～400	60～150	0.38
Tangleflags	400～600	有杆泵	3.0～3.5	100～400	150～400	30～250	0.31
Christina Lake	700	气 举	3.0	250～400	300～500	90～250	0.42
East Senlac	700	电潜泵	2.5～4.0	250～600	300～800	200～400	0.50
Surmont	350～500	气 举	1.0～2.0	150～250	200～300	60～80	0.29
B10	800	有杆泵	3.0～4.0	120～250	150～300	30～120	0.25
Long Lake	800	有杆泵	2.0～3.0	250～350	300～400	20～80	0.16

(1) 井网组合方式主要采用双水平井方式，直井-水平井组合方式仅在 Tangleflags SAGD 项目中应用。

(2) SAGD 应用的油藏埋深较浅，一般在 200～500 m 之间，UTF B 项目埋深为 140 m，是在坑道内打井完成的。

(3) 储层物性条件较好，储层孔隙度大于 30%，渗透率大于 2 000×10^{-3} μm²。油层厚度为 10～70 m，一般大于 15 m。

(4) 地层温度下原油黏度差异较大(从 5 000 mPa·s 到 5 000 000 mPa·s)，但都取得了较好的开发效果，除 Long Lake 项目外，油汽比大于 0.2，表明原油黏度对开发效果影响较小。

(5) 油藏类型以块状为主，夹层不发育。部分油藏存在底水，但在高排液量的情况下，含水率控制在 60%～70%之间，表明底水对 SAGD 方式影响较小。

二、地质条件的适应性研究

通过对 SAGD 项目进行系统调研分析，认识到双水平井 SAGD 技术的应用范围受诸多地质条件影响，为此开展了关键地质参数的适应性研究，明确边界条件，为建立筛选标准提供依据。

1. 地层深度、地层温度和地层压力

油藏太浅或者太深都不适合采用 SAGD 技术开发。若油藏太浅，则顶层封闭性可能不好，同时会给钻井等带来麻烦；若油藏太深，则会使井筒热损失加大，井底蒸汽干度降低，致使蒸汽腔的发育程度差。从统计的 SAGD 项目来看，除 UTF B 外，油藏埋深在 200～700 m 之间。对于双水平井 SAGD，一般认为其深度极限为 1 000 m；对于直井-水平井组合 SAGD，适应深度可以适当增加。

温压系统对 SAGD 开发有一定的影响。原始油层温度高，原油黏度低，加热油层所需的热量就少，SAGD 开发油汽比相对高。对于原始油层压力较高的油藏，一般将压力降到 3～4 MPa 后进行 SAGD 开发。从统计的 SAGD 项目来看，油层温度为 7～20 ℃，油藏压力为 0.5～5 MPa。

2. 油层连续厚度

油层厚度越大，重力作用越明显，SAGD 效果越好；反之，油层厚度太小，不但重力作用小，而且向顶、底盖层的热损失大，还会降低油汽比，SAGD 效果较差。在井距一定的情况下，原油产量与油层厚度的算术平方根近似成比例。该方式若要获得好的开采效果，油层厚度必须大于 15 m。从调研资料来看，现场实施的 SAGD 项目中油层厚度为 15～70 m，直井-水平井组合 SAGD 项目中油层厚度最小为 10～15 m。

3. 油层渗透率及垂向渗透率与水平渗透率比值

油层渗透率及垂向渗透率与水平渗透率比值决定了蒸汽腔的水平和垂向扩展。由于 SAGD 依靠重力作用驱替原油，因此受垂向渗透率的影响非常明显。资料表明，当垂向渗透率降低时，原油的重力难以发挥作用，泄油速度变小，生产时间延长，油汽比降低。从数值模拟结果来看，当垂向渗透率 k_v 与水平渗透率 k_h 的比值小于 0.10 时，由于热连通的形成较为困难，且水平方向蒸汽存在汽窜，所以开发效果变得很差，累积油汽比很低，开发经济效益也较差。要想使蒸汽腔良好扩展，k_h 和 k_v 都应较大，最好达到 1 μm^2 以上，且 k_v/k_h 最好大于 0.20。

有学者对 Shell 公司 1994—1998 年在 Peace River 开展的 SAGD 试验进行了研究，认为绝对渗透率和 k_v/k_h 较小导致蒸汽向上扩展距离小（只到注汽井上方 6 m），这是其开发效果差的主要原因之一。

4. 孔隙度和含油饱和度

孔隙度（ϕ）对采出程度的影响不大，但由于热蒸汽在井筒周围岩层中的热损失增大，累积油汽比大幅度降低，因此要使 SAGD 达到较好的开发效果，油层的孔隙度应在 15% 以上。

随着原始含油饱和度（S_{oi}）的降低，累积油汽比和采出程度都有所降低。累积油汽比降低的原因是，在原始含油饱和度降低的情况下，原始含水饱和度相应增大，油藏的比热容也随之增大，从而使蒸汽过多地消耗在地层水的加热上；采出程度降低则是由于原始含油饱和

度降低后，可动用原油减少。对于原油饱和度较低的油层，由于原油的原始储量低，所以不宜采用 SAGD 方式开采。例如，当原始含油饱和度降低到 35%时，累积油汽比过低，采油成本较高，采用 SAGD 技术开采稠油就不能产生经济效益。因此，要想利用 SAGD 获得理想的开采效果，就要选择原始含油饱和度相对较高的油藏，油藏原始含油饱和度应在 40%以上。

SAGD 技术开发对孔隙度和含油饱和度的要求是：$\phi>15\%$，$S_o>40\%$，$\phi S_o>0.06$。但对于原始超稠油油藏，这两个参数不是能否实施 SAGD 的决定性因素。

5. 夹层厚度及其分布

夹层的影响是相当复杂的，在很大程度上取决于其在三维空间的分布情况。连续夹层会抑制蒸汽和超稠油通过，对夹层上部的驱替造成影响。但如果夹层很小，即使在空间广泛分布，也不会严重地阻止传热和传质，蒸汽和加热的原油及冷凝液可以绕过夹层流动。在这种情况下，夹层可能在某一个时期对 SAGD 的效果有一定的影响，但从整个 SAGD 生产过程来看，不连续夹层不会对累积产油量产生根本性的影响。

一般认为，不连续夹层对 SAGD 的影响是不大的。此外，也可以通过适当的注汽方式使厚度在 2 m 以下的夹层失去封隔作用。

当隔夹层比较发育，在油藏内连续分布且厚度在 3 m 以上时，SAGD 的效果会变差，一个典型的例子就是 JACOS 公司在 Hangingstone 的 SAGD 项目。与 UTF B 相比，虽然 Hangingstone 试验区的 McMurray 油层厚度大一些，原油物性和油层物性也相近，但其油汽比却低了 1/4。

6. 原油黏度及其热敏感性

黏度是 SAGD 成功与否的关键参数之一。由于 SAGD 机理的特殊性，原油黏度不是 SAGD 开采效果的决定性因素。现场试验表明，即使原油黏度高达 5 000 000 mPa·s，采用 SAGD 仍然可获得较好的开采效果。重要的是看原油黏度对温度的敏感程度即黏-温曲线，或者说当温度上升到某一值时黏度能否降到一个合适的低值（渗透率大时，这个值可以大一些）。原油黏度随温度的变化将影响 SAGD 蒸汽前缘沥青的泄流速度，因此也影响蒸汽前缘推进的速度和产油速度。

原油黏度低，对 SAGD 开发是有利的，但是当温度升高到 200 ℃后，原油黏度能降低到 10 mPa·s 以下也可以采用 SAGD 技术进行开发。

7. 底　水

底水对 SAGD 的开发效果有一定的影响。底水的存在会降低 SAGD 的采收率，但总的来说影响不大。这是因为在 SAGD 生产中，蒸汽压力是稳定的，且水平井采油的生产压差很小，不太活跃的底水水侵量不会很大，油水界面基本保持稳定。

但是当底水非常活跃时，进入蒸汽腔的底水就会增多，对 SAGD 生产的影响就会加大。底水进入蒸汽腔之后，要被加热到接近饱和温度，导致热效率降低。对于典型 SAGD，每生产 1 bbl 侵入的底水，就额外需要 1.5 bbl 水当量的蒸汽。

由数值模拟及油藏工程理论可知，生产井距离底水越近，底水越容易侵入蒸汽腔，造成热量损失，同时流入底水层的原油越多，由此造成的产能损失就越大，因此在 SAGD 部署时避开底水一定距离（>5 m），对 SAGD 开发效果影响相对较小；距离边水越近，边水越容易侵入蒸汽腔，造成热量损失，因此在 SAGD 部署时避开边水一定距离（>60 m），对 SAGD 开发效果影响相对较小。

在已实施的有底水的 SAGD 项目中，有成功的，如 AEC 公司的 Foster Creek 项目、CNRL 公司的 Tangleflags 项目等，也有效果不尽如人意的，如 Shell 公司的 Peace River 项目，其油汽比为 0.1，采收率为 10%，这也与其储层物性差有关。

8. 盖层稳定性

SAGD 开采需要在油砂储层中长时间（大于 10 年）、高压力（蒸汽压力通常高于地层原始压力）、大量地注入高温蒸汽来降低稠油的原位黏度，以使稠油在重力作用下从 SAGD 井组的生产井采出。这个生产过程在地层中注入大量的能量，必将改变地层的原有地应力状态，导致地层发生变形，特别是在盖层中产生张裂缝和剪裂缝，可能为储层热流提供高渗流通道，使得储层热流在压力的作用下向上位移，污染地下水资源，甚至在地表产生裂缝，造成地面设施（建筑物，管线以及路面）的变形与破坏。

为此，在 SAGD 开发过程中需严格控制注汽压力，在 SAGD 生产中后期需定期补充非凝析气以降低高温高压蒸汽腔对盖层的伤害，同时需要对盖层稳定性进行定期的分析评价。

9. 岩石润湿性

研究表明，亲油岩石的 SAGD 生产效果好、产率高、油汽比高，最终采收率也高；而亲水岩石的 SAGD 生产效果差。这主要是因为对于亲水岩石，油水界面处的水膜较厚，影响了蒸汽腔对沥青的加热，另外水膜增厚使得孔道变窄，影响了原油在重力作用下向生产井的流动。

第二章
风城油田地质特征

风城油田位于准噶尔盆地西北缘北端，在克拉玛依区东北约 130 km 处，行政隶属新疆维吾尔自治区克拉玛依市。该区北以哈拉阿拉特山为界，东与夏子街接壤，西邻乌尔禾镇。该区地面海拔 280～530 m，平均约 380 m。由于风化作用，该区地形起伏较大，残丘断壁四处可见，冲沟纵横，形成了有“风成城”之称的风蚀地貌。该区属大陆干旱气候，温差为－40～40 ℃，降雨量少，蒸发量大。克拉玛依至阿勒泰的 217 国道从该区北部通过，交通、运输极为方便(图 2-0-1)。

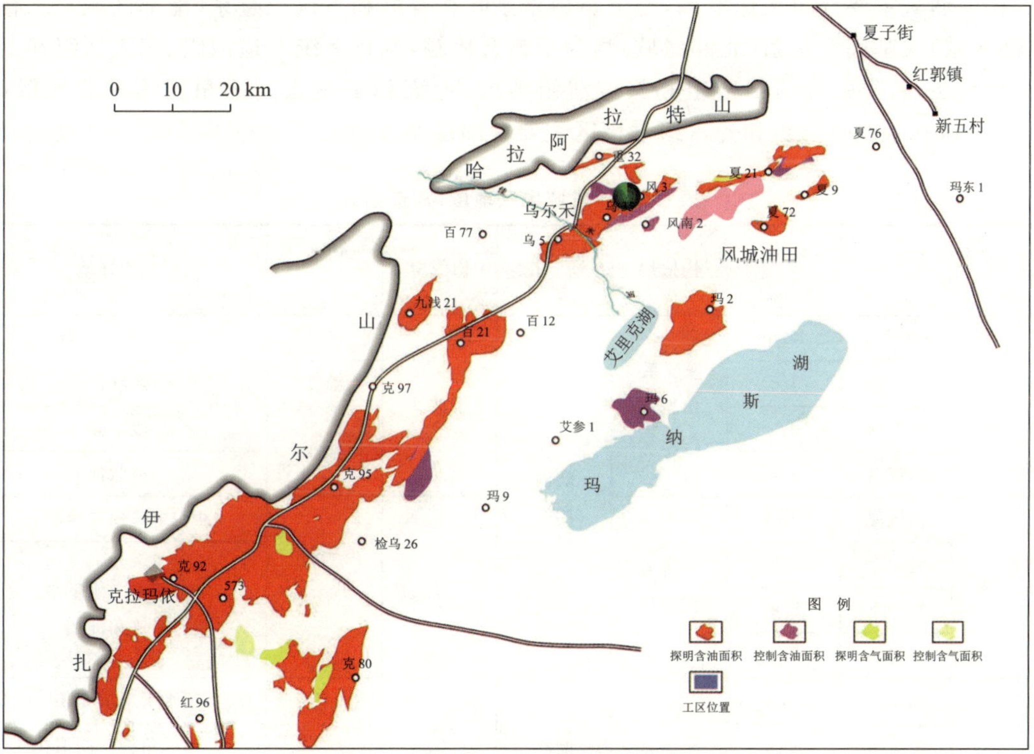

图 2-0-1 风城油田地理位置图

风城油田自 20 世纪 50 年代开始勘探，完钻的浅层井在齐古组和八道湾组见到沥青砂、稠油显示。1980—2006 年开始大规模勘探评价，完成了 10 条长度约 40 km 的浅层高分辨率地震测线，完钻浅层探井和评价井共 71 口，进行了 50 口井的系统取芯，开展注蒸汽吞吐热采试油，探明上报重1、重32断块齐古组及重43井区八道湾组的稠油储量。2007年开始进行整体评价，实施了风501井区和风501井西两块高分辨率三维地震，完钻评价井45口，系统取芯井23口，热采试油38井层，对风城地区稠油有了全面的认识，基本落实超稠油资源3.6×10^8 t。

第一节　风城油田油藏地质概况

风城油田侏罗系稠油油藏在区域构造上位于准噶尔盆地西北缘乌夏断褶带、夏红北断裂上盘中生界超覆尖灭带上，南邻玛湖凹陷北部斜坡带，油藏上倾方向以及下倾方向被断层切割。该油藏长期处于区域构造高部位，且储集体与油源断裂相连通，是油气运移的主要指向区。

一、地层划分

该区基底石炭系之上依次沉积了二叠系、三叠系、侏罗系、白垩系和局部第三系、第四系。稠油油藏主要分布在侏罗系，与上覆白垩系吐谷鲁群和下伏三叠系（南部区域）、二叠系（中部区域）或基底石炭系（北部区域）均为不整合接触，发育下统八道湾组、三工河组和上统齐古组地层，缺失中统西山窑组和头屯河组地层，上统和下统之间为角度不整合接触（表2-1-1）。侏罗系八道湾组和齐古组是该区主要含油层系。

表 2-1-1　风城地区地层、构造划分

<table>
<tr><th colspan="2">层　位</th><th rowspan="2">层位代号</th><th rowspan="2">构造层</th><th rowspan="2">演　化</th><th rowspan="2">构造层</th><th rowspan="2">构造运动</th><th rowspan="2">沉积环境</th></tr>
<tr><th>系</th><th>组</th></tr>
<tr><td>白　垩</td><td>吐谷鲁群</td><td>K_1tg</td><td rowspan="4">侏罗系-白垩系构造层</td><td rowspan="8">陆内坳陷</td><td rowspan="4">Ⅲ</td><td>燕3</td><td>三角洲平原相</td></tr>
<tr><td rowspan="3">侏　罗</td><td>齐　古</td><td>J_3q</td><td>燕2</td><td>辫状河</td></tr>
<tr><td>三工河</td><td>J_1s</td><td rowspan="2">燕1</td><td>浅　湖</td></tr>
<tr><td>八道湾</td><td>J_1b</td><td>辫状河</td></tr>
<tr><td rowspan="4">三　叠</td><td>白碱滩</td><td>T_3b</td><td rowspan="4">三叠系构造层</td><td rowspan="4">Ⅱ</td><td rowspan="4">印　支</td><td>冲积扇—扇三角洲相</td></tr>
<tr><td>克　上</td><td>T_2k_2</td><td rowspan="3">冲积扇—水下扇扇三角洲相</td></tr>
<tr><td>克　下</td><td>T_2k_1</td></tr>
<tr><td>百口泉</td><td>T_1b</td></tr>
<tr><td rowspan="4">二　叠</td><td>乌尔禾</td><td>P_2w</td><td rowspan="4">二叠系构造层</td><td rowspan="4">前陆盆地</td><td rowspan="4">Ⅰ</td><td rowspan="4">晚海西</td><td>水下扇沉积相</td></tr>
<tr><td>夏子街</td><td>P_2x</td><td>扇三角洲—湖泊相</td></tr>
<tr><td>风　城</td><td>P_1f</td><td>滨海浅湖相</td></tr>
<tr><td>佳木河</td><td>P_1j</td><td>火山喷溢相</td></tr>
</table>

二、构造特征

齐古组和八道湾组整体构造形态为被断裂切割的南倾单斜，地层倾角为 5°～10°，断裂附近倾角变陡。全区发育北东向和北西向两组 30 余条断裂（均为大角度逆断裂），断距在 15～50 m 之间，断裂发育具有继承性。

对该区构造、沉积、成藏起重要作用的断裂为乌兰林格断裂、重 22 井断裂、风 16 井北断裂、重 30 井断裂、重 11 井北断裂、重 43 井西断裂、重 60 井断裂、重 1 井北断裂以及重 20 井北断裂，这些断裂将整个工区切割为众多断块，控制着地层、沉积、油层分布以及原油物性的变化。

三、沉积特征

风城地区侏罗系沉积期间，乌夏地区经历了一个气候由潮湿向半干旱转变的过程，从八道湾期到三工河期湖侵，然后逐渐湖退，齐古组为典型的半干旱沉积环境。侏罗系分层主要沉积特征如图 2-1-1 所示。

1. 齐古组

齐古组在全区广泛分布，顶部埋深 100～300 m，地层厚度为 11.3～238.6 m，平均厚度为 80.2 m，由东北向西南呈条带状分布。齐古组为一套以厚层状砂岩为主，砂砾岩和泥岩次之的沉积体，其中砂体厚度为 2.5～215.6 m，平均厚度为 54.5 m，平面分布特征与地层厚度分布特征一致。

根据岩性、隔夹层分布及沉积旋回特点，齐古组可划分为 J_3q_1，J_3q_2 和 J_3q_3 3 个层段。J_3q_1 层只在北部局部区域发育，厚度较薄，岩性以泥岩为主；含油砂体主要在 J_3q_2 和 J_3q_3 两个层段发育，其中 J_3q_2 层厚度较大，层内发育 3 个正旋回层，各小层电性特征明显，又可细分为 $J_3q_2^{2-1}$，$J_3q_2^{2-2}$ 和 $J_3q_2^{2-3}$ 3 个砂层，$J_3q_2^{2-1}$ 和 $J_3q_2^{2-2}$ 层间泥岩隔层不发育，可视为一层（图 2-1-2）。各小层顶部为薄层泥岩和泥质粉砂岩，中下部为厚层块状砂岩，底部为薄层砂砾岩，砂体平面连通性和纵向连续性较好。

齐古组主要发育河流沉积体系。J_3q_3 砂组为超覆填平型近源辫状河沉积，以发育宽、浅、多叉、不稳定河道及不稳定心滩为特征。J_3q_2 砂组为较成熟的中距离辫状河沉积，河流性质介于曲流河与辫状河之间，以发育窄、深、较稳定型河道及河心岛状心滩为特征（图 2-1-3、图 2-1-4）。

2. 八道湾组

本区八道湾组与下伏二叠系呈角度不整合接触，在重 20 井北断裂、重 40 井东断裂和重 55 井断裂以北剥蚀尖灭。地层厚度为 8.5～130.4 m，平均厚度为 52.4 m。平面上由东北向西南逐渐变厚，上剥、底超的变化特征明显。八道湾组为一套泥岩、中—细砂岩、含砾砂岩、砂砾岩组合的沉积体，其中砂砾岩厚度占砂层厚度的 60%左右。根据岩性组合及沉积旋回特征，纵向上自上而下分为 J_1b_1，J_1b_{2+3}，J_1b_4 和 J_1b_5 4 个砂层组（图 2-1-2）。含油砂体主

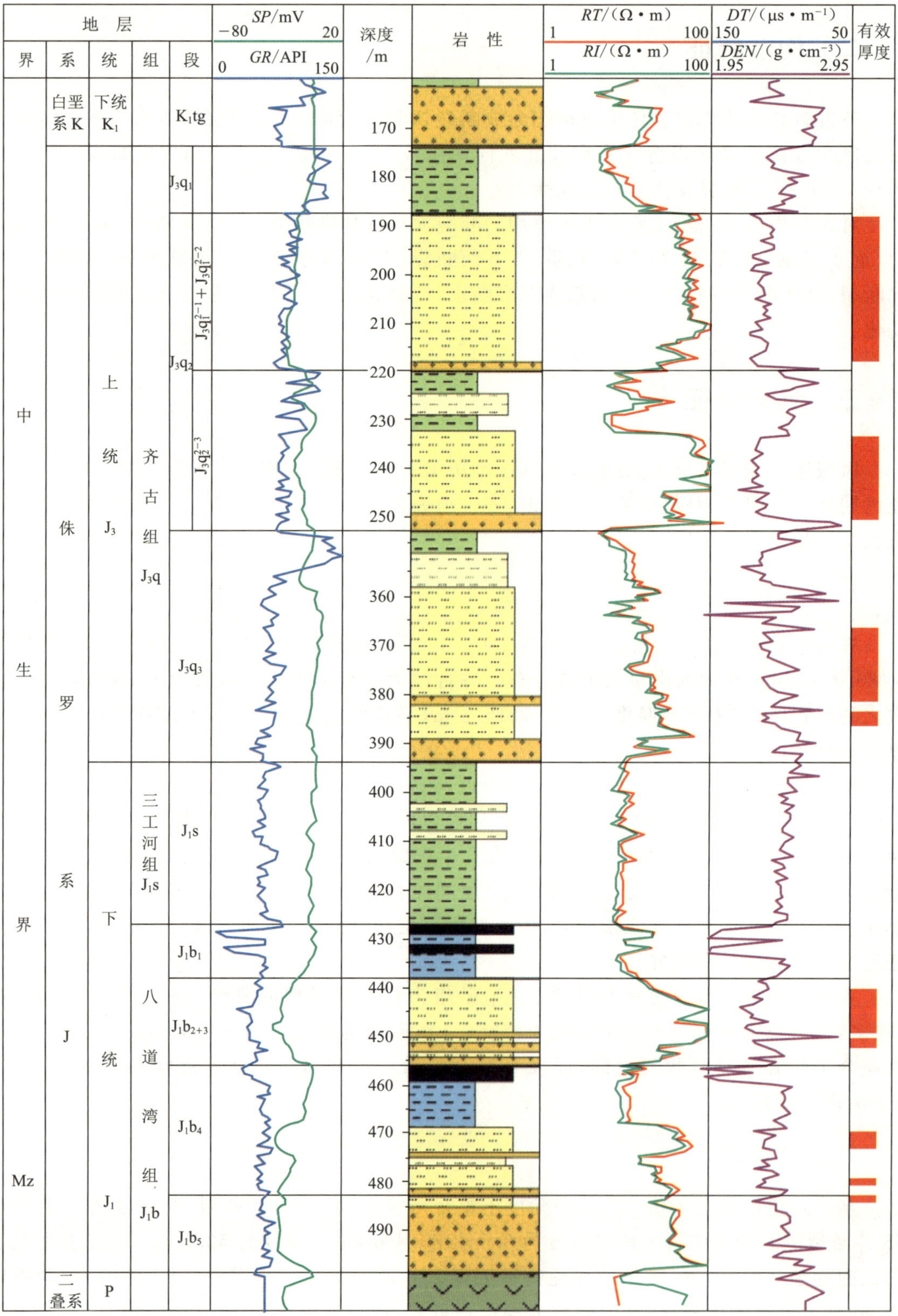

图 2-1-1 风城油田稠油区侏罗系细分小层示意图

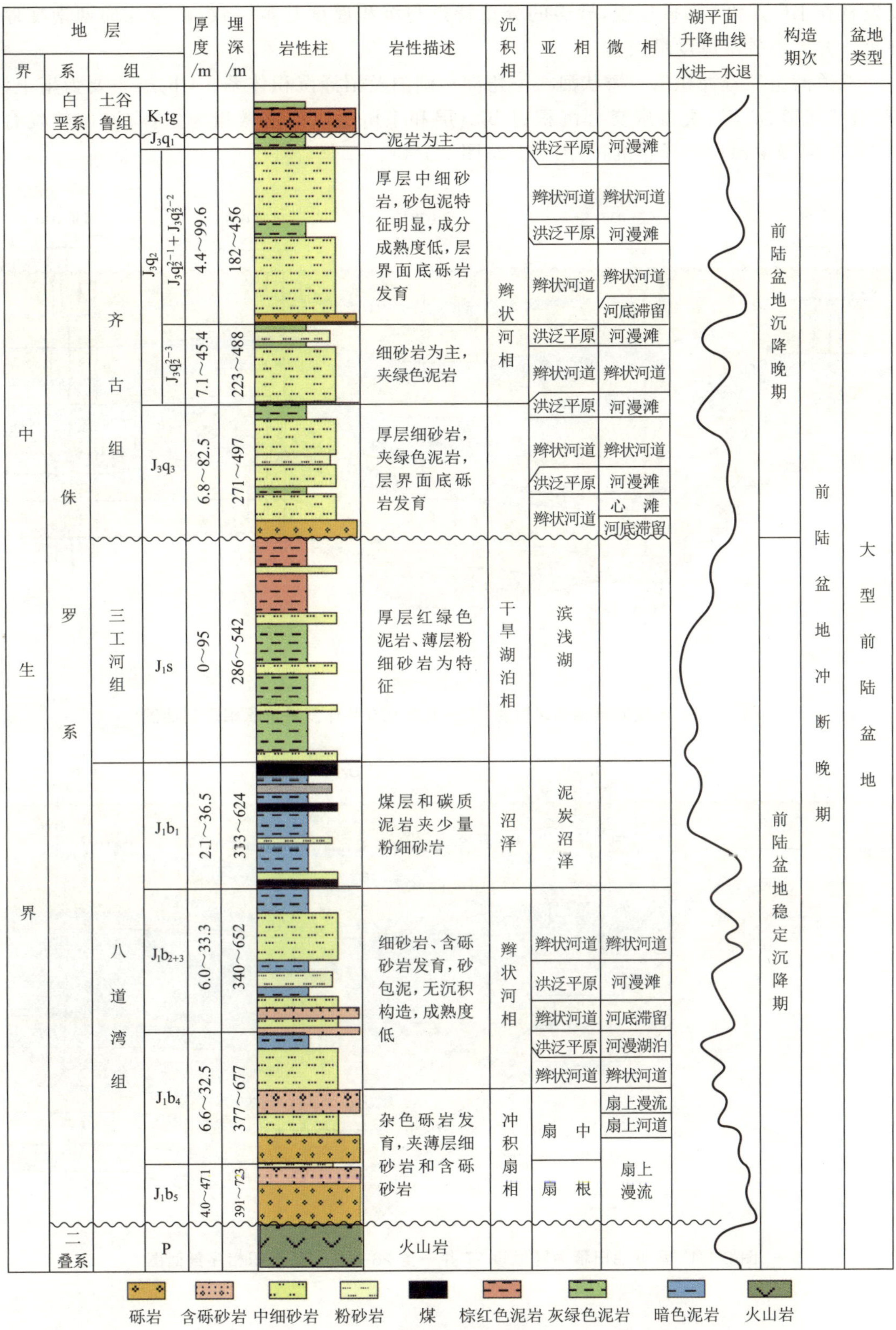

图 2-1-2　风城油田稠油区侏罗系油藏单井相序模式图

要发育在 J_1b_{2+3} 和 J_1b_4 砂层组，砂岩的分布特点与沉积厚度基本一致，由东北向西南变厚，在重 9 井周围砂层厚度最大。

八道湾组发育冲积扇—辫状河—三角洲—湖泊及沼泽沉积体系。J_1b_5 层主要为扇上河道、辫状河道、心滩、决口扇交替沉积；J_1b_{2+3} 层和 J_1b_4 层以河道微相为主，心滩比较发育；J_1b_1 层为河漫平原和沼泽相沉积（图 2-1-3、图 2-1-4）。

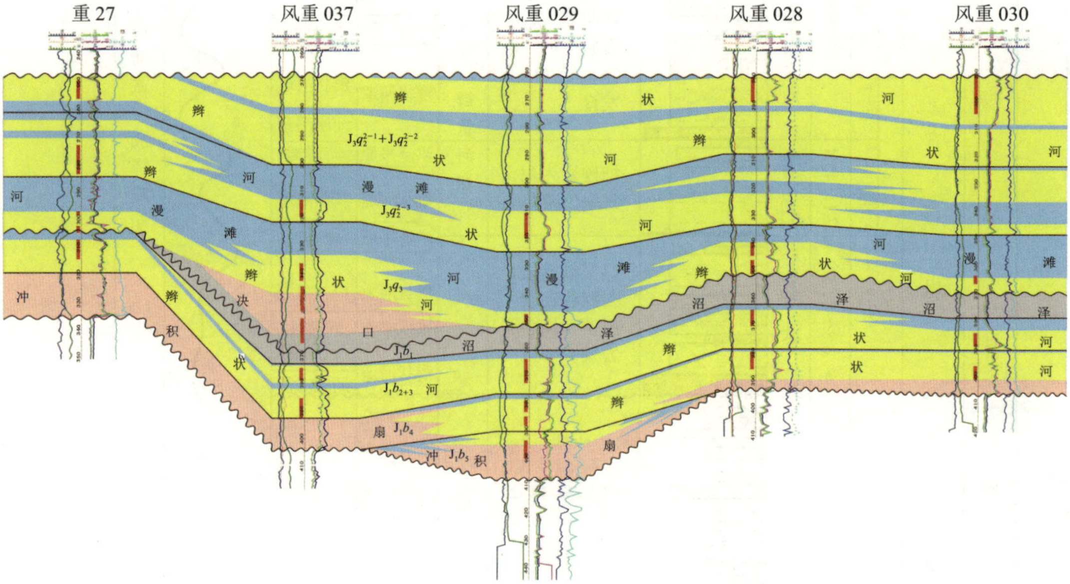

图 2-1-3 风城油田稠油区过重 27—风重 030 井侏罗系沉积相序剖面图

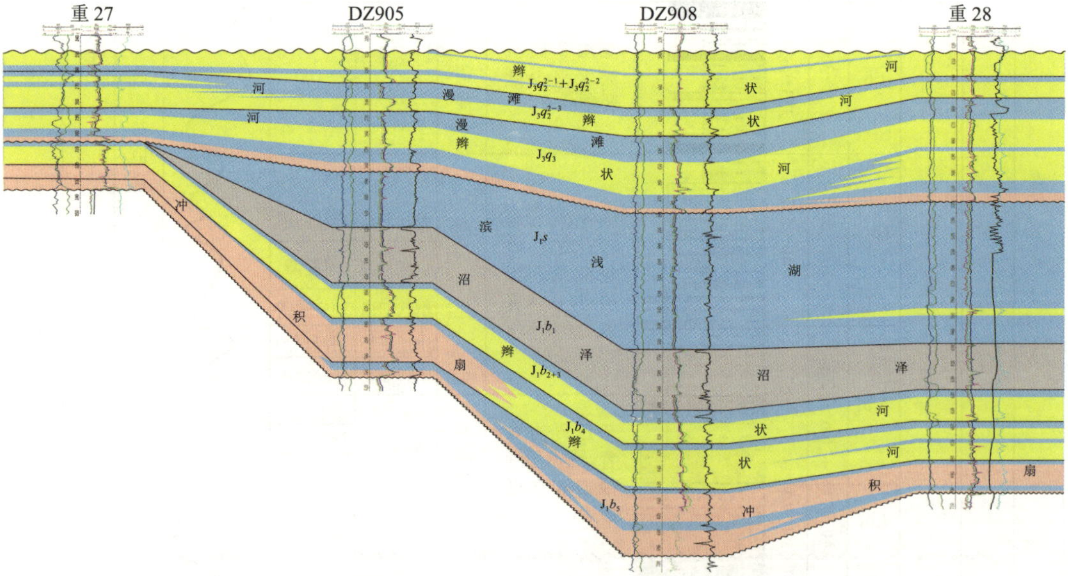

图 2-1-4 风城油田稠油区过重 27 井—重 28 井侏罗系沉积相序剖面图

第二节　风城油田储层特征

一、岩性及矿物特征

(1) 齐古组 J_3q_2 层：沉积厚度平均为 55.1 m，砂砾岩层厚度平均为 41.4 m，储层岩性主要为细砂岩和中砂岩，含砾砂岩次之。储集岩成分以凝灰岩岩屑(39.5%)为主，石英(17.3%)、长石(12.1%)次之；填隙物中杂基主要为泥质；胶结物以方解石为主；胶结类型主要为孔隙式，胶结疏松；磨圆程度主要为次棱角—次圆状。

(2) 齐古组 J_3q_3 层：沉积厚度平均为 26.2 m，砂砾岩层厚度平均为 17.6 m，储层岩性主要为细砂岩和中砂岩，含砾砂岩次之。储集岩成分以凝灰岩岩屑(33.1%)为主，石英(28.5%)、长石(20.2%)次之；填隙物中杂基主要为高岭石；胶结物以黄铁矿为主；胶结类型主要为孔隙式，胶结疏松；磨圆程度主要为次棱角状。

(3) 八道湾组 J_1b：沉积厚度平均为 52.4 m，砂砾岩层厚度平均为 28.8 m，储层岩性主要为细砂岩和中砂岩，含砾砂岩和砂砾岩次之。储集岩成分以凝灰岩岩屑(35%)为主；矿物碎屑中石英含量为 19.6%，长石为 13.3%；填隙物中杂基主要为高岭石-泥质；胶结物以方解石为主；胶结类型主要为孔隙式，胶结程度中等；磨圆程度主要为次棱角状。

齐古组黏土矿物主要为伊/蒙混层(38%)、高岭石(29.7%)，其次为绿泥石、伊利石。

八道湾组黏土矿物主要为高岭石(42.0%)，其次为伊利石(23.5%)、伊/蒙混层(21.2%)。

二、储层物性和含油性

齐古组和八道湾组油藏均具有“高孔、高渗、高含油饱和度”的特点。J_3q_2 层油层分析孔隙度为 23.5%～42.7%，平均为 31.9%；油层分析渗透率为(60.1～31 594.5)×10^{-3} μm^2，平均为 1 698.9×10^{-3} μm^2。J_3q_3 层油层分析孔隙度为 20.2%～34.6%，平均为 28.4%；油层分析渗透率为(30.0～29 246.7)×10^{-3} μm^2，平均为 1 207.7×10^{-3} μm^2。J_1b 层油层分析孔隙度为 18.12%～34.68%，平均为 27.08%；油层分析渗透率为(80.38～52 775.4)×10^{-3} μm^2，平均为 792.3×10^{-3} μm^2。

齐古组 J_3q_2 层含油饱和度最高，在 53.3%～77.1%之间，平均为 71%；J_3q_3 层含油饱和度较低，在 43.6%～76.2%之间，平均为 65.3%；八道湾组含油饱和度在 52.3%～76.4%之间，平均为 68.2%。

三、孔隙结构特征

J_3q_2 层以粒间溶孔和原生粒间孔为主；J_3q_3 层以粒间溶孔为主，其次为原生粒间孔；八道湾组以粒间溶孔为主，其次为粒内溶孔和原生粒间孔。

J_3q_2 层最大孔喉半径为 57.14 μm，平均为 27.07 μm，属于粗喉道，毛管半径为 0.13～

0.21 μm。J_3q_3层最大孔喉半径为 99.5 μm，平均为 23.78 μm，属于粗喉道，毛管半径为 0.1～29.89 μm，平均为 8.22 μm；饱和度中值压力为 0.09～5.91 MPa，平均为 1.18 MPa。八道湾组最大孔喉半径为 54.632 μm，平均为 17.84 μm，属于粗喉道，毛管半径为 0～16.25 μm，平均为 6.04 μm；饱和度中值压力为 0～6.11 MPa，平均为 2.13 MPa。

四、储层非均质性

1. 岩性非均质性

3 套含油层(J_3q_2组、J_3q_3组和八道湾组)岩性主要为细砂岩、中细砂岩，含砾不等粒砂岩和砂砾岩次之。各层底部均以砂砾岩为主，砂岩和含砾不等粒砂岩次之，岩性组合比较复杂；中上部以砂岩为主，全区沿河道连片分布，纵向连续性和纵向连通性都较好，也有部分厚度薄的砂砾岩层在砂岩层中作为物性夹层呈透镜状分布，厚度较大时延伸距离可达 1 km 以上，可成为隔层，对砂岩油层的连续性造成一定的影响；顶部发育泥岩或砂质泥岩层，厚度较大且分布稳定，横向连续，是本区稠油油藏的有利盖层。整体上，各含油层均为正旋回沉积，储层岩性自下而上由粗变细，在不同区域和井点有一些变化，表明层内储层岩性的分布具有一定的非均质性，其中八道湾组比齐古组非均质性严重。

2. 物性非均质性

层间岩性和胶结程度的非均质性造成了层间物性的非均质性，其中 J_3q_2层物性最好，平均孔隙度为 32%，平均渗透率为 1 783×10^{-3} μm^2；J_3q_3层介于中间，平均孔隙度为 29.7%，平均渗透率为 1 069×10^{-3} μm^2；八道湾组物性相对差一些，平均孔隙度为 27.8%，平均渗透率为 746.7×10^{-3} μm^2。层内不同岩性的物性具有一定差异，其中细砂岩和中砂岩孔隙度最大(＞26%)、渗透率最高(＞780×10^{-3} μm^2)，其次为粗砂岩和含砾砂岩(孔隙度大于 22%、渗透率大于 600×10^{-3} μm^2)，砂砾岩储层物性较差(孔隙度小于 20%、渗透率小于 300×10^{-3} μm^2)。平面上，由于沉积环境和岩性控制储层物性，各小层孔隙度和渗透率平面变化大，分布复杂，高值区基本呈透镜状分布。

另外，层间渗透率变异系数等储层物性非均质参数差异也较大。其中，渗透率变异系数为 0.11～5.23，平均为 1.27；突进系数为 0.14～5.75，平均为 1.41；渗透率级差为 1.12～32.6，平均为 9.1。这表明层间和层内储层物性非均质性均较严重。

3. 含油饱和度非均质性

层内不同岩性的含油性差异较大，其中细砂岩和中砂岩含油饱和度在 70%以上，明显高于含砾砂岩和砂砾岩(砂砾岩含油饱和度在 60%以下)。

4. 油层分布及非均质性

齐古组：剖面上油层主要发育在 $J_3q_2^{2-1}$＋$J_3q_2^{2-2}$层、$J_3q_2^{2-3}$层和 J_3q_3层，层内夹层厚度小或不发育，油层连续性较好($J_3q_2^{2-1}$＋$J_3q_2^{2-2}$层、$J_3q_2^{2-3}$层和 J_3q_3层油层系数分别为 0.75，0.85 和 0.89)，单层连续厚度较大，在 2.5～33.7 m 之间，平均为 8.3 m，多数井连续油层厚度在

4 m 以上，最高达到 35 m 以上；平面上油层厚度在 0.5～41.4 m 之间，平均为 13.5 m，其中重 32、重 37、重 1、重 59 井和风重 010 井区域大于 15 m，且纵向上连续分布（图 2-2-1～图 2-2-3）。

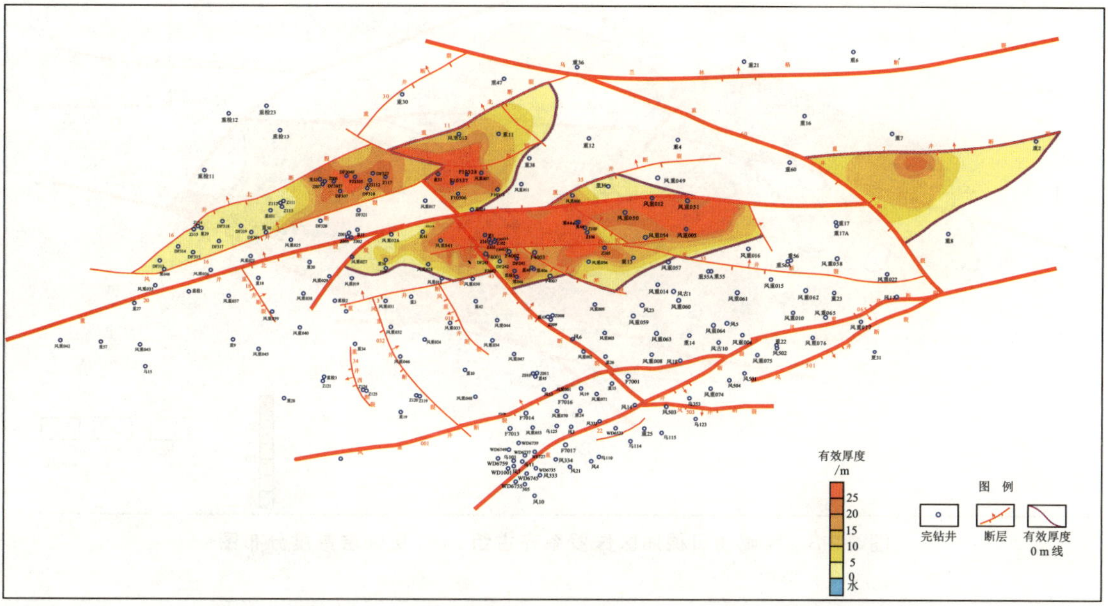

图 2-2-1　风城油田稠油侏罗系齐古组 $J_3q_2^{2\text{-}1}+J_3q_2^{2\text{-}2}$ 层油层厚度分布图

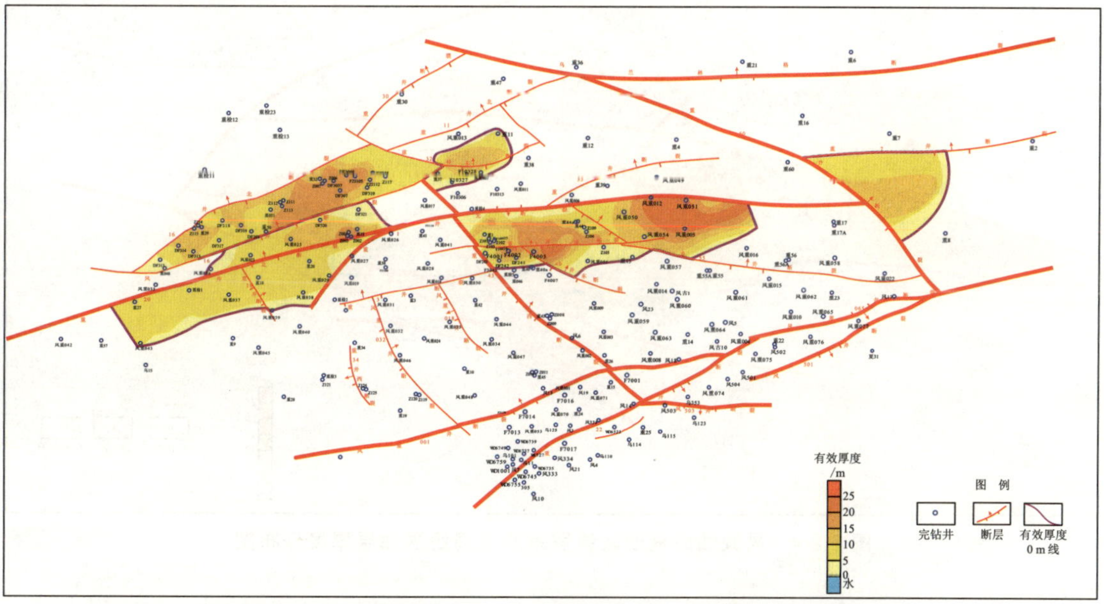

图 2-2-2　风城油田稠油区侏罗系齐古组 $J_3q_2^{2\text{-}3}$ 层油层厚度分布图

八道湾组：剖面上油层主要发育在 J_1b_{2+3} 和 J_1b_4 层，顶部的 J_1b_1 层为泥岩和泥质砂岩，底部的 J_1b_5 层为砂砾岩和砾岩，基本不发育油层；平面上油层分布整体受构造、断裂和岩性控制，分布比较复杂，油层厚度在 0.5～20.3 m 之间，平均为 7.5 m，多数井油层厚度大于

5 m，在重 18 井区北部区域油层厚度相对集中（图 2-2-4）。

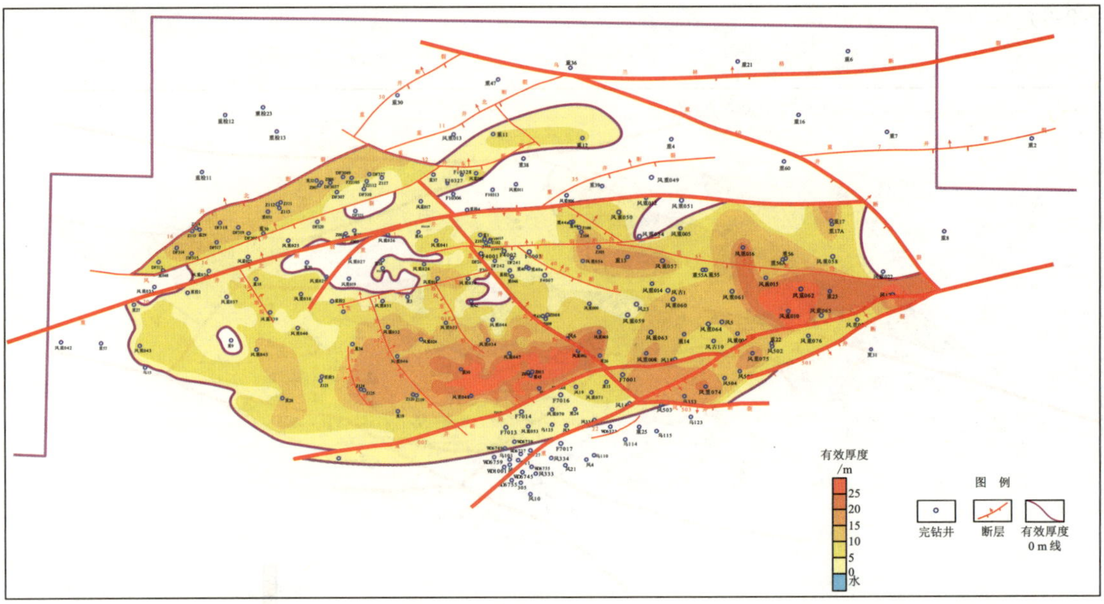

图 2-2-3　风城油田稠油区侏罗系齐古组 J_3q_3 层油层厚度分布图

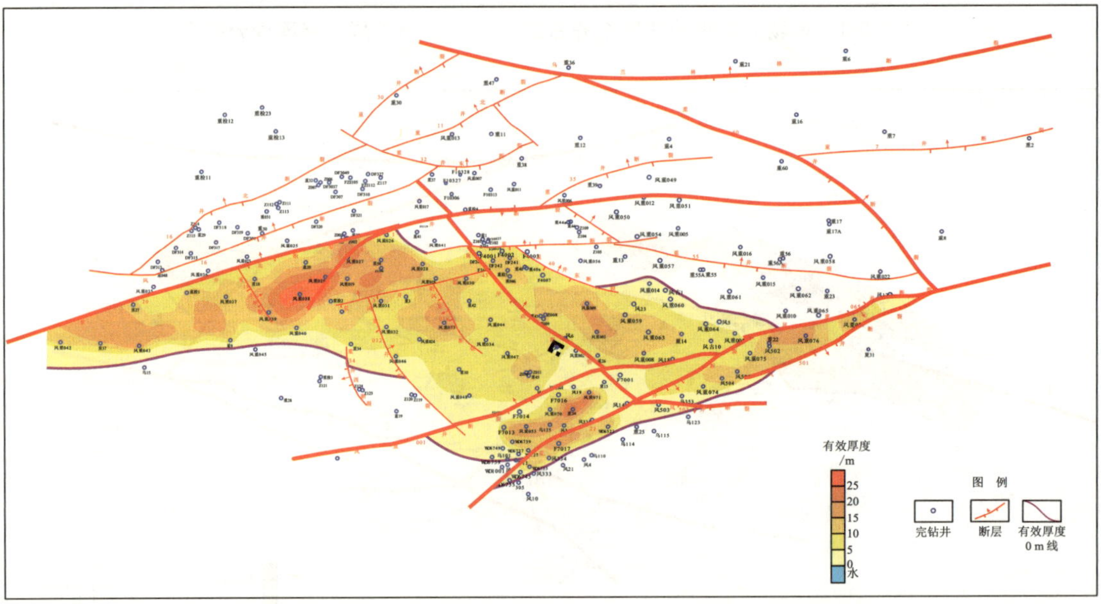

图 2-2-4　风城油田稠油区侏罗系八道湾组层油层厚度分布图

五、隔夹层分布特征

1. 隔夹层岩性、物性及分隔性

齐古组和八道湾组主要发育两类隔夹层：一类是物性隔夹层，岩性为泥质含量较高、胶结相对致密的砂砾岩和砾岩。当物性隔夹层厚度较小时，呈薄层状，孤立分布于油层内部，延伸距离短，一般小于 150 m；当厚度较大时，平面分布范围大，横向连通，形成隔层。另一类是岩性隔夹层，主要为粉砂质泥岩、泥岩和泥质粉砂岩，为非渗透层。

物性隔夹层最高孔隙度可达 24.9%左右，最高渗透率可达 $30\times10^{-3}\ \mu m^2$左右，具有一定的渗透性，当泥质含量高、胶结致密时，渗透性较低(在 $1\times10^{-3}\ \mu m^2$以下)，具有一定的分隔能力。岩性隔夹层以非渗透泥岩和泥质粉砂岩为主，具有很好的分隔性能。

2. 隔夹层分布特征

隔层：本区隔层主要为泥岩层。齐古组 $J_3q_2^{2-3}$层与 $J_3q_2^{2-1}+J_3q_2^{2-2}$层之间发育一套泥岩和泥质粉砂岩，厚度为 2.5～27.4 m，平均为 8.6 m，全区分布，是 $J_3q_2^{2-1}+J_3q_2^{2-2}$与 $J_3q_2^{2-3}$之间的有利隔层。J_3q_3层与 $J_3q_2^{2-3}$层之间也发育一套泥岩和泥质粉砂岩层，厚度为 0.5～25.5 m，平均为 17.5 m，覆盖全区，是 J_3q_3与 $J_3q_2^{2-3}$之间的有利隔层。八道湾组上部发育三工河组暗灰色泥岩和灰绿色泥质粉砂岩，厚度为 2～95 m，由北向南变厚，是八道湾组的有利盖层，也是八道湾组和齐古组之间的有利隔层。八道湾组 J_1b_{2+3}层底部发育一套冲积扇沉积的砂砾岩和砾岩层，J_1b_4层顶部泥岩层被冲刷后直接沉积在 J_1b_4层上部砂砾岩层上，厚度为 2.2～28.5 m，平均为 11.6 m，在八道湾组范围内均有分布，厚度由北向南变大，是 J_1b_{2+3}层与 J_1b_4层之间的隔层。

夹层：齐古组物性和岩性夹层数不多(一般小于 3 个)，厚度较小(一般在 2.0 m 以下)，尤其 $J_3q_2^{2-3}$和 J_3q_3层油层比较集中，夹层不发育。八道湾组岩性夹层数和厚度较小，但物性夹层比较发育，最大厚度可达 10 m 左右。平面上，齐古组物性夹层分布不稳定，但岩性夹层分布范围较广，延伸距离较长，厚度最大(2.5 m)的泥岩夹层延伸距离可达 500 m 以上。八道湾组岩性夹层不发育，物性夹层较发育，5 m 以上厚度的物性夹层延伸距离可达 800 m 以上。

六、储层敏感性与润湿性

八道湾组和齐古组都具有中等偏强水敏性、中等偏弱速敏性特点。

齐古组岩石水润湿指数为 0～0.36，平均为 0.07，油润湿指数多数为零，润湿性综合评价结果为中性—弱亲水性；八道湾组岩石水润湿指数为 0～0.66，平均为 0.17，油润湿指数多数为零，润湿性综合评价结果为中性—中亲水性。

第三节　风城油田油藏性质

一、原油性质

风城稠油具有高黏度、高密度、高凝固点、低蜡、低酸值、热敏感性强的特点，见表 2-3-1。

表 2-3-1 风城稠油原油性质参数统计表

层 位	密度 /(g·cm^{-3})	黏度(50 ℃) /(mPa·s)	含蜡量 /%	酸值 /(mg KOH·g^{-1})	凝固点 /℃	初馏点 /℃	胶质含量 /%	沥青质含量/%
J_3q_2	0.934 0～0.996 0	4 572～1 150 000	1.4	4.4	18	189	13.8	9.1
J_3q_3	0.903 6～0.985 0	1 284～684 000	1.1	3.2	17	185	16.3	8.3
J_1b	0.915 8～0.986 8	2 549～88 125	1.2	4.5	15	179	19.4	5.2

J_3q_2,J_3q_3和J_1b油层原油的密度、黏度、凝固点均较高，整体特征为中部区域黏度较低，东西部和南部区域黏度较高，尤其是东部黏度最高；纵向上八道湾组原油黏度较低，向上依次变高。

3 套油层的原油黏度对温度反应敏感，温度每升高 10 ℃，黏度降低 50%～70%，当温度达到 100 ℃时，原油黏度降至 1 000 mPa·s 以下，具有较好的流动性，如图 2-3-1 所示。

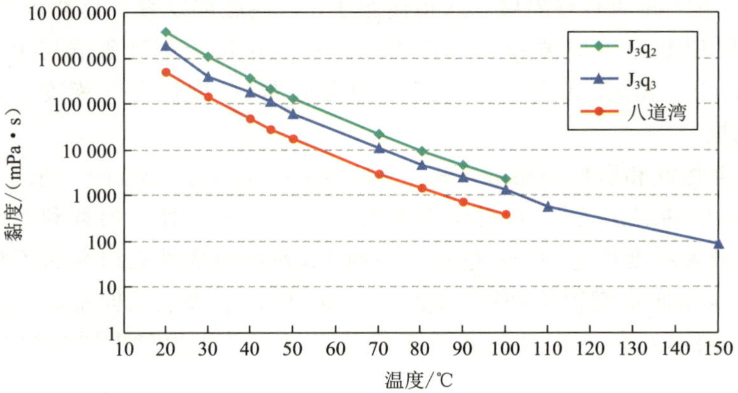

图 2-3-1 风城齐古组、八道湾组原油黏温曲线

二、油藏压力与温度

齐古组J_3q_2层、J_3q_3层和八道湾组油藏中部深度的地层压力分别为 2.88 MPa,5.26 MPa 和 5.74 MPa，温度分别为 19.02 ℃，24.55 ℃和 25.7 ℃，压力系数分别为 0.93，0.94 和 0.94。

三、油水分布及油藏类型

从平面油水分布来看，各断块构造高部位含油性较好，构造低部位含油性差或出水，但油水界面不完全与构造线一致，表明油水分布总体受构造控制，局部受岩性和物性控制。在储层内部，含油性的高低主要受岩性和物性控制。

综合分析，该区齐古组和八道湾组为断裂遮挡的构造岩性油藏。

第四节　风城油田开发情况

风城油田于 1983 年开始进行超稠油蒸汽吞吐试验，经历了以下 3 个阶段。

(1) 1983—1994 年：开展了直井吞吐和斜直水平井吞吐试验，取得了超稠油开采的初步认识。

(2) 2005—2007 年：选择原油黏度相对较低的重 43、重检 3 和重 32 井区，开辟了 3 个常规热采试验区，完钻热采试验井 318 口。其中，重 32、重 43 井区取得了较好的开发效果，油汽比在 0.2 以上。

(3) 2008—2011 年：① 在重 32 井区进行工业化开采，采用直井-水平井组合布井方式，完钻开发井 693 口，动用储量 2 176×10^4 t，累建产能 72.8×10^4 t，油汽比为 0.21，取得了较好的生产效果；② 在重 32(22 口井)和重 18 井区(38 口井)开辟了 2 个过热蒸汽试验区；③ 开辟了 2 个 SAGD 试验区，其中重 32 试验区于 2009 年 5 月转入 SAGD 生产，重 37 试验区于 2010 年 3 月转入 SAGD 生产。

(4) 2012 年—2022 年，在重 32 井区、重 1 井区、重 18 井区、重 22 井区开始 SAGD 规模开发，开发层位为侏罗系齐古组、八道湾组。截至 2023 年 10 月，共完钻双水平井 SAGD 269 井组(含 SAGD 先导试验区)，动用地质储量 3 646×10^4 t，年产油量 101×10^4 t，累计产油 897.26×10^4 t。

第三章
非均质 SAGD 泄油机理及理论模型建立

20 世纪 80 年代，加拿大 Butler 博士提出了海相均质油藏 SAGD 开采理论及技术。随着 SAGD 技术的逐渐成熟，开发的对象已逐步由均质油藏过渡为非均质油藏，这就需要有合理的理论指导，研究非均质 SAGD 泄油机理，建立重力泄油理论模型，揭示油藏内部蒸汽等热前缘扩展、油水运移及产出规律，建立适用于不同油藏条件的重力泄油通解模型，指导稠油开发生产实践。

第一节　强非均质对传统重力泄油理论的挑战

Butler 最早将重力泄油与长水平井的优势相结合，发明了 SAGD 技术。在大量室内物理模拟实验的基础上，Butler 建立了以斜坡泄油为特色的理论模型，并结合推进热源导热理论和原油黏温关系推导出均质油藏 SAGD 产量公式，预测了加拿大阿萨巴斯卡、冷湖、和平河等地区的典型产油速率，为大规模工业化应用奠定了坚实的理论基础。

Butler 在大量物理模拟实验研究的基础上，作出如下假设：

(1) 油藏为理想的各向同性均质多孔介质；

(2) 传热方式为蒸汽前缘热传导；

(3) 加热原油主要沿冷坡面下泄；

(4) 蒸汽前缘稳定恒速推进；

(5) 黏温关系可用简单的指数形式描述；

(6) 蒸汽腔内部为均匀饱和蒸汽压；

(7) 仅考虑原油在束缚水饱和度下的渗流；

(8) 恒温、恒压操作。

在上述假设基础上建立了经典斜坡泄油理论模型，如图 3-1-1 所示。

基于均质孔隙介质等假设，推导的产油速度公式如下：

$$q_o=\sqrt{\frac{kg\alpha\phi(S_o-S_{or})H}{m\nu_s}} \tag{3-1-1}$$

式中　q_o——单侧单位长度水平井产油速度，m^2/s；

k——渗透率，m^2；

g——重力加速度，m/s^2；

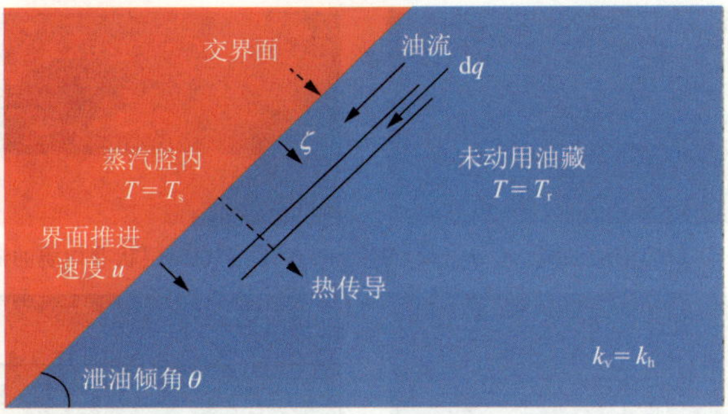

ζ—垂直于汽液界面的深度。

图 3-1-1　Butler 经典均质稠油油藏 SAGD 斜坡泄油理论模型

α——油藏热扩散系数，m^2/s；

ϕ——孔隙度；

S_o——初始含油饱和度；

S_{or}——残余油饱和度；

H——油层厚度(或有效泄油高度)，m；

m——黏温特征参数；

ν_s——蒸汽温度下原油运动黏度，m^2/s。

从油藏开发角度来看，随着原油的采出，油藏天然能量下降，开发效率降低。为了维持较高的产油速度，需要持续注汽来补充油藏能量。伴随着水平井生产，在井筒周围形成了特定压力场，在临界高度以下注汽会造成水平井蒸汽脊进。为了避免蒸汽脊进而造成浪费，同时维持较高的产液速度，需要维持合理的汽液界面高度，保证水平生产井附近高温低黏，从而实现阻汽排液的功能。汽液界面控制是 SAGD 实现高效开发的基本技术要求。

为了简化理论模型，Butler 做了一系列假设，其中最重要的是开发对象为完全理想的均质油藏，为此设计的室内物理模拟实验中使用同种孔隙介质填充($k_v=k_h$)。真实油藏条件一般不满足理想均质假设，新疆风城油田齐古组、八道湾组以正韵律沉积为主，储层为强非均质性储层(图 3-1-2)，不仅各向异性($k_i \neq k_j$)，且油层内垂向、水平方向渗透率都呈非均质特征，即 $k_{vi} \neq k_{hi}$，甚至垂向上展布一定厚度的非渗流层，或称夹层(图 3-1-3)。蒸汽腔上部

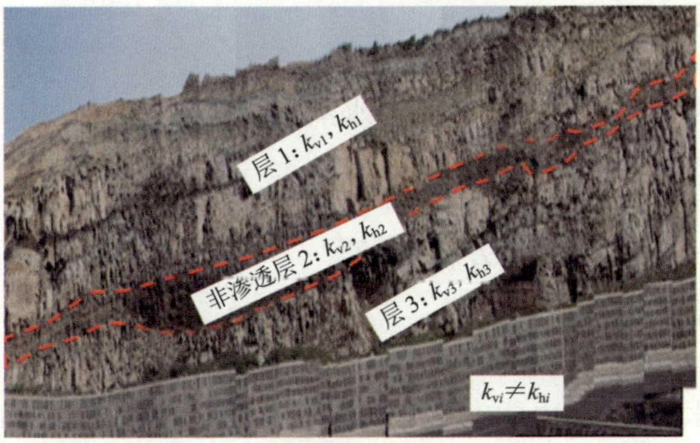

图 3-1-2　新疆风城油田油砂露头

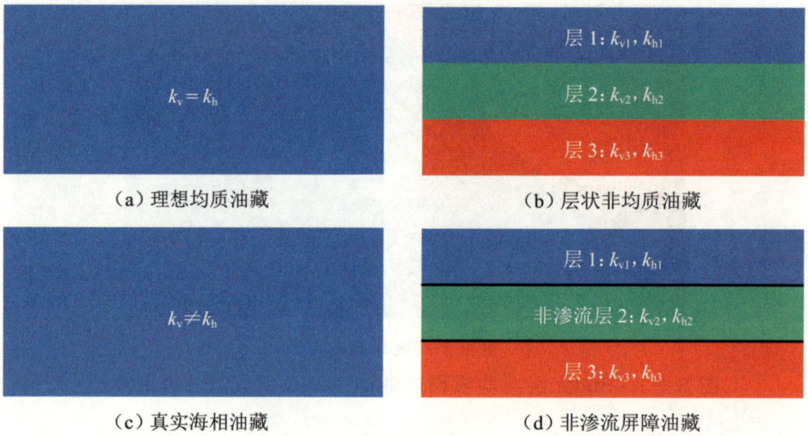

图 3-1-3　不同沉积模式形成的油藏渗透率分布模式

的夹层将成为一个额外的流动边界而不是传热边界。这些强非均质地质条件对 SAGD 开发过程有重大影响，是基础理论研究和油田生产不可回避的挑战。

第二节　物理模拟研究方法

为了加快研究特定方法采油的开发规律，一般采用室内模拟的研究方法。这就需要有合理的理论指导，以建立目标油藏与室内模型之间的关系。最基本的要求是两个体系内的主要物理过程相似、初始和边界条件相似。为了将油藏原型参数应用相似准则进行变换，得到一套模型控制参数，设计建造与原型相似的物理模型，进行注蒸汽采油物理模拟实验，将实验数据及实验现象整理分析，研究注蒸汽采油机理，揭示油藏内部蒸汽等热前缘扩展、油水运移及产出规律，指导稠油开发生产。物理模拟技术是开展 SAGD 开发机理研究的主要手段。鉴于热采开发方式的传热、传质特性，相关物理模拟实验对温度、压力、模型尺寸要求高，采用实验尺度的三维物理模拟装置再现油藏尺度的开发规律，需要创建相似物理模拟准则、模型设计、监测系统等关键方法和技术。

一、简化假设

(1) 油藏中仅存在三相，即油相、水相与水蒸气相；
(2) 没有组分进入或析出油相；
(3) 忽略岩石的压缩性和热膨胀性；
(4) Darcy 定律和 Fourier 定律有效；
(5) 系统处于局部热力学平衡；
(6) 与热能相比，动能、位能和黏性耗散能可忽略；
(7) 对于油相和水相，焓和内能本质上相等，且均为温度的线性函数；
(8) 蒸汽的内能和焓之间的差别可忽略，蒸汽区比焓随时间的变化率可忽略；
(9) 岩石的内能是温度的线性函数；

（10）在任何位置饱和蒸汽温度均为最高温度；

（11）假设油、水两种液体流动中的相互干扰完全由相对渗透率决定，与其他因素无关；

（12）残余油饱和度和束缚水饱和度为常数；

（13）假定水蒸气相的临界状态饱和度为零；

（14）不可动水和残余油的密度变化可忽略；

（15）假设孔隙度和渗透率均匀分布且渗透率各向同性。

二、蒸汽驱高压三维物理模拟相似准则数体系及其应用推导

根据描述注蒸汽采油物理过程的控制方程、边界条件及初始条件，应用检查分析法，推导获得注蒸汽采油高压三维物理模拟实验相似准则数体系。其中，控制方程主要包括连续方程、能量守恒方程、渗流方程（Darcy 定律）及毛管力方程；边界条件主要包括边界上的传质和传热条件，以及注入井热量注入速率条件；初始条件主要包括初始温度、压力及饱和度条件。

1. 蒸汽驱高压三维物理模拟相似准则数体系

蒸汽驱高压三维物理模拟相似准则数体系见表 3-2-1。

表 3-2-1　蒸汽驱高压三维物理模拟相似准则数体系

编　号	相似准则数	物理意义	模化参量
1	$\frac{L_y}{L_x},\frac{L_z}{L_x}$	几何尺寸之比	长　度
2	φ	油藏倾角	油藏倾角
3	$S_o,S_w,S_s,\phi,k_{ro},k_{rw},k_{rs}$	油藏地质参数	油藏结构
4	$\frac{\rho_o}{\rho_R},\frac{\rho_w}{\rho_R},\frac{\rho_s}{\rho_R},\frac{\mu_o}{\mu_s},\frac{\mu_o}{\mu_w},\frac{C_o}{C_R},\frac{C_w}{C_R},$ $\frac{\rho_{rr}C_{rr}}{\rho_R C_R},\frac{\rho_c C_c}{\rho_R C_R},\frac{\lambda_w}{\lambda_o},\frac{\lambda_{rr}}{\lambda_o},\frac{\lambda_c}{\lambda_o},$	物性参数	物性参数
5	$J=\frac{p_c}{\sigma\cos\theta}\sqrt{\frac{k}{\phi}}$	毛管力与界面张力之比	毛管力
6	$\frac{k\Delta p}{vL_x\mu_w}$	驱动力与黏性力之比	注采压差
7	$\frac{k\Delta\rho g}{v\mu_o}$	重力与黏性力之比	渗透率
8	$\frac{\alpha_o}{vL_x}$	导热与对流之比	速　度
9	$\frac{L_v}{C_r(T_j-T_r)}$	汽化潜热与油藏储能之比	注入量

表中，L_x 为 x 方向的特征长度，m；L_y 为 y 方向的特征长度，m；L_z 为 z 方向的特征长度，m；φ 为倾角，(°)；S 为饱和度；ϕ 为孔隙度；k 为渗透率，μm^2；ρ 为密度，kg/m^3；μ 为动力

黏度，Pa·s；C 为质量比热容，J/(kg·K)；λ 为导热系数，W/(m·K)；J 为 Leverett J 函数，表征渗透率与毛管力的函数；p_c 为毛管力，Pa；σ 为界面张力，N/m；θ 为流体界面润湿角，(°)；Δp 为压差，Pa；v 为速度，m/s；g 为重力加速度，m/s^2；k_r 为相对渗透率；L_v 为单位质量汽化潜热，J/kg；T 为温度，K 或℃；α 为热扩散率，m^2/s。下标：c 为盖岩层或底岩层；j 为相，如油、汽、水；o 为油/油相；s 为蒸汽；w 为水/水相；r 为油藏储层；rr 为油藏岩石；R 为用来得到无量纲参数的参考量。

2. 蒸汽驱高压比例物理模拟相似准则数体系应用推导

(1) 模型和原型采用同样的油-水体系，使物性参数及其随温度的变化自动按比例模化，可以认为模型与原型中的 μ_o，μ_w，μ_s，ρ_o，ρ_w，ρ_s，α_o 都相同。

(2) 对于热项 $\dfrac{\alpha_o}{vL}$，有 $(vL)_m=(vL)_f$。下标 m 和 f 分别表示模型和原型，式中 v 为表观速度，$v=q/A$（其中 q 为体积流量，A 为横截面积）。

(3) 对于毛管力与黏性力之比 $\dfrac{kp_c}{vL\mu_w}$，有 $\left(\dfrac{kp_c}{vL}\right)_m=\left(\dfrac{kp_c}{vL}\right)_f$，进而有 $(kp_c)_m=(kp_c)_f$。

(4) 对于重力与黏性力之比 $\dfrac{k\Delta\rho g}{v\mu_o}$，有 $\left(\dfrac{k}{v}\right)_m=\left(\dfrac{k}{v}\right)_f$。

(5) 综合(2)～(4)有 $\dfrac{p_{cm}}{p_{cf}}=\dfrac{k_f}{k_m}=\dfrac{v_f}{v_m}=\dfrac{L_m}{L_f}$，因此只要确定了 $\dfrac{L_m}{L_f}$，其他的量即可逐步确定。

(6) 对于 J 函数，由于 $\phi_m=\phi_f$，假设 $(\sigma\cos\theta)_m=(\sigma\cos\theta)_f$，则有 $(p_c\sqrt{k})_m=(p_c\sqrt{k})_f$，因此有 $\left(\dfrac{p_{cm}}{p_{cf}}\right)^2=\dfrac{k_f}{k_m}$，这与由毛管力与黏性力项得到的 $\dfrac{p_{cm}}{p_{cf}}=\dfrac{k_f}{k_m}$ 相矛盾。

(7) 对于(6)所得结果，有两种处理办法：① 舍弃毛管力的模化，其结果对研究高黏度油(100 000 mPa·s)完全无影响，但对中等黏度油(10 000 mPa·s 以下)模型试验的采收率偏于乐观；② 对表面张力做如下改变，$\dfrac{\sigma_m}{\sigma_f}=\sqrt{\dfrac{L_m}{L_f}}$，这样毛管力、黏性力、重力、导热与对流都可以模化，但这必将对出现在其他比例项中的性质产生影响。

三、SAGD 高压三维物理模拟相似准则数体系及其应用推导

1. SAGD 高压三维物理模拟相似准则数体系

SAGD 高压三维物理模拟相似准则数体系见表 3-2-2。

表 3-2-2　SAGD 高压三维物理模拟相似准则数体系

编　号	相似准则数	物理意义	模化参量
1	$\dfrac{w}{h}$，$\dfrac{w}{L}$	几何尺寸之比	长　度
2	φ	油藏倾角	油藏倾角

续表

编　号	相似准则数	物理意义	模化参量
3	$S_o, S_w, S_s, \phi, k_{ro}, k_{rw}, k_{rs}$	油藏地质参数	油藏结构
4	$\frac{\rho_o}{\rho_R}, \frac{\rho_w}{\rho_R}, \frac{\rho_s}{\rho_R}, \frac{\mu_o}{\mu_s}, \frac{\mu_o}{\mu_w}, \frac{C_o}{C_R}, \frac{C_w}{C_R}$ $\frac{\rho_{rr}C_{rr}}{\rho_R C_R}, \frac{\rho_c C_c}{\rho_R C_R}, \frac{\lambda_w}{\lambda_o}, \frac{\lambda_{rr}}{\lambda_o}, \frac{\lambda_c}{\lambda_o},$	物性参数	物性参数
5	$\frac{\alpha t}{h^2}$	傅里叶数 F_o,非稳态传热深度	时　间
6	$\sqrt{\frac{kgh}{\alpha \Delta S_o m \nu_s}}$	B_3 准则数,即无因次生产时间与非稳态导热无因次时间之比	渗透率
7	$\frac{i_s t}{\phi \Delta S_o \rho L^3}$	注汽量与可动油量之比	注汽速度

表中,w 为水平井间距,m;h 为有效泄油高度,m;L 为水平井长度,m;ΔS_o为可动油饱和度;m 为原油黏温特征参数;i_s 为注汽质量流速,kg/s;t 为注汽时长,s;ν_s 为蒸汽运动黏度,m^2/s。

2. SAGD 高压三维物理模拟相似准则数体系应用推导

(1) 模型和原型采用同样的油-水体系,使物性参数及其随温度的变化自动按比例模化,可以认为模型与原型中的 $\mu_o, \mu_w, \mu_s, \rho_o, \rho_w, \rho_s, \alpha_o, i_s, \Delta S_o, m$ 都相同。

(2) 对于尺寸相似准则数 $\frac{w}{h}$ 和$\frac{w}{L}$,有$\frac{w_m}{w_f}=\frac{h_m}{h_f}=\frac{L_m}{L_f}$。

(3) 对于 B_3 准则数 $\sqrt{\frac{kgh}{\alpha \Delta S_o m \nu_s}}$,有$\frac{k_m}{k_f}=\frac{\left(\frac{h}{\alpha \Delta S_o m \nu_s}\right)_f}{\left(\frac{h}{\alpha \Delta S_o m \nu_s}\right)_m}$,根据(1),可得$\frac{k_m}{k_f}=\frac{h_f}{h_m}$。

(4) 对于傅里叶数 $\frac{\alpha t}{h^2}$,有$\frac{t_m}{t_f}=\frac{\left(\frac{\alpha}{h^2}\right)_f}{\left(\frac{\alpha}{h^2}\right)_m}$,根据(1),可得$\frac{t_m}{t_f}=\left(\frac{h_m}{h_f}\right)^2$。

(5) 对于注汽量与可动油量之比 $\frac{i_s t}{\phi \Delta S \rho L^3}$,有$\frac{(i_s)_m}{(i_s)_f}=\frac{\left(\frac{\phi \Delta S \rho L^3}{t}\right)_m}{\left(\frac{\phi \Delta S \rho L^3}{t}\right)_f}$,根据(1),可得$\frac{(i_s)_m}{(i_s)_f}=\frac{L_m}{L_f}$。

(6) 对于(2)～(5),只要确定了 $\frac{L_m}{L_f}$,模型渗透率、生产时间和注汽质量流速均可逐一确定。

四、应用局限性

上述相似准则的应用局限包括:

(1) 对于地层温度下原油黏度小于 1×10^4 mPa·s 的稠油油藏，由于毛管力相对于黏性力不可忽略，所以使用上述相似准则进行的注蒸汽高压三维比例物理模拟实验的采收率偏于乐观。

(2) 相似比例因子一般小于 200，如果比例参数选取得过大，即模型尺寸过小，则将影响对关键实验现象的捕捉，实验效果不佳。

(3) 温度分布模化有限：① 没有引入饱和蒸汽温度-压力关系；② 油藏模型与原型传热方式存在差异，实验室模型与油藏原型中两种换热方式即导热与对流换热的比例关系不同。

第三节　SAGD 高温高压三维物理模拟实验

一、重力泄油机理模拟实验

1. 物理模拟实验装置

SAGD 物理模拟实验使用提高采收率国家重点实验室的标志性设备——高温高压注蒸汽三维比例物理模拟实验系统(图 3-3-1)，其具体参数如下：

(1) 高压舱尺寸为 ϕ800 mm×1 800 mm；

(2) 最大模型尺寸为 1 600 mm(长)×500 mm(宽)×400 mm(高)；

(3) 最高实验压力为 20 MPa；

(4) 高压舱内最高温度为 80 ℃；

(5) 模型内腔最高温度为 350 ℃；

(6) 最高注入蒸汽温度为 400 ℃；

(7) 最高注入蒸汽压力为 15 MPa；

(8) 最大蒸汽注入速度为 300 mL/min。

图 3-3-1　高温高压注蒸汽三维比例物理模拟实验装置图

2. 实验装置的构成

图 3-3-2 为新型高温高压注蒸汽三维比例物理模拟实验系统示意图。该实验装置由注入系统、模型系统、数据采集与控制系统、采出系统四部分组成。

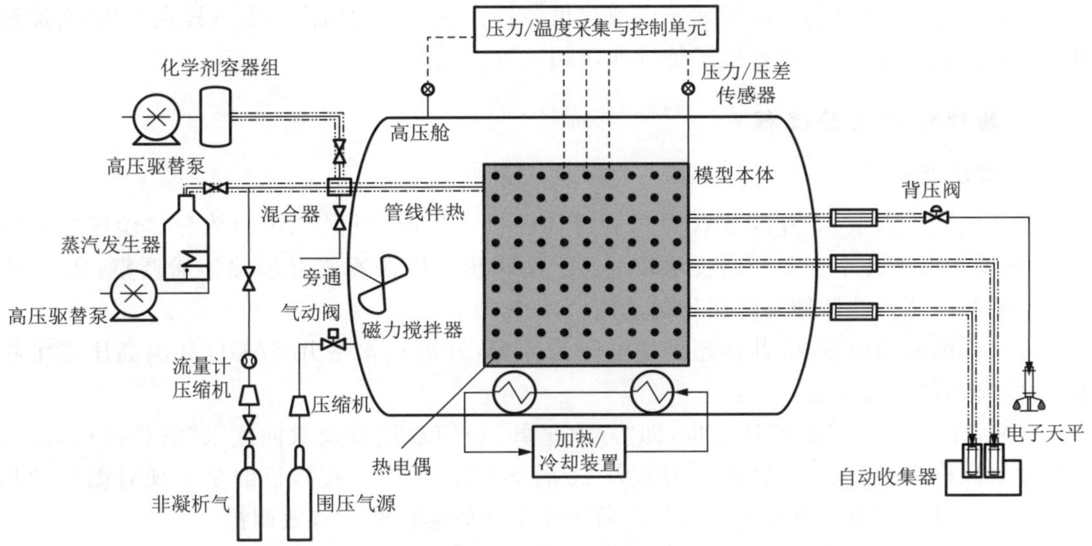

图 3-3-2　高温高压注蒸汽三维物理模拟实验系统示意图

1）注入系统

注入系统主要由蒸汽发生装置及驱替计量装置组成，包括：蒸汽发生装置、高压驱替泵、流量计、实验系统主控计算机等。蒸汽发生装置的最高工作温度为 350 ℃，最高注汽压力为 20 MPa，单台最大产汽量为 400 mL/min；高压驱替泵的最高输出压力为 40 MPa；流量计的输出范围为 10～200 L/min，计量精度为±1%。

2）模型系统

模型系统主要由高压舱、模型本体、围压系统、舱内温控系统组成。高压舱采用卧式布置，质量为 10 t，内部尺寸为 ϕ800 mm×1 800 mm。模型本体置于高压舱内，最大尺寸为 1 600 mm（长）×500 mm（宽）×400 mm（高），能够模拟不同油藏厚度（10～80 m），模拟水平井段长度为 10～800 m。模型本体结构具有以下特点：

（1）采用薄壁（壁厚小于 2 mm）不锈钢焊接而成，在实验过程中模型壁可与岩石流体同步收缩膨胀。

（2）端盖采用法兰密封，可开启，便于模型岩芯装填及剩余油砂取样。

（3）模型内可布置 500 个热电偶及 30 个压力测点，以测量实验中三维温度场、压力场的变化。

（4）围压系统和舱内温控系统用于模拟实际油藏温度与压力环境。

3）数据采集与控制系统

数据采集与控制系统由硬件及软件组成。硬件部分主要基于美国 NI 公司的 RXIe-1075 高精度数据采集平台，实现通道温度采集、电流信号采集、电压信号采集、b4 路源输入/输出等；《实验过程监测与控制软件》为自主研发软件，可实时采集并存储实验流程中的压力、温度、流量及开关量信号，根据所设置的实验条件，实现高压舱围压、蒸汽干度、流体注入与采出等的自动控制。

4）采出系统

稠油采出液经换热冷却后进入收集计量装置。对于超稠油实验，针对其黏度高、回压阀易堵塞的问题，自主研制了超稠油采出液收集装置。该装置利用高压氮气提供背压，将原油直接举升至收集瓶中，有效替代了传统回压阀装置。

3. 物理模拟实验流程

1）实验背景

新疆风城油田重 32 井区 SAGD 试验区均已投入生产，根据 SAGD 先导试验区的运行状况，需要在以下几个方面开展技术攻关：① 循环预热阶段水平井段热连通调整；② 生产阶段水平井段蒸汽腔调控及储层均匀动用。

以新疆风城油田重 32 井区超稠油油藏为原型，开展双水平井 SAGD 高温高压三维物理模拟实验研究，其特点在于：

（1）尝试采用“三双”管柱结构，即“双水平井、长短双油管及双向注采”管柱结构，配合多种注采操作方式（包括 4 种预热方式及 20 种 SAGD 生产方式），目的是实现对循环预热阶段水平井段热连通的有效调整及生产阶段水平井段蒸汽腔的有效调控。

（2）基于本实验提出的注蒸汽采油物理模型热损失比例模化方法，科学合理地设计 SAGD 油藏模型周壁及顶底保温结构，目的是在室内最大限度地模拟现场原位蒸汽腔的扩展规律。

2）实验流程

SAGD 高温高压三维物理模拟实验流程分为 3 个阶段：实验准备阶段、实验阶段及实验结果分析阶段。

实验准备阶段主要包括实验方案设计、模型及高压舱准备；实验阶段涉及填砂、饱和水、饱和油、初始压力场及温度场建立、模型预热、泄油实验等；实验结果分析阶段涉及剩余油分析、采出液分析、温度场分析、压力场分析、流度场分析、历史拟合等。

SAGD 高温高压三维物理模拟实验流程的具体操作步骤以及方法如图 3-3-3～图 3-3-5 所示。

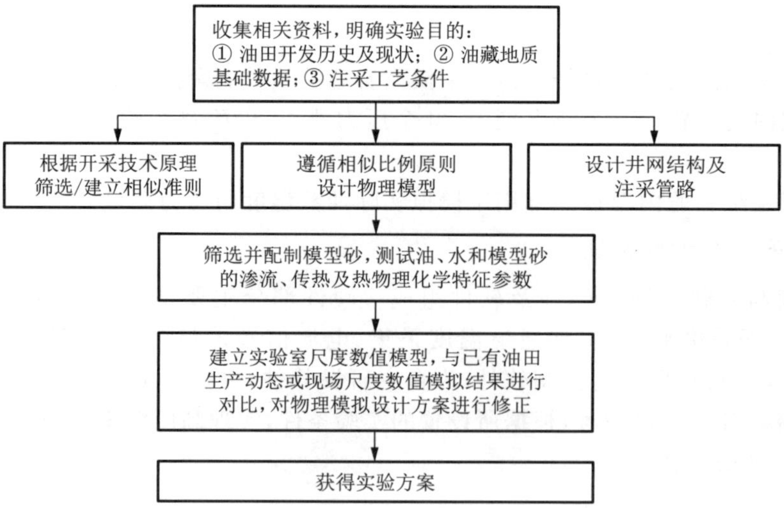

(a) 实验方案设计

图 3-3-3　实验准备阶段操作步骤及方法

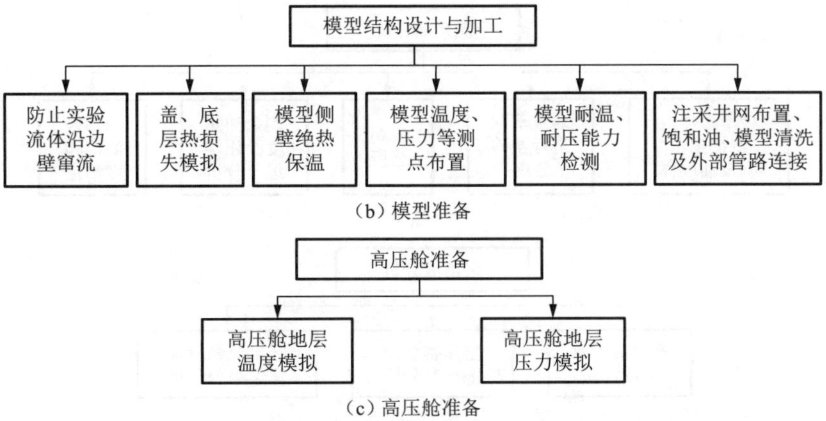

图 3-3-3（续） 实验准备阶段操作步骤及方法

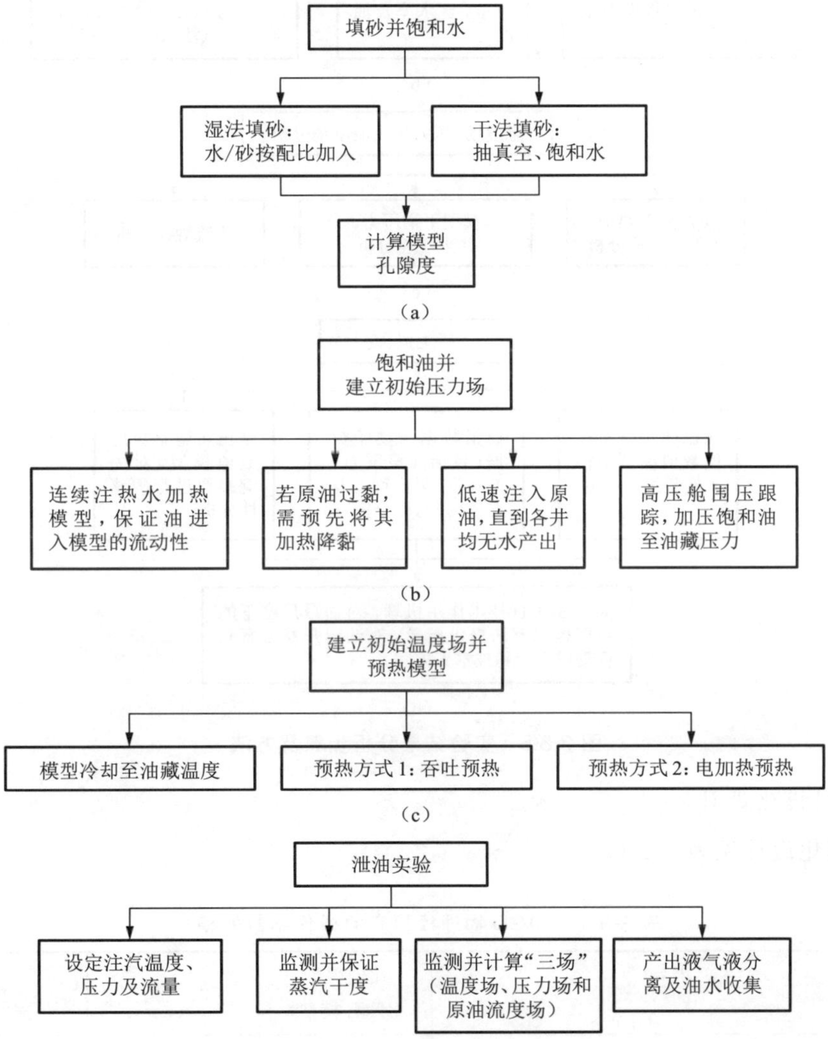

图 3-3-4 实验阶段操作步骤及方法

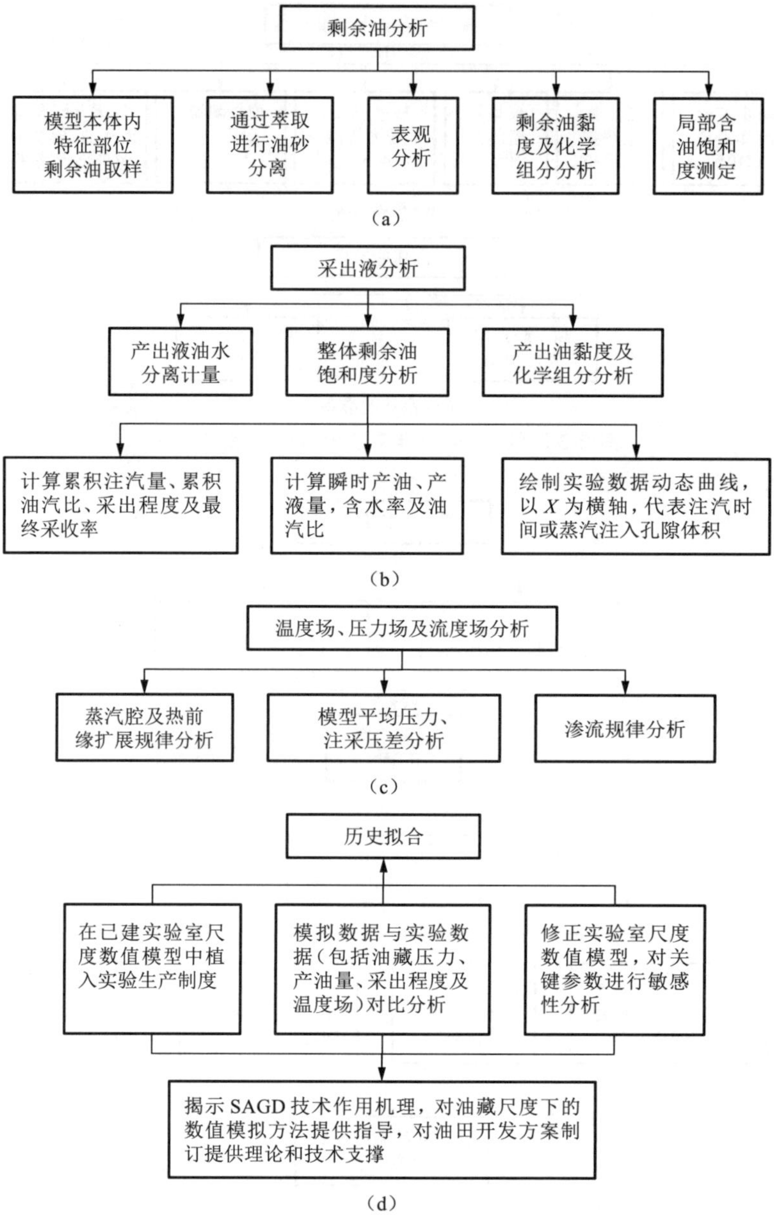

图 3-3-5　实验结果分析步骤及方法

3）比例模化设计

比例模化设计见表 3-3-1。

表 3-3-1　SAGD 物理模拟实验操作参数的模化

阶　段	参　数	比例因子（原型/模型）	原　型	模　型
全　段	时　间	R^2	1 a	13.14 min
			1 d	0.036 min

续表

阶 段	参 数	比例因子（原型/模型）	原 型	模 型
初始阶段	初始油藏压力	1	2.45 MPa	2.2 MPa
	初始油藏温度	1	17.9 ℃	25 ℃
循环预热阶段	注汽速度(CWE)	R	25～30 m^3/d	87～104 mL/min
	井底蒸汽干度	1	＞0.7	＞0.7
	循环预热压力	—	3.0～3.2 MPa	略高于 2.2 MPa
	转 SAGD 时间	R^2	60～70 d	2.2～2.6 min
生产阶段	蒸汽腔操作压力	1	2.0～2.2 MPa	2.2 MPa
	稳定生产阶段优化注汽速度	R	50～60 m^3/d	174～208 mL/min
	注汽温度	1	217.3 ℃	217.3 ℃
	生产时间	R^2	11 a	144.54 min
	井底蒸汽干度	1	＞0.95	＞0.95
	注采压差	约 R	0.5 MPa	约 10 kPa

注：CWE 为冷水当量(cold water equivalent)。

4. 实验结果分析

根据蒸汽腔发育特征(图 3-3-6)，结合产油量、含水率等实验数据，可将 SAGD 开发阶段分为 4 个阶段，即循环预热阶段、蒸汽腔上升阶段、蒸汽腔扩展阶段和蒸汽腔下降阶段。下面分析每个阶段蒸汽腔的发育特征和生产规律。

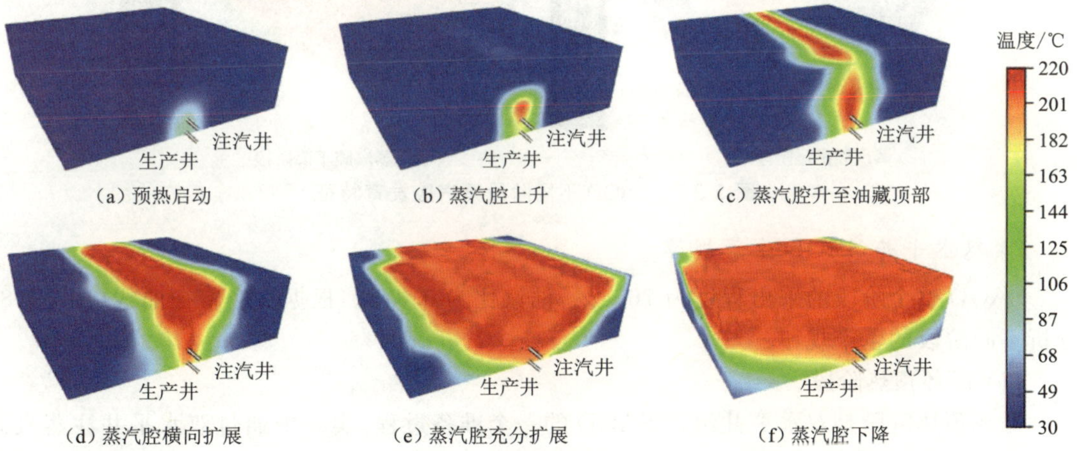

图 3-3-6 双水平井 SAGD 典型蒸汽腔发育实验结果

1) 双水平井 SAGD 蒸汽腔发育特征

(1) 循环预热阶段。

通过循环预热在井间建立起热连通，使原油达到流动温度(图 3-3-7a)。

(2) 蒸汽腔上升阶段。

当上水平井开始注汽、下水平井开始生产时，蒸汽在超覆作用下向油藏上方发展，并且纵向上升速度明显高于横向扩展速度(图 3-3-7b)。

(3) 蒸汽腔扩展阶段。

当蒸汽腔达到油藏顶部后，蒸汽腔开始横向扩展，形成一个上宽下窄的倒三角形蒸汽腔(图 3-3-7c)。蒸汽腔通过热传导作用将周围油藏加热，原油黏度迅速降低。蒸汽区周围油层中的原油由于重力作用沿蒸汽腔与原油交界面向下流动并进入水平生产井，与界面处蒸汽凝结水一起从油藏中采出。

(4) 蒸汽腔下降阶段。

当蒸汽腔横向扩展至油层顶部两侧边界时，随着蒸汽的继续注入，蒸汽腔开始缓慢向下发展(图 3-3-7d)。最后下水平生产井上方基本被蒸汽腔充满，水平生产井有蒸汽突破，产油量急剧下降，含水率高达 98%以上，SAGD 过程结束。

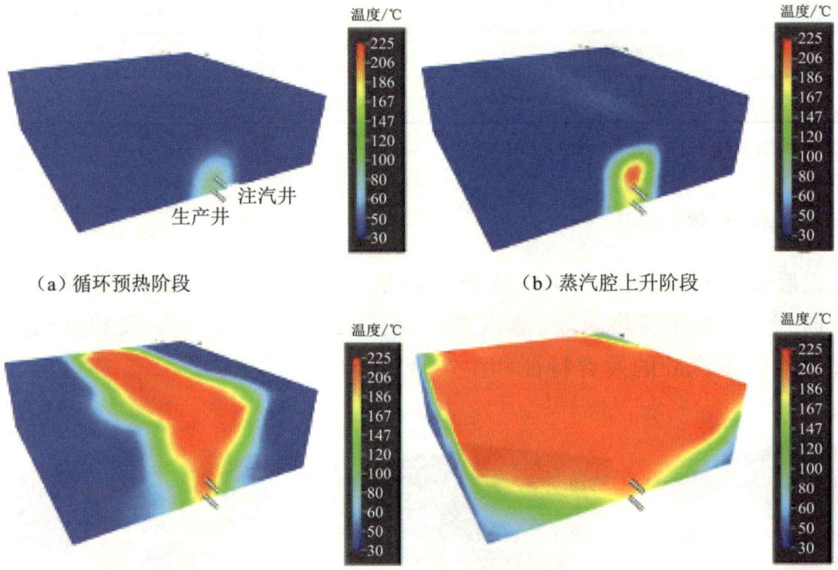

(a) 循环预热阶段　(b) 蒸汽腔上升阶段　(c) 蒸汽腔扩展阶段　(d) 蒸汽腔下降阶段

图 3-3-7　SAGD 不同阶段蒸汽腔发育特征

2) 双水平井 SAGD 生产规律

SAGD 整个阶段的采出程度为 76.4%，油汽比为 0.376。根据生产特征曲线(图 3-3-8)分析不同阶段的生产规律：

(1) 循环预热阶段。

循环预热阶段是双水平井组合 SAGD 的一个准备过程，实验中通过双水平井注蒸汽循环达到热连通的目的。循环结束后水平井井间连通温度为 100 ℃，压力为 3 MPa。

(2) 蒸汽腔上升阶段。

蒸汽腔上升阶段作用机理为重力泄油，含水率下降至 70.3%，阶段采出程度为 4.0%。

(3) 蒸汽腔扩展阶段。

蒸汽腔扩展阶段的含水率主要在 70%左右波动，阶段采出程度为 49.5%。

(4) 蒸汽腔下降阶段。

蒸汽腔下降阶段的含水率由 70%逐渐上升至 90%左右，阶段采出程度为 22.9%。

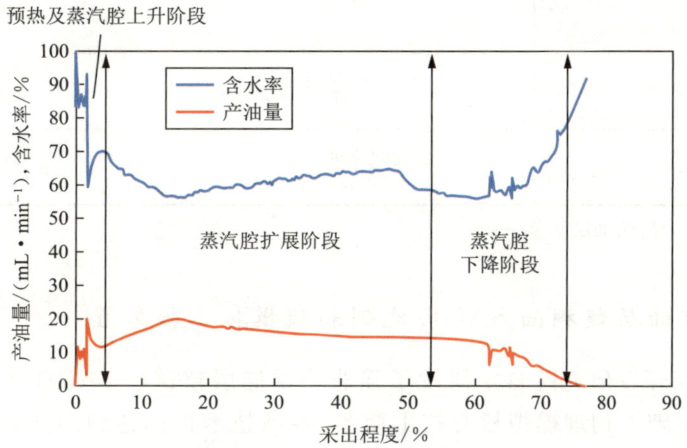

图 3-3-8 双水平井组合 SAGD 产油量、含水率曲线

本组物理模拟实验以新疆风城油田重 32 井区齐古组为研究对象，建立了水平井“双油管”模型，首次成功开展了双水平井 SAGD 重大先导试验室内物理模拟研究，完整刻画了蒸汽辅助重力泄油蒸汽腔发育全过程，包括循环预热、蒸汽腔上升、蒸汽腔扩展及蒸汽腔下降。该项研究的开展深化了对双水平井 SAGD 开采机理和生产动态规律的认识，明确了 SAGD 先导试验下一步优化调整的方向，为我国超稠油双水平井 SAGD 先导试验及商业化应用提供了重要的理论与技术指导。

二、夹层遮挡模拟实验

1. 非均质油藏比例模化方法

为了开展强非均质超稠油 SAGD 比例物理模拟实验，首要问题就是针对夹层展布带来的非均质性，建立合理的比例模化方法，将夹层对传热的影响进行合理刻画。基于等效传热深度原理，创立了夹层物性及厚度的相似准则数，建立了夹层热扩散系数等热物性参数及夹层厚度的比例模化关系(表 3-3-2)，形成了室内模型实验中夹层的选择标准。该方法破解了厘米级夹层按传统方法无法合理模化的困境，形成多夹层的注蒸汽物理模拟方法，为室内实验中夹层的物性筛选、制备、布展提供了理论基础和灵活的处理方案。除了非均质问题，比例模拟还要满足边界条件相似、主要物理过程和作用机理相同等要求。为了实现传热边界相似，对比了有限厚度与半无限大传热条件差异，提出了模型热损失相似比例模拟方法，根据实验时间和温度条件，设计了差异化的壁面热损失方案，解决了蒸汽腔充分扩展并合理反应热损失的矛盾。为了满足模型实验和矿场生产物理过程相似的要求，综合考虑了重力泄油过程中的导热与对流、重力与黏性力、井筒摩擦力与黏滞力之间的关系。在此基础上，提出了非均质油藏重力泄油相似比例准则体系，建立了油藏尺度到实验室尺度的模化关系。

表 3-3-2 夹层相似比例模化准则表

参　数	准则数	物理意义
夹层热物性 α	$\frac{\alpha t}{h^2}$	传热深度
夹层厚度 h		
夹层宽度 W、垂向位置 H	$\frac{W}{W_o}\frac{H}{H_o}$	几何相似
夹层渗透率 k	$\frac{k\Delta\rho g}{v\mu}$	重力与黏性力比

注：W_o 为油层宽度，H_o 为油层厚度。

2. 强非均质储层超稠油 SAGD 比例物理模拟实验装置

中国石油勘探开发研究院自主研发了强非均质储层超稠油 SAGD 比例物理模拟实验装置(图 3-3-9)，突破了物理模拟核心技术瓶颈，各项技术指标达到国际领先水平。该装置可根据目标油藏特征，灵活布置隔夹层。模型本体尺寸达到 ϕ800 mm×1 800 mm，为大型复杂非均质油藏注采模拟创造了条件。模型最高操作压力为 20 MPa，可满足绝大部分注蒸汽开发过程的研究需要。该装置可实时监测 512 个温度、16 个压力、2 个流量数据，判断流体相态，辅助进行 sub-cool 控制。此外，其他特点包括全程高温高压可视、模型自压实、模拟长曲形井对、复杂管柱结构等。该装置可满足强非均质超稠油注蒸汽开发、均匀高效启动、强差异汽液界面控制、加密井网以及化学剂、非凝结气等辅助 SAGD 研究需要。

图 3-3-9 强非均质储层超稠油 SAGD 比例物理模拟实验装置

3. 强非均质储层超稠油 SAGD 比例物理模拟实验结果

由实验结果(图 3-3-10)发现，井间及井对上方展布较大的夹层可导致受影响水平段无法动用。注汽井上方展布相对较小的夹层对蒸汽腔发育有抑制作用，蒸汽腔与之接触后向侧向扩展，绕过它继续向上部发育，并与相邻蒸汽腔融合，但蒸汽腔在垂向上的扩展速度较不受夹层干扰水平段低。夹层展布越大、离注采井距离越近，对 SAGD 的负面作用就越大。沿水平井分布多个夹层时，整体泄油速度和油汽比均有所下降。经过充分长的开发时间后，蒸汽腔不断扩展、融合，相对无夹层条件，热能输送效率降低，最终波及范围有所下降，残余油饱和度上升，采出程度降低。

从蒸汽腔发育速度来看，遇到夹层前，由于蒸汽超覆作用，蒸汽腔在垂向上的扩展速度高于水平方向。当蒸汽腔逐渐逼近上方夹层时，由于传热深度逐渐降低，垂向扩展速度有所下降。当蒸汽腔发育到夹层下部后，其垂向发育受阻，但水平方向扩展速度加快。蒸汽腔绕过夹层边缘后继续在垂向和横向上发育，由于蒸汽超覆，垂向扩展速度高于水平方向，但整体扩展速度相对于无夹层条件有所降低。

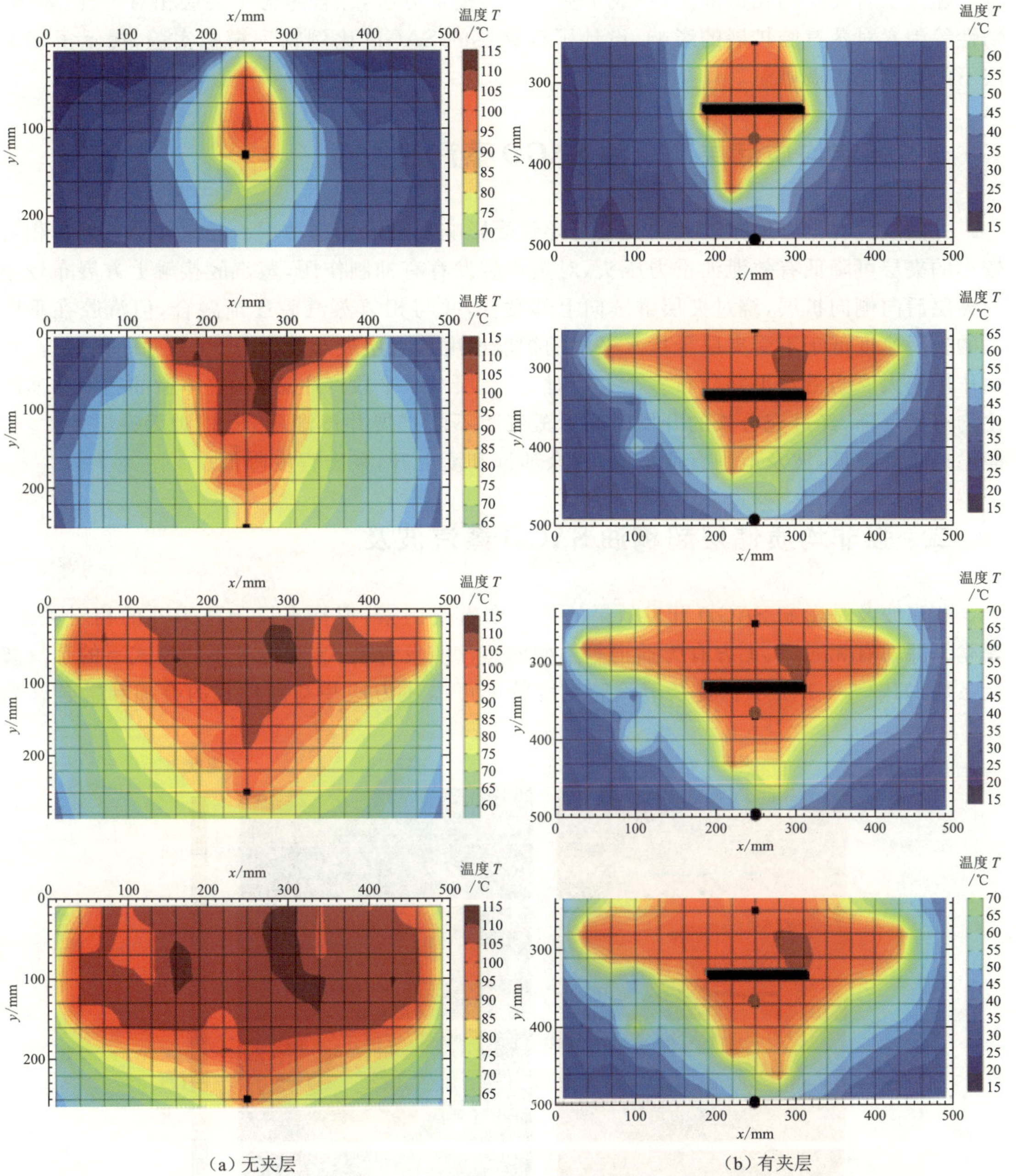

(a) 无夹层　　(b) 有夹层

图 3-3-10　夹层对 SAGD 蒸汽腔扩展对比实验研究

所研究平面垂直于注采水平井组

第四节　多渗流屏障下蒸汽腔发育规律

基于辫状河储层构型特点，创新强非均质 SAGD 全过程物理模拟技术，以传热深度为核心建立了含夹层的相似准则，形成了夹层实验模拟方法，综合考虑了夹层相对位置、大小、物性等因素对蒸汽腔扩展的影响，设计了含夹层的 SAGD 比例物理模拟实验，揭示了多夹层下的蒸汽腔扩展机制。

一、强非均质储层超稠油 SAGD 蒸汽腔发育

井间及井对上方展布较大的夹层可导致受影响水平段无法动用。注汽井上方展布相对较小的夹层可降低有效泄油重力压头，对蒸汽腔发育有抑制作用，蒸汽腔接触上方展布较小的夹层后向侧向扩展，绕过夹层继续向上部发育，并与相邻蒸汽腔逐渐融合，但汽腔在垂向上的扩展速度低于不受夹层干扰水平段的扩展速度。夹层展布越大、离注采井距离越近，负面作用越大。当沿水平井分布多个夹层时，各夹层对水平段产生影响，整体泄油速度和油汽比均有所下降，经过充分长的开发时间后蒸汽腔不断扩展并逐渐融合，相对无夹层条件，热能输送效率降低，波及范围有所下降，残余油饱和度上升，采出程度降低。

二、强非均质储层超稠油 SAGD 蒸汽波及

蒸汽波及是影响 SAGD 开发效果的另一个重要因素，根据夹层与注采井的相对关系，建立了井间有无通道、上方有无通道等不同的蒸汽腔发育模式，对比了不同模式下的蒸汽波及系数，如图 3-4-1 所示。复杂蒸汽腔发育特征可描述为这些基础模式的叠加和融合。当

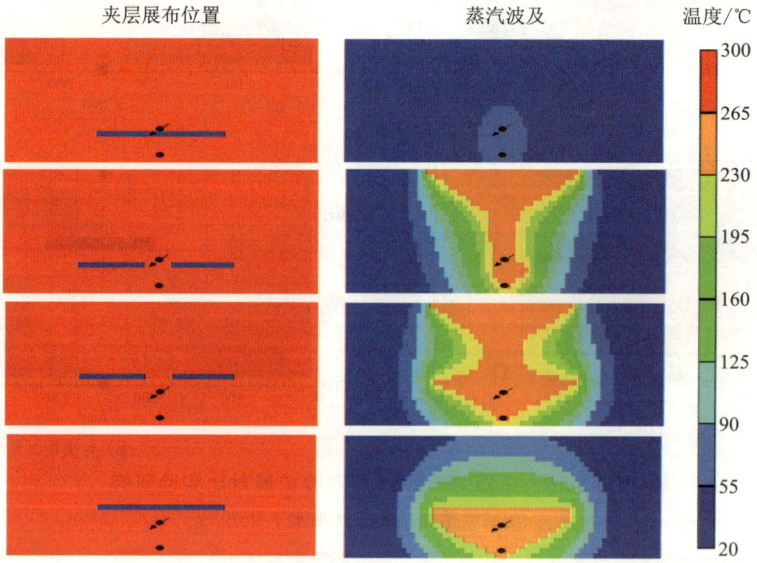

图 3-4-1　4 种蒸汽腔发育模式下的蒸汽波及范围

注采井间展布连续夹层而无法建立有效连通时，蒸汽腔难以发育，蒸汽波及系数为 0%；当井间有夹层，但存在一定的流动通道时，蒸汽腔可以发育，但受到一定的限制，蒸汽波及系数为 55%。当夹层展布出现在注汽井上方，但没有对蒸汽超覆形成直接遮挡时，蒸汽腔发育受到的影响相对较小，蒸汽波及系数可达到 68%；当夹层出现在注汽井上方，且完全阻碍了蒸汽超覆时，蒸汽腔只能以夹层为顶界，横向扩展，蒸汽波及系数相对较低，只有 35%。通常由于夹层展布，其上方部分区域没有足够的泄油驱动力，易成为泄油死角，蒸汽无法波及。另外，夹层导致有效泄油高度降低，根据重力泄油理论，在相同开发时间下残余油饱和度相应提高。因此，总体来说夹层导致采出程度下降。

第五节　重力泄油理论模型的修正

一、强非均质储层超稠油 SAGD 泄油理论推导

为了研究储层非均质性的影响，需要改进经典的均质油藏 SAGD 泄油理论，建立新的前缘泄油模型。

1. 各向异性储层内泄油方向的等效渗透率

根据多孔介质的渗流矢量关系，可得泄油倾角 θ：

$$v_l = v_h \cos\theta + v_v \sin\theta \tag{3-5-1}$$

结合达西定律：

$$\frac{k_l}{\mu}\nabla p_l = \frac{k_h}{\mu}\nabla p_h \cos\theta + \frac{k_v}{\mu}\nabla p_v \sin\theta \tag{3-5-2}$$

因此，流动方向的等效渗透率 k_l 为：

$$k_l = k_h \cos\theta \frac{\nabla p_h}{\nabla p_l} + k_v \sin\theta \frac{\nabla p_v}{\nabla p_l} \tag{3-5-3}$$

而

$$\frac{\nabla p_h}{\nabla p_l} = \cos\theta, \qquad \frac{\nabla p_v}{\nabla p_l} = \sin\theta \tag{3-5-4}$$

因此 k_l 可表示为：

$$k_l = \frac{k_v + k_h \cot^2\theta}{1 + \cot^2\theta} \tag{3-5-5}$$

式中　v_l——沿泄油坡面方向流速，m/s；

v_h——水平向流速，m/s；

v_v——垂直向流速，m/s；

∇p_l——沿泄油坡面方向压力梯度，Pa/m；

∇p_h——沿水平向压力梯度，Pa/m；

∇p_v——沿垂直向压力梯度，Pa/m；

k_l——沿泄油坡面方向等效渗透率，m^2；

k_h——水平渗透率，m^2；

k_v——垂向渗透率，m^2；

θ——泄油坡面倾角，(°)。

2. 含渗流屏障的非均质储层等效渗透率

为了简化问题，引入垂向和水平方向等效渗透率、有效泄油重力压头等参数，刻画多夹层（图3-5-1）下重力泄油物理过程，建立非均质储层重力泄油理论模型（图3-5-2）。根据非均质储层内各微元的垂向渗透率 k_{vi}、热物性、厚度 h_i 得到垂向等效渗透率 k_v：

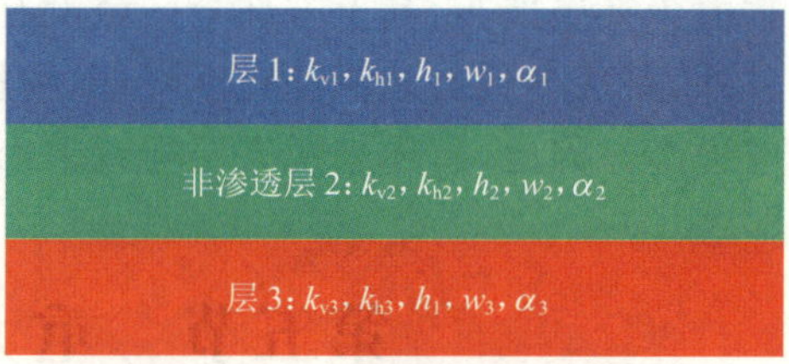

图 3-5-1　非均质油藏示意图

$$k_v = \frac{\alpha_0 H}{\sum[h_i/(k_{vi}\alpha_i)]} \tag{3-5-6}$$

式中　α_0——平均热扩散系数；

H——有效泄油重力压头，反映重力泄油过程的主要驱动力；

α_i——第 i 层热扩散系数。

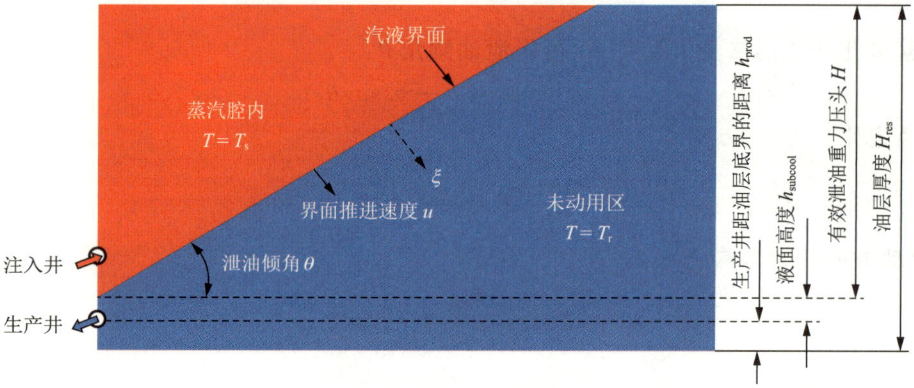

图 3-5-2　重力泄油示意图

根据非均质储层内各微元的水平渗透率 k_{hi}、热物性 α_i、宽度 w_i 得到水平等效渗透率 k_h：

$$k_h = \frac{\alpha_0 W}{\sum[w_i/(k_{hi}\alpha_i)]} \tag{3-5-7}$$

$$W = \sum w_i$$

式中　W——油层总宽度；

w_i——第 i 层油层宽度。

3. 强非均质储层 SAGD 泄油速度

沿泄油前缘，应用达西渗流关系：

$$dq = \frac{k_1 k_{rocw}(d\zeta \times 1)(\rho_o - \rho_g) g \sin\theta}{\mu} \tag{3-5-8}$$

式中 k_{rocw}——束缚水条件下的油相相对渗透率;

ζ——垂直汽液界面深入油藏的距离,m;

ρ_o,ρ_g——油相和气相密度,kg/m^3;

μ——原油黏度,mPa·s;

θ——汽液界面倾角(泄油倾角),对应不同开发阶段泄油前缘位置,反映垂向和水平向渗透性对重力泄油的贡献,(°)。

泄油前缘为非稳态传热,根据传热学原理,有:

$$\frac{\partial T^*}{\partial t^*} - \frac{\partial T^*}{\partial \zeta^*} - \frac{1}{p_{eT}}\frac{\partial^2 T^*}{\partial \zeta^{*2}} = 0 \tag{3-5-9}$$

其中:

$$t^* = \frac{tu}{H}, \quad \zeta^* = \frac{\zeta}{H}, \quad p_{eT} = \frac{uH}{\alpha_{res}}$$

式中 T^*——无量纲温度;

t^*——无量纲时间;

ζ^*——无量纲距离;

p_{eT}——描述热扩散的佩克莱数;

t——时间,s;

u——前缘推进速度,m/s;

H——油层厚度,m;

α_{res}——油藏热扩散系数,m^2/s。

为了处理方便,将温度 T 无量纲化:

$$T^* = \frac{T - T_r}{T_s - T_r} \tag{3-5-10}$$

假设泄油前缘处传热符合推进线热源传热模型,则有如下传热关系:

$$T^* = \exp(-P_{eT}\zeta^*) \tag{3-5-11}$$

对于稠油,应用指数型黏温关系:

$$\frac{1}{\nu^*} = c(T^*)^m \tag{3-5-12}$$

式中 ν^*——无量纲原油运动黏度;

c——黏温关系中的修正系数;

m——黏温关系中的指数。

SAGD 双水平井泄油一般形成两个坡面,为了研究方便,只关注一侧。综合以上关系,可以得到单边单位长度水平井泄油速度 $\dot{q}_o$:

$$\dot{q}_o = \frac{ck_1 k_{rocw} g\alpha \sin\theta}{m\nu_s u} \tag{3-5-13}$$

式中 ν_s——蒸汽温度下原油运动黏度,m^2/s;

k_1——泄油方向渗透率,m^2;

α——油藏热扩散系数,m^2/s。

根据质量守恒关系，有：

$$\frac{1}{u}=\frac{H\phi(S_o-S_{or})}{\dot{q}_o\sin\theta} \tag{3-5-14}$$

联立以上两式，可得水平井泄油速度：

$$\dot{q}_o=\sqrt{\frac{ck_{rocw}g\alpha H\phi(S_o-S_{or})}{mu_s}(k_v\sin^2\theta+k_h\cos^2\theta)}$$

$$q_o=2L\dot{q}_o=2L\sqrt{\frac{ck_{rocw}g\alpha H\phi(S_o-S_{or})}{mu_s}(k_v\sin^2\theta+k_h\cos^2\theta)} \tag{3-5-15}$$

式中 q_o——水平井泄油速度，m^3/s；

L——水平井长度，m。

4. 强非均质储层 SAGD 泄油油汽比

根据能量守恒关系（图 3-5-3），有：

$$\dot{Q}_{LH\_inj}=\dot{Q}_{HL\_OB}+\dot{Q}_{oil\text{-}zone}+\dot{Q}_{cham}+\dot{Q}_{steam\_SC} \tag{3-5-16}$$

式中 $\dot{Q}_{LH\_inj}$——注入蒸汽携带的潜热；

$\dot{Q}_{HL\_OB}$——损失到盖层的热量；

$\dot{Q}_{oil\text{-}zone}$——传导到油藏的热量；

$\dot{Q}_{cham}$——蒸汽腔内增加的热量；

$\dot{Q}_{steam\_SC}$——因 sub-cool 控制不当而产出蒸汽携带的热量。

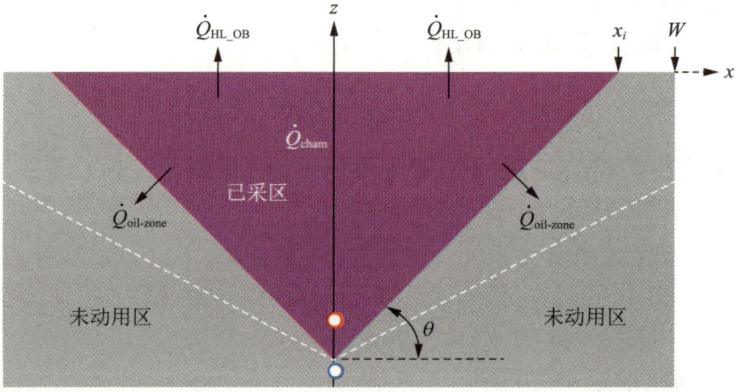

图 3-5-3 蒸汽腔内的能量衡算

注入蒸汽携带的潜热 $\dot{Q}_{LH\_inj}$ 为：

$$\dot{Q}_{LH\_inj}=\dot{m}_{st}fL_v \tag{3-5-17}$$

式中 $\dot{m}_{st}$——注入蒸汽质量流量；

L_v——单位质量蒸汽潜热，J/kg。

损失到盖层的热量 $\dot{Q}_{HL\_OB}$ 为：

$$\dot{Q}_{HL\_OB}=\frac{8L\kappa_{OB}(T_s-T_r)}{\sqrt{\pi\alpha_{OB}t}}\frac{\int_0^t\dot{q}_o\mathrm{d}t}{\phi H(S_o-S_{or})} \tag{3-5-18}$$

式中　κ_{OB}——盖层导热系数，W/(m·K)；

α_{OB}——盖层热扩散系数，m^2/s。

传导到油藏的热量 $\dot{Q}_{oil\text{-}zone}$ 为：

$$\dot{Q}_{oil\text{-}zone}=\frac{\kappa_{res}(T_s-T_r)q_o}{\phi\alpha_{res}(S_o-S_{or})} \tag{3-5-19}$$

式中　κ_{res}——油藏导热系数。

蒸汽腔内增加的热量 $\dot{Q}_{cham}$ 为：

$$\dot{Q}_{cham}=\frac{(1-S_{or}-S_{wr})\rho_s tL_v q_o}{S_o-S_{or}} \tag{3-5-20}$$

式中　ρ_s——蒸汽密度；

S_{wr}——汽腔内残余水饱和度。

瞬时油汽比 $ISOR$ 为：

$$ISOR=\frac{\dot{q}_o\rho_w fL_v}{\dot{Q}_{HL\_OB}+\dot{Q}_{oil\text{-}zone}+\dot{Q}_{cham}+\dot{Q}_{steam\_SC}} \tag{3-5-21}$$

累积油汽比 $CSOR$ 为：

$$CSOR=\frac{\rho_w Q_o}{Q_{heat\_0}+\int_0^t[(\dot{Q}_{HL\_OB}+\dot{Q}_{oil\text{-}zone}+\dot{Q}_{cham}+\dot{Q}_{steam\_SC})/(fL_v)]dt} \tag{3-5-22}$$

式中　Q_{heat_0}——预热阶段输入的热量；

$\dot{q}_o$——瞬时产油速率；

Q_o——累积产油量；

f——蒸汽干度。

二、强非均质储层超稠油 SAGD 泄油理论应用

当 $k_{vi}=k_{hi}$ 时，对式(3-5-15)进行简单处理可直接得到 Butler 产量公式，也就是说，Butler 理论模型是本理论方法的一个特例。当蒸汽腔遇到夹层后，垂向等效渗透率下降，泄油速度相应下降；当蒸汽腔绕过夹层后继续向上部发育时，垂向等效渗透率有所上升，泄油速度有所提高，但有夹层条件下的泄油速度总是低于无夹层的油藏。在相同注汽强度下，油汽比与泄油速度变化规律一致，即遇到夹层后下降，绕过夹层后有所上升。因为夹层降低了传热效率，所以相对于无夹层环境，夹层条件下的油汽比要更低。

根据强非均质储层超稠油 SAGD 泄油理论方法，预测了泄油速度与汽液界面倾角的关系，如图 3-5-4 所示。汽液界面倾角反映了蒸汽腔的发育阶段，在 Butler 均质油藏泄油速度模型中，随着蒸汽腔的扩展，汽液界面倾角减小，泄油面增大，同时泄油阻力相应增加，但看不出泄油速度与汽液界面倾角之间有明确关系。汽液界面倾角对于强非均质性油藏开发的意义重大，它决定了垂向和水平方向渗透率对泄油的贡献比重。汽液界面倾角越小，垂向渗透率对泄油的贡献越小，同时水平渗透率对泄油的贡献越大。对于大部分油藏，有 $k_h>k_v$。随着蒸汽腔的扩展，汽液界面倾角减小，泄油速度有所增大，而且 k_v/k_h 越小，泄油速度增大得越明显。另外，从图 3-5-4 中可以看出，在同样的蒸汽腔发育阶段，当汽液界面倾角相同

时，如果水平渗透率一致，则垂向渗透率越高，泄油速度越高。因此，有效改善和提高垂向渗透率有助于促进非均质油藏 SAGD 蒸汽腔扩展和泄油速度提高。

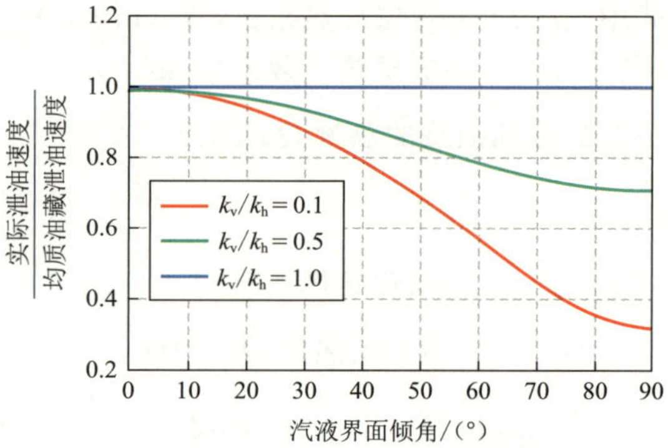

图 3-5-4 泄油速度与汽液界面倾角的关系

根据强非均质储层超稠油 SAGD 泄油理论方法，预测了泄油速度与夹层位置之间的关系，计算参数见表 3-5-1，结果如图 3-5-5 所示。图中的泄油速度做了归一化处理，将均质油藏的泄油速度作为比较基准；夹层的垂向高度也做了归一化处理，将油层厚度作为比较基准。当夹层离注汽井较近时，生产受到极大的不利影响，泄油速度非常低；随着夹层位置向油层顶部靠近，泄油速度受到的影响明显下降，尤其在油藏顶部，夹层对产油几乎没有影响。此外，通过对比可以看出，在夹层位置相同的前提下，汽液界面倾角越小，泄油速度越快，即蒸汽腔沿夹层下部展开规模越大，泄油速度越快。根据泄油速度与夹层相对位置的关系可知，改善井附近地带夹层渗透性是加速蒸汽腔扩展、融合的关键。

表 3-5-1 泄油速度与夹层高度间的关系计算参数表

参数名称		数　值
储　层	水平渗透率 $k_h/(10^{-3}\ \mu m^2)$	1 200
	垂向渗透率 $k_v/(10^{-3}\ \mu m^2)$	600
	厚度/m	20
	宽度/m	100
夹　层	水平渗透率 $k_h/(10^{-3}\ \mu m^2)$	50
	垂向渗透率 $k_v/(10^{-3}\ \mu m^2)$	25
	厚度/m	4
	宽度/m	2

根据强非均质储层超稠油 SAGD 泄油理论方法，预测了泄油速度与等效渗透率之间的关系，计算参数见表 3-5-2。由计算结果可知受夹层等非均质性因素的影响，当等效渗透率较低时，对应的泄油速度也较低；当等效渗透率得到改善时，泄油速度也显著提升。根据泄油速度与等效渗透率的关系可知，改善储层等效渗透性是加速蒸汽腔扩展、融合的关键。

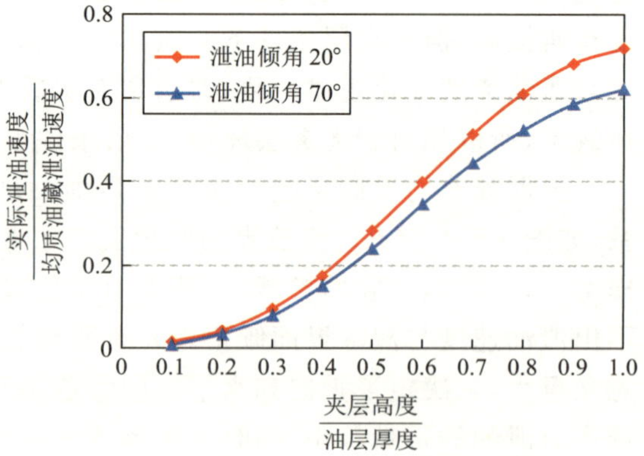

图 3-5-5 泄油速度与夹层高度的关系

总之，根据强非均质储层超稠油 SAGD 泄油理论方法，明确了提高等效渗透率（k_v，

表 3-5-2　泄油速度与等效渗透率间的关系计算参数表

参数名称	数　值
水平等效渗透率 k_h/(10^{-3} μm^2)	822
垂向等效渗透率 k_v/(10^{-3} μm^2)	558
油层厚度/m	20
油层宽度/m	100

k_h)、提高有效泄油重力压头是加速蒸汽腔扩展和泄油的关键，指导了井网和井型优化、储层多级扩容以及汽液界面控制技术的发展。针对不同类型夹层对 SAGD 开发的影响，形成了系列治理措施。对于井间展布的夹层，可通过升级扩容的方法应对；对于注汽井上方的夹层，使用多分支鱼骨井获取流动通道，提高垂向等效渗透率和有效泄油高度；对于侧向展布较大的夹层，采用加密直井、水平井，以驱泄结合的方式降低夹层对开发的不利影响。

第四章
强非均质储层构型研究

储层构型又称储层建筑结构，是指不同级次储层构成单元的形态、规模、方向及其叠置关系。自1985年著名河流学专家Miall提出储层构型的概念及研究方法以来，国内外很多学者对各种类型河流—三角洲砂体内部构型展开了研究，尤其在曲流河砂体方面取得了大量的研究成果，但是目前辫状河砂体储层内部构型研究成果主要集中于现代沉积及野外露头资料，而地下辫状河储层内部构型研究仍处于探索阶段，对储层内部构型的三维地质模型研究较少，难以满足应用储层三维构型进行油藏数值模拟的需要。为此，以新疆风城油田超稠油油藏SAGD试验区为例，结合野外露头研究成果，建立辫状河砂体内部构型三维地质模型，探讨辫状河砂体储层内部构型解剖方法，为SAGD试验区油藏工程优化研究和生产调控策略的制定提供地质依据。

第一节　精细等时地层格架的建立

一、研究区地层层次划分

风城油田SAGD先导试验区地层由大到小划分为8个层次（表4-1-1），分别为界、系、统、组、砂层组、小层、单层和韵律层。由于研究区较小，所以下面分述5～8层次。

表4-1-1　SAGD先导试验区地层划分对比表

<table>
<tr><th>界</th><th>系</th><th>统</th><th>组</th><th>砂层组</th><th>小　层</th><th>单　层</th><th>韵律层</th></tr>
<tr><td rowspan="8">中生界</td><td rowspan="8">侏罗系</td><td rowspan="8">上侏罗统</td><td rowspan="8">齐古组</td><td>J_3q_1</td><td>—</td><td>—</td><td>—</td></tr>
<tr><td rowspan="6">J_3q_2</td><td>$J_3q_2^1$</td><td>—</td><td>—</td></tr>
<tr><td rowspan="5">$J_3q_2^2$</td><td rowspan="2">$J_3q_2^{2-1}$</td><td>$J_3q_2^{2-1-1}$</td></tr>
<tr><td>$J_3q_2^{2-1-2}$</td></tr>
<tr><td rowspan="2">$J_3q_2^{2-2}$</td><td>$J_3q_2^{2-2-1}$</td></tr>
<tr><td>$J_3q_2^{2-2-2}$</td></tr>
<tr><td>$J_3q_2^{2-3}$</td><td>—</td></tr>
<tr><td>J_3q_3</td><td>—</td><td>—</td><td>—</td></tr>
</table>

1. 砂层组

砂层组代表一期相对连续的河道强化事件的完整记录，其顶部为一套稳定的河流漫溢泛滥泥岩沉积，下部为多套河道砂体的叠置，底部具有冲刷面及滞留沉积，其中 1 个或几个砂层组对应 1 个中期基准面旋回。

2. 小　层

风城油田 J_3q_2 砂层组划分为 2 个小层，一般小层之间具有稳定的泥质隔夹层，对应短期基准面旋回，其中 1 个短期基准面旋回对应油田上划分的 1 至几个小层。

3. 单　层

单层相当于超短期基准面旋回，为水动力相对稳定期形成的一套平面上相对连续的地层。对于一个单层，垂向上只出现一个河道砂体。研究区 $J_3q_2^2$ 小层划分为 3 个单层，分别为 $J_3q_2^{2\text{-}1}$，$J_3q_2^{2\text{-}2}$ 和 $J_3q_2^{2\text{-}3}$，其中 $J_3q_2^{2\text{-}1}$ 和 $J_3q_2^{2\text{-}2}$ 单层为本次研究的目的层段。

4. 单一韵律层

单一韵律层指的是心滩坝成因砂体内单一沉积韵律，为一地层成因增量或沉积能量单元，界面为成因砂体内的沉积间歇面或冲刷面，代表成因单元内部次一级沉积事件的开始或结束，相当于 Miall 的 3 级界面限定的构型单元。研究区目的层段分为 4 个韵律层，其中 $J_3q_2^{2\text{-}1}$ 和 $J_3q_2^{2\text{-}2}$ 单层各有 2 个韵律层。

二、河流相精细地层对比方法

基于高分辨率层序地层学理论，在三级层序的控制下，确定等时地层对比标志层，按照基准面旋回等时对比的原则，通过测井沉积旋回分析，确定地层叠置样式，并通过连井分析与多井闭合，建立精细等时地层格架。精细等时地层对比技术路线如图 4-1-1 所示。

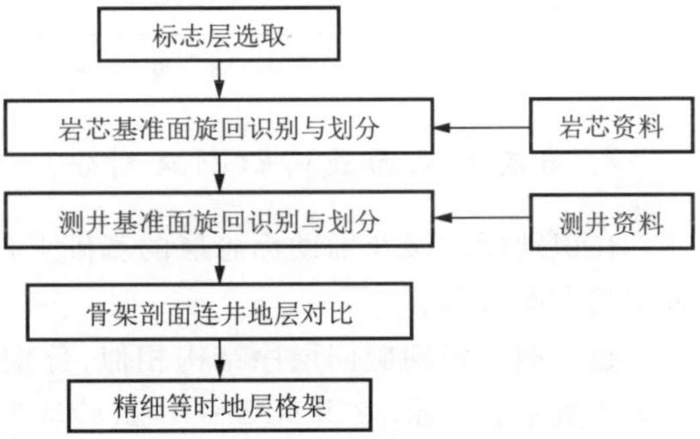

图 4-1-1　精细等时地层对比技术路线图

1. 标志层的选取

选取标志层、辅助标志层是河流相储层地层划分与对比的关键。

河流相沉积中的标志层发育较差，主要是因为河流相长期暴露在强氧化环境下，侧向相变剧烈，故化石分布范围小，层薄且测井响应不明显。在河流层系中，广泛分布的湖侵沉积可作为标志层，齐古组 $J_3q_2^{2\text{-}2}$ 单层底部发育稳定泥岩，曲线特征明显，电阻率曲线呈低值，自然伽马呈高值，自然电位无异常，所以可将其确定为对比标志层。在 $J_3q_2^2$ 小层的顶部发育一套稳定的泥岩盖层，曲线特征明显，电阻率曲线呈低值，自然电位位于泥岩基线，可将其作为辅助标志层。重 32 井区 SAGD 试验区标志层如图 4-1-2 所示，重 37 井区 SAGD 试验区标志层如图 4-1-3 所示。

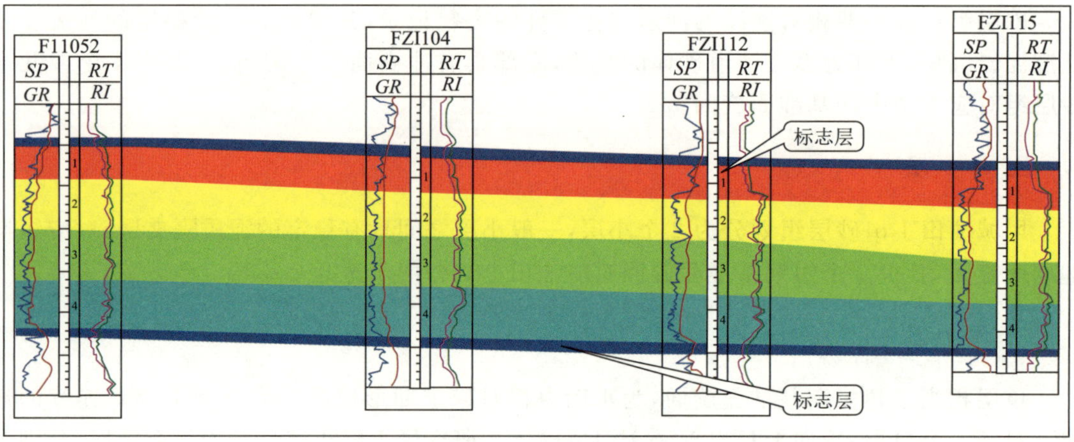

图 4-1-2 重 32 井区 SAGD 试验区地层对比标志层

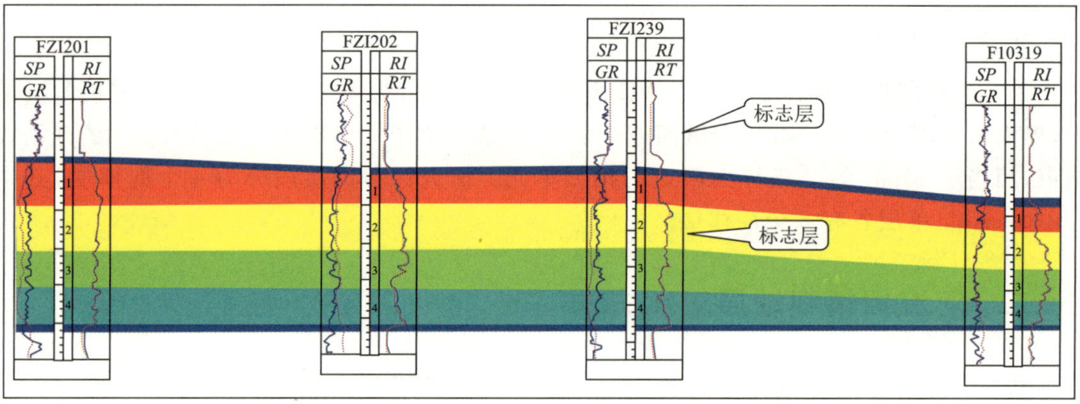

图 4-1-3 重 37 井区 SAGD 试验区地层对比标志层

2. 岩芯基准面旋回识别及划分

在识别标志层及辅助标志层的基础上，基于岩芯分析，在取芯井上识别并划分超短期和短期基准面旋回。

超短期和短期旋回层序结构相似，分别与 Vail 的Ⅵ级和Ⅴ级层序相当，厚度规模为数米至十数米级。重 32 井区 SAGD 试验区发育 4 个超短期旋回层序，每 2 个超短期旋回叠加组成了 2 个短期旋回层序。

根据研究区旋回发育特点，对重 32 井区取芯井进行单井基准面旋回识别，通过对取芯井岩芯的观察描述，识别出研究区以冲刷面为主要特征的旋回界面，并确定了超短期旋回和短期旋回的分层界线(图 4-1-4)。

3. 测井基准面旋回的确定

测井曲线基准面旋回的确定，特别是旋回界面的确定是在对取芯井段岩电标定的基础上进行的。基准面旋回的识别与对比主要依靠测井曲线，根据目的层段的岩性特点，以自然

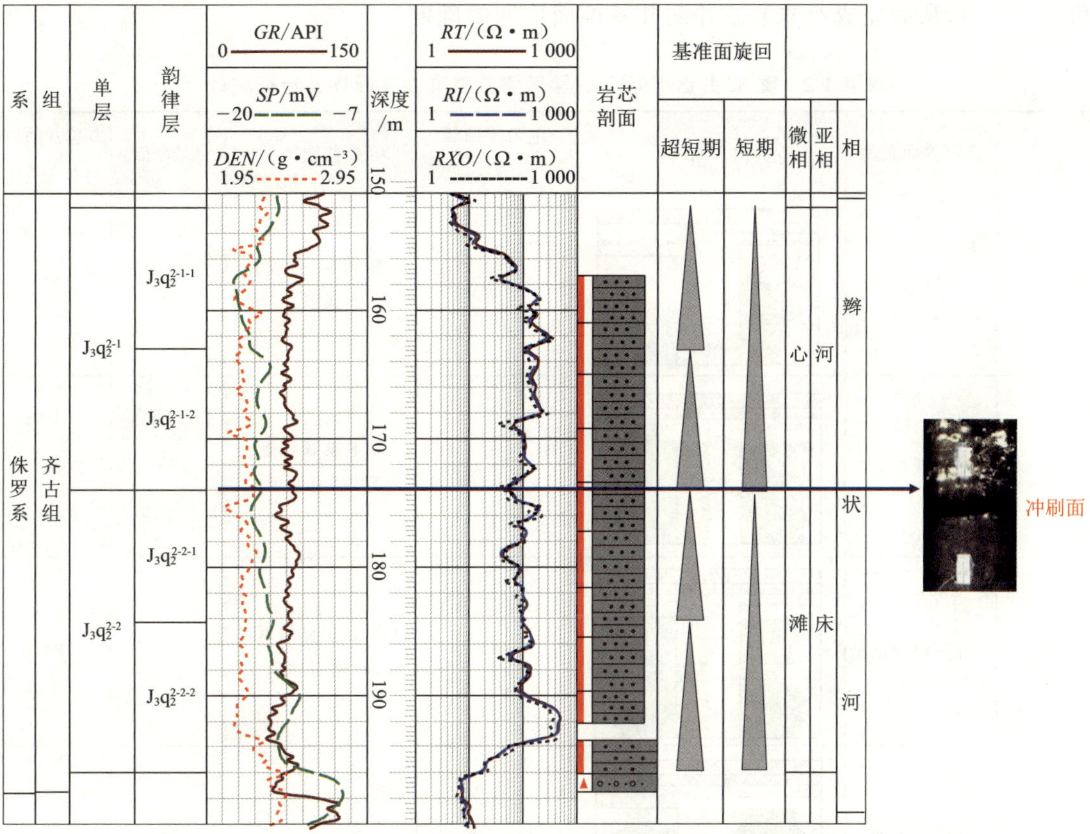

图 4-1-4 重 32 井区 SAGD 试验区取芯井 FZI105 基准面旋回划分

伽马(GR)为主、自然电位(SP)及电阻率(RT,RI,RXO)曲线为辅来划分测井旋回界面及基准面旋回。

从测井曲线上识别出的旋回界面包括侵蚀面和洪泛面。其中,侵蚀面一般处于砂岩底部,是基准面下降与上升的转换界面,是层序界面,可依据砂岩与下伏地层的突变接触关系来判断;洪泛面以洪泛泥岩的出现为标志,是基准面上升与下降的转换界面,为层序内部的界面。基准面旋回内部的转换面可以根据自然电位或自然伽马值的变化来确定。自然电位值向上增大,表明水体总体加深,为一退积式地层叠加样式;相反,自然电位值向上减小,则表明水体向上变浅,形成一种进积式地层叠加样式。自然电位值由增大到减小的转换位置就代表了基准面旋回内部的转换面。

超短期基准面旋回的旋回界面由自然电位值的变化或侵蚀面直接确定。河流相储层一般为正韵律,河道底部自然电位值最低,发育侵蚀面,为旋回界面。短期、中期及长期基准面的旋回界面分别位于超短期、短期、中期旋回所组成的地层叠加样式的旋回界面位置,一般由进积式地层叠加样式到退积式叠加样式的转换位置就是短期、中期及长期基准面的旋回界面。

首先根据上述方法对风城油田重 32 井区 SAGD 试验区和重 37 井区 SAGD 试验区共 4 口取芯井做单井基准面旋回划分,各区块分别识别出 4 个超短期基准面旋回、2 个短期基准面旋回。然后在此基础上,通过岩芯标定测井,识别出侵蚀面和洪泛面这两种旋回界面在测井上的响应特征,并对试验区非取芯井各种旋回界面引起的测井响应特征进行统计(表 4-1-2

和表 4-1-3)，从而完成对非取芯井测井基准面旋回的确定。

表 4-1-2　重 32 井区 SAGD 试验区测井基准面旋回界面特征统计

序　号	旋回界面类型	测井曲线	电阻率曲线回返程度	综合曲线特征	井数/口	占总井数的百分数/%
1	洪泛面	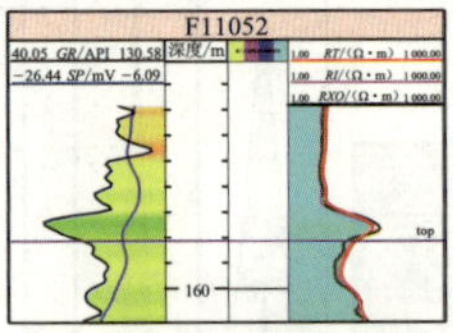	>2/3	GR 和 SP 有较大回返	34	92
2	冲刷侵蚀面	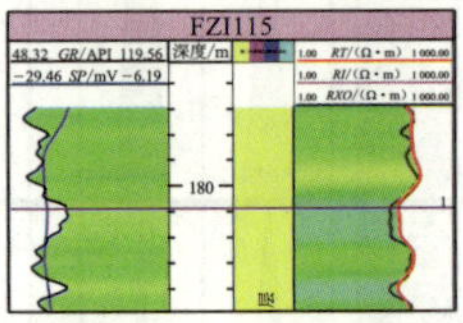	1/3～1/2	GR 有明显回返，SP 略有回返	29	78
3	冲刷侵蚀面	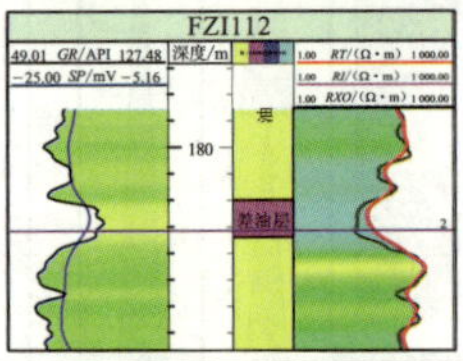	1/2～2/3	GR 有明显回返，SP 略有回返	32	86
4	冲刷侵蚀面	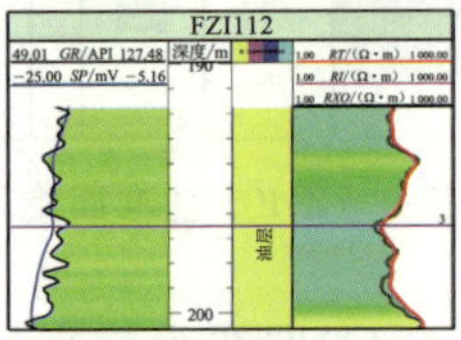	1/2～2/3	GR 有明显回返，SP 略有回返	30	81
5	冲刷侵蚀面	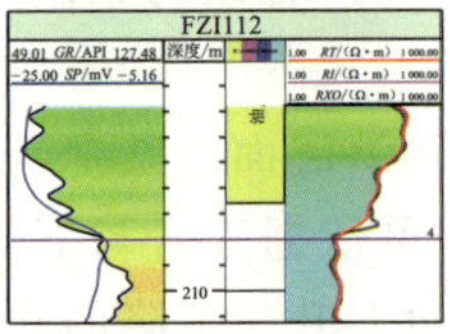	>2/3	GR 和 SP 有较大回返	37	100

表 4-1-3　重 37 井区 SAGD 试验区测井基准面旋回界面特征统计

序　号	旋回界面类型	测井曲线	电阻率曲线回返程度	综合曲线特征	井数/口	占总井数的百分数/%
1	洪泛面	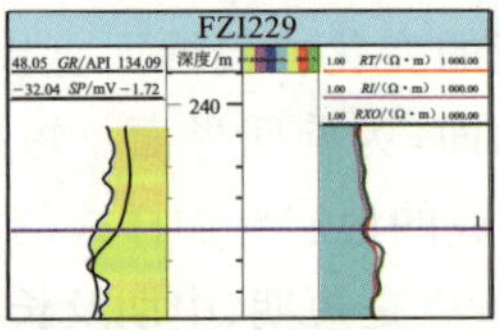	>2/3	GR 和 SP 有较大回返	27	100
2	冲刷侵蚀面	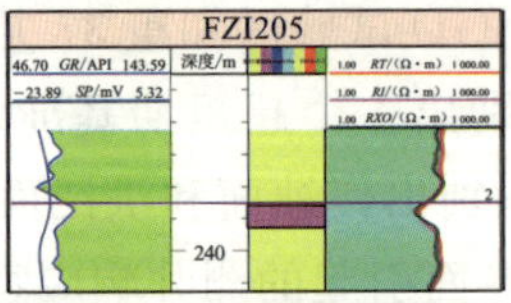	1/3～1/2	GR 有明显回返，SP 略有回返	21	80

续表

序　号	旋回界面类型	测井曲线	电阻率曲线回返程度	综合曲线特征	井数/口	占总井数的百分数/%
3	冲刷侵蚀面	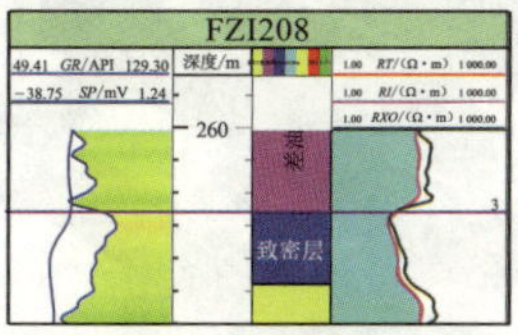	1/2～2/3	GR 有明显回返，SP 略有回返	23	85
4	冲刷侵蚀面	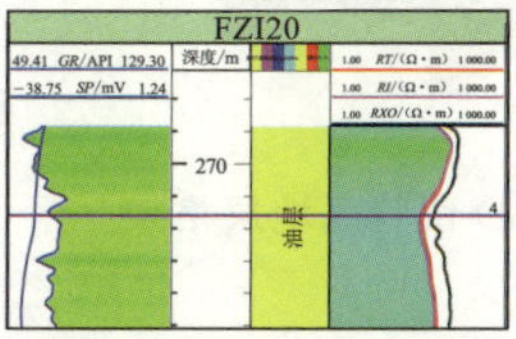	1/2～2/3	GR 有明显回返，SP 略有回返	24	89
5	冲刷侵蚀面	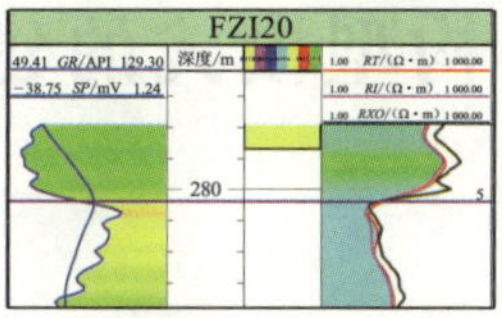	＞2/3	GR 和 SP 有较大回返	27	100

三、精细等时地层格架的建立

在基准面旋回的控制下，首先采用标志层底拉平的方式，根据心滩地层对比模式，对重 32 井区 SAGD 试验区和重 37 井区 SAGD 试验区分别建立顺物源和垂直物源剖面各 4 条，共计 16 条骨架剖面；然后以取芯井旋回划分为基准，利用测井曲线的相似性划分超短期和短期基准面旋回，建立连井对比剖面图；最后对不在骨架剖面上的井进行闭合，建立等时地层格架（图 4-1-5 和图 4-1-6）。

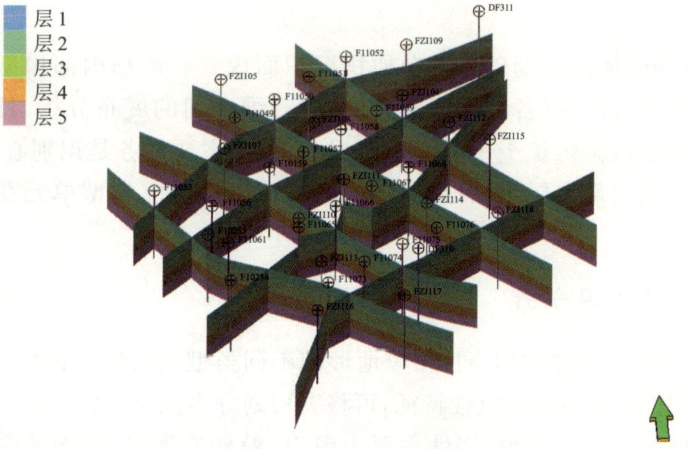

图 4-1-5　重 32 井区 SAGD 试验区地层格架

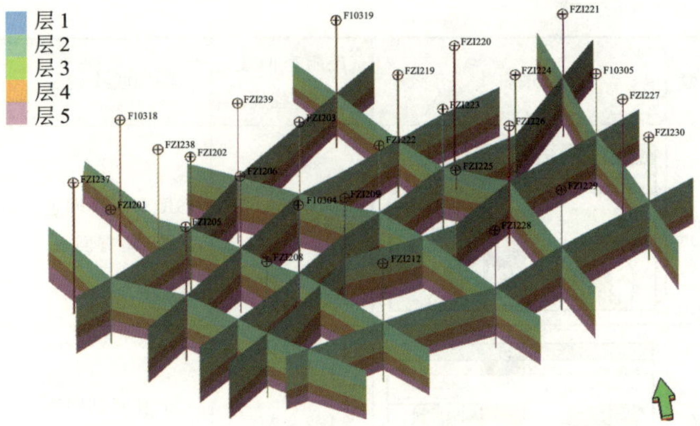

图 4-1-6　重 37 井区 SAGD 试验区地层格架

第二节　构型分析及构型模式的建立

一、辫状河构型单元类型

辫状河储层层次结构分析主要划分为 3 个层次：第一个层次是亚相规模，即 5 级界面限定的复合辫状河道和河漫；第二个层次是微相规模，即 4 级界面限定的心滩坝、辫状河道、泛滥平原；最后一个层次是心滩坝内部结构规模，即心滩坝内部 3 级界面限定的落淤层、增生体（图 4-2-1）。

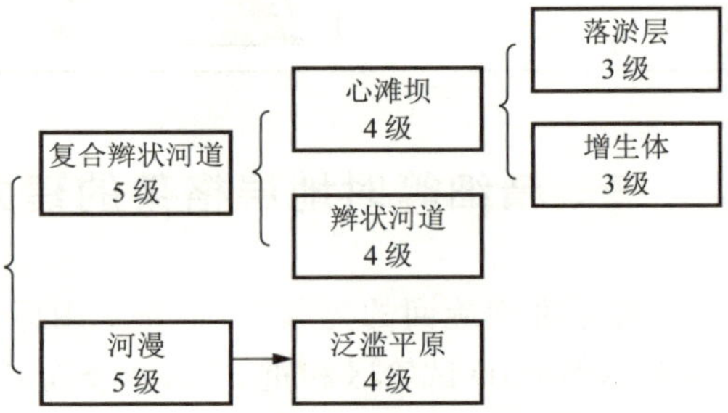

图 4-2-1　重 32 井区 SAGD 试验区储层层次结构划分

二、滩坝构型模式分析

成因上，心滩坝砂体由多期砂体垂向加积沉积而成。心滩坝内部构型解剖本质上就是这多期垂积体及内部落淤层（各种类型的夹层）在三维空间的展布分析，目的是建立其三维构型分布模型。由于试验区位于一个大心滩坝上，因此主要任务是识别心滩坝内部的夹层，为此首先从单井识别内部夹层，然后选择合适的模拟方法建立构型单元在三维空间的展布模型。

1. 夹层分类及成因分析

由于沉积、成岩等地质作用不同，相应地形成不同类型的夹层。根据研究区取芯井的岩芯观察结果和夹层的岩性、物性、电性特征，可将夹层划分为泥质夹层、成岩夹层和物性夹层。

泥质夹层在研究区出现较少，岩性主要为泥岩、粉砂质泥岩等，泥质含量高，孔隙度、渗透率很低，多产生于层理构造形成过程中储层单砂层的内部、心滩坝上部的细粒沉积，其成因与水动力变化有关。

成岩夹层岩性主要为灰色、灰白色泥质或钙质胶结细砂岩、中—细砂岩等，岩性致密，无渗透性或渗透性极差（小于 $100\times10^{-3}\ \mu m^2$）。其分布一般比较零星，且随机性强，纵向多分布于砂岩层的顶、底与泥岩的交界处及砂岩层内部任意处，平面上多位于厚砂层中。其形成主要与沉积物成岩胶结作用、溶解作用等成岩作用的不均匀性有关。

物性夹层以细砂、粉砂岩为主，具有一定的孔隙度和渗透率，但低于有效厚度物性下限。一般位于多期心滩坝的叠置交界处或河道滞留沉积物中，其形成主要与当时的沉积环境和沉积作用有关。后期心滩坝切割前期的心滩坝，在切割作用不太强的部位，大部分细粒物质被带走，但还残存了部分孔渗性差的较细粒物质，即物性夹层。在单个正韵律层的中下部，水动力局部突然减弱，使得粗砂、中砂与细粒物质混杂堆积形成物性夹层。

2. 辫状河露头研究

为了研究重 32 井区辫状河构型模式，特别进行了野外露头考察，主要考察了新疆风城油砂山和山西大同的辫状河心滩坝露头（图 4-2-2 和图 4-2-3），研究了露头的辫状河道、心滩坝及其内部夹层的空间分布模式，并通过测量获得了心滩坝内部夹层的宽度与厚度数据，为心滩坝内部夹层分布的预测奠定了基础。

（a）风城油砂山露头一　　（b）风城油砂山露头二

图 4-2-2　新疆风城油砂山辫状河心滩坝露头

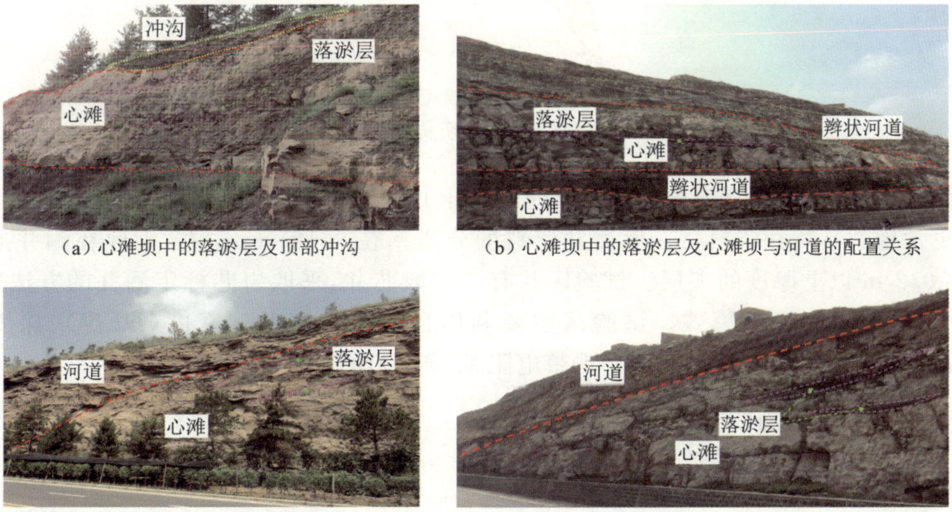

（a）心滩坝中的落淤层及顶部冲沟　　（b）心滩坝中的落淤层及心滩坝与河道的配置关系

（c）心滩坝中的落淤层 1　　（d）心滩坝中的落淤层 2

图 4-2-3　山西大同辫状河心滩坝露头

3. 辫状河构型模式的建立

重 32 井区齐古组 $J_3q^{2\text{-}2\text{-}1}+J_3q^{2\text{-}2\text{-}2}$ 为砾质辫状河下游沉积，沉积时气候干旱，“事件性”“突发性”强，沉积动力大，因此沉积规模特别是心滩坝发育规模（厚度、面积）大。此外，通过对前人辫状河心滩坝构型模式的分析总结，结合野外露头、现代沉积考察，基于密井网资料的沉积微相精细研究以及生产动态分析资料，建立了研究区辫状河心滩坝的构型模式，认为夹层具有水平及对称斜列式分布特征，且主要分布在一个期次心滩坝的中上部。心滩坝中心部位的夹层是近于水平的，在短轴方向，由于侧向加积作用，夹层在心滩坝两翼略有倾斜；在长轴方向，迎水面夹层稍陡，背水面夹层则较平缓。在洪峰期，心滩坝主要是顺流加积，心滩坝增高、加长，有时会在坝顶冲刷形成冲沟；在平水期，心滩坝主要是侧向加积，坝加宽。心滩坝中心部位夹层近水平且数量较少、规模较小，边缘部位夹层倾斜且数量较多、规模较大（图 4-2-4）。

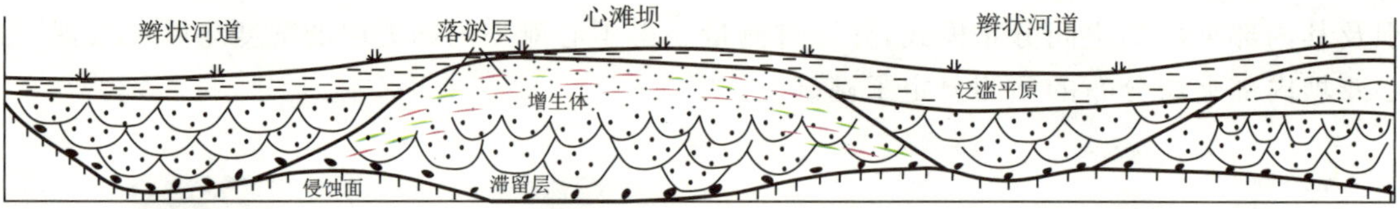

（a）心滩坝构型模式垂直物源剖面图

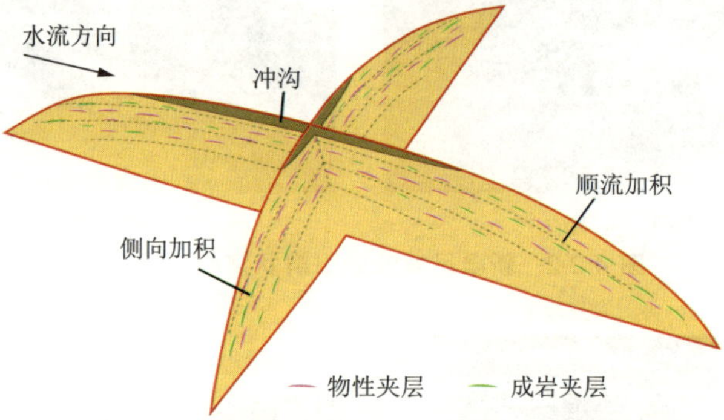

（b）心滩坝构型模式三维图

图 4-2-4 心滩坝构型模式

通过岩芯观察可以直观地识别出几厘米至十几厘米的夹层，但因油田地区取芯井数量有限，更常用的是测井资料。一般测井资料的分辨率在 0.125 m 左右，因此在测井上仅能识别出 0.2 m 以上厚度的夹层。试验区共有 4 口取芯井，采取岩芯标定测井的方法建立 3 种类型夹层的测井识别模式。试验区主要利用自然伽马（*GR*）、密度（*DEN*）、深浅侧向（*RT*，*RI*）的异常幅度和深侧向与冲洗带电阻率（*RXO*）的幅度差进行识别。

4. 成岩夹层识别

1）成岩夹层识别

通过取芯井岩芯观察描述可知，成岩夹层岩性主要为粉砂质泥岩、泥质细砂岩及少量砂砾岩，胶结类型主要为泥质胶结和少量钙质胶结，在 FZI112 井上厚度为 1.5 m。岩芯分析资料表明，孔隙度分布范围在 1.8%～22%之间，渗透率在(0.1～100)×10^{-3} μm^2之间，含油级别为油迹、油斑。在测井曲线上主要表现为：深浅侧向幅度明显下降，深侧向与冲洗带电阻率的幅度差减小，自然伽马明显回返，但未达到泥岩基线，密度升高(图 4-2-5)。

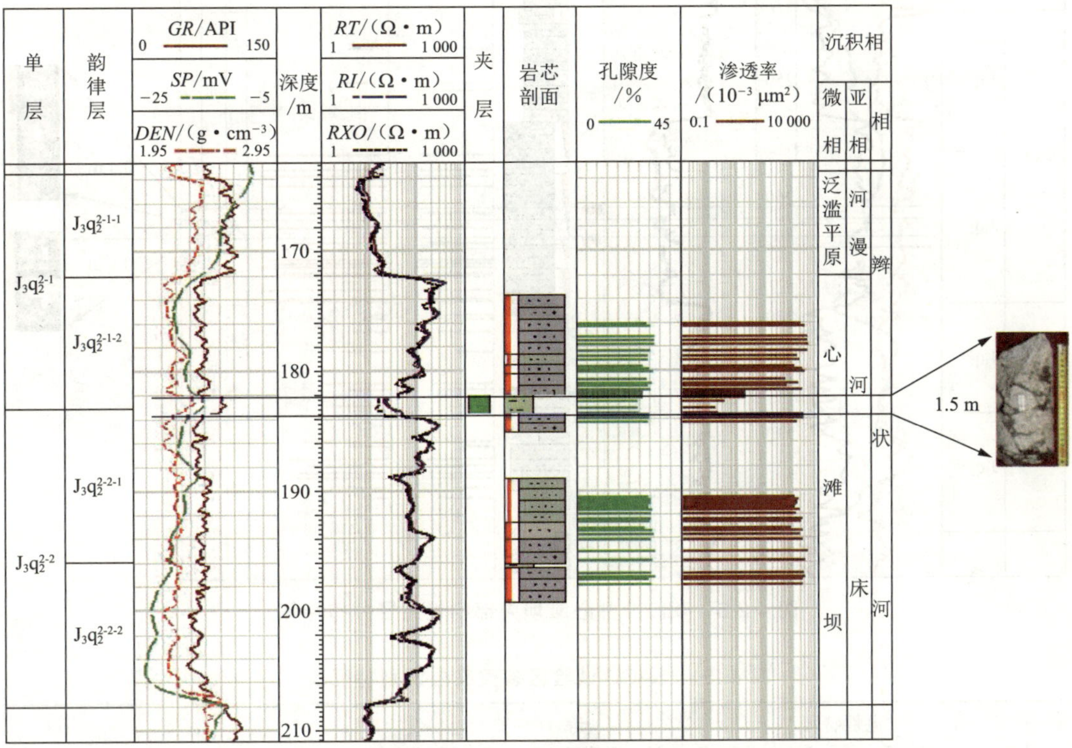

图 4-2-5　FZI112 井心滩坝内部成岩夹层分布特征

2）物性夹层识别

通过取芯井岩芯观察分析可知，物性夹层岩性主要为泥质粉砂岩、粉砂质泥岩、泥质细砂岩，在 FZI229 井上厚度为 0.8 m。取芯井的岩芯分析资料表明，孔隙度分布范围在 22%～28%之间，渗透率分布范围在(100～500)×10^{-3} μm^2之间，含油级别为油斑、油浸级粉砂岩、细砂岩及少部分含泥中细砂岩。在测井曲线上主要表现为：深浅侧向测井曲线介于泥岩和砂岩之间，有一定的幅度差，密度较高，自然伽马幅度较低(图 4-2-6)。

根据研究区取芯井岩芯观察和各类夹层的岩性、物性、电性特征统计，建立了重 32、重 37 井区 SAGD 试验区各类夹层的识别模板(表 4-2-1)。在此基础上，对两个试验区的 64 口井进行了物性夹层和成岩夹层的识别，形成了单井夹层数据库。

根据岩芯观察，在试验区目的层发现 4 期底砾岩，因此认为目的层发育 4 期心滩，将目的层的 2 个单层($J_3q_2^{2-1}$，$J_3q_2^{2-2}$)进一步划分为 4 个韵律层($J_3q_2^{2-1-1}$，$J_3q_2^{2-1-2}$，$J_3q_2^{2-2-1}$，$J_3q_2^{2-2-2}$)。

通过对重 32、重 37 井区 SAGD 试验区单井 4 个韵律层各类型夹层的统计发现，重 32 井区以物性夹层为主，成岩夹层极少，其中物性夹层在 4 个韵律层均有发育，但发育程度各不相同，在 $J_3q_2^{2-2-1}$ 韵律层发育最多，$J_3q_2^{2-2-2}$ 韵律层次之，在 $J_3q_2^{2-1-1}$ 和 $J_3q_2^{2-1-2}$ 韵律层发育最少(表 4-2-2)；成岩夹层在 $J_3q_2^{2-1-2}$ 韵律层只有 FZI112 井发育，其他井都不发育(表 4-2-3)。

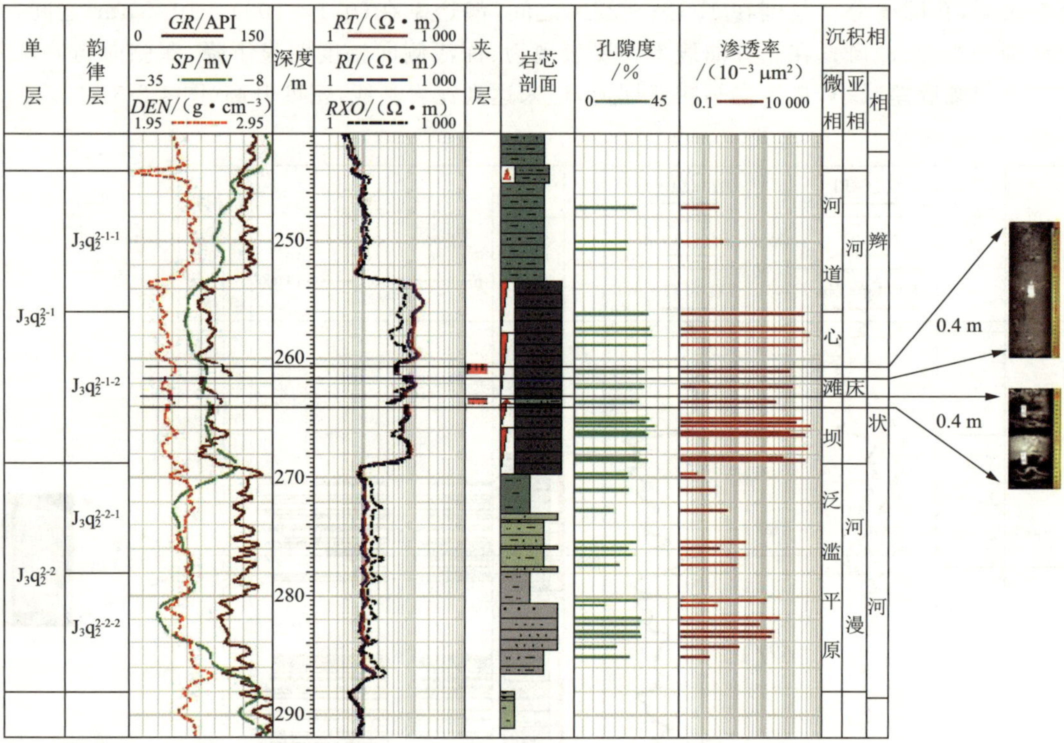

图 4-2-6　FZI229 井心滩坝内部物性夹层分布特征

表 4-2-1　SAGD 试验区各类夹层识别特征表

<table>
<tr><th rowspan="2">分类</th><th colspan="3">电性特征</th><th colspan="3">物性特征</th><th rowspan="2">岩　性</th><th rowspan="2">胶结物</th><th rowspan="2">厚　度</th><th rowspan="2">延伸范围</th></tr>
<tr><th>综合曲线特征</th><th>电阻率曲线特征</th><th>电测值主要分布范围</th><th>孔隙度/%</th><th>渗透率/（10⁻³ μm²）</th><th>含油饱和度/%</th></tr>
<tr><td>成岩夹层</td><td>GR 和 DEN 有明显回返</td><td>RT，RI 和 RXO 有明显回返；RT－RXO 幅度差很小</td><td>GR：43.5～99.7 API（平均 79 API）
DEN：2～2.4 g/cm³（平均 2.33 g/cm³）
RT：11.8～40 Ω·m（平均 28.7 Ω·m）
RI：11.3～95 Ω·m（平均 27.2 Ω·m）
RXO：11.3～60 Ω·m（平均 29.6 Ω·m）
RT－RXO：20.7～21.7 Ω·m（平均－20.9 Ω·m）</td><td>1.8～22</td><td>0～100</td><td>0.6～40</td><td>主要为粉砂质泥岩、泥质细砂岩及少量砂砾岩</td><td>钙质、泥质</td><td>厚度范围在 0.6～6.3 m 之间，主要在 1～4 m 之间</td><td>延伸距离小于 3 个井距，一般为 1～2 个井距（210～350 m）</td></tr>
</table>

续表

分类	电性特征			物性特征			岩性	胶结物	厚度	延伸范围
	综合曲线特征	电阻率曲线特征	电测值主要分布范围	孔隙度/%	渗透率/(10^{-3} μm^2)	含油饱和度/%				
物性夹层	*GR* 和 *DEN* 有回返，但不明显	*RT*，*RI* 和 *RXO* 有回返，但不明显；*RT* − *RXO* 幅度差较小	*GR*：59～82.7 API（平均 69.9 API） *DEN*：2～2.4 g/cm³（平均 2.3 g/cm³） *RT*：18.8～44.8 Ω·m（平均 32.8 Ω·m） *RI*：16.5～42.1 Ω·m（平均 31.0 Ω·m） *RXO*：17.6～60.9 Ω·m（平均 34.3 Ω·m） *RT* − *RXO*：−2.9～11.5 Ω·m（平均 4.8 Ω·m）	22～28	100～500	40～60	主要为泥质粉砂岩、粉砂质泥岩、泥质细砂岩		厚度范围在 0.4～5.9 m 之间，主要在 1～3 m 之间	延伸距离小于 5 个井距，一般为 1～2 个井距（100 ～350 m）

表 4-2-2　重 32 井区 SAGD 试验区物性夹层参数统计表

层位	夹层个数	夹层厚度/m		夹层频率/(个·m⁻¹)		夹层密度/(m·m⁻¹)	
		主要范围	平均值	主要范围	平均值	主要范围	平均值
$J_3q_2^{2-1-1}$	1	1.100	1.100	0.092	0.092	0.101	0.101
$J_3q_2^{2-1-2}$	2	0.900～1.700	1.200	0.086～0.107	0.098	0.086～0.169	0.117
$J_3q_2^{2-2-1}$	5	0.500～1.800	0.982	0.085～0.103	0.095	0.046～0.576	0.139
$J_3q_2^{2-2-2}$	4	0.600～2.000	1.375	0.071～0.093	0.080	0.056～0.156	0.108

表 4-2-3　重 32 井区 SAGD 试验区成岩夹层参数统计表

层位	夹层个数	夹层厚度/m		夹层频率/(个·m⁻¹)		夹层密度/(m·m⁻¹)	
		主要范围	平均值	主要范围	平均值	主要范围	平均值
$J_3q_2^{2-1-1}$	0	—	—	—	—	—	—
$J_3q_2^{2-1-2}$	1	1.500	1.500	0.090	0.090	0.135	0.135
$J_3q_2^{2-2-1}$	0	—	—	—	—	—	—
$J_3q_2^{2-2-2}$	0	—	—	—	—	—	—

重 37 井区以物性夹层为主，成岩夹层较少，其中物性夹层在 $J_3q_2^{2-1-2}$ 和 $J_3q_2^{2-2-1}$ 韵律层比较发育，在 $J_3q_2^{2-1-1}$ 和 $J_3q_2^{2-2-2}$ 韵律层相对较少（表 4-2-4）；成岩夹层在 $J_3q_2^{2-2-1}$ 和 $J_3q_2^{2-2-2}$ 韵律层发育，在 $J_3q_2^{2-1-1}$ 韵律层只有 FZI221 井发育，其他井都不发育，在 $J_3q_2^{2-1-2}$ 韵律层不发育（表 4-2-5）。

表 4-2-4　重 37 井区 SAGD 试验区物性夹层参数统计表

层　位	夹层个数	夹层厚度/m		夹层频率/(个·m^{-1})		夹层密度/(m·m^{-1})	
		主要范围	平均值	主要范围	平均值	主要范围	平均值
$J_3q_2^{2-1-1}$	3	0.500～2.800	1.767	0.082～0.112	0.095	0.041～0.315	0.179
$J_3q_2^{2-1-2}$	5	0.700～2.000	1.350	0.085～0.110	0.097	0.059～0.220	0.140
$J_3q_2^{2-2-1}$	6	0.500～1.400	0.943	0.073～0.161	0.103	0.036～0.146	0.099
$J_3q_2^{2-2-2}$	2	0.900～3.300	1.700	0.097～0.102	0.100	0.087～0.330	0.170

表 4-2-5　重 37 井区 SAGD 试验区成岩夹层参数统计表

层　位	夹层个数	夹层厚度/m		夹层频率/(个·m^{-1})		夹层密度/(m·m^{-1})	
		主要范围	平均值	主要范围	平均值	主要范围	平均值
$J_3q_2^{2-1-1}$	2	4.600	4.600	0.091	0.091	0.418	0.418
$J_3q_2^{2-1-2}$	0	—	—	—	—	—	—
$J_3q_2^{2-2-1}$	11	0.600～5.400	2.215	0.084～0.260	0.120	0.053～0.618	0.264
$J_3q_2^{2-2-2}$	5	0.800～5.300	2.050	0.079～0.172	0.128	0.153～0.596	0.288

第三节　三维构型建模

一、井间夹层预测

辫状河砂体夹层延伸规模的确定是辫状河砂体内部构型研究的重要内容，其主要作用是准确确定砂体内部夹层在横、纵向上的延伸范围。通常在开发井网密度较高时（接近 100 口/km^2），依据井间距半定量地确定砂体的空间延伸距离，或者依据三维高分辨率地震资料的测井约束反演进行界定。但是这些方法的准确性往往不能满足油气田开发的需要，尤其在资料不足和开发井网较稀疏时就更难确定，因而在进行辫状河砂体结构定量分布解剖时，需要首先建立定量储层地质知识库来指导和界定心滩坝内部夹层的延伸范围。

风城油田重 32 井区与风城油砂山和大同辫状河露头均为典型的辫状河沉积，都以中细砂岩为主，具有很好的相似性。通过考察和测量新疆风城油砂山以及山西大同辫状河露头，获得心滩坝内部夹层的宽度和厚度数据（表 4-3-1）。

表 4-3-1　野外露头心滩坝内部夹层宽厚统计表

样品点	考察地点	夹层宽度/m	夹层厚度/m
1	大　同	11.800	0.120
2	大　同	14.514	0.180
3	大　同	10.030	0.068

续表

样品点	考察地点	夹层宽度/m	夹层厚度/m
4	大　同	13.570	0.120
5	大　同	17.369 6	0.200
6	大　同	13.570	0.120
7	大　同	10.974	0.150
8	大　同	14.514	0.120
9	大　同	23.600	0.300
10	油砂山	4.524 3	0.030
11	油砂山	3.336 1	0.080
12	油砂山	2.102 2	0.020
13	油砂山	10.926 5	0.110
14	油砂山	5.863	0.129
15	油砂山	2.984 8	0.030
16	油砂山	3.091 4	0.063

利用这些数据进行函数拟合研究，发现心滩坝内部的夹层宽度与厚度之间具有较好的线性相关，所拟合的趋势呈线性分布，拟合公式为：

$$W_{夹} = 76.499H_{夹} + 1.375\ 7 \qquad (4\text{-}3\text{-}1)$$

式中　$W_{夹}$——心滩坝内部夹层宽度，m；

$H_{夹}$——心滩坝内部夹层厚度，m。

从拟合公式的相关系数可以看出，辫状河心滩坝内夹层的宽度与厚度相关性很高(图4-3-1)，拟合的公式具有较好的代表性，反映出辫状河心滩坝砂体内部夹层规模的基本特点。已知心滩坝内夹层的厚度，利用拟合公式即可求出夹层的宽度。通过重 32、重 37 井区

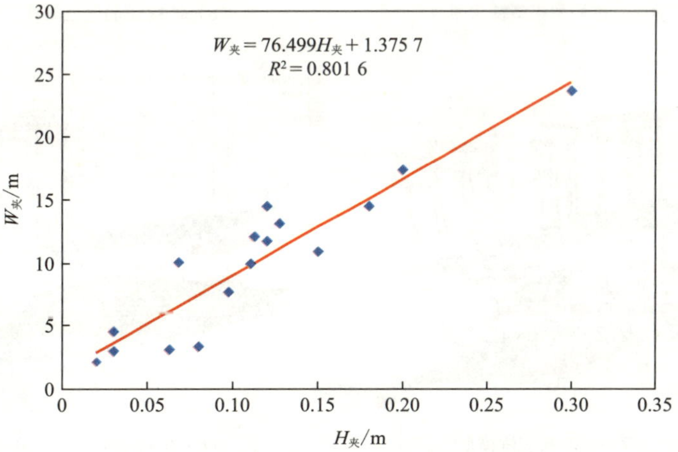

图 4-3-1　心滩坝内部夹层的宽厚预测模型

的取芯井岩芯观察描述对其中的夹层进行统计，可知其厚度介于 0.6～2.6 m 之间，平均厚度为 1.3 m；利用建立的拟合公式可以推算出夹层的宽度范围在 47～200 m 之间，平均宽度为 100.8 m。

二、三维构型建模

依据露头研究建立的夹层预测公式可推算出内部夹层的宽度、厚度等数据，因此在三维构型建模过程中采用序贯指示随机模拟和人机互动相结合的方法，可以尽可能避免随机建模的不确定性。首先将构型分析得到的地质认识以参数的形式加入模拟过程，通过多个实现得到若干模型并进行优选，再通过人机交互方式，结合建立的构型模式，适当地修正完善构型模型，使之更加符合实际。

构型模拟过程中选用序贯指示模拟算法，首先选择占绝对多数的构型单元作为背景，然后依据井点数据，利用序贯指示模拟算法精细刻画其他构型单元，将夹层形态定义为椭圆形，宽度延伸的最大范围在 47～200 m 之间，长度为宽度的 1.1～2.3 倍，厚度在 0.6～2.6 m 之间。这种算法适合辫状河砂包泥式储层的沉积特点。辫状河砂体构型利用序贯指示随机模拟和人机互动的建模方法着重表征辫状河心滩坝砂体的内部构型单元空间分布特征，达到了令人满意的建模效果（图 4-3-2）。

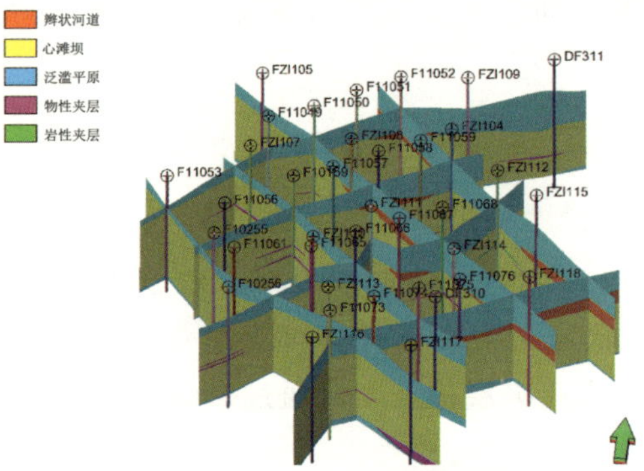

（a）重 32 试验区三维构型模型栅状图

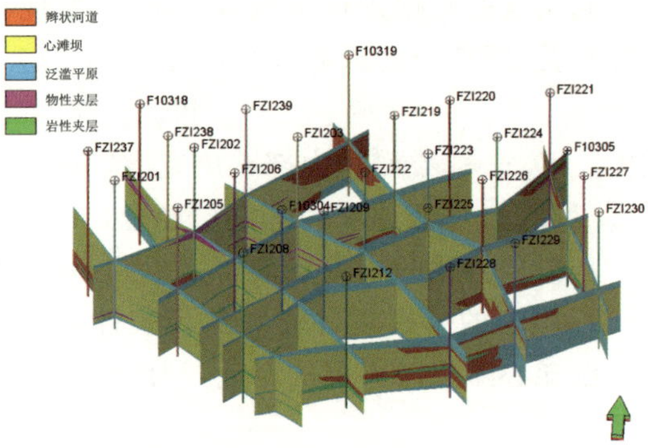

（b）重 37 试验区三维构型模型栅状图

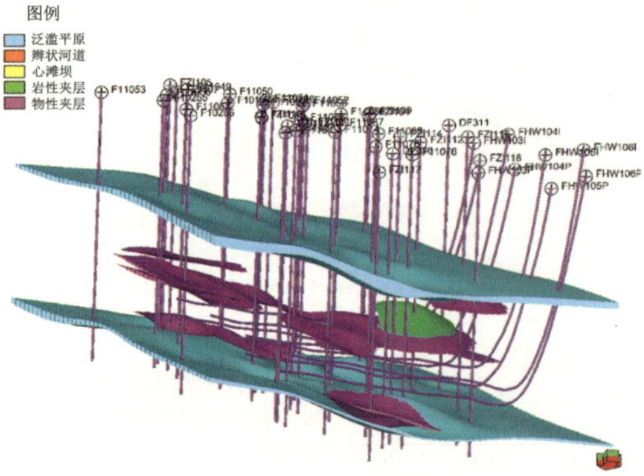

（c）重 32 试验区夹层分布三维模型

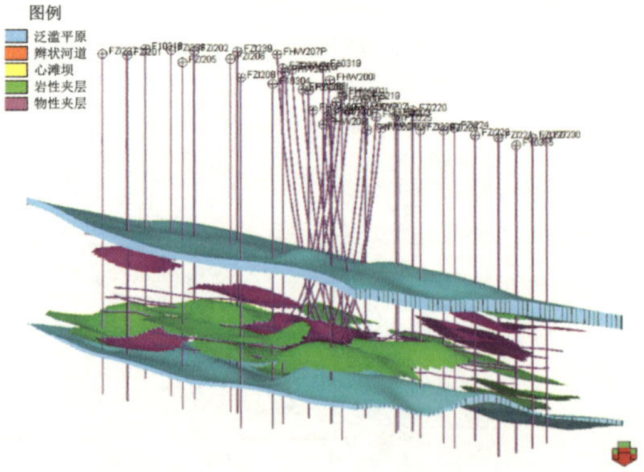

（d）重 37 试验区夹层分布三维模型

图 4-3-2　不同试验区模型图

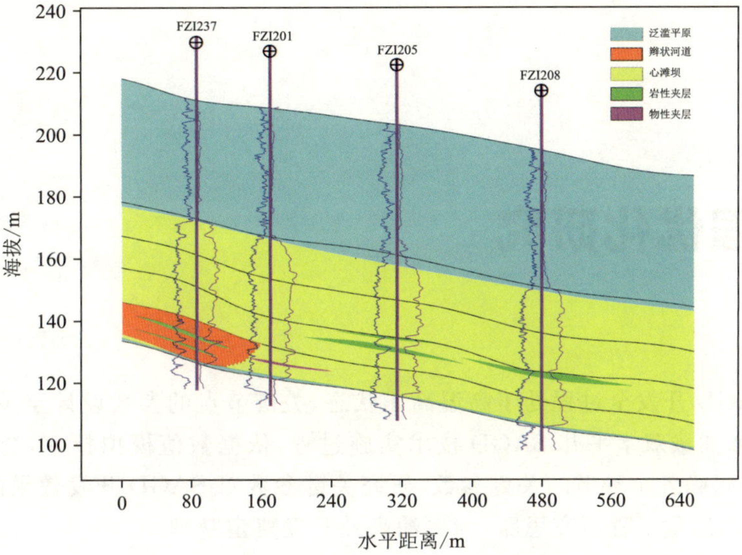

(e) 重 37 试验区构型单元分布剖面图

图 4-3-2(续)　不同试验区模型图

由图 4-3-2 可以看出,重 32 试验区位于心滩坝的中部,因此其成岩夹层发育较少,且规模较小,物性夹层发育规模也较小;重 37 试验区位于心滩坝的边部,因此其岩性夹层和物性夹层均较发育,且规模相对较大。

第五章
油藏工程优化研究

超稠油 SAGD 开发全过程处于高温高压状态,关键节点的参数设计至关重要。通过详细分析国外类似油藏双水平井 SAGD 技术实施过程,依据数值模拟技术,合理划分启动阶段和生产阶段,明确各个环节的关键参数,研究关键参数对 SAGD 开发效果的影响程度,制定 SAGD 技术的油藏工程研究思路,为稠油高效开发奠定基础。

第一节　SAGD 技术油藏工程研究思路

一、SAGD 阶段划分及关键参数

蒸汽辅助重力泄油一般由启动与生产两个阶段组成。

1. 启动阶段

启动阶段也叫预热阶段,主要目的是通过某种预热方式使注采井间形成热连通。预热方式一般有 3 种:① 蒸汽吞吐;② 压裂形成裂缝;③ 蒸汽热循环。对于原油黏度较高的超稠油(天然沥青),最常用的预热方式是注采井同时进行热循环,因为这种方式在工艺上易于实现,且对油层的破坏性小,没有后遗问题。

在注采井中同时循环注蒸汽的启动过程中,初期依靠热传导将井筒周围的油层加热;随着温度的不断升高和原油黏度的下降,油层开始具有一定的吸汽能力,原油开始缓慢流动,这时热传导与流体热对流同时进行。只要井间形成热连通,就可转入 SAGD 生产阶段,启动过程结束。

SAGD 启动阶段的关键操作参数包括:① 注汽速度;② 井底蒸汽干度;③ 循环预热压力;④ 循环预热产生压差时机;⑤ 循环预热压差大小。

2. 生产阶段

在 SAGD 生产阶段,注汽井连续注汽,生产井连续采油。为了获得较好的开发效果,需要进行注采工艺参数的优化设计。

在这一阶段,采取合适的控制措施非常重要。通常的做法是控制生产井井底的温度,使井底液体的温度低于水的沸点温度 5～10 ℃,目的是避免蒸汽进入井筒,使井筒流体始终保持液相,以提高泵效及热利用率。生产井井底压力不能太低,否则会导致大量蒸汽进入井

筒,还会引起出砂现象。生产井井底压力一般比蒸汽室压力低 100～200 kPa,即注采压差为 200～500 kPa。

SAGD 生产阶段的关键操作参数包括:① 蒸汽腔操作压力;② 蒸汽腔操作 sub-cool;③ 注汽速度;④ 蒸汽干度;⑤ 采液速度与采注比。

此阶段关键操作参数确定的核心是汽液界面控制,采用的是 steam trap 控制(又称 sub-cool 控制)方法。

sub-cool＝饱和蒸汽温度－生产井实际流体温度≈5～40 ℃。

二、参数优化原则

SAGD 生产过程与常规注蒸汽热采不同,它是以蒸汽为辅,主要依靠原油及冷凝水的重力作用来开采原油。由于其生产机理的特殊性,所以在进行 SAGD 研究及方案设计时要进行特殊考虑,不能套用常规热采过程的研究及设计方法。SAGD 过程成功的关键取决于蒸汽室的形成与良好的扩展,并保证液体最大限度地泄流到生产井筒中。有些操作参数的大小将直接影响 SAGD 的成败,因此必须进行优化研究并在实施过程中加以保证。

1. 蒸汽干度

蒸汽干度是影响 SAGD 生产的重要因素,蒸汽室能否形成并逐渐扩展主要取决于蒸汽干度。

随着蒸汽干度的提高,SAGD 生产效果越来越好。SAGD 要想取得好的效果,蒸汽干度必须大于 70%。这是因为随着干度的提高,蒸汽的比热容与热焓越来越大,蒸汽室越能得到充分的发展。对于 SAGD 生产,只有建立了蒸汽室并得到充分的扩展,才能使注入热量有效地加热油藏,使原油黏度降低,提高洗油效率,增大泄油速度,从而获得良好的效果。

2. 注汽速度

严格地说,SAGD 生产与注汽速度没有直接的关系,注汽速度对 SAGD 效果的影响主要表现在它对井底蒸汽干度的影响上。如果保持井底蒸汽干度(70%)相同,则不同注汽速度下的 SAGD 效果变化不大。

之所以要强调注汽速度,主要是因为注汽速度的大小影响井筒热损失及井底蒸汽干度。如前所述,蒸汽干度是影响 SAGD 效果的重要参数。因此,在设计注汽管柱时,要采取高效井筒隔热措施,提高井底蒸汽干度。

3. 注汽压力

在 SAGD 生产过程中,蒸汽室的压力基本保持恒定,在没有超过油层破裂压力的情况下,维持较高的操作压力是有利的:一方面可以提高注汽温度,使沥青黏度降低,缩短开发时间;另一方面可以抑制油层出砂。

但是,如果原始油层压力较高,那么应该使油层压力适当降低,以增加油层的注汽能力,同时减少热量的采出,提高热效率。

4. 生产井排液能力

生产井排液能力对 SAGD 效果的影响也很大，生产井必须有足够的排液能力，才能实现真正的重力泄油生产。如果排液能力太低，则会导致冷凝液体在生产井上方聚集，使注采井间的蒸汽带变为液相带，这样就会降低洗油能力，使剩余油饱和度增加，开采效果变差；如果排液能力太大，则会使汽液界面进入生产井筒，当蒸汽进入井筒后，一方面汽进泵会降低泵效，另一方面当产出大量蒸汽时，会降低热量的有效利用率，开采效果也变差。因此，合理的排量应该与蒸汽室的自然泄油速率相匹配，使汽液界面恰好在生产井筒上方一点处，也就是说，既要使冷凝泄流下来的液体全部采出，又不能使过多的蒸汽被采出，使洗油效率和热效率都达到最高。

5. 水平井段长度

水平井筒存在摩擦阻力，当注入井注入高干度蒸汽时，这种摩擦阻力更大，且摩擦阻力随着水平井段长度的增加而增大；而采油井因全部是液体流动，摩擦阻力很小。由于注采井很近，一般只有 5～10 m，注采压差很小，所以对于给定的井眼直径和注入井单位长度上的蒸汽需求量，存在一个最大的有效井筒长度，当超过这一长度时，压力陡然增大，注采压差趋于零或负值，蒸汽室难以扩展，生产动态变差。通过增大注汽井井径，减小摩擦阻力，可以增加有效水平井段长度。

6. 注采井距

增大注采井距可以降低钻井过程中对成对水平井双轨迹控制精度的要求，降低注采过程中对汽液界面控制的要求，因此研究增大注采井距的可能性具有现实意义。模拟研究结果表明，无论是对高渗透油层还是低渗透油层，增大注采井距都可以增大累积油汽比，提高原油采收率，从而提高开发效果。这主要是因为在较大的注采井距条件下，蒸汽有较长的时间进行换热，且可以改善蒸汽室中非凝析气的驱替作用。

第二节　SAGD 油藏工程设计参数

基于 SAGD 先导试验区储层构型研究成果，选择重 32 井区 SAGD 先导试验区储层构型模型作为数值模拟模型。

一、水平井段长度优化

水平井段设计时，主要考虑以下 4 个方面：① 水平井段长度对 SAGD 启动阶段的影响；② 举升系统的举升能力；③ 对应油层厚度下的重力泄油能力；④ 沿水平段的压降。

1. 水平井段长度对 SAGD 启动阶段的影响

从循环预热方面考虑，水平井段越长，预热阶段所需蒸汽循环速度越大。数值模拟结果

(表 5-2-1 和图 5-2-1)表明,蒸汽循环速度随水平井段长度线性增加,水平井段长度每增加 100 m,蒸汽循环速度增加 15 m^3/d 或 20 m^3/d,而循环预热时间基本不变,说明水平井段长度的变化对 SAGD 启动的影响较小,因此它不是影响水平井段长度的决定性因素。

表 5-2-1　不同水平井段长度预热参数

水平井段长度/m	蒸汽循环速度/(m^3 · d^{-1})	循环预热时间/d
200	35	60
300	50	60
400	65	60
500	80	60
600	120	60
700	140	60
800	160	60

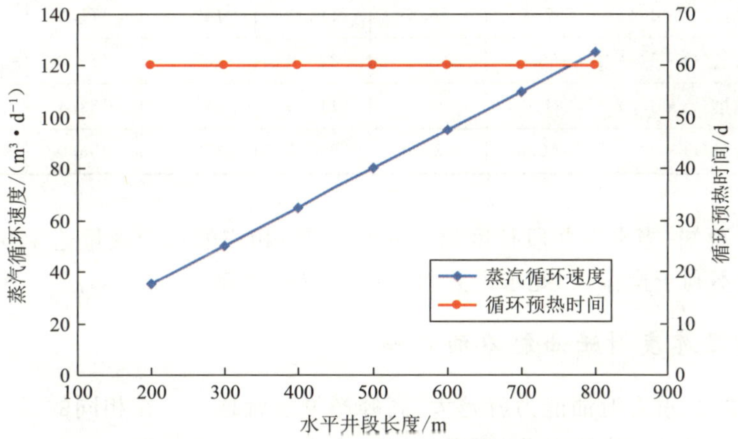

图 5-2-1　不同水平井段长度下循环速度和启动时间

2. 不同水平井段长度对举升系统的要求

目前 SAGD 井所用的举升系统主要有管式泵、高温电潜泵和气举。气举受深度限制,一般不适合深度超过 600 m 的油井;电潜泵的排量较高,在加拿大的一些 SAGD 井中试验成功,排量在 150～1 200 m^3/d 之间,但目前的使用温度不超过 220 ℃,相关配套技术还不完善;管式泵在 SAGD 项目中大量使用,其耐温较高,在目前抽油机生产能力下的实际排量不超过 450 m^3/d。

在相同的注采条件下,分别对水平井段长度为 200 m,300 m,400 m,500 m,600 m,700 m 和 800 m 的水平井开发效果进行预测。图 5-2-2 所示为不同水平井段长度下采收率和油汽比变化曲线。从图中可以看出,随着水平井段长度的增加,油汽比和采收率不断增加,但增幅变小。

根据 Butler 重力泄油理论和数值模拟计算结果,按 27 m 的有效厚度计算,重 32 井区不同水平井段长度的稳定泄油阶段的产油量和产液量见表 5-2-2。

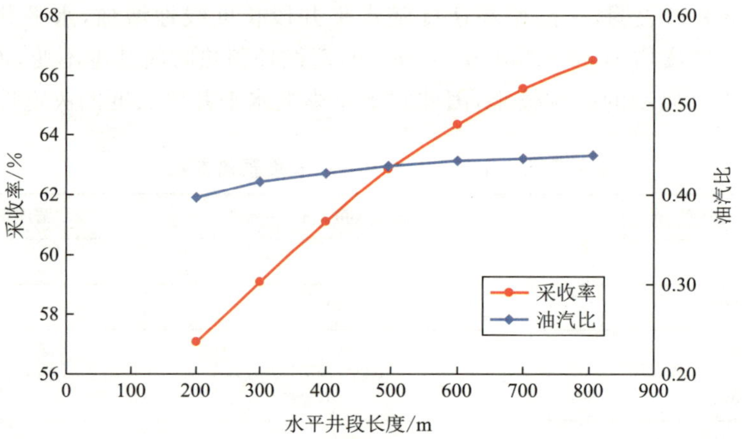

图 5-2-2 不同水平段长度下采收率和油汽比对比图

表 5-2-2 不同水平井段长度下稳定泄油阶段产油量和产液量

方　法	水平井段长度/m	200	300	400	500	600	700	800
Butler 方法	产油量/(t·d^{-1})	57.1	85.6	114.1	142.6	171.2	199.7	228.0
	产液量/(t·d^{-1})	163.0	244.5	326.0	407.5	489.0	570.5	651.4
数值模拟	产油量/(t·d^{-1})	61.0	90.1	119.3	149.2	182.4	208.5	232.4
	产液量/(t·d^{-1})	152.5	225.0	297.5	372.5	455.0	520.0	580.0

由表 5-2-2 可知，当水平井段长度超过 500 m 时，相应的日产液量达 400 t/d 左右，就采油工艺来说，这不利于操作，因此水平井段长度不应超过 500 m。

3. 不同油层厚度对泄油能力的影响

油层厚度越大，重力泄油能力就越大，高峰产量也就越高。在相同的操作条件和举升条件下，薄油层的水平井段应长一些，而厚油层的水平井段应短一些。

图 5-2-3 所示为基于 SAGD 先导试验区数值模拟和 Butler 重力泄油理论得出的不同水

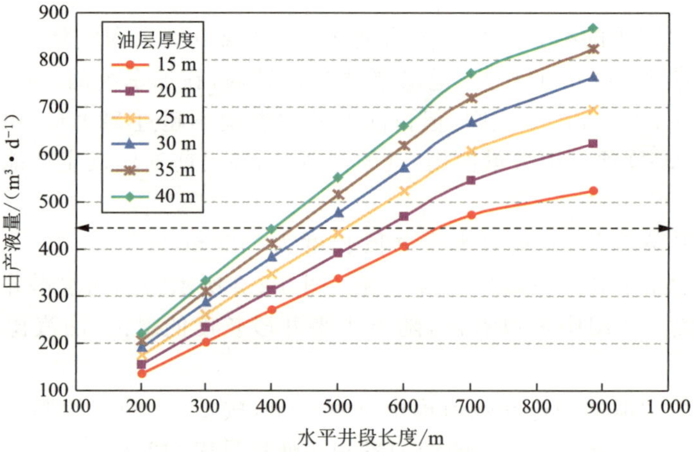

图 5-2-3 不同油层厚度下日产液量随水平井段长度变化曲线

平井段长度在不同油层厚度下的预测峰值日产液量。从预测结果可以看出，若按井的最大举升能力 450 m^3/d 计算，25 m 以下油层厚度的水平井段长度可以超过 500 m；当油层厚度为30 m 时，最大水平井段长度可达到 460 m；而当油层厚度超过 35 m 时，最大水平井段长度不能超过 420 m。重 32 井区油层厚度为 25～30 m，因此其最大水平井段长度为 460～500 m。

4. 水平井段压降的影响

SAGD 开发过程中，均匀注汽显得非常重要，环空压力梯度即使很小，沿整个井筒的压降也较大，如果水平井段过长，则会破坏泄油过程的稳定性。在只考虑摩擦阻力、两井间垂距为 5 m 时，注入井允许的最大压降为 50 kPa，此时不同水平井段长度所需的井筒直径大小见表 5-2-3。从表中可以看出，水平井段长度越长，为了将水平井段压降限制在 50 kPa 以内，为保持 SAGD 操作的稳定性所需的井筒直径越大，相应的钻完井成本越高。对于 500 m 的水平井段，井筒直径应在 0.177 8 m(7 in)左右；当水平井段长度达到 800 m 时，井筒直径至少要达到 0.228 6 m(9 in)。

表 5-2-3　不同水平井段长度下的井筒直径

水平井段长度/m	200	300	400	500	600	700	800
注入速度/($t \cdot d^{-1}$)	132.0	197.9	263.8	329.6	395.8	461.6	527.5
井筒直径/m	0.116	0.138	0.157	0.174	0.191	0.217	0.232

从启动阶段、数值模拟计算、Butler 重力泄油理论以及注汽井筒压降考虑，优选水平井段长度在 400～500 m 之间。

二、水平井垂向位置优化设计

在相同的注采条件下，分别将井对布置在离油层底部 2 m、4 m 和 6 m 的位置。由图 5-2-4 可知，SAGD 生产效果与井在油藏中的位置密切相关，井离油藏底部越近，越能发挥重

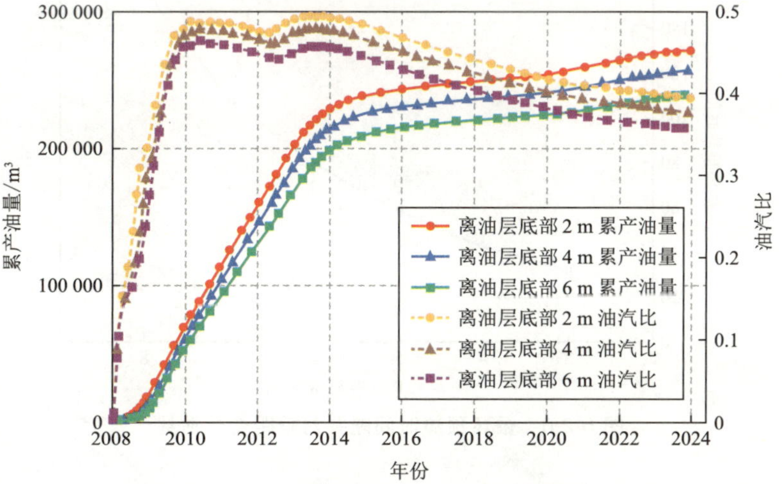

图 5-2-4　不同布井位置生产效果对比

力泄油的机理，相应的油汽比越高，累产油量越大。考虑到钻井技术的影响和限制，以及太靠近底部的油层可能变差，将水平井井对布置在离油藏底部 2 m 以内较好。

三、注采井垂距优化设计

在相同的注采条件下，分别对垂距为 3 m，4 m，5 m，6 m，7 m 和 8 m 的井对进行预热对比。由图 5-2-5 和图 5-2-6 可知：随着井对垂距的增加，在相同预热时间下，井中间区域温度变低，而要达到相同的预测温度，则循环预热时间增加。当井对垂距分别为 3 m，4 m，5 m，6 m，7 m 和 8 m 时，使井对中间区域的平均温度达到 130 ℃所需要的时间分别为 30 d，40 d，60 d，80 d，110 d 和 160 d。井对垂距增大，循环预热时间呈指数增加，说明增加井对垂距不利于循环预热和井间热连通，会增大循环预热的成本。

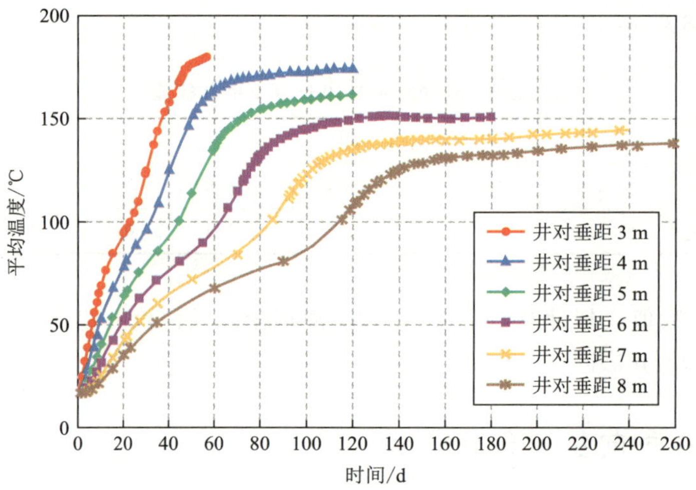

图 5-2-5　不同井对垂距井中间区域平均温度随时间变化曲线

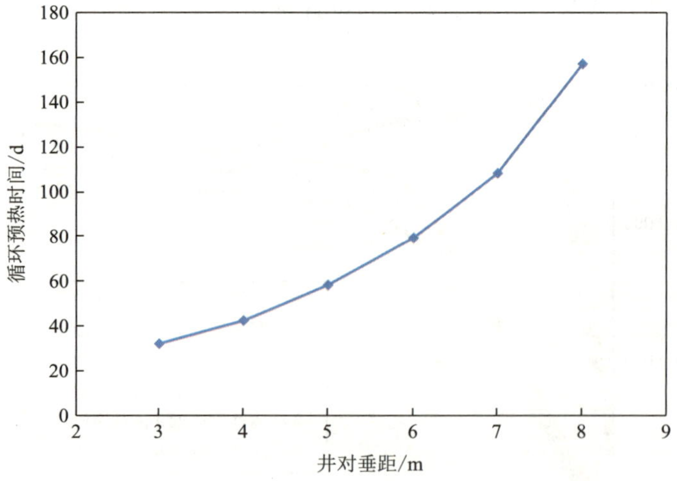

图 5-2-6　循环预热时间随井对垂距变化曲线

SAGD 生产过程中,生产井井底饱和温度与实际温度的差值一般控制在 5～15 ℃,对应生产井上面的液面控制在 2～3 m。图 5-2-7 和图 5-2-8 为不同井对垂距,sub-cool 控制为 10 ℃时的累产油量和累积油汽比。从图中可以看出,随着井对垂距的增加,累产油量和累积油汽比不断增加;当井对垂距超过 5 m 后,累产油量和累积油汽比都不再增加。SAGD 主要靠上下井间的液面来控制生产井的产液速度和采出流体温度,两井间允许的最大液面高度为上下井间的垂距。井对垂距太小,不利于液面的控制,因为一方面蒸汽容易突破到生产井,导致大量蒸汽产出,另一方面液面又容易淹没注汽井,导致蒸汽腔发育受阻。由图 5-2-9 可知,当井对垂距小于 4 m 时,生产井液面接近注汽井,蒸汽腔发育不充分。

从对启动阶段的影响和 SAGD 生产阶段的控制来考虑,重 32 井区井对的最优垂距为 5 m。

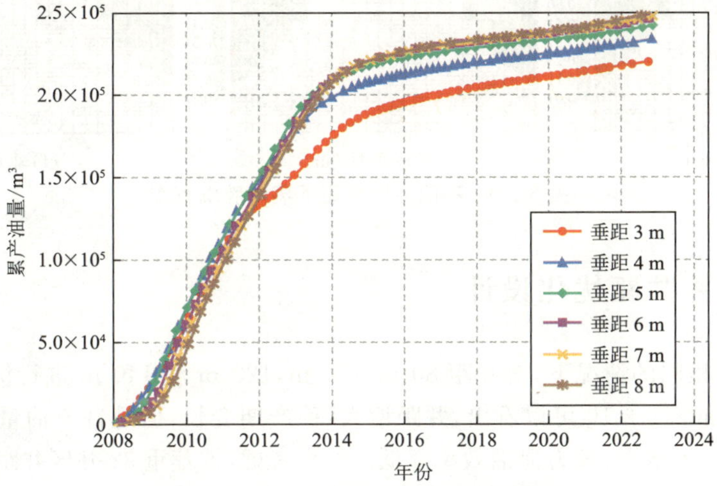

图 5-2-7 累产油量随井对垂距变化曲线

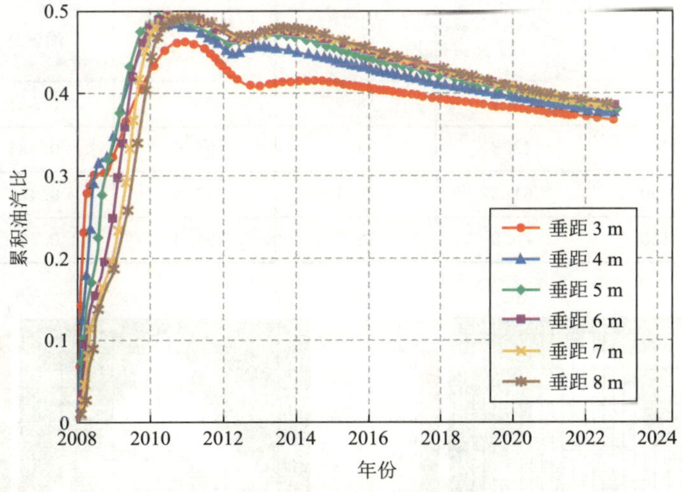

图 5-2-8 油汽比随井对垂距变化曲线

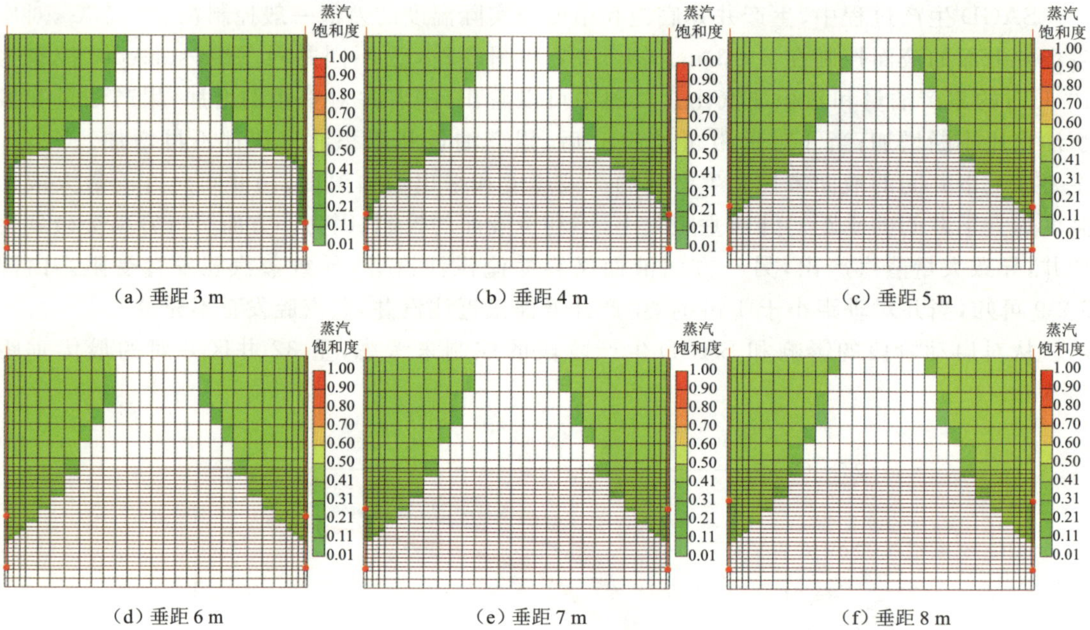

(a) 垂距 3 m　(b) 垂距 4 m　(c) 垂距 5 m

(d) 垂距 6 m　(e) 垂距 7 m　(f) 垂距 8 m

图 5-2-9　不同井对垂距下蒸汽腔发育图

四、水平井井距优化设计

在注采条件相同的情况下，对井距 80 m，100 m，120 m 和 140 m 进行优化。

由表 5-2-4 和图 5-2-10 可以看出，井距增大，稳产期变长，但是日产油量、采出程度和油汽比降低，说明井距增大，重力泄油效率降低。综合考虑，推荐重 32 井区井距为 100～120 m。

表 5-2-4　不同井距开发效果表

井距 /m	稳产时间 /d	注汽量 /(10^4 t)	产油量 /(10^4 m^3)	日产油量 /($m^3 \cdot d^{-1}$)	油汽比	采出程度 /%
80	1 907	36.4	18.9	99.5	0.521	60.2
100	2 380	48.8	23.5	98.6	0.485	59.2
120	2 890	61.8	28.1	97.1	0.454	58.6
140	3 430	76.2	32.4	94.3	0.425	57.7

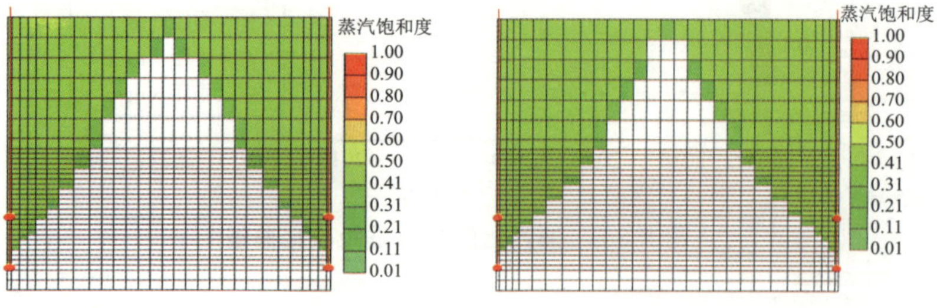

(a) 80 m 井距下蒸汽腔连通时间为 1 420 d　(b) 100 m 井距下蒸汽腔连通时间为 1 810 d

图 5-2-10　不同井网井距下蒸汽腔发育示意图

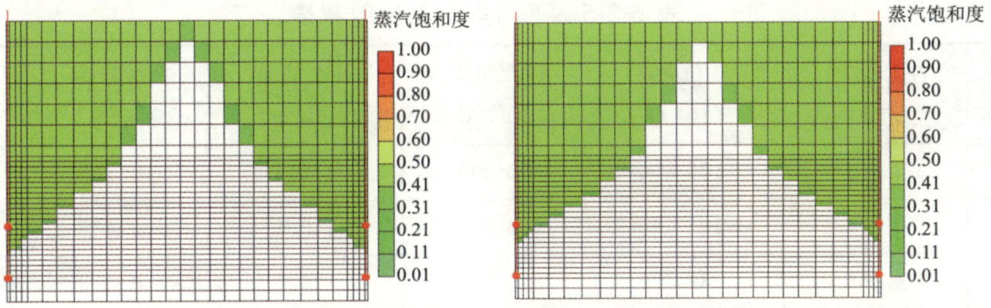

（c）120 m 井距下蒸汽腔连通时间为 2 260 d　（d）140 m 井距下蒸汽腔连通时间为 2 800 d

图 5-2-10(续)　不同井网井距下蒸汽腔发育示意图

五、水平井排距优化设计

在注采条件相同、井距为 100 m 的情况下，分别对排距 40 m，60 m，80 m 和 100 m 进行优化。

由图 5-2-11 可以看出，当排距为 60 m 时，沿井距方向的蒸汽腔和沿排距方向的蒸汽腔基本一致；而当蒸汽腔达到 80 m 时，沿排距方向的蒸汽腔发育明显滞后于沿井距方向的蒸汽腔。这说明沿排距方向的蒸汽腔最大影响范围为 80 m，因此排距不应超过 80 m。从不同排距的开采效果（表 5-2-5）可以看出，随着排距的增加，油汽比和采收率降低，因此优选排距为 80 m。

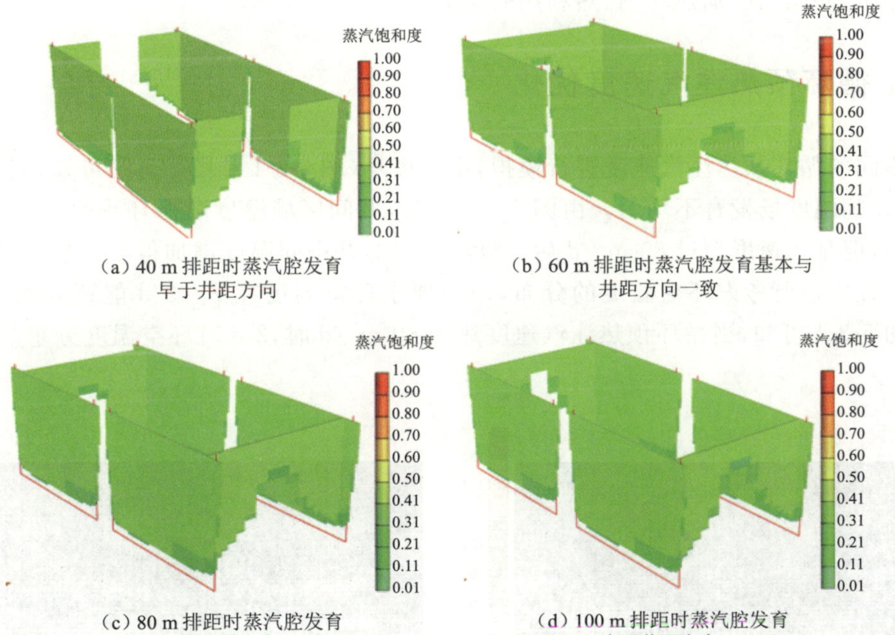

（a）40 m 排距时蒸汽腔发育早于井距方向　（b）60 m 排距时蒸汽腔发育基本与井距方向一致

（c）80 m 排距时蒸汽腔发育晚于井距方向　（d）100 m 排距时蒸汽腔发育晚于井距方向

图 5-2-11　不同排距时的蒸汽腔发育对比图

表 5-2-5 不同排距开发效果表

排距 /m	生产时间 /d	注汽量 /(10^4 t)	累产油量 /(10^4 m^3)	日产油量 /($m^3 \cdot d^{-1}$)	采收率 /%	油汽比
40	3 546	1 135 800	505 090	142.4	0.445	72.9
60	3 734	1 191 440	523 263	140.1	0.439	71.8
80	4 281	1 280 370	541 547	126.5	0.423	70.8
100	4 885	1 372 710	558 699	114.4	0.407	69.6

第三节 SAGD 启动阶段操作参数

SAGD 启动阶段一般分为三步：第一步，在两口井中同时注入循环蒸汽，通过热传导使井筒周围的储层被加热；第二步，将注入井的压力提高到略高于生产井，在两井之间形成井间压差，使井间原油流往生产井，靠热传导和流体对流进一步加快井间热连通，为转入完全 SAGD 生产阶段做准备；第三步，上部注汽井停止产出蒸汽，下部生产井停止注汽，转入完全 SAGD 生产阶段。

SAGD 启动阶段优化的主要参数包括循环预热注汽速度、循环预热蒸汽干度、预热注汽环空压力、预热注汽压差施加时机和大小等。合理的预热循环参数一般要求环空温度能快速稳定分布、井间油层加热均匀、热利用效率高。

一、循环预热注汽速度优化

对不同的循环预热注汽速度进行模拟，由温度场(图 5-3-1 和图 5-3-2)可知，当注汽速度较小时，井间温度场发育不均匀。由图 5-3-3 可知，井间区域温度随循环预热注汽速度的增加而增加，但是当速度超过 80 m^3/d 后，速度再增加，井中间温度增加得不明显。另外，国外在优化过程中还要考虑环空温度的分布，一般要求环空温度在 2～3 d 能达到均匀稳定分布。由图 5-3-4 可知，当循环预热注汽速度达到 80 m^3/d 时，2 d 时环空温度分布基本稳定，

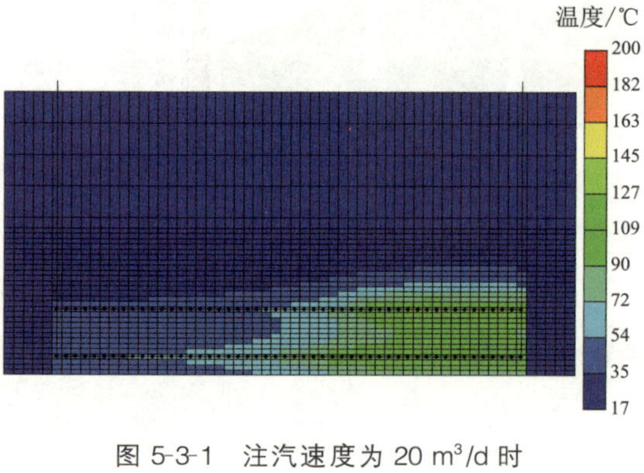

图 5-3-1 注汽速度为 20 m^3/d 时预热 40 d 的温度场

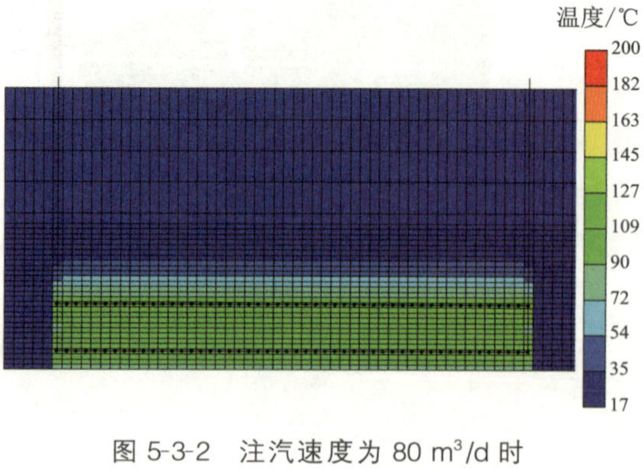

图 5-3-2 注汽速度为 80 m^3/d 时预热 40 d 的温度场

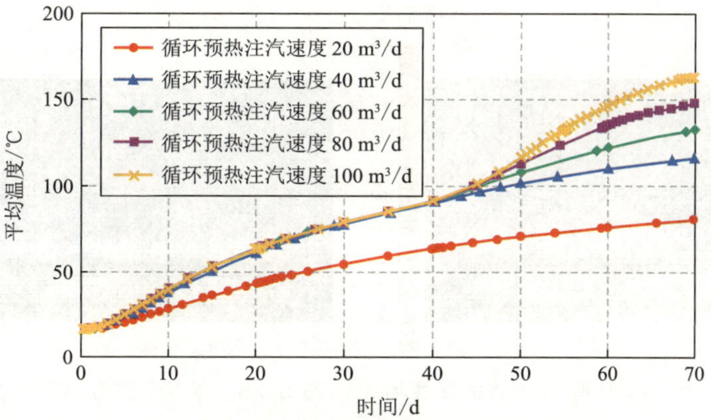

图 5-3-3　不同循环预热注汽速度下两井中间区域平均温度

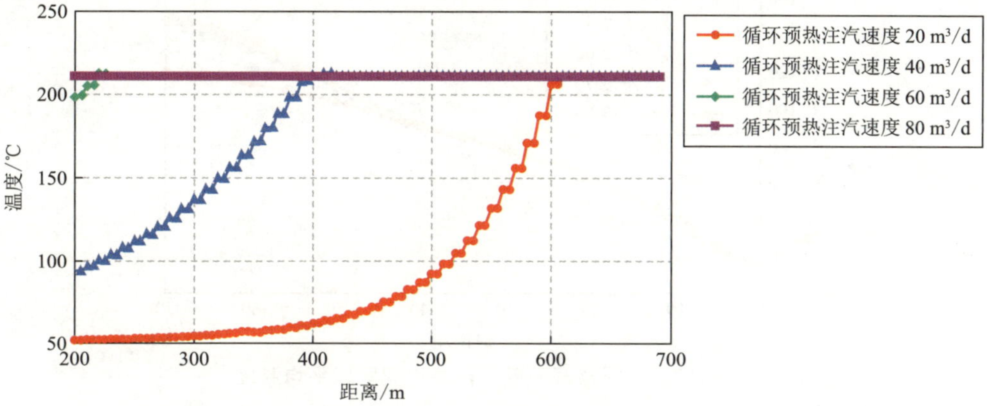

图 5-3-4　不同循环预热注汽速度 2 d 后的井筒环空温度分布

因此循环预热注汽速度应不低于 80 m^3/d。循环预热注汽速度也不宜太高，当它达到一定程度后，对井间区域温度升高影响较小；循环预热注汽速度增加，返回热量高，热利用效率低，压力损失大，并且容易在斜井段或直井段压力损失大的地方发生闪蒸，造成“汽堵”。对于风城油田重 32 井区，400 m 井段的循环预热注汽速度应在 80 m^3/d 左右。

二、循环预热蒸汽干度优化

在循环预热注汽速度为 80 m^3/d 时，对蒸汽干度为 20%，40%，60%，70%和 80%的热循环效果进行对比。从图 5-3-5～图 5-3-7 中可以看出，在同样的注汽速度下，蒸汽干度越高，温度场分布越均匀，井间温度升高得越快；从图 5-3-8 中可以看出，蒸汽干度达到 70%时，预热2 d 后环空温度可达到稳定。综合考虑，蒸汽干度应不低于 70%。

三、循环预热注汽压力优化

当注汽速度为 80 t/d、蒸汽干度为 75%时，对循环注汽压力分别为 2.0 MPa，2.5 MPa，3.0 MPa，3.5 MPa 和 4.0 MPa 的热循环效果进行对比分析。

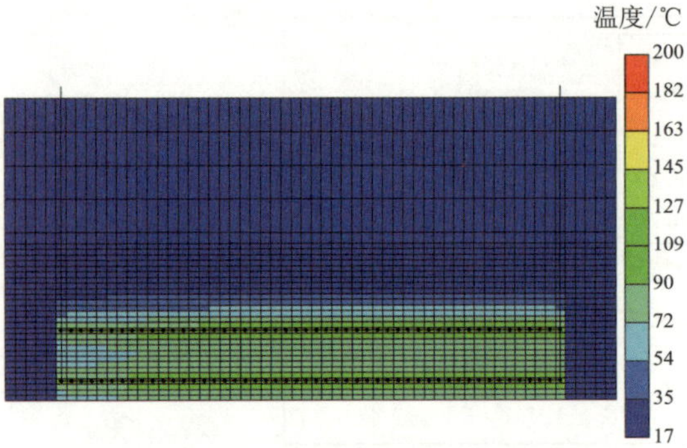

图 5-3-5　蒸汽干度为 20% 时预热 40 d 的温度场

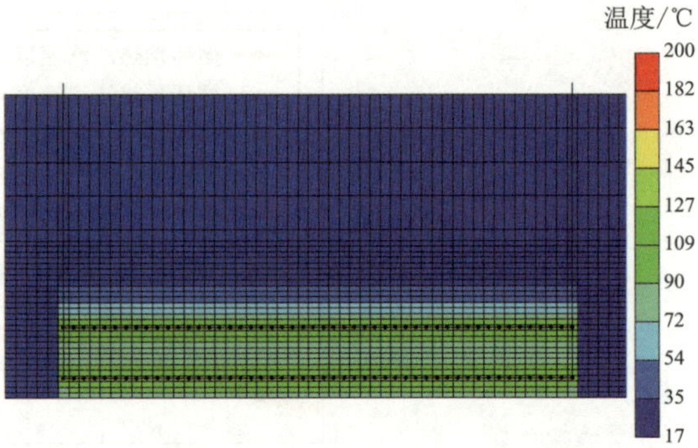

图 5-3-6　蒸汽干度为 70% 时预热 40 d 的温度场

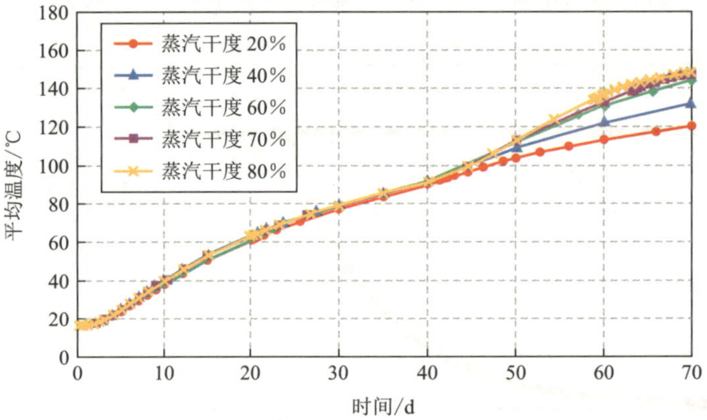

图 5-3-7　不同蒸汽干度下两井中间区域平均温度

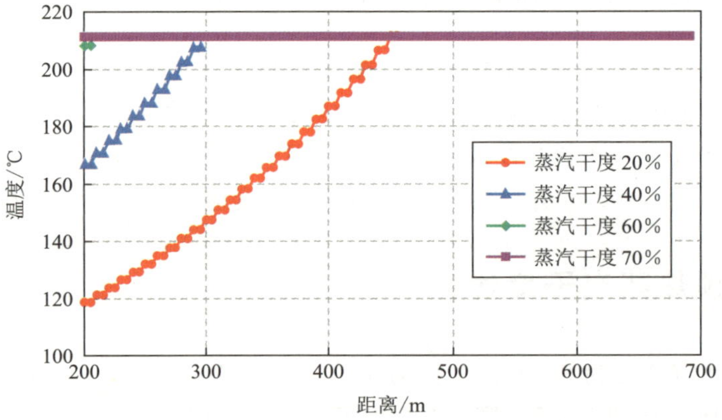

图 5-3-8　不同蒸汽干度 2 d 时的井筒环空温度分布

由图 5-3-9 和图 5-3-10 可以看出，增大循环注汽压力，蒸汽饱和温度提高，有利于提高井对中间区域的平均温度。但是从表 5-3-1 中可以看出，环空压力增大，进入地层的蒸汽量变大，无论是累产液和累产油都不断降低，不利于油层中流体的产出和有效加热油层，并且容易造成井间油层加热不均匀，尤其对于非均性比较强的油藏，更容易造成井间油层的不均匀加热，对后期的 SAGD 生产造成影响。SAGD 实际生产表明，当注入压力接近油藏压力或略高于油藏压力时，井筒环空温度分布最稳定，井间油层加热和蒸汽腔发育最稳定，因此环空压力应以不高于油藏压力 0.5 MPa 为宜。重 32 井区 SAGD 试验区的油藏初始压力为 1.7～2.2 MPa，因此选取 SAGD 循环预热环空压力为 2.2～2.7 MPa。

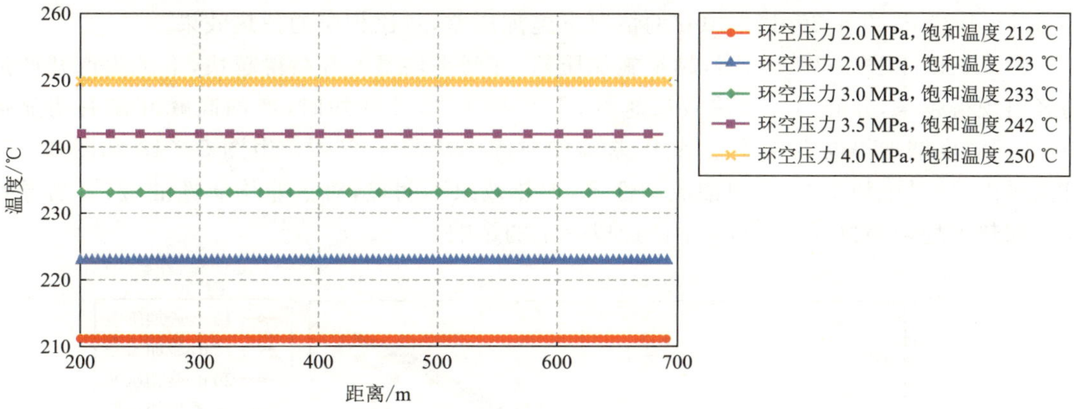

图 5-3-9 不同环空压力循环 2 d 时的井筒环空温度分布

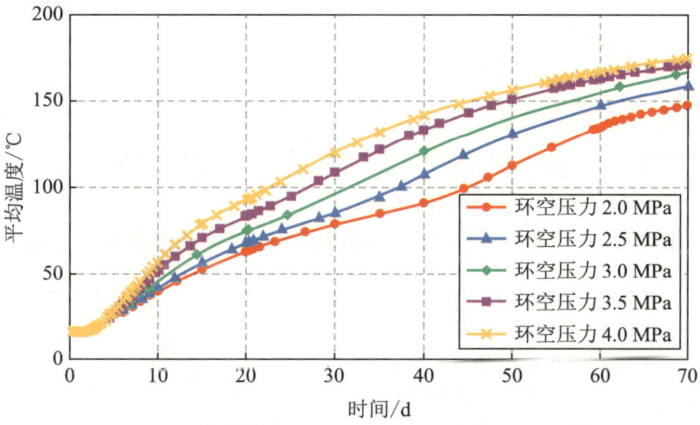

图 5-3-10 不同环空压力井中间区域平均温度变化曲线

表 5-3-1 不同环空压力循环 120 d 效果对比

环空压力/MPa	累积注汽量/t	累积产液量/m^3	累积产油量/m^3
2.0	11 200	11 488	1 201
2.5	11 200	11 138	1 083
3.0	11 200	10 578	1 039
3.5	11 200	9 790	994
4.0	11 200	8 806	912

四、循环预热注采井压差优化

1. 压差施加时机的优化

在循环预热阶段，一般是在井间油层加热到一定程度，原油流动能力较强时，在注汽井和生产井间施加一定的压差，以使原油向生产井流动，加快井间对流换热，达到更快加热井间油层的目的。

在注汽速度为 80 m³/d、蒸汽干度为 75%、压差为 80 kPa 的条件下，分别在预热 5 d，10 d，15 d，20 d，25 d，30 d 和 40 d 的情况下施加压差，对比相应的预热效果。

图 5-3-11 和图 5-3-12 表明，越早施加压差，井间平均温度升高得越快，下部生产井产油高峰出现得越早，井间油层加热效果越好；但是早于 25 d 施加时，产油高峰并没有明显提前，井间温度增加得也不明显，因此压差施加时间不应早于 25 d。由图 5-3-13 和图 5-3-14 可以看出，过早施加压差时，原油流动性差，加热效果不明显，对于非均质性油藏，容易导致油层加热不均匀，对后期 SAGD 生产造成一定的影响。

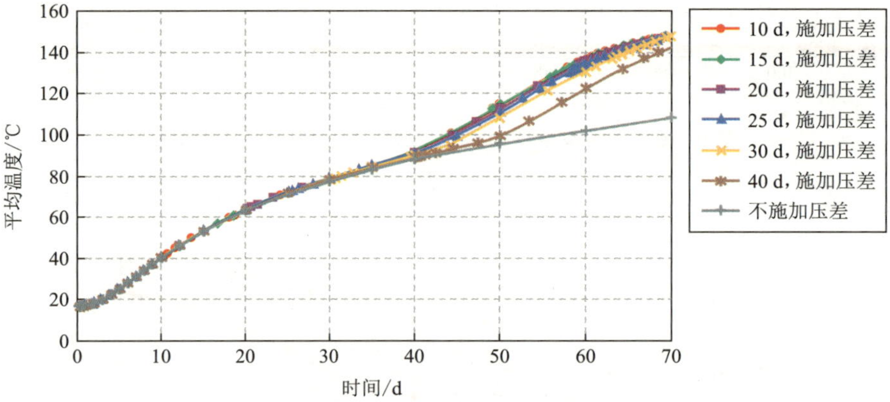

图 5-3-11 不同施加压差时间井中间区域平均温度变化曲线

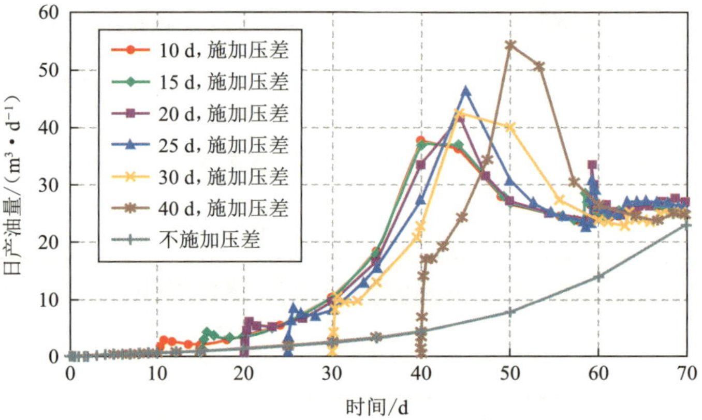

图 5-3-12 不同施加压差时间下部生产井产油量变化曲线

一般以井对中间区域的温度对应的原油黏度(流动能力)作为施加压差的判定标准。从不施加压差的井间温度曲线可以看出，当预热 25 d 左右时，井间温度达到 75 ℃左右，此时对应的原油黏度为 1 500～2 000 mPa·s，说明原油已具有较强的流动能力，可以施加压差。根据风城油田重 32 井区实际油藏条件，选择在循环预热 25 d 左右时施加压差。

2. 压差大小的优化

在注汽速度为 80 m³/d、干度为 75%、预热时间为 25 d 的条件下，分别施加 20 kPa，

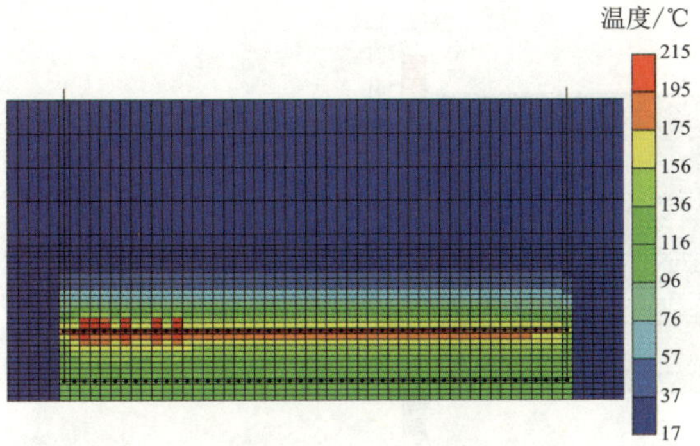

图 5-3-13　预热 10 d 时施加 100 kPa 压差 50 d 的温度场

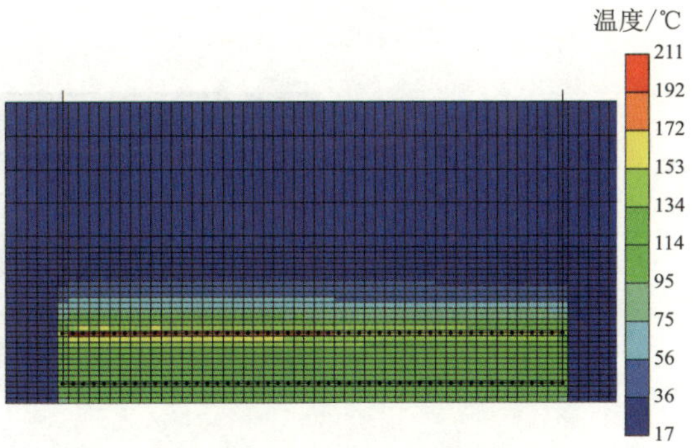

图 5-3-14　预热 25 d 时施加 100 kPa 压差 50 d 的温度场

40 kPa,60 kPa,80 kPa,100 kPa,150 kPa 和 200 kPa 的压差。

图 5-3-15 显示,增大压差,井对中间区域油层平均温度增加,但是当压差大于 100 kPa 时,井对中间区域的温度增加得就不明显了。从图 5-3-16 和图 5-3-17 中可以看出,增大压差,井间原油流动速度加快,产油峰值出现时间早,蒸汽突破快,容易在高渗段形成局部优势通道,不利于循环预热的控制。SAGD 上、下两井间的距离一般为 5 m,静水压差在 50 kPa

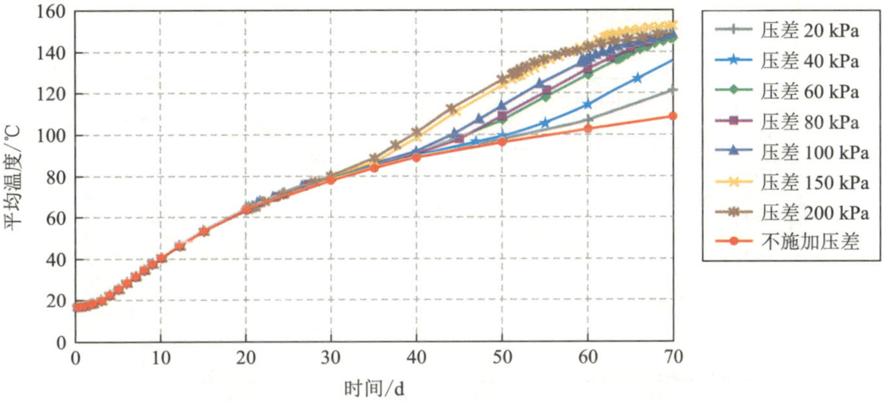

图 5-3-15　不同压差下井对中间区域的平均温度

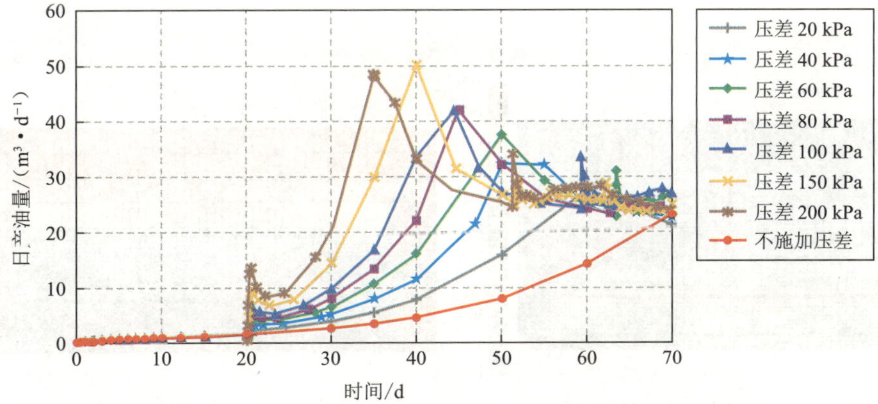

图 5-3-16　不同压差下部生产井产油量变化曲线

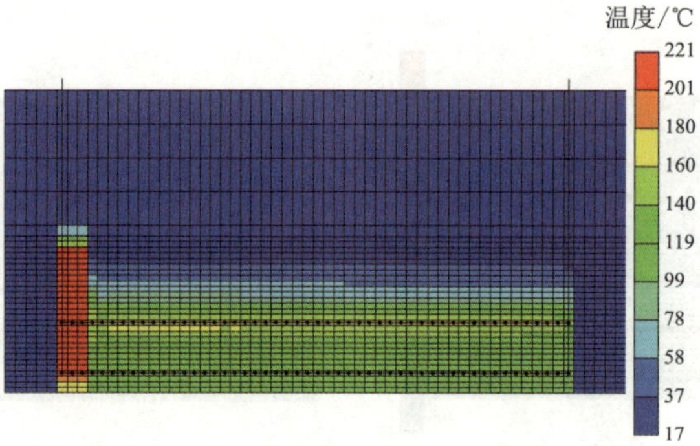

图 5-3-17　200 kPa 压差形成的局部优势通道

左右，压差过大，会导致井间加热不均匀，还会造成蒸汽进入下部生产井，因此压差不宜过大，以 100 kPa 左右为宜。根据重 32 井区实际油藏条件，SAGD 上、下两井压差以 80～100 kPa 为宜。

五、循环预热阶段操作参数小结

从图 5-3-18～图 5-3-20 中可以看出，循环注汽速度为 80 t/d，循环预热环空压力为

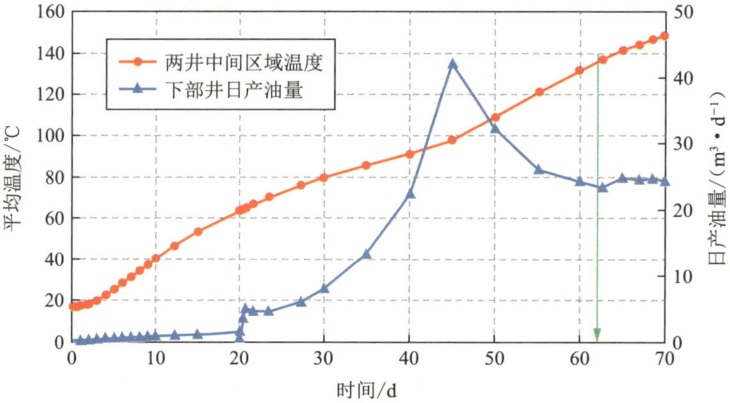

图 5-3-18　循环预热效果图

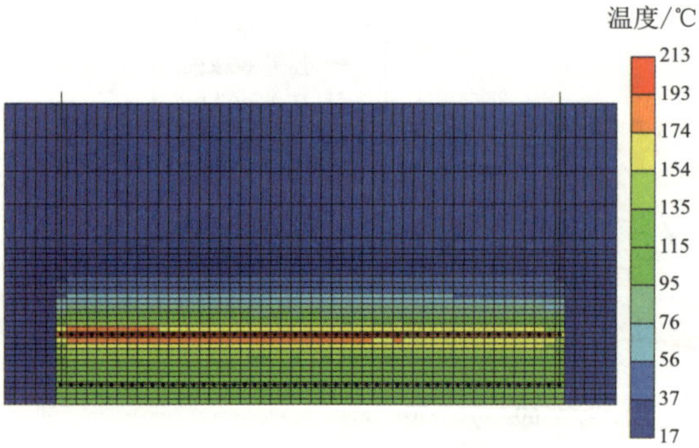

图 5-3-19　循环预热 60 d 的温度场

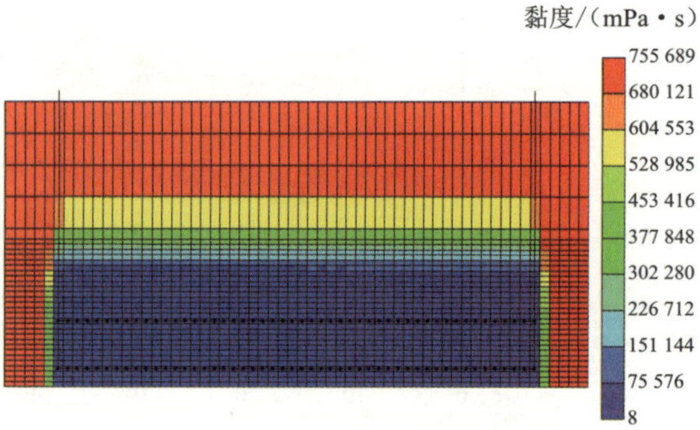

图 5-3-20　循环预热 60 d 的黏度场

2.2 MPa，蒸汽干度为 75%，预热 25 d 施加 80 kPa 的压差，预热 60 d 时井中间区域温度可达 130 ℃左右，井间原油黏度为 20～80 mPa·s，两井之间已经充分形成热连通，并且在井筒周围形成了一个高温低黏区域，可以转入 SAGD 生产阶段。

综上所述，风城油田重 32 井区 SAGD 试验区的循环预热参数为：循环注汽速度 80～100 m^3/d；循环压力以不超过初始油藏压力 0.5 MPa 为宜；蒸汽干度不低于 70%；循环预热 25 d 左右施加 80 kPa 压差；预热 60 d 左右，即可转入 SAGD 生产阶段。

第四节　SAGD 生产阶段操作参数

一、蒸汽腔操作压力设计

低操作压力与高操作压力相比有 4 个明显的优势：① 在较低的操作压力下，油藏的温度也较低。由于砂岩基质只被加热到一个较低的温度，其所需的能量下降了，所以就会导致油汽比较高。② 二氧化硅在产出液中的溶解度与温度有关，当油藏温度降低时，产出液中二氧化硅的含量也降低，从而降低处理费用。③ H_2S 的产出量随着温度的降低而明显减小，从而可以降低对生产设备的腐蚀，减少环境污染。④ 在低操作压力下，流体饱和温度低，对注采设备的损耗低，操作成本低，但是低压操作压力有可能导致注汽能力低，采油速度低，经济效益变差。

分别对蒸汽腔操作压力 0.8 MPa，1.0 MPa，1.2 MPa，1.5 MPa，1.8 MPa 和 2.1 MPa 进行开发效果对比。表 5-4-1 为不同蒸汽腔操作压力下 SAGD 生产阶段的开发效果。

表 5-4-1　不同蒸汽腔操作压力下 SAGD 生产阶段开发效果对比表

操作压力 /MPa	生产时间 /d	注汽量 /(10^4 t)	产油量 /(10^4 m^3)	日产油量 /(d·m^{-3})	油汽比	采收率 /%	综合参数 *STEP*
0.8	3 047	52.4	24.4	61.7	0.465	61.4	3.8
1.0	3 314	54.4	24.6	74.3	0.453	62.0	4.3
1.2	2 920	56.5	24.9	85.2	0.440	62.6	4.5
1.5	2 584	60.1	25.1	96.9	0.417	63.1	4.4
1.8	2 356	63.4	25.1	106.7	0.397	63.3	4.2
2.1	2 085	66.1	25.1	120.4	0.380	63.2	4.0

国外一般通过定义一个综合参数 *STEP* 来评价开发效果。*STEP* 的定义式如下：

$$STEP = RF \times CDOR \times COSR^{2.4} \tag{5-4-1}$$

式中　*RF*——采收率，%；

CDOR——日产油量，m^3/d；

COSR——累积油汽比。

STEP 是一个综合考虑采收率、日产油量、累积油汽比的参数。一般情况下，操作压力提高，会导致采收率增加，日产油量增加，累积油汽比变小；操作压力低，会导致累积油汽比

高，采收率和日产油量小。因此，*STEP* 综合反映了三者之间的关系，当 *STEP* 达最大时，操作条件最优。

从表 5-4-1 中可以看出，高操作压力下采油速度高、生产周期短，但油汽比低，注入相同的蒸汽量开发效率低。从表 5-4-1 和图 5-4-1 中可以看出，蒸汽腔操作压力在 1.0～1.5 MPa 时的开发效果最好。

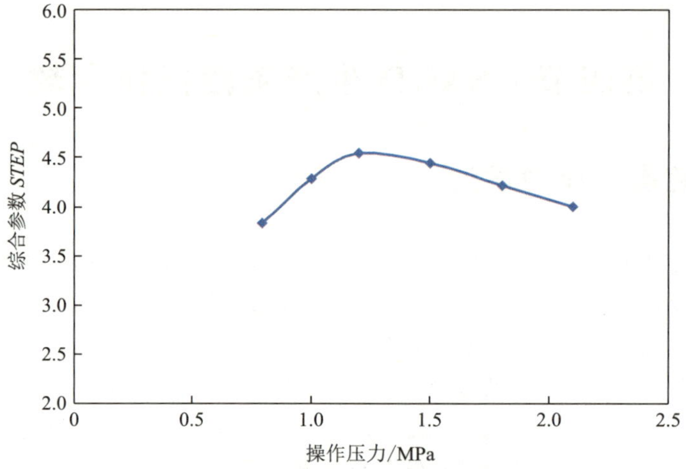

图 5-4-1　不同蒸汽腔操作压力下 *STEP* 变化曲线

二、蒸汽腔操作 sub-cool 控制

生产井井底流压对应的饱和蒸汽温度与流体实际温度的差值(sub-cool)大于 0，表明实际生产温度低于饱和蒸汽温度，蒸汽没有突破；sub-cool 接近 0，表明实际生产温度接近饱和蒸汽温度，蒸汽突破了。SAGD 生产过程中，一般要求 sub-cool 稳定在一个适当的范围内，控制生产井的采出液量和蒸汽腔的发育，以利于重力泄油。在蒸汽腔压力为 1.5 MPa 的条件下，分别对 sub-cool 为 5 ℃，10 ℃，15 ℃，20 ℃，25 ℃时的生产效果进行研究。由表 5-4-2 和图 5-4-2 可以看出，sub-cool 越大，生产井上方的液面越高，越有利于控制蒸汽的突破，但是不利于蒸汽腔的发育，相应的产油量和油汽比降低；当 sub-cool 小于 5 ℃时，蒸汽腔接近生产井，容易造成蒸汽突破；当 sub-cool 大于 15 ℃时，液面界面接近注汽井，不利于蒸汽腔的发育。从生产井的控制和蒸汽的热利用效率考虑，sub-cool 以 5～15 ℃为宜。

表 5-4-2　不同 sub-cool 时 SAGD 生产效果表

sub-cool/℃	生产时间/d	注汽量 /(10^4 t)	产液量 /(10^4 m^3)	产油量 /(10^4 m^3)	日产油量 /(m^3 · d^{-1})	注采比	油汽比	采收率/%
5	3 337	54.5	73.0	24.6	73.6	1.34	0.451	61.9
10	3 927	57.2	71.7	23.2	59.2	1.25	0.407	58.5
15	6 450	65.5	74.3	22.7	35.1	1.13	0.346	57.1
20	7 250	60.7	64.9	20.5	28.3	1.07	0.338	51.6

续表

sub-cool/℃	生产时间/d	注汽量/(10^4 t)	产液量/(10^4 m^3)	产油量/(10^4 m^3)	日产油量/(m^3 · d^{-1})	注采比	油汽比	采收率/%
25	7 450	57.7	61.6	18.2	24.4	1.07	0.314	45.7
30	7 650	55.8	59.0	16.5	21.6	1.06	0.297	41.6

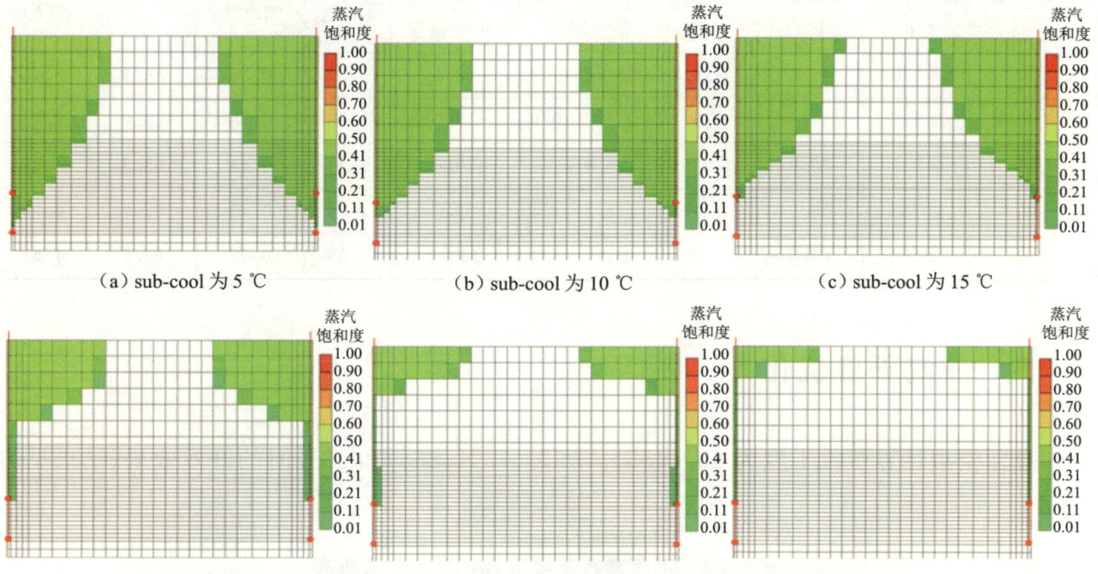

图 5-4-2　不同 sub-cool 控制时的蒸汽腔发育图

三、注汽速度优化

图 5-4-3 为不同深度下蒸汽干度与注汽速度的关系曲线，可以看出，在井口干度(95%)相同的条件下，注汽速度越高，井底蒸汽干度越高。因此，在注汽工艺和油藏条件允许的条件下，应适当提高注汽速度。

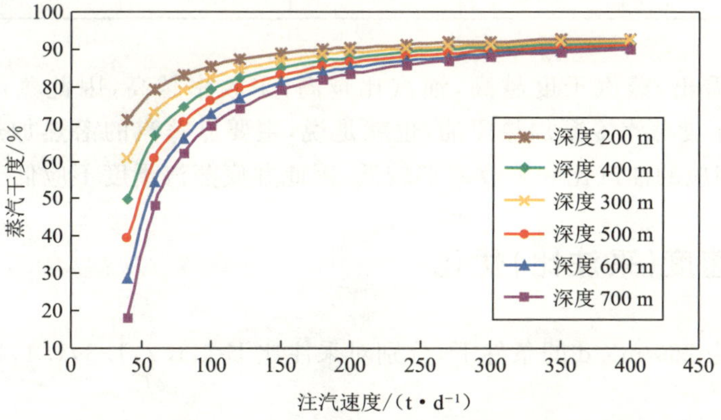

图 5-4-3　蒸汽干度与注汽速度关系曲线

对注汽速度为 150 m^3/d,200 m^3/d,250 m^3/d,300 m^3/d 和 350 m^3/d 的开发效果进行对比,结果见表 5-4-3。可以看出,当注汽速度低于 250 m^3/d 时,采出速度和油汽比都很低;当注汽速度为 250~300 m^3/d 时,油汽比最高,生产效果最好;当注汽速度太高时,操作压力变高,油汽比降低。因此,选取注汽速度为 250~300 m^3/d。

表 5-4-3 不同注汽速度下 SAGD 生产效果表

注汽速度/($m^3 \cdot d^{-1}$)	生产时间/d	注汽量/(10^4 t)	产油量/(10^4 m^3)	操作压力/MPa	日产油量/($m^3 \cdot d^{-1}$)	采注比	油汽比	采收率/%	*STEP*
150	4 850	47.5	18.5	0.6~0.7	38.1	1.31	0.39	46.3	3.48
200	3 921	51.1	19.2	0.7~0.8	49.0	1.33	0.38	48.0	3.95
250	3 235	53.9	23.5	0.9~1.1	72.6	1.34	0.44	58.8	4.38
300	2 762	56.5	24.8	1.2~1.4	89.8	1.36	0.44	62.0	4.74
350	2 495	59.8	25	1.5~1.7	100.2	1.39	0.42	62.5	4.21

四、注汽干度优化

分别模拟计算蒸汽干度为 45%,55%,65%,75%,85%和 95%时的开发效果,结果见表 5-4-4。

表 5-4-4 不同蒸汽干度下 SAGD 生产效果表

蒸汽干度/%	生产时间/d	注汽量/(10^4 t)	产油量/(10^4 m^3)	日产油量/($m^3 \cdot d^{-1}$)	油汽比	采收率/%
45	5 168	63.5	24.1	46.7	0.380	60.8
55	4 532	58.2	24.4	53.7	0.418	61.3
65	4 226	55.4	24.7	58.5	0.446	62.2
75	3 900	52.3	25.0	64.1	0.478	63.0
85	3 650	51.3	25.2	69.1	0.492	63.5
95	3 648	51.2	25.6	70.3	0.501	64.6

从表中可以看出,蒸汽干度越高,油汽比越高,采收率越高,因此蒸汽干度越高越好。SAGD 主要靠高干度蒸汽冷凝加热原油,也就是说,主要靠蒸汽的潜热加热原油,当蒸汽干度低于 75%时,相应的油汽比和采收率都较低,因此井底蒸汽干度不应低于 75%。

五、采液速度(采注比)优化

在注入速度为 250 m^3/d 的条件下,分别对采注比 1.1,1.2,1.3,1.4,1.5 和 1.6 的开发效果进行对比。

由图 5-4-4 和表 5-4-5 可以看出,当采注比小于 1.3 时,蒸汽腔发育不充分,生产时间长，注汽量多，油汽比低；当采注比大于 1.5 时，蒸汽腔发育接近生产井，不利于控制，容易造成生产麻烦。因此，采注比 1.3～1.4 为宜。

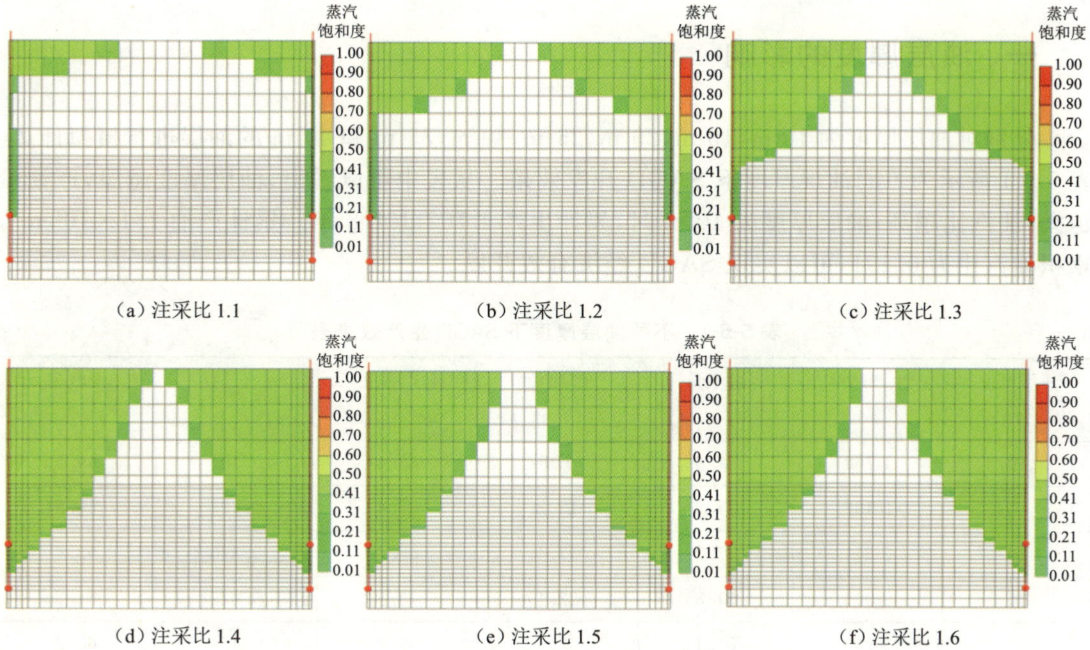

(a) 注采比 1.1　(b) 注采比 1.2　(c) 注采比 1.3

(d) 注采比 1.4　(e) 注采比 1.5　(f) 注采比 1.6

图 5-4-4　不同采注比下蒸汽腔发育图

表 5-4-5　不同采注比下 SAGD 生产效果表

采注比	配产 /($m^3 \cdot d^{-1}$)	生产时间/d	注汽量 /(10^4 t)	产液量 /(10^4 m^3)	产油量 /(10^4 m^3)	日产油量 /($m^3 \cdot d^{-1}$)	油汽比	采收率/%
1.1	275	3 650	90.7	99.7	21.7	59.5	0.239	54.7
1.2	300	3 481	86.5	103.6	25.2	72.4	0.291	63.4
1.3	325	2 704	67.1	84.9	24.9	92.0	0.371	62.7
1.4	350	2 374	58.8	76.7	24.6	103.8	0.419	62.1
1.5	375	2 383	59.0	76.9	24.6	103.1	0.416	61.9
1.6	400	2 391	48.5	66.7	23.6	98.6	0.486	59.4

六、生产阶段操作参数小结

SAGD 操作参数对生产影响显著，优化结果表明，重 32 井区操作压力应为 1.0～1.5 MPa，sub-cool 应控制在 10～15 ℃之间，注汽速度应为 250～300 m^3/d，井底蒸汽干度宜高于 75%，采注比应为 1.3～1.4。

第五节　地质参数敏感性分析

一、油层厚度的影响

分别对油层厚度为 10 m,15 m,20 m,25 m,30 m,35 m 和 40 m 的油层进行模拟计算。表 5-5-1 所示为不同油层厚度下 SAGD 开发效果。从表中可以看出,油层厚度越厚,产油量越大,油汽比越高;油层厚度为 10 m 时,累计生产 1 762 d(4.8 年),累计产油 7.1×10^4 m^3,累积油汽比为 0.191,可以实现 SAGD 经济有效开发。

表 5-5-1　不同油层厚度下 SAGD 生产效果表

油层厚度/m	生产时间/d	注汽量/(10^4 t)	产油量/(10^4 m^3)	日产油量/($m^3\cdot d^{-1}$)	油汽比	采收率/%
10	1 762	37.3	7.1	40.4	0.191	49.5
15	2 197	41.5	12.2	55.4	0.293	56.5
20	2 541	47.2	17.4	68.6	0.370	59.6
25	3 006	51.8	22.1	73.2	0.425	61.2
30	3 903	60.1	27.3	69.9	0.454	63.2
35	3 971	64.0	32.1	80.7	0.501	63.6
40	4 146	68.3	36.8	88.9	0.540	63.9

二、原油黏度的影响

图 5-5-1 和图 5-5-2 分别为启动阶段两井中间区域的平均温度和不同原油黏度下启动循环预热时间变化曲线。从图中可以看出,原油黏度越低,井中间区域温度升高得越快;原油

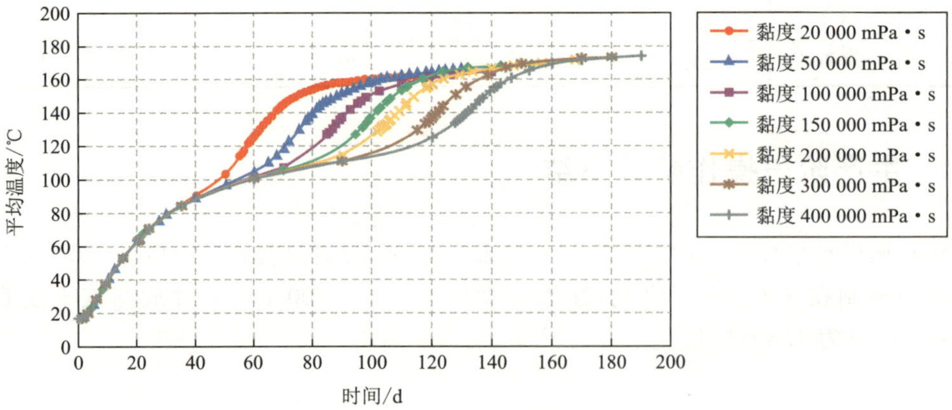

图 5-5-1　不同原油黏度下两井中间区域平均温度变化曲线

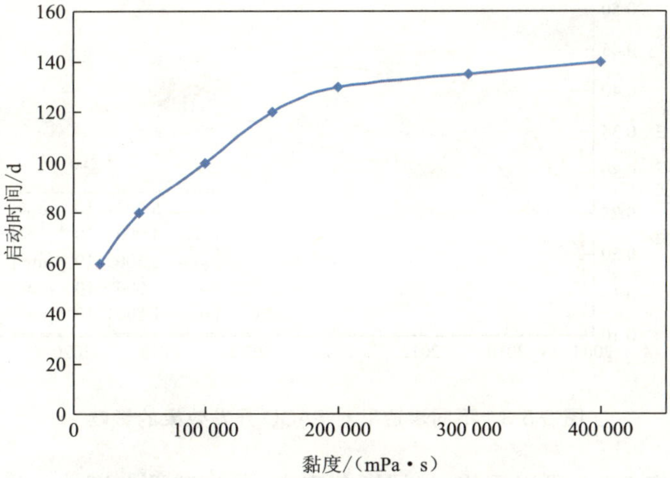

图 5-5-2　不同原油黏度下启动时间变化曲线

黏度增大，对应启动时间变大。表 5-5-2 为不同原油黏度下 SAGD 生产效果。从表中可以看出，原油黏度越高，采收率和油汽比越小；但是当黏度超过 150 000 mPa·s 后，变化幅度变小。

表 5-5-2　不同原油黏度下 SAGD 生产效果表

黏度 /(mPa·s)	生产时间 /d	注汽量 /(10^4 t)	产油量 /(10^4 m^3)	日产油量 /(m^3·d^{-1})	油汽比	采收率 /%
20 000	2 709	67.2	24.4	90.1	0.363	61.5
50 000	2 931	72.6	24.1	82.2	0.332	60.7
100 000	3 034	74.9	23.8	77.9	0.317	59.9
150 000	3 220	79.5	23.6	73.4	0.297	59.5
200 000	3 302	81.4	23.5	71.2	0.289	59.2
300 000	3 418	84.3	23.3	68.3	0.277	58.8
400 000	3 505	86.5	23.2	66.2	0.268	58.5

三、渗透率的影响

对渗透率 1 500×10^{-3} μm^2，2 000×10^{-3} μm^2，2 500×10^{-3} μm^2，4 000×10^{-3} μm^2，5 000×10^{-3} μm^2进行 SAGD 生产效果模拟计算，结果如图 5-5-3 所示。由图 5-5-3 可知，渗透率越大，油汽比越高，达到峰值的时间越短，且蒸汽腔扩展速度与渗透率成正比。

四、地层倾角的影响

在油层物性和生产条件相同的情况下，分别对地层倾角为 0°，10°，20°，30°和 40°的 SAGD 生产效果进行研究。

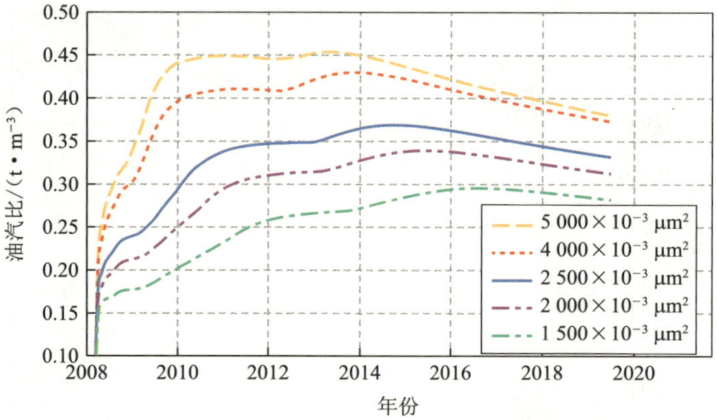

图 5-5-3　不同渗透率对 SAGD 开发效果的影响

由图 5-5-4 和表 5-5-3 可以看出，地层倾角变大，蒸汽腔沿上倾方向发育变快，上部生产井被蒸汽腔淹没时间变短，稳产时间变短。当地层倾角大于 20°时，稳产时间明显变短，采出程度明显降低。因此，地层倾角以不超过 20°为宜。

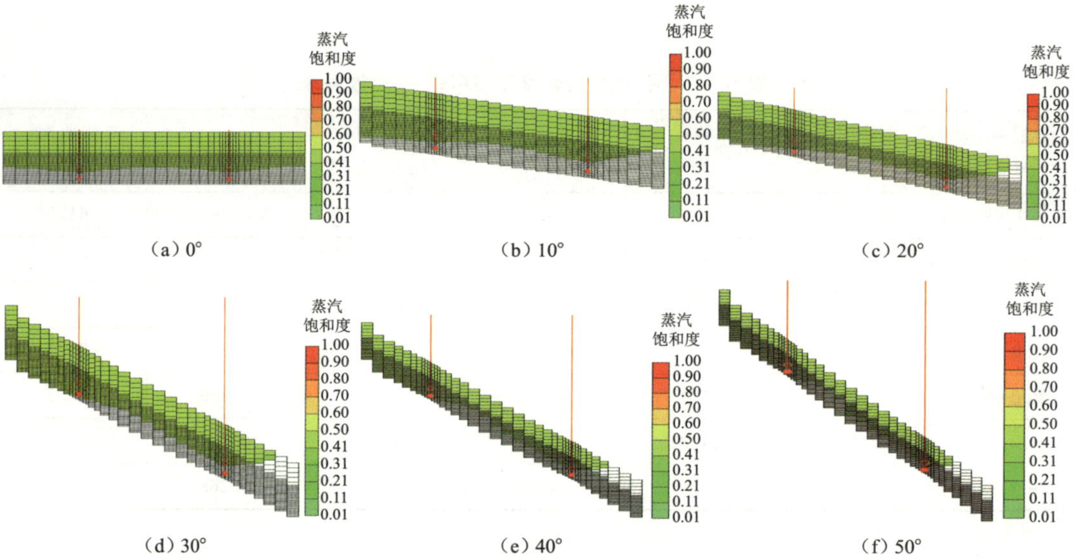

图 5-5-4　不同地层倾角蒸汽腔发育图

表 5-5-3　不同地层倾角下 SAGD 生产效果表

地层倾角/(°)	稳产时间/d	注汽量/(10^4 t)	产油量/(10^4 m^3)	油汽比	采收率/%
0	1 930	42.9	10.6	0.494	53.3
10	1 925	21.2	10.5	0.495	52.8
20	1 810	18.7	9.8	0.524	49.1
30	1 650	16.7	9.2	0.551	46.3
40	1 400	14.0	8.4	0.600	42.4

五、隔夹层的影响

1. 夹　层

当生产井和注汽井井距为 100 m 时，假设在油层中部 13 m 处（两对水平井中间）存在厚 2.5 m、宽 50 m 的夹层。从蒸汽腔的发育（图 5-5-5）来看，不连续夹层的存在不影响 SAGD 的重力泄油过程；从累产油量和日产油量（图 5-5-6）来看，该夹层对 SAGD 的开发效果影响较小。

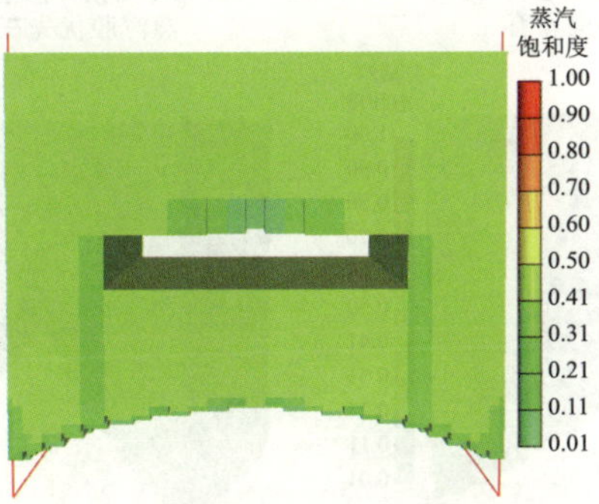

图 5-5-5　有非渗透夹层蒸汽腔发育图

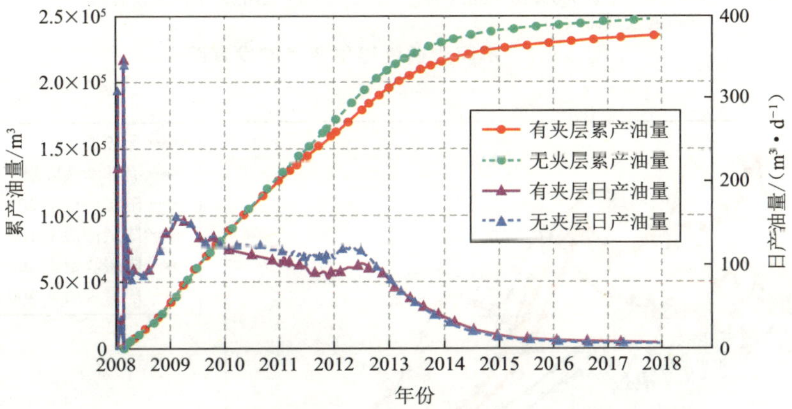

图 5-5-6　不连续夹层条件下累产油量和日产油量动态曲线

2. 隔　层

假设在油层中部 13 m 处存在一连续的厚 2.5 m 的隔层，分别对非渗透隔层和隔层渗透率为 $20\times10^{-3}\ \mu m^2$，$100\times10^{-3}\ \mu m^2$，$300\times10^{-3}\ \mu m^2$，$500\times10^{-3}\ \mu m^2$ 的 SAGD 生产效果进行研究。

由图 5-5-7、图 5-5-8 和表 5-5-4 可以看出，当隔层为非渗透隔层时，SAGD 开发过程中，蒸汽腔只在隔层下部的油层发育；当物性隔层的渗透率小于 $100\times10^{-3}\ \mu m^2$ 时，蒸汽腔优先在物性隔层下部发育，相应的产油高峰出现得较晚；当物性隔层的渗透率大于 $100\times10^{-3}\ \mu m^2$ 时，物性夹层对蒸汽腔发育和 SAGD 开发效果的影响都较小。

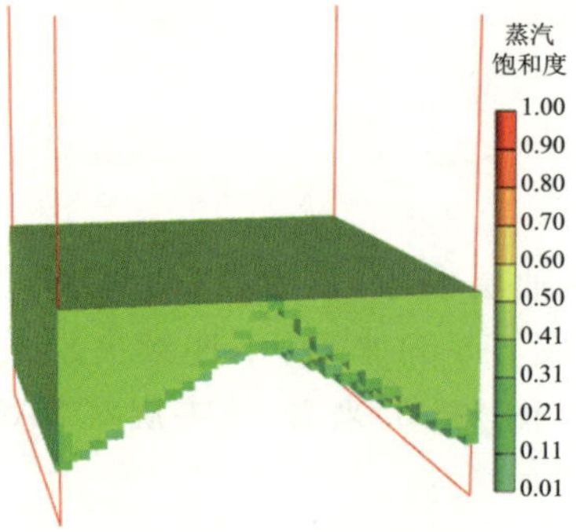

(a) 非渗透隔层，
蒸汽腔层下面发育

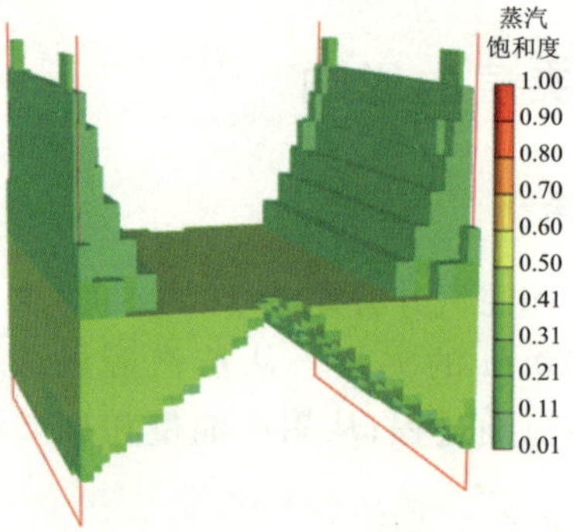

(b) 物性隔层，渗透率为 $20\times10^{-3}\ \mu m^2$，
蒸汽腔优先在隔层下部发育

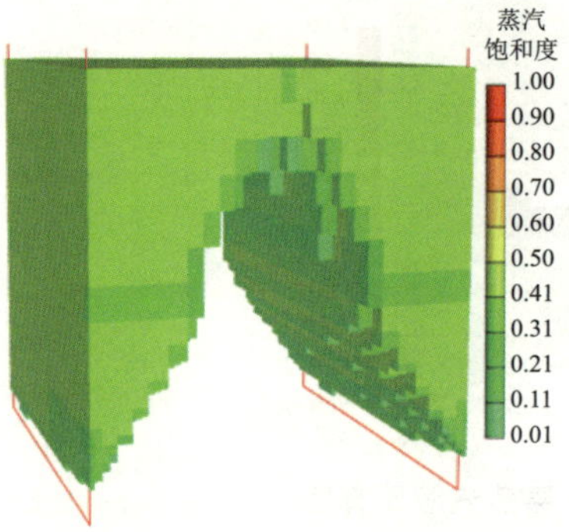

(c) 物性隔层，渗透率 $300\times10^{-3}\ \mu m^2$，
蒸汽腔发育比较均匀

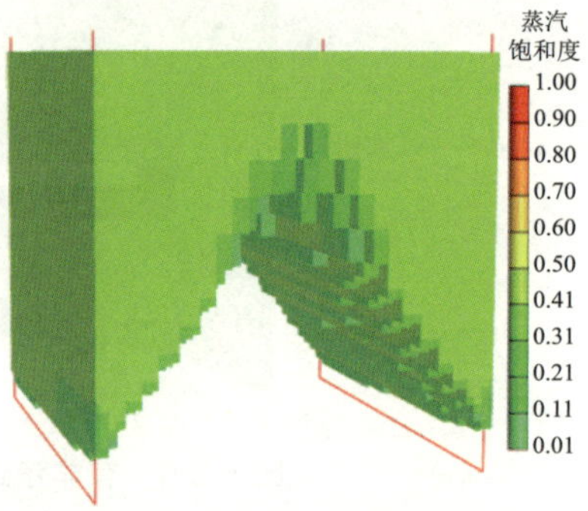

(d) 无隔层，蒸汽腔发育均匀

图 5-5-7 不同渗透性隔层蒸汽腔发育图

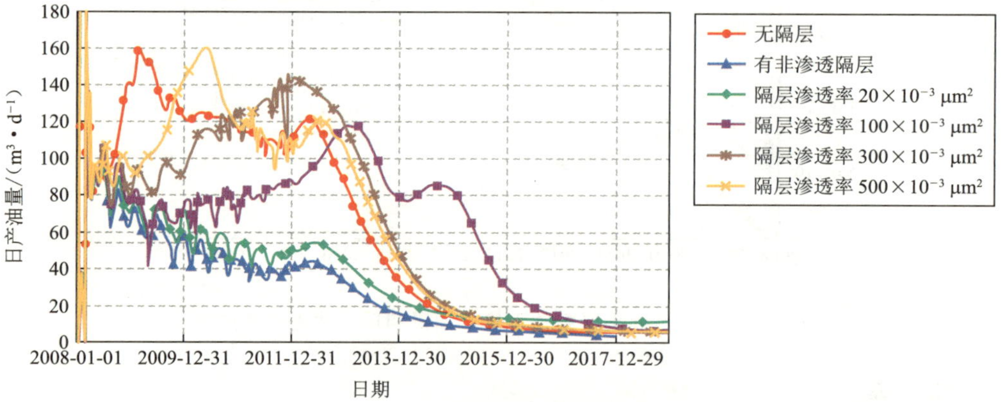

图 5-5-8 不同渗透性隔层产油动态

表 5-5-4 不同类型隔层生产效果表

隔层类型	生产时间/d	注汽量/($10^4\ m^3$)	产油量/($10^4\ m^3$)	日产油量/($m^3\cdot d^{-1}$)	油汽比	采收率/%
无	3 411	54.9	24.6	72.2	0.448	62.0
非渗透	2 558	49.2	10.7	41.8	0.218	26.4

续表

隔层类型	生产时间/d	注汽量/(10^4 m^3)	产油量/(10^4 m^3)	日产油量/($m^3 \cdot d^{-1}$)	油汽比	采收率/%
渗透率 20×10^{-3} μm^2	3 802	58.2	14.3	37.6	0.246	35.3
渗透率 100×10^{-3} μm^2	4 166	62.2	25.1	60.2	0.404	62.0
渗透率 300×10^{-3} μm^2	3 503	58.0	25.1	71.7	0.433	62.0
渗透率 500×10^{-3} μm^2	3 531	57.5	25.2	71.3	0.438	62.2

第六节　SAGD 先导试验区油藏工程关键参数设计结果

根据上面的研究结果，将重 32 井区和重 37 井区双水平井 SAGD 的油藏工程设计参数进行汇总，见表 5-6-1 和表 5-6-2。

表 5-6-1　重 32 井区双水平井 SAGD 开发的主要注采参数汇总表

双水平井部署		启动阶段操作参数		操作阶段注采参数	
水平生产井长度/m	400～500	注汽速度/($t \cdot d^{-1}$)	80～100	蒸汽腔操作压力/MPa	1.5～1.8
水平生产井垂向位置/m	距油层底部 2 m	井底蒸汽干度/%	70	稳定阶段注汽速度/($t \cdot d^{-1}$)	250
注采井间垂向距离/m	5	循环预热压力/MPa	1.9～2.2	井底蒸汽干度/%	>75
水平井井距/m	100	施加压差时间/d	25	sub-cool/℃	10～15
水平井排距/m	80	施加压差大小/kPa	80～100	稳定阶段采注比	1.4
—	—	转 SAGD 时间/d	60	—	—

表 5-6-2　重 37 井区双水平井 SAGD 开发的主要注采参数汇总表

双水平井部署		启动阶段操作参数		操作阶段注采参数	
水平生产井长度/m	500	注汽速度/($t \cdot d^{-1}$)	100～130	蒸汽腔操作压力/MPa	1.5～1.8
水平生产井垂向位置/m	距油层底部 1 m	井底蒸汽干度/%	75	稳定阶段注汽速度/($t \cdot d^{-1}$)	270
注采井间垂向距离/m	5～6	循环预热压力/MPa	3.0～3.2	井底蒸汽干度/%	>75
水平井井距/m	100	施加压差时间/d	30	sub-cool/℃	5～10
水平井排距/m	80	施加压差大小/MPa	<0.2	稳定阶段采注比	1.3～1.4
—	—	转 SAGD 时间/d	60～70		—

由于试验区各井组的油藏参数存在差异，所以对应参数给出了一定的范围。

第六章
SAGD 相态控制方法

国外双水平井 SAGD 生产调控技术始终处于保密状态，国内又缺少系统研究，作为国内首个浅层超稠油双水平井 SAGD 试验，无实例可借鉴，使得 SAGD 生产调控技术研究存在相当大的难度。通过综合分析储层非均质性、管柱结构和注采参数等影响因素，结合先导试验区跟踪数值模拟研究，形成了浅层超稠油双水平井 SAGD 优化调控技术，并成功应用于现场试验。

第一节　SAGD 启动阶段蒸汽腔特征

SAGD 开发分启动阶段和生产阶段。从将蒸汽注入生产井和注汽井开始热循环到转为 SAGD 开采这个阶段称为启动阶段，或称预热阶段。

一、注汽井沿井筒的温度分布

图 6-1-1 所示为循环预热阶段以 80 m^3/d 的注汽速度循环注汽（蒸汽温度为 226 ℃），不同注入时间下沿井筒的温度分布剖面。图的左边表示从跟端到趾端油管中的温度分布，图的右边表示从趾端到跟端环空中的温度分布。从图中可以看出，随着注入时间的增加，井筒的温度逐渐增加，当注汽 2 d 后趾端温度超过 200 ℃，注蒸汽 5 d 后井筒的温度分布均匀，在 220 ℃左右。

循环预热阶段井筒的温度分布主要受注汽速度、油管直径、油管隔热性以及井底流压的影响。

1. 循环注汽速度优化

模拟对比了循环注汽速度为 40 m^3/d，60 m^3/d，80 m^3/d，100 m^3/d，120 m^3/d 条件下注汽井筒的温度分布及两水平井间地层的温度分布。由水平井趾端的温度变化图（图 6-1-2）可以看出，当注汽速度大于 80 m^3/d 时，注汽 2 d 后水平井趾端的温度高于 220 ℃，且趾端温度随着注汽速度的增加上升缓慢；当注汽速度小于 80 m^3/d 时，水平井趾端的温度差异显著。

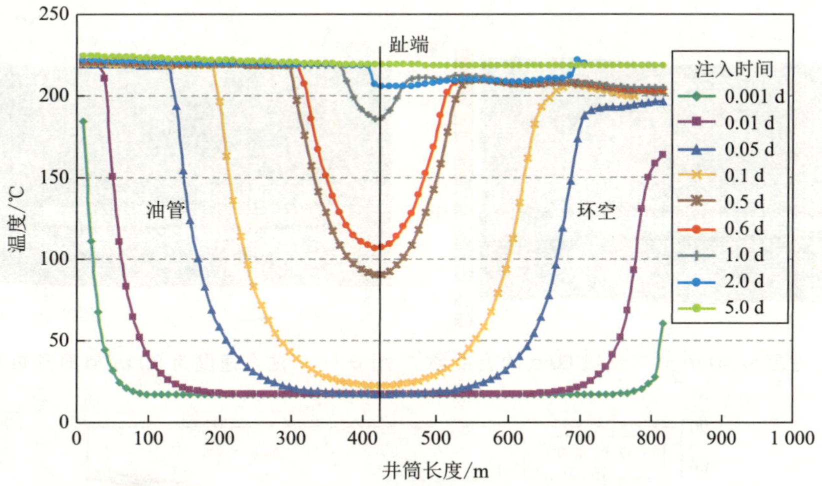

图 6-1-1 不同注入时间下注汽井井筒温度分布图

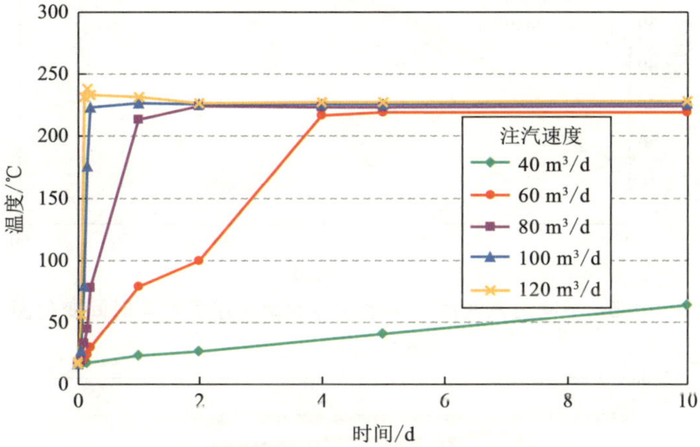

图 6-1-2 不同注汽速度下趾端温度随时间变化图

从不同注汽速度下井间温度场和井间中间区域平均温度(图 6-1-3～图 6-1-5)可以看出，当注汽速度小于 80 m^3/d，注汽 60 d 时，两水平井间温度场发育不均匀，且随循环预热注汽速度的增加，井间温度场相对均匀。同时，从图 6-1-5 中可以看出，随着注汽速度的增大，两水平井间区域地层的温度逐渐升高，但当速度大于 80 m^3/d 后，地层温度变化不明显，这表明注汽速度过高对加热井间地层的帮助不大。

在优化过程中还考虑了环空温度的分布，一般要求环空温度在 2～3 d 能达到均匀稳定分布。从预热 2 d 时的环空温度分布(图 6-1-6)可以看出，当循环预热注汽速度为 80 m^3/d，环空温度分布基本稳定，因此循环预热注汽速度应不低于 80 m^3/d。但循环预热注汽速度也不宜太高，因为循环预热注汽速度达到一定程度后对井间区域温度升高的影响较小；而循环预热注汽速度增加，返回热量高，热利用效率低，压力损失大，并且容易在斜井段或直井段存在压力损失大的地方发生闪蒸，造成“汽堵”。对于风城油田重 32 井区，500 m 井段的循环预热注汽速度应在 80 m^3/d 左右。

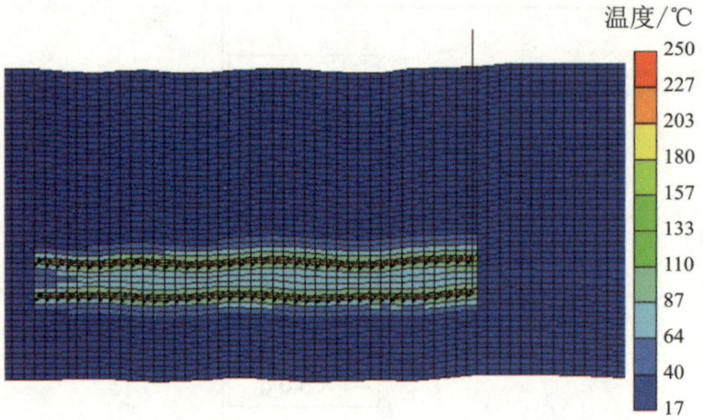

图 6-1-3　注汽速度为 40 m³/d 时预热 60 d 的温度场

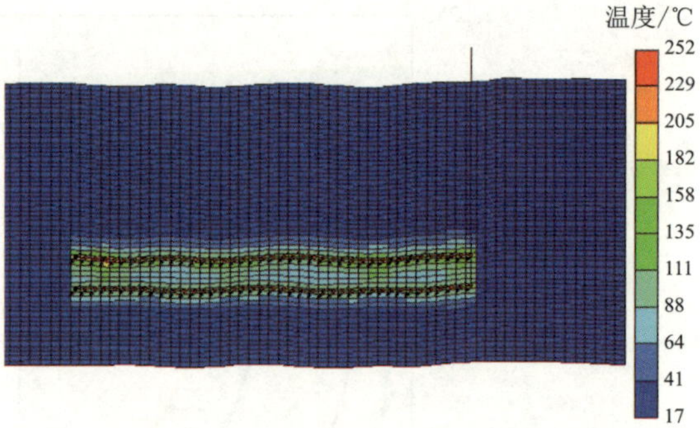

图 6-1-4　注汽速度为 80 m³/d 时预热 60 d 的温度场

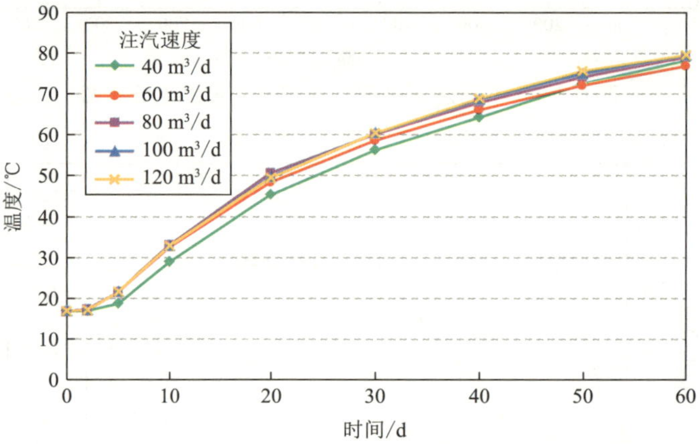

图 6-1-5　不同注汽速度下两水平井间地层温度场随时间变化图

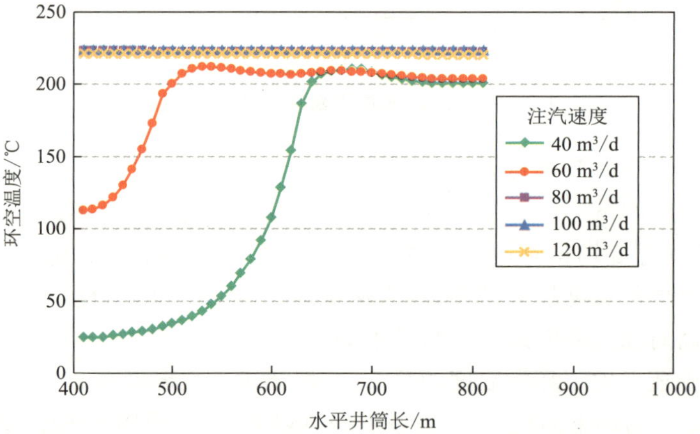

图 6-1-6　不同注汽速度下预热 2 d 时井筒环空的温度分布图

2. 循环注汽蒸汽干度优化

在循环预热注汽速度 80 m³/d 条件下，对蒸汽干度为 20%，30%，40%，50%，60%，70%和 80%时的热循环效果进行对比。由图 6-1-7～图 6-1-9 可以看出，在相同注汽速度下，蒸汽干度越高，温度场分布越均匀，井间温度升高得越快；由环空温度场分布（图 6-1-10）

可以看出，当蒸汽干度达 70%，预热 2 d 时，环空温度可达到稳定。综合考虑，蒸汽干度应不低于 70%。

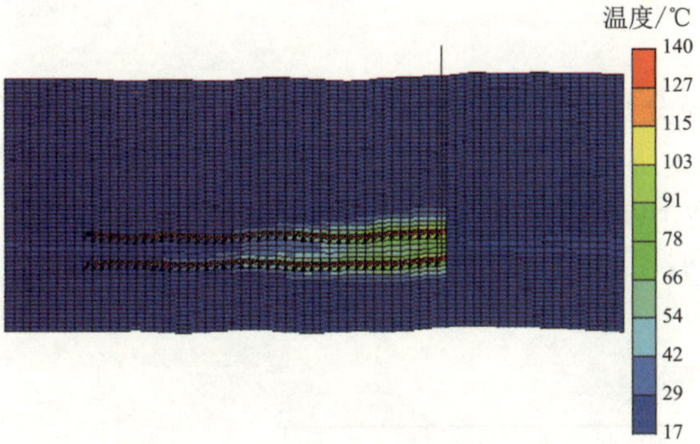

图 6-1-7　蒸汽干度为 20% 时预热 40 d 地层温度分布图

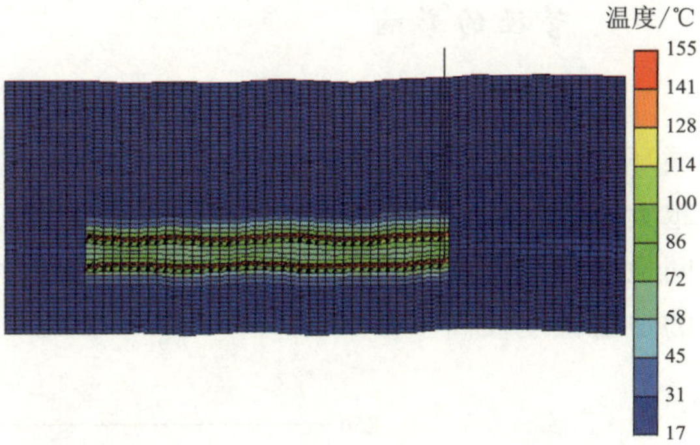

图 6-1-8　蒸汽干度为 80% 时预热 40 d 地层温度分布图

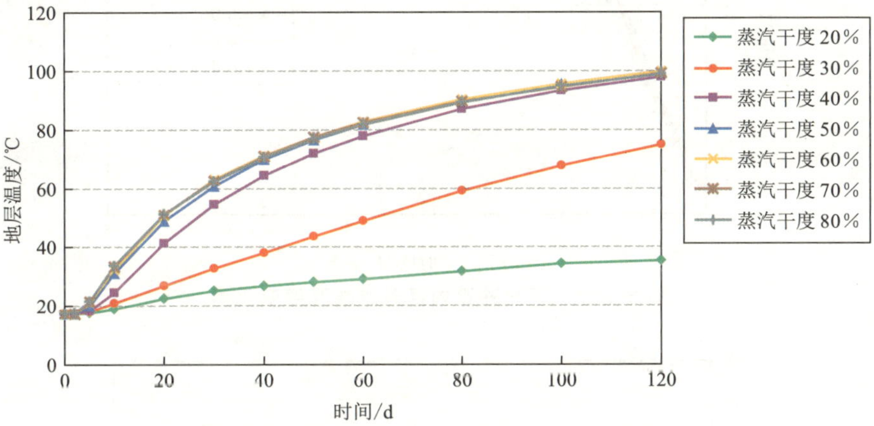

图 6-1-9　不同蒸汽干度下地层温度分布图

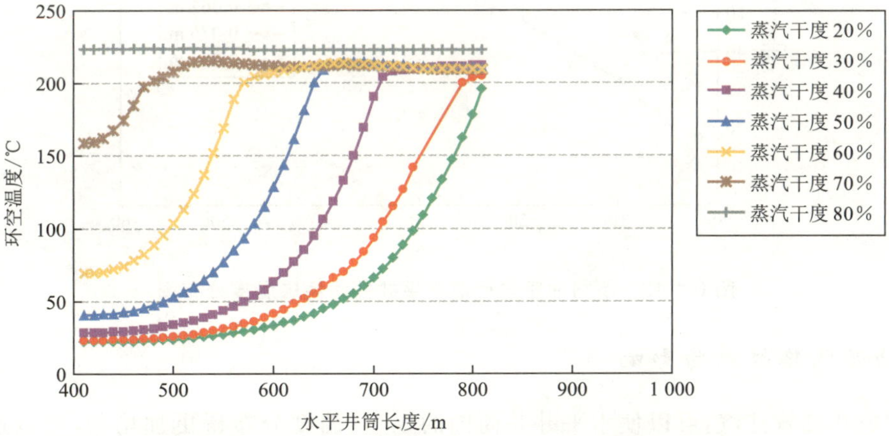

图 6-1-10　不同蒸汽干度下预热 2 d 时环空温度分布图

二、影响因素

1. 管径的影响

在热循环速度 80 m^3/d 条件下，对油管内径分别为 0.062 m，0.076 m 和 0.089 m 的热循环效果进行对比，结果如图 6-1-11 和图 6-1-12 所示。从图 6-1-11 中可以看出，油管内径越大，水平井趾端温度上升得越快。从图 6-1-12 中可以看出，在不同油管内径下，水平井井间地层的温度差别较小，循环注汽 60 d 后内径为 0.089 mm 的地层温度比内径为 0.062 m 的地层温度仅高了 0.23 ℃。

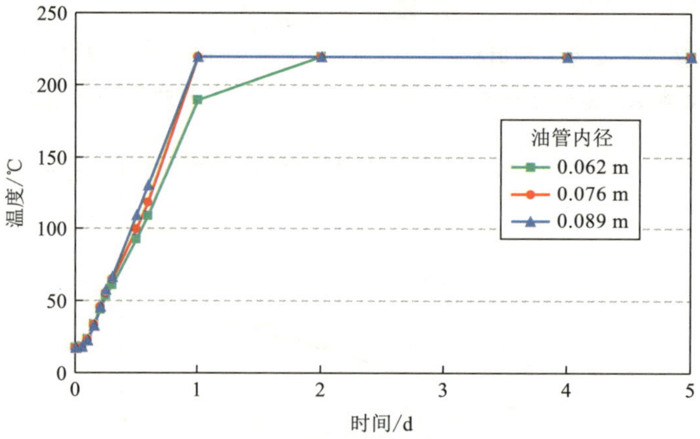

图 6-1-11　不同油管内径时趾端温度变化图

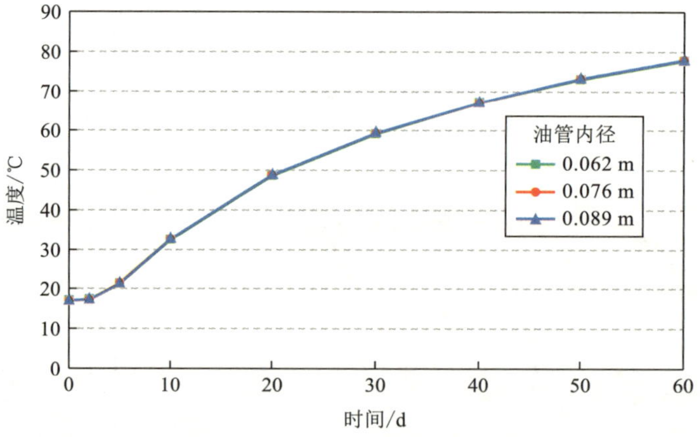

图 6-1-12　不同油管内径时水平井井间地层温度分布图

2. 油管隔热性能的影响

采用隔热油管注汽，可以使水平井井筒内的压力、温度分布得更加均匀，可以避免蒸汽过早突破。在循环预热阶段，采用隔热油管注汽，水平井趾端的温度上升得更快。

在循环预热注汽速度 80 m^3/d、油管内径 0.062 m 的条件下，对普通油管和隔热油管的热循环效果进行对比，结果如图 6-1-13 所示。采用隔热油管注汽，水平井趾端的温度上升得较快，相比普通油管注汽，隔热油管的趾端温度达到 220 ℃要提前 0.5 d 左右。

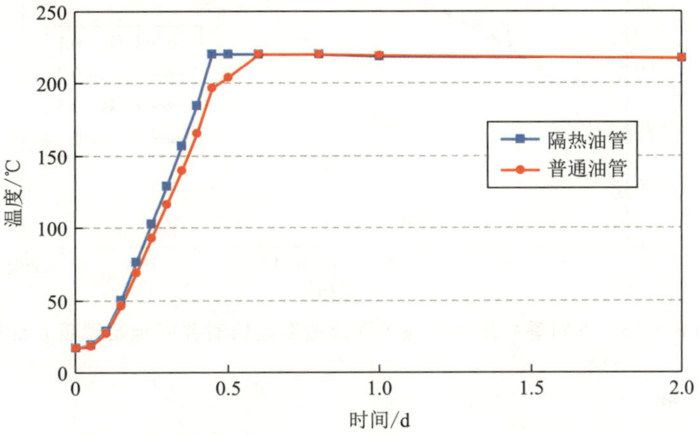

图 6-1-13　普通油管和隔热油管水平井趾端温度变化图

3. 储层渗透率的影响

在热循环速度 80 m^3/d、油管内径 0.062 m 的条件下，对比储层渗透率为原来的 0.2 倍、0.5 倍和保持不变时水平井趾端的温度变化，结果如图 6-1-14 所示。从图中可以看出，储层渗透率越大，水平井趾端的温度上升得越快。

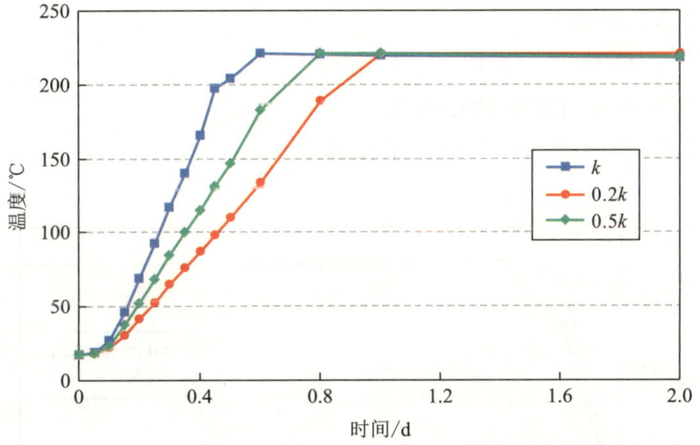

图 6-1-14　储层渗透率变化时水平井趾端温度变化图

4. 储层垂向渗透率与水平渗透率比值的影响

在循环预热注汽速度 80 m^3/d、油管内径 0.062 m 的条件下，对比储层垂向渗透率与水平渗透率比值为 0.1，0.2，0.5 和 1.0 时的井间温度变化，结果如图 6-1-15 所示。从图中可以看出，垂向渗透率与水平渗透率比值越大，井间地层温度上升得越快，加热效果越好。

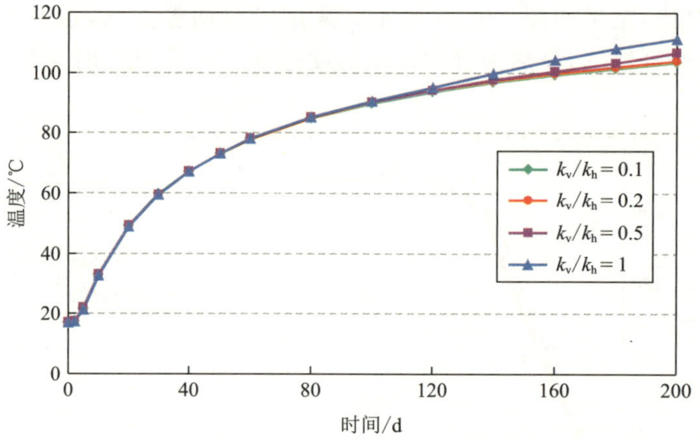

图 6-1-15　不同垂向渗透率与水平渗透率比值时井间地层温度对比图

5. **隔层的影响**

隔层的存在会降低蒸汽的加热结果，导致预热效果较差。图 6-1-16 所示隔层位于水平井间，长度约 50 m。模拟计算有隔层和无隔层两种情况下的加热效果，如图 6-1-17 和图6-1-18 所示。从图中可以看出，有隔层时水平井趾端温度上升的速度较缓慢，且井间地层温度要低于无隔层的情况，可见隔层影响了注蒸汽的效果。

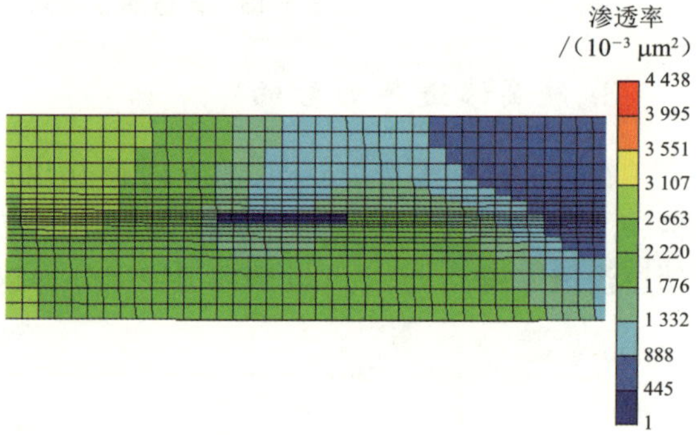

图 6-1-16　隔层示意图

图 6-1-19、图 6-1-20 所示为有隔层、无隔层情况下循环预热 60 d 时地层的温度分布。从图中可以看出，隔层的存在使加热半径减小。

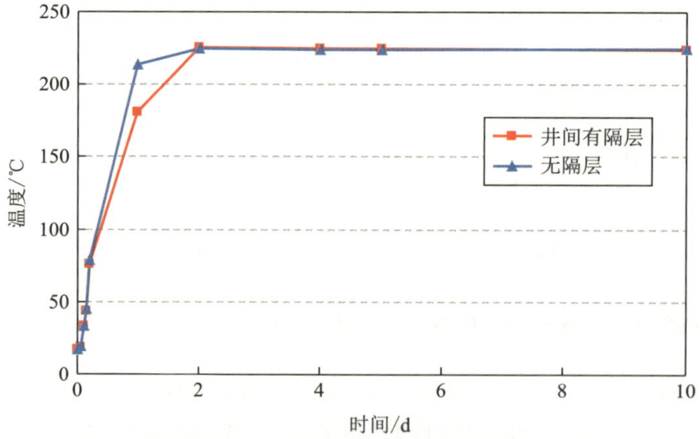

图 6-1-17　水平井趾端温度变化图

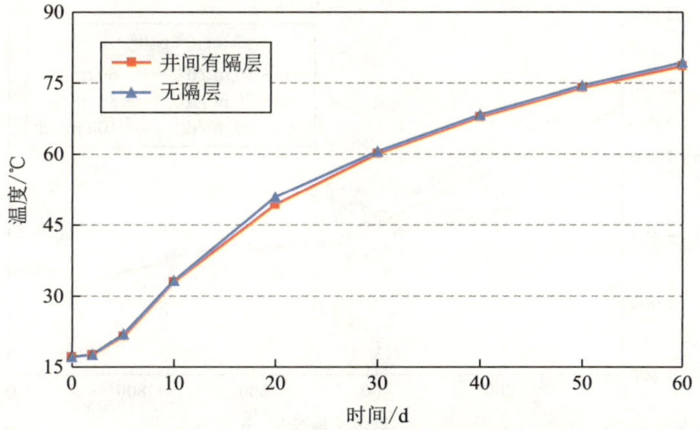

图 6-1-18　水平井井间地层温度变化图

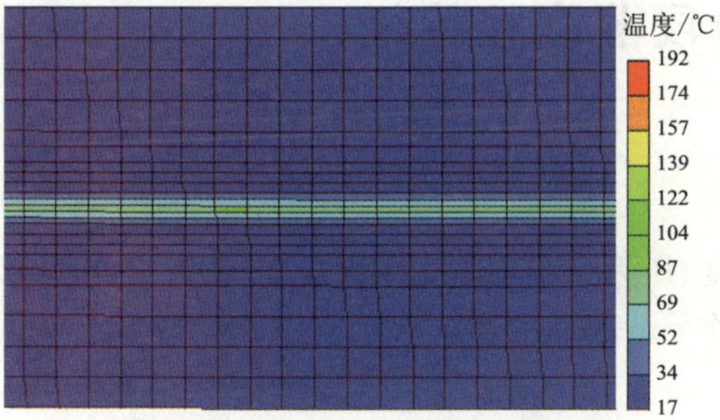

图 6-1-19　有隔层地层温度分布图

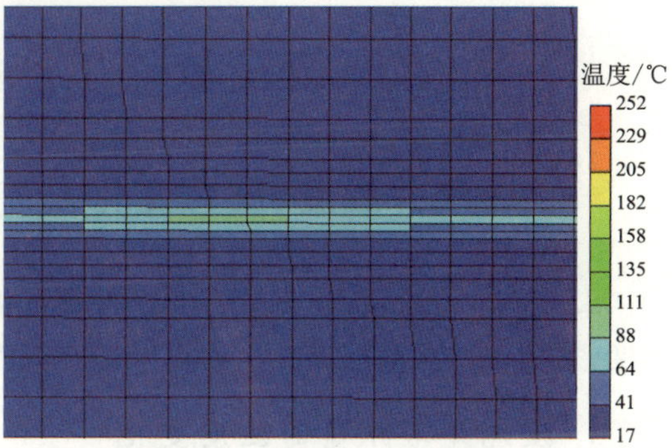

图 6-1-20　无隔层地层温度分布图

三、井筒温度、压力图版

为了判断 SAGD 循环预热阶段井筒和环空中的流体相态，采用数值模拟方法得到注汽速度为 50～100 m^3/d 时井筒和环空的温度和压力图版（图 6-1-21、图 6-1-22）。通过图版可以查出一定注汽速度下井筒和环空的温度和压力，从而可以判断出该位置流体的相态。

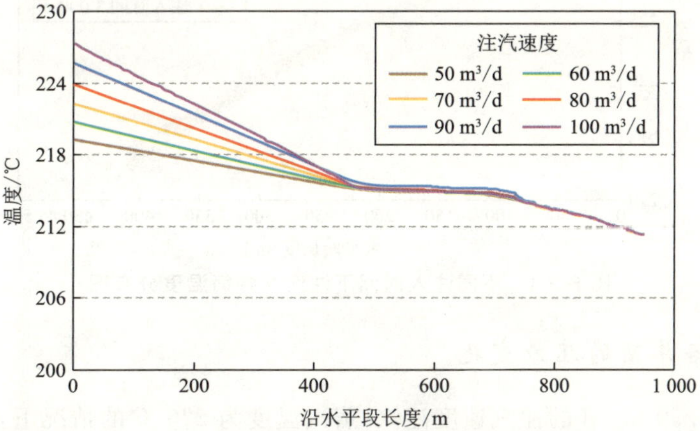

图 6-1-21　不同注汽速度下注汽 90 d 时井筒和环空温度变化图版

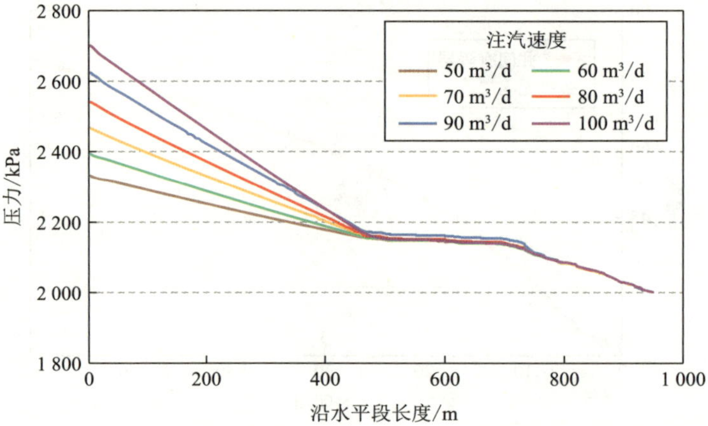

图 6-1-22 不同注汽速度下注汽 90 d 时井筒和环空压力变化图版

第二节 生产阶段蒸汽腔特征

一、注汽井温度、压力变化

SAGD 生产阶段，注汽井（工井）井筒的温度、压力分布主要受注汽速度、注汽干度、采液速度（采注比）、蒸汽腔操作压力以及蒸汽腔操作 sub-cool 的影响。

1. 注汽井沿井筒的温度变化

在注汽井以 250 m^3/d 的注汽速度注汽，蒸汽温度为 226 ℃的情况下，SAGD 生产阶段不同注入时间下沿井筒（从注气油管跟端到趾端）的温度分布如图 6-2-1 所示。从图中可以看出，随着 SAGD 生产时间的增加，井筒的温度逐渐降低，并逐渐趋于稳定。

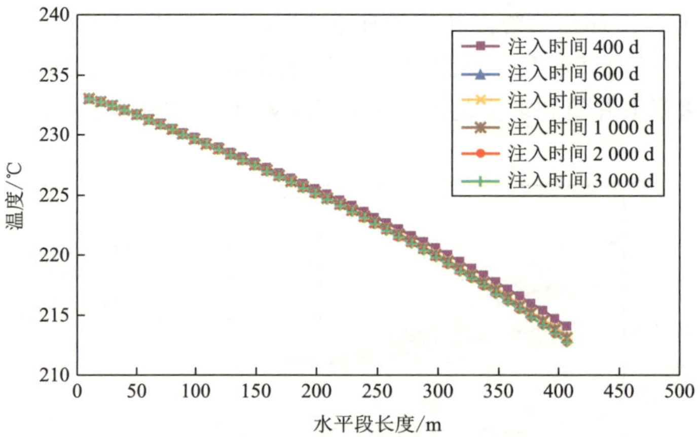

图 6-2-1 不同注入时间下注汽井井筒温度分布图

2. 注汽井沿井筒的压力变化

在注汽井以 250 m^3/d 的注汽速度注汽，蒸汽温度为 226 ℃的情况下，SAGD 生产阶段不同注入时间下沿井筒(从注气油管跟端到趾端)的压力分布如图 6-2-2 所示。从图中可以看出,随着 SAGD 生产时间的增加,井筒的压力与温度变化类似,也是逐渐降低,并逐渐趋于稳定。

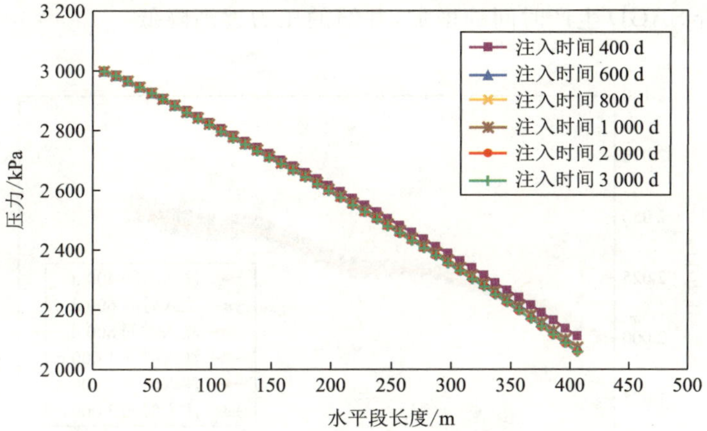

图 6-2-2　不同注入时间下注气井井筒压力分布图

二、生产井温度、压力变化

1. 生产井沿井筒的温度变化

SAGD 生产阶段生产井井筒的温度、压力分布主要受注汽的速度、注汽干度、采液速度(采注比)、蒸汽腔操作压力以及蒸汽腔操作 sub-cool 的影响。

在注汽井以 250 m^3/d 的注汽速度注汽,蒸汽温度为 226 ℃的情况下,SAGD 生产阶段不同注入时间下沿井筒(从生产油管跟端到趾端)的温度分布如图 6-2-3 所示。从图中可以看出,随着 SAGD 生产时间的增加,井筒的温度逐渐升高。

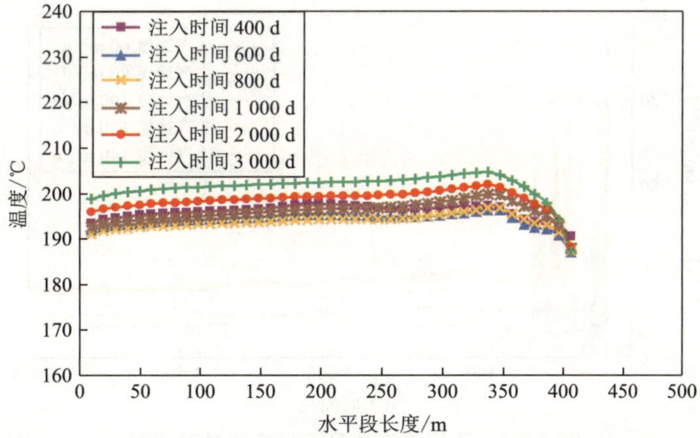

图 6-2-3　不同注入时间下生产井井筒温度分布图

2. 生产井沿井筒的压力变化

在注汽井以 250 m^3/d 的注汽速度注汽，蒸汽温度为 226 ℃的情况下，SAGD 生产阶段不同注入时间下沿生产井井筒（从生产油管跟端到趾端）的压力分布如图 6-2-4 所示。从图中可以看出，随着 SAGD 生产时间的增加，井筒的压力逐渐降低。

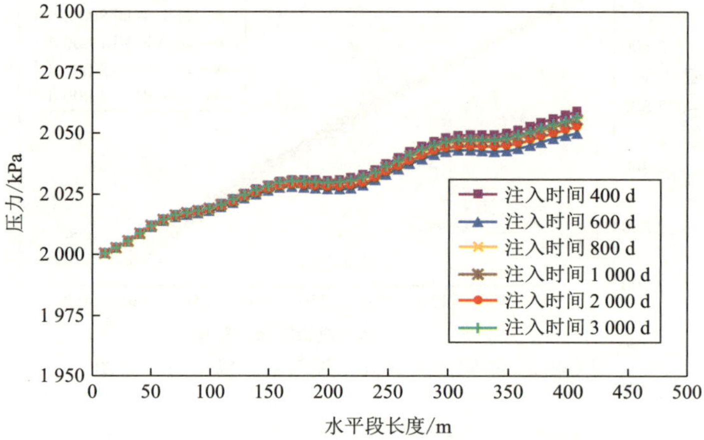

图 6-2-4　不同注入时间下生产井井筒压力分布图

三、关键参数

1. 注汽速度

图 6-2-5 所示为不同注汽速度下日产油量的对比图。从图中可以看出，注汽速度越大，日产油量越高；当注汽速度低于 100 m^3/d 时，日产油量增加显著；当注汽速度大于 100 m^3/d 后，日产油量增加幅度减小。

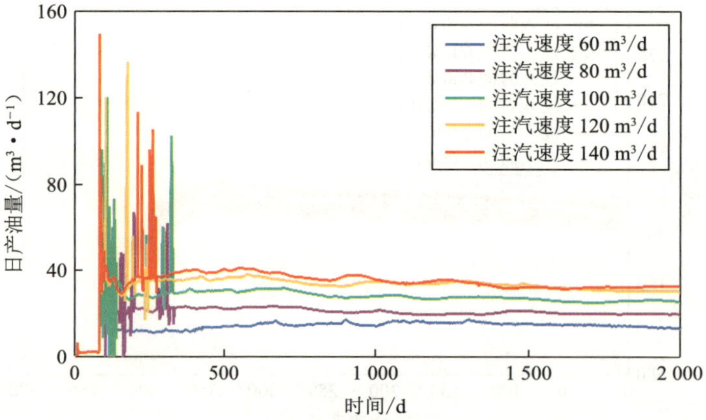

图 6-2-5　不同注汽速度下日产油量对比图

对注汽速度分别为 60 m^3/d，80 m^3/d，100 m^3/d，120 m^3/d 和 140 m^3/d 的 5 年开发效

果进行对比，结果见表 6-2-1。从表中可以看出，随着注汽速度的增大，日产油量逐渐增加；当注汽速度低于 100 m^3/d 时，油汽比逐渐增大；当注汽速度为 100～120 m^3/d 时，油汽比达到最高，生产效果最好；当注汽速度太高时，油汽比降低，并且有可能导致气体突破生产井。因此，选取注汽速度为 100～120 m^3/d。

表 6-2-1　不同注汽速度生产效果表

注汽速度/($m^3 \cdot d^{-1}$)	注汽量/(10^4 m^3)	产油量/(10^4 m^3)	日产油量/($m^3 \cdot d^{-1}$)	采注比	油汽比
60	11.52	2.79	14.0	1.0	0.242
80	15.34	4.07	20.4	1.0	0.265
100	19.17	5.42	27.1	1.0	0.283
120	22.99	6.52	32.6	1.0	0.284
140	26.14	6.84	34.2	1.0	0.262

2. 蒸汽干度

图 6-2-6 所示为不同蒸汽干度条件下的日产油量对比图。从图中可以看出，蒸汽干度越大，日产油量越大。

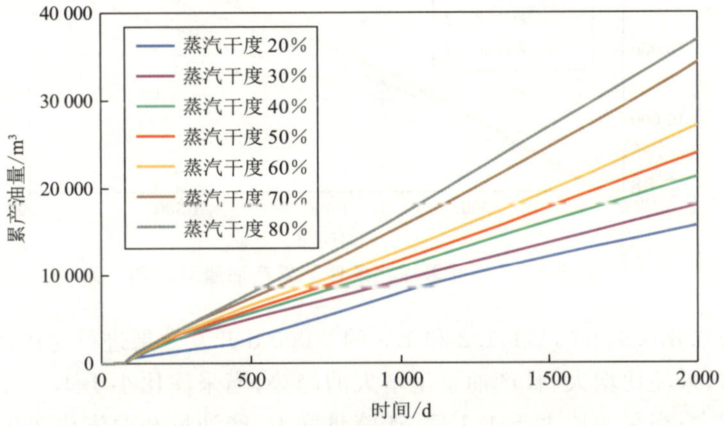

图 6-2-6　不同蒸汽干度条件下日产油量对比图

分别对蒸汽干度为 20%，30%，40%，50%，60%，70%和 80%的 5 年开发效果进行对比，结果见表 6-2-2。从表中可以看出，蒸汽干度越高，油汽比越高，说明蒸汽干度越高越好。

表 6-2-2　不同蒸汽干度生产效果表

蒸汽干度/%	注汽量/(10^4 m^3)	产油量/(10^4 m^3)	日产油量/($m^3 \cdot d^{-1}$)	油汽比
20	19.2	1.57	8.2	0.082
30	19.2	1.81	9.4	0.094
40	19.2	2.12	11.1	0.111
50	19.2	2.4	12.5	0.125

续表

蒸汽干度/%	注汽量/(10^4 m^3)	产油量/(10^4 m^3)	日产油量/(m^3 · d^{-1})	油汽比
60	19.2	2.71	14.1	0.141
70	19.2	3.44	17.9	0.179
80	19.2	3.69	19.2	0.192

SAGD 主要靠高干度蒸汽冷凝加热原油，也就是说主要靠蒸汽的潜热加热原油，当蒸汽干度低于 70%时，相应的油汽比较低，因此井底蒸汽干度应不低于 70%。

3. 采液速度(注采比)

在注汽速度为 100 m^3/d 的条件下，不同采注比下的累产油量如图 6-2-7 所示。从图中可以看出，当采注比小于 1.1 时，采注比越高，累产油量越大；当采注比大于 1.1 时，累产油量随采注比的变化很小。

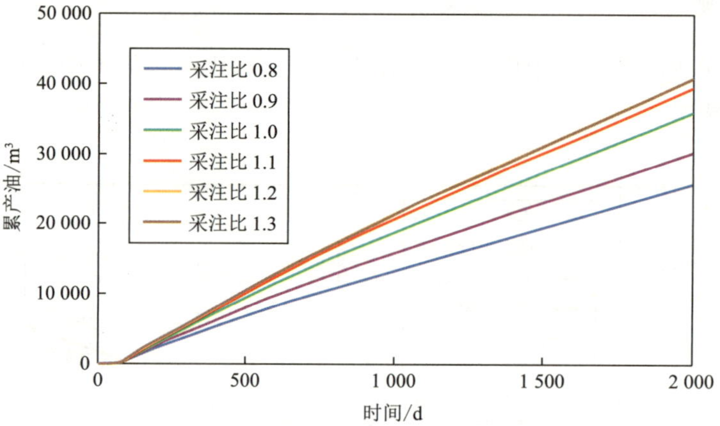

图 6-2-7　不同采注比条件下累产油量对比图

对采注比为 0.8,0.9,1.0,1.1,1.2 和 1.3 的 2 000 d 开发效果进行对比，结果见表 6-2-3。从表中可以看出，采注比增大，日产油量呈增大的趋势；当采注比小于 1.1 时，油汽比随着采注比的增大而增大；当采注比大于 1.1 后，产液量增大，产油量和油汽比变化很小，且采注比过大会使蒸汽腔发育接近生产井，不利于控制。因此，认为采注比取 1.0～1.1 较好。

表 6-2-3　不同采注比生产效果对比表

采注比	注汽量/(10^4 t)	产液量/(10^4 t)	产油量/(10^4 m^3)	日产油量/(m^3 · d^{-1})	油汽比
0.8	19.2	2.67	13.36	0.139	0.8
0.9	19.2	3.12	15.62	0.163	0.9
1.0	19.2	3.70	18.50	0.193	1.0
1.1	19.2	4.05	20.27	0.211	1.1
1.2	19.2	4.19	20.97	0.218	1.2
1.3	19.2	4.20	21.00	0.219	1.3

4. 合理的 sub-cool 控制

sub-cool 大于 0 ℃，表明实际生产温度低于饱和温度，蒸汽没有突破；sub-cool 接近 0 ℃，表明实际生产温度接近饱和温度，蒸汽突破了。SAGD 生产过程中，一般要求 sub-cool 稳定在一个适当的范围之内，控制生产井的采出液量和蒸汽腔的发育，以利于重力泄油。在蒸汽腔压力为 1.5 MPa 的条件下，对 sub-cool 为 5 ℃，10 ℃，15 ℃和 20 ℃的生产效果进行对比，结果见表 6-2-4、图 6-2-8。可以看出，sub-cool 越大，生产井上方的液面越高，越利于控制蒸汽的突破，但是不利于蒸汽腔的发育(图 6-2-8)，相应的产油量和油汽比降低(表 6-2-4)；当 sub-cool 等于 5 ℃时，蒸汽腔接近生产井，容易造成蒸汽突破；当 sub-cool 大于 15 ℃时，排液液面界面接近注汽井，不利于蒸汽腔的发育。从生产井的控制和蒸汽的热利用效率考虑，sub-cool 以 5～15 ℃为宜，实际生产中为保持井组状态平稳，通常把 sub-cool 控制在 15～30 ℃。

表 6-2-4　不同 sub-cool 下生产效果对比表

sub-cool/℃	生产时间/d	注汽量/(10^4 t)	产油量/(10^4 m^3)	日产油量/($m^3 \cdot d^{-1}$)	采注比	油汽比
5	2 000	19.17	4.03	20.1	1.0	0.21
10	2 000	19.17	3.64	18.2	1.0	0.19
15	2 000	19.17	3.45	17.3	1.0	0.18
20	2 000	19.17	2.88	14.4	1.0	0.15

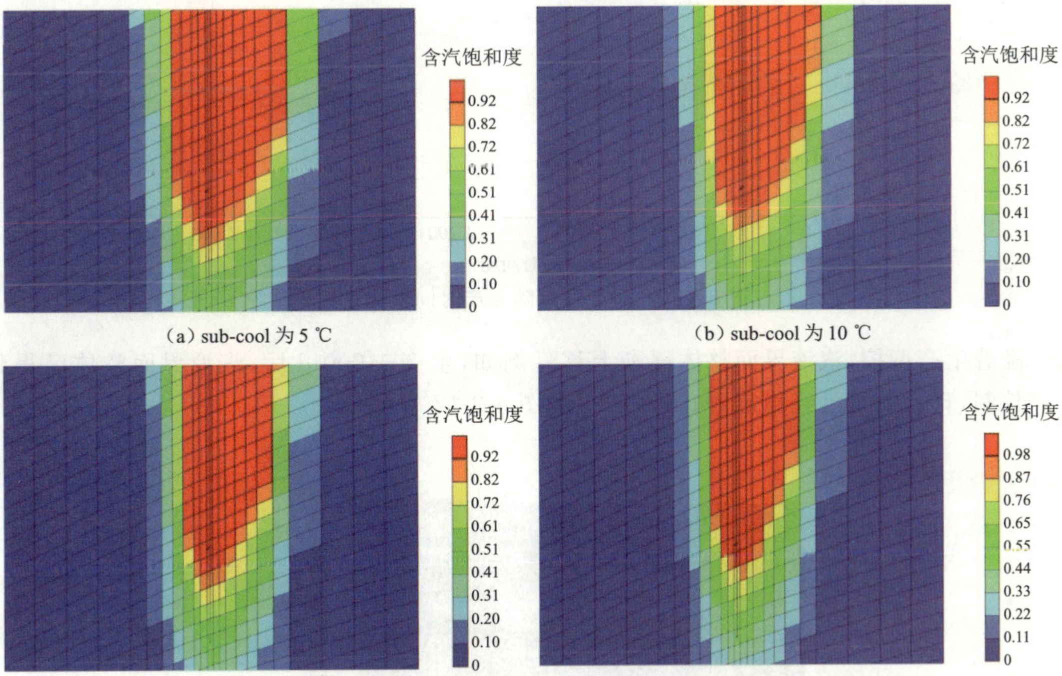

(a) sub-cool 为 5 ℃　(b) sub-cool 为 10 ℃

(c) sub-cool 为 15 ℃　(d) sub-cool 为 20 ℃

图 6-2-8　不同 sub-cool 下蒸汽腔发育对比图

四、汽液界面分布规律

1. 汽液界面变化规律

汽液界面在生产过程中会发生变化。在 400 m 水平段上，由于各井段 sub-cool 存在差异，加之各井段的采注比不同，所以各井段汽液界面差异较大。例如，生产 400 d 后，部分井段会逐渐上移（即 sub-cool 增大），部分井段蒸汽突破最严重（即 sub-cool 为零），导致产量波动厉害，如图 6-2-9 和图 6-2-10 所示。

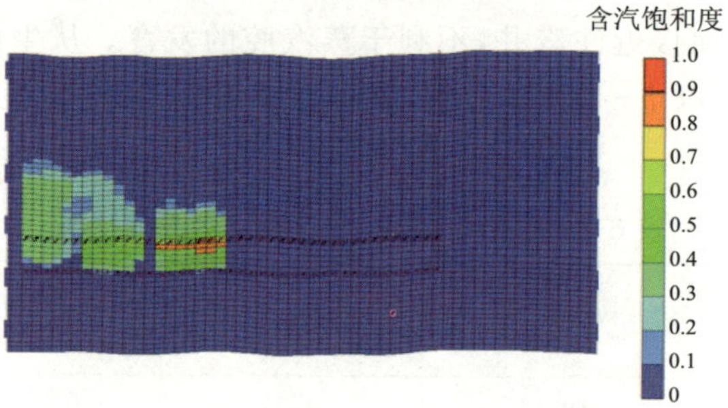

图 6-2-9　生产 400 d 后的汽液界面

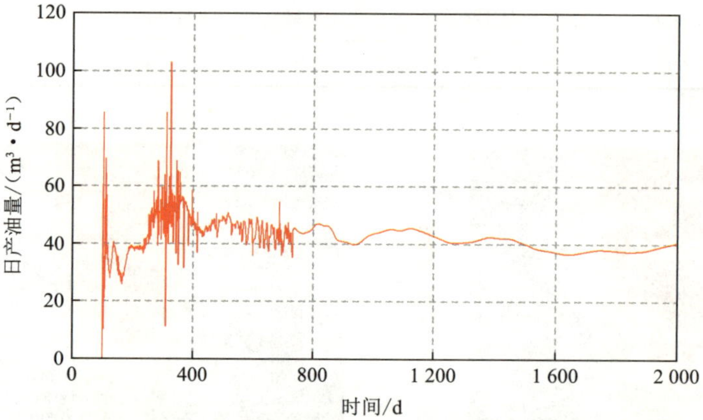

图 6-2-10　日产油量随生产时间变化曲线

随着生产调控，汽液界面整体逐渐上移。例如，生产 1 000 d 后，汽液界面整体已得到良好控制，日产油量已经稳定，如图 6-2-11 和图 6-2-12 所示。

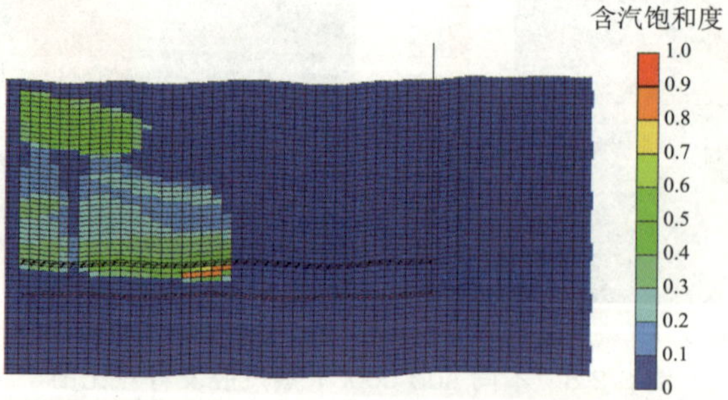

图 6-2-11　生产 1 000 d 后的汽液界面

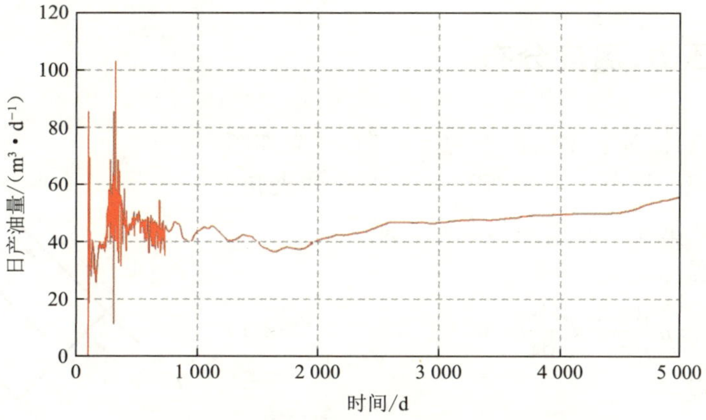

图 6-2-12　日产油量随生产时间的变化曲线

2. P 井操作压力对汽液界面的影响

在其他注采参数不变的情况下，P 井操作压力与汽液界面呈正比。例如，生产 600 d 后，P 井压力越低，汽液界面越靠近 P 井，井筒的蒸汽饱和度越高(图 6-2-13)。

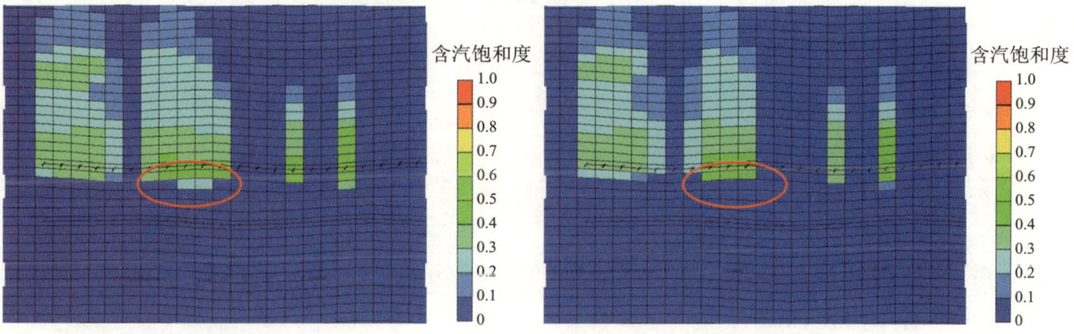

(a) 压力为 2 000 kPa　　(b) 压力为 500 kPa

图 6-2-13　P 井不同操作压力下生产 600 d 的汽液界面对比图

通过对比可以看出，主要通过下部生产井压力的控制来对井间汽液界面进行控制。生产井压力越低，汽液界面越靠近生产井，对应的生产井的蒸汽饱和度越高。要减少井筒中的蒸汽含量，可以适当提高生产井的压力。

第三节　井筒流体相态描述

本节首先介绍井筒多相管流压力、温度分布计算模型，然后描述井筒流体相态。SAGD 生产过程中，生产井距油藏顶部 27.5 m，水平生产井距泄油边界 100 m，水平井水平段长度为 500 m，水平井跟端到井口的距离约为 352 m。

一、井筒压力、温度分布

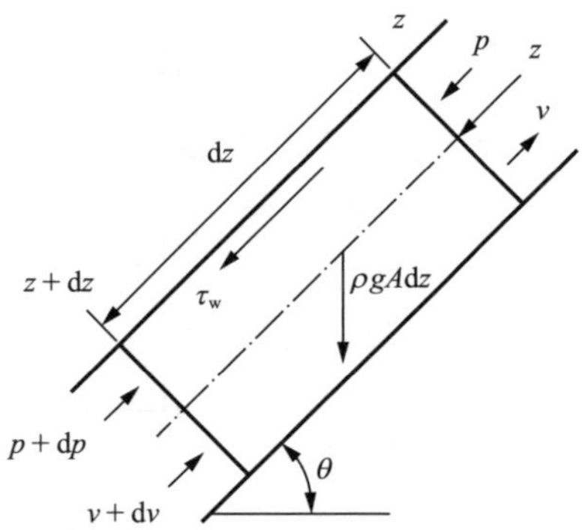

图 6-3-1 管流压降分析图

以井口为原点，沿油管轴线向下为 z 正向，建立如图6-3-1 所示的坐标系，其中 θ 为油管与水平方向的夹角。建立质量、动量、能量守恒方程和状态方程如下：

质量守恒方程

$$\rho \frac{\mathrm{d}v}{\mathrm{d}z}+v\frac{\mathrm{d}\rho}{\mathrm{d}z}=0 \tag{6-3-1}$$

动量守恒方程

$$\frac{\mathrm{d}p}{\mathrm{d}z}=\rho g\sin\theta-f\frac{\rho v|v|}{2d}-\rho v\frac{\mathrm{d}v}{\mathrm{d}z} \tag{6-3-2}$$

能量守恒方程

$$q+A\rho v\left(\frac{\mathrm{d}h}{\mathrm{d}z}+\frac{v\mathrm{d}v}{\mathrm{d}z}-g\sin\theta\right)=0 \tag{6-3-3}$$

状态方程

$$\rho=\rho(p,T) \tag{6-3-4}$$

式中 ρ——流体密度，$\mathrm{kg/m^3}$；

v——流速，m/s；

z——深度，m；

p——压力，Pa；

g——重力加速度，$g=9.81\ \mathrm{m/s^2}$；

θ——井斜角，(°)；

f——摩阻系数；

d——管子内径，m；

q——单位长度控制体在单位时间内的热损失，J/(m·s)；

A——流通截面积，$\mathrm{m^2}$；

h——比焓，J/kg；

T——温度，K。

比焓梯度 $\frac{\mathrm{d}h}{\mathrm{d}z}$ 由下式计算：

$$\frac{\mathrm{d}h}{\mathrm{d}z}=c_p\frac{\mathrm{d}T}{\mathrm{d}z}-c_p\alpha_J\frac{\mathrm{d}p}{\mathrm{d}z} \tag{6-3-5}$$

式中 c_p——流体的比定压热容，J/(kg·K)；

α_J——焦耳-汤姆逊系数，K/Pa。

液体的压缩系数非常小，可以近似认为其不可压缩，因此液体的焦耳-汤姆逊系数 α_{Jl} 为：

$$\alpha_{Jl}=-\frac{1}{c_{pl}\rho_l} \tag{6-3-6}$$

根据假设条件，可得单位长度控制体在单位时间内的热损失 q 为：

$$q=\frac{2\pi r_{to}U_{to}k_e}{r_{to}U_{to}f(t_D)+k_e}(T_f-T_{ei}) \tag{6-3-7}$$

$$T_{ei}=T_0+g_eZ \tag{6-3-8}$$

式中　r_{to}——油管外径，m；

U_{to}——总传热系数，W/(m・℃)；

k_e——地层传热系数，W/(m・℃)；

$f(t_D)$——无因次时间函数；

T_f——流体温度，K；

T_{ei}——地层初始温度，K；

T_0——地表环境初始温度，K；

Z——地层深度，m；

g_e——初始地温梯度，K/m。

由以上各式可得到压力、温度梯度的综合数学模型为：

$$\left.\begin{aligned}\frac{\mathrm{d}p}{\mathrm{d}z}&=\frac{\rho g\sin\theta-f\dfrac{\rho v|v|}{2d}}{1-\dfrac{\rho v v_{sg}}{p}}\\ \frac{\mathrm{d}T}{\mathrm{d}z}&=\left\{g\sin\theta+\frac{v v_{sg}}{p}\frac{\mathrm{d}p}{\mathrm{d}z}+c_p\alpha_J\frac{\mathrm{d}p}{\mathrm{d}z}-\frac{2\pi r_{to}U_{to}k_e(T-T_{ei})}{w_t[r_{to}U_{to}f(t_D)+k_e]}\right\}\Big/c_p\end{aligned}\right\} \tag{6-3-9}$$

式中　v_{sg}——气体表观流速，m/s；

w_t——总质量流量，kg/s。

若已知井口或井底的温度、压力，则可采用四阶龙格-库塔法求解常微分方程组式(6-3-9)，即可得到井筒流体的压力、温度分布。

二、井口至井底相态分析

1. 生产150 d后的井筒相态

SAGD生产150 d后，日产液量为135 m^3/d，日产油量为35 m^3/d，计算此条件下井口到水平井跟端的压力、温度和蒸汽含量分布。图6-3-2所示为井口到水平井跟端的压力分布，图6-3-3所示为井口到水平井跟端的温度分布，图6-3-4所示为井口到水平井跟端的蒸汽

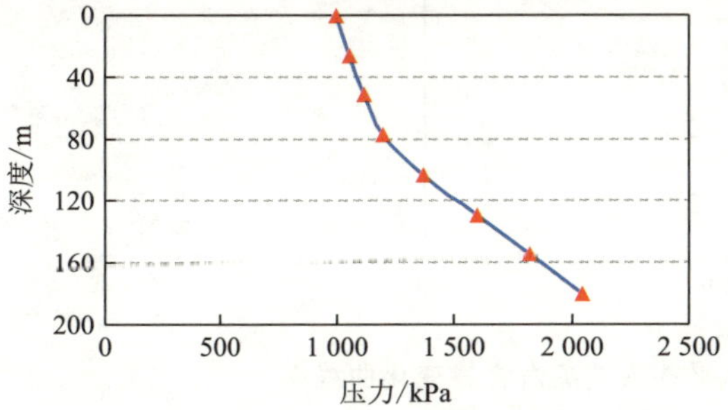

图6-3-2　生产150 d后井口到水平井跟端压力分布

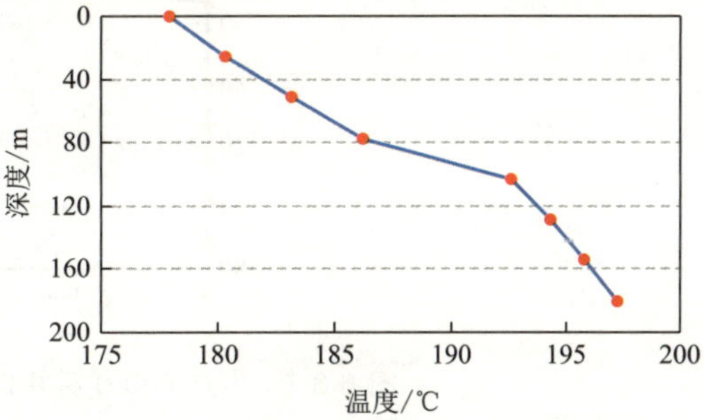

图6-3-3　生产150 d后井口到水平井跟端温度分布

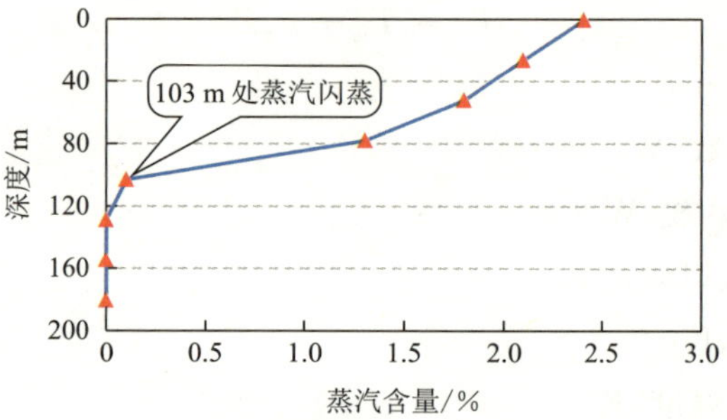

图 6-3-4 生产 150 d 后井口到水平井跟端蒸汽含量变化曲线

含量变化曲线。从图中可以看出，生产 150 d 后，跟部压力为 2 041 kPa，跟部温度为 197 ℃，跟部无蒸汽，但在井筒深度为 103 m 处蒸汽闪蒸。

2. 生产 600 d 后的井筒相态

SAGD 生产 600 d 后，日产液量为 171 m^3/d，日产油量为 51 m^3/d，此条件下计算从井口到水平井跟端压力温度和蒸汽含量分布。图 6-3-5 所示为井口到水平井跟端的压力分布，图 6-3-6 所示为井口到水平井跟端的温度分布，图 6-3-7 所示为井口到水平井跟端的蒸汽含量变化曲线。从图中可以看出，生产 600 d 后，跟部压力为 2 000 kPa，跟部温度为 187 ℃，跟部无蒸汽，但在井口处蒸汽发生闪蒸。

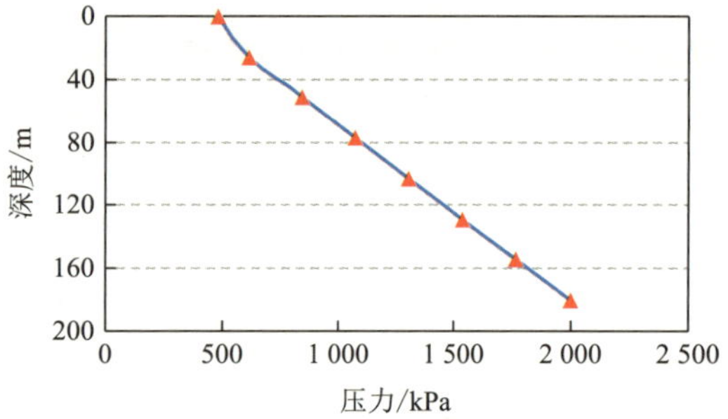

图 6-3-5 生产 600 d 后井口到水平井跟端压力分布

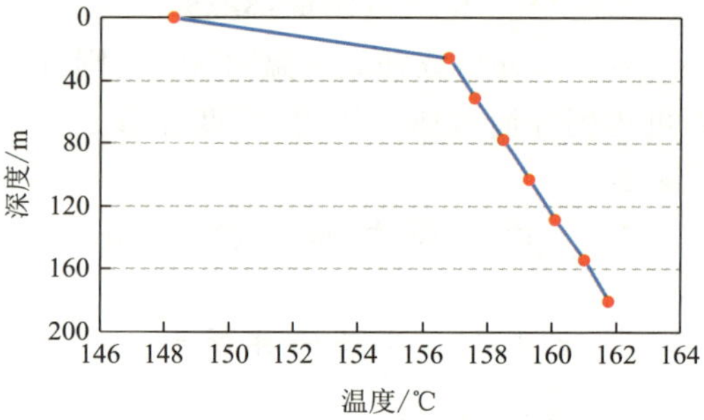

图 6-3-6 生产 600 d 后井口到水平井跟端温度分布

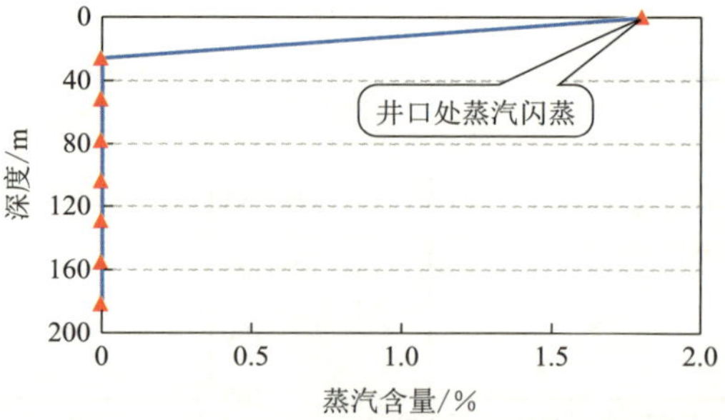

图 6-3-7 生产 600 d 后井口到水平井跟端蒸汽含量变化曲线

由以上 2 种计算结果可以看出，当井筒水平段无蒸汽闪蒸时，由于产液量、产油量、井筒压力不同，在井口到水平井跟端的任一位置处都可能出现蒸汽闪蒸。

第四节　启动阶段优化控制技术

循环预热阶段的目标是促进注汽井与生产井均匀热连通，加快井间稠油产出，建立注汽井至生产井的渗流通道，最终转入上注下采的 SAGD 生产阶段。下面介绍循环预热阶段优化控制技术。

一、循环预热方法

1. 脉冲式吞吐

重 32 试验区 SAGD 注汽井采用均匀配汽管注汽，设计注汽量为 10 t/h，循环预热阶段由于注汽量(2.5～3.0 t/h)低，所以达不到蒸汽均匀分布的目的，实际出汽点位于打孔管前端。另外，产出液从油套环空排出，蒸汽易滑脱，井底易积液。为了提高注入蒸汽与地层的换热效率，同时增加热能有效利用率，在预热中后期采用脉冲式吞吐技术，实现了井间施加压差，促进井间连通的目的。

在重 32 试验区，当生产水平井井底压力大于 2.4 MPa 时，关闭其套管、油管阀门，焖井约 2 h，然后打开套管阀门排液，待井底压力降到 2.1 MPa 时，再打开其油管阀门注汽，形成脉冲式吞吐方式，同时在注采井间建立压差。

该方法便于实施且可实现短时焖井热交换、开井高效排液和快速降压的作用。循环预热阶段后期，生产井产液量会明显增加，对现有管柱结构的替液效率要求更高，而此项优化措施明显减小了重 32 井区 SAGD 水平井直井段蒸汽的滑脱效应，大大提高了循环替液效率(图 6-4-1)。

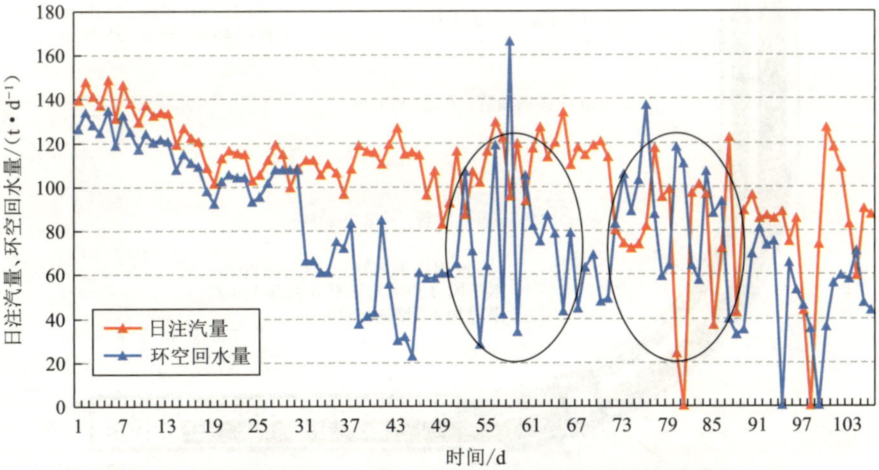

图 6-4-1　重 32 SAGD 试验区 FHW103 井脉冲式吞吐注采曲线

现场操作实践表明，脉冲式吞吐在换热、排液和有效降低操作压力等方面具有良好效果，同时可间接实现井间多频次施压和生产井在循环预热后期弱采的功能；但存在施加压差大小不易控制的缺点，可能形成优先渗流通道，造成点通的后果。通常此类方式的循环预热可划分为 4 个阶段：循环替液、脉冲式吞吐、压力转换、干扰试验判断连通(图 6-4-2)。

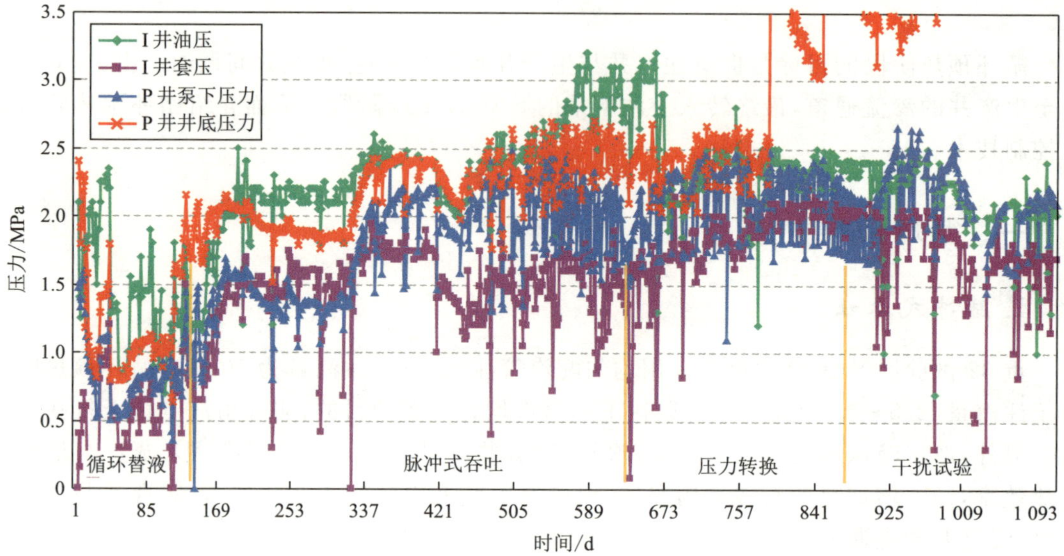

图 6-4-2　重 32 SAGD 试验区 FHW103 井组循环预热压力变化曲线

2. 连续循环预热

重 37 井区 SAGD 试验区水平井的双管结构(图 6-4-3 和图 6-4-4)有利于连续注汽与循环排液。注汽井与生产井循环预热采用长管注汽、短管排液。以 FHW207 井组为例，分析连续循环预热过程(图 6-4-5)。

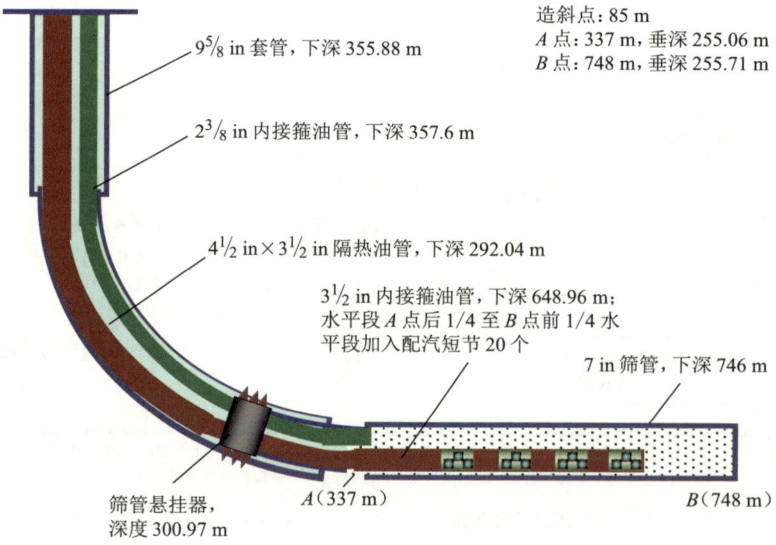

图 6-4-3　FHW207 注汽水平井(双水平井＋直井井组)循环预热阶段实际下入管柱结构图

1 in＝25.4 mm

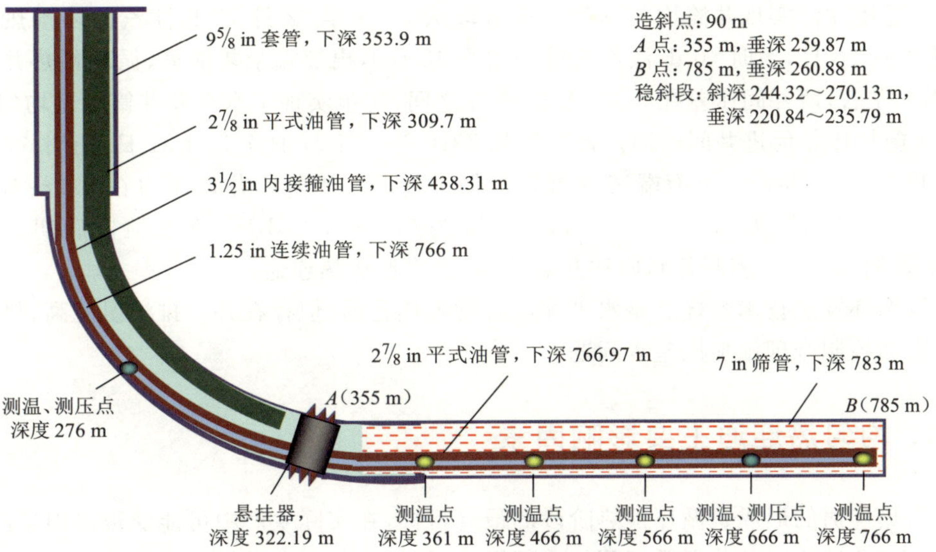

图 6-4-4　FHW207 生产水平井(双水平井＋直井井组)循环预热阶段实际下入管柱结构图

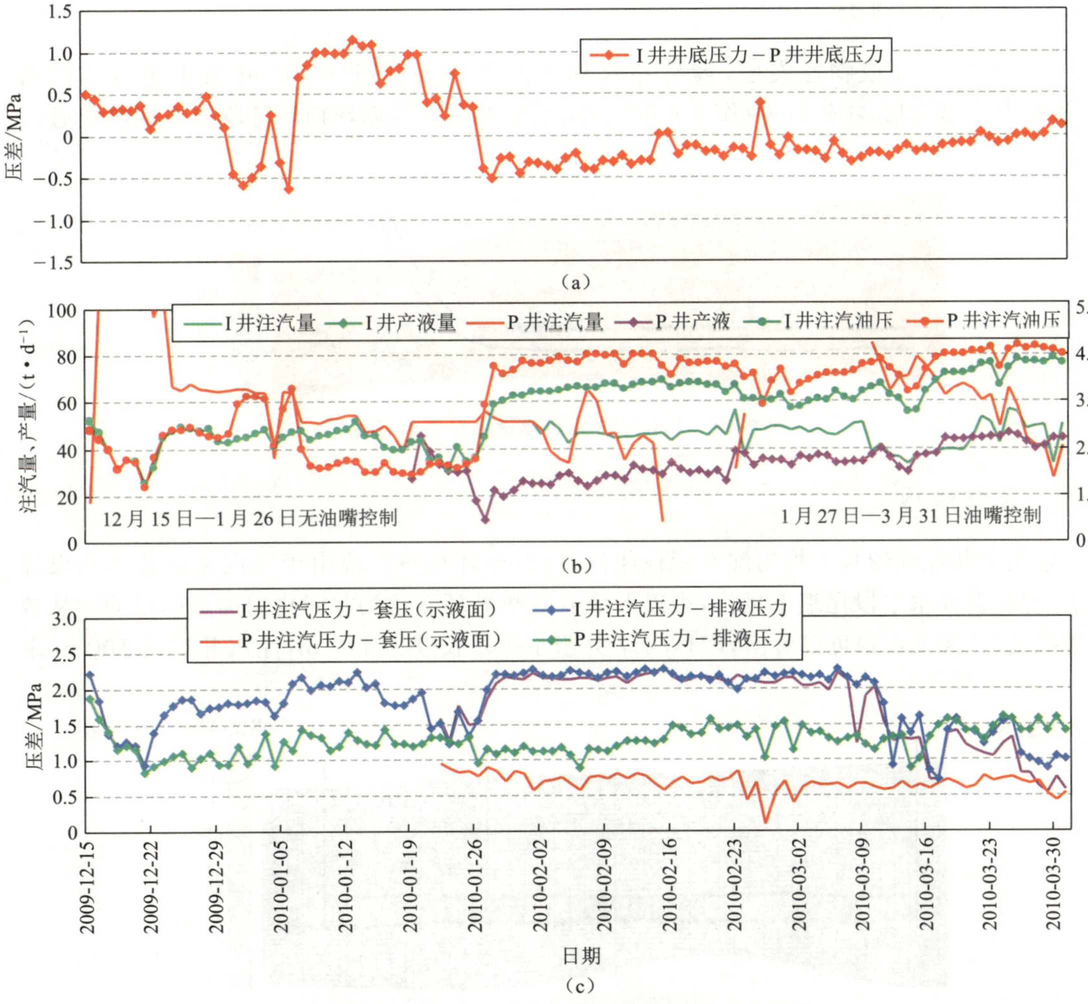

图 6-4-5　FHW207 井组循环预热阶段生产曲线

(1) 低压注汽实现井筒均匀预热。该阶段从 2009 年 12 月 15 日注汽循环预热开始至 2010 年 1 月 26 日，历时 40 d，注汽速度平均为 45 t/d，出液端未装油嘴，循环预热井口压力在 2 MPa 左右，两井间压差在 0.3～1.0 MPa 之间，初步实现了水平井井筒附近均匀预热。

(2) 施加压差促进井间连通。该阶段从 2010 年 1 月 27 日至 3 月 31 日，历时 63 d，注汽速度平均为 65～75 t/d，出液端装油嘴施压促进连通。该阶段井口压力在 3.0～4.0 MPa 之间，井间压差初期为 0.4 MPa 左右，后期降为 0.2～0.3 MPa。预热阶段后期产液量增加，含油率约为 10%，表明井间原油开始动用，逐步形成热连通。

连续循环预热技术的优点是水平井段易均匀热连通，但存在井口排液温度高、热效率低及如何自动控制合理施加压差等问题。

二、均匀热连通主要影响因素

均匀热连通的形成是循环预热阶段的最终目标，在实际生产中可能受很多因素的影响。重 32 和重 37 试验区各井组循环预热主要影响因素如下。

1. 油藏非均质性

井间存在岩性或物性夹层，容易导致热连通不均匀。FHW103 井组水平段前端有 16.8 m 泥质砂岩层，物性较差(图 6-4-6)，此水平段在该井组循环预热阶段未实现热连通。

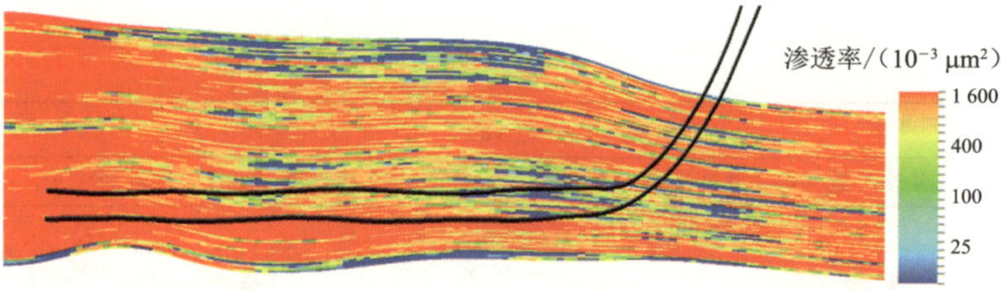

图 6-4-6　FHW103 井组渗透率分布特征图

2. 管柱结构

采用全井段或较长的均匀配汽管柱注汽时，在循环预热阶段由于注汽速度达不到设计要求，容易造成水平段尾端不见汽，难以形成有效热循环而达到井间均匀加热的目的。从数值模拟结果(图 6-4-7)可以看出，FHW207 井组水平段长度为 410 m，注汽井后端 100 m 未

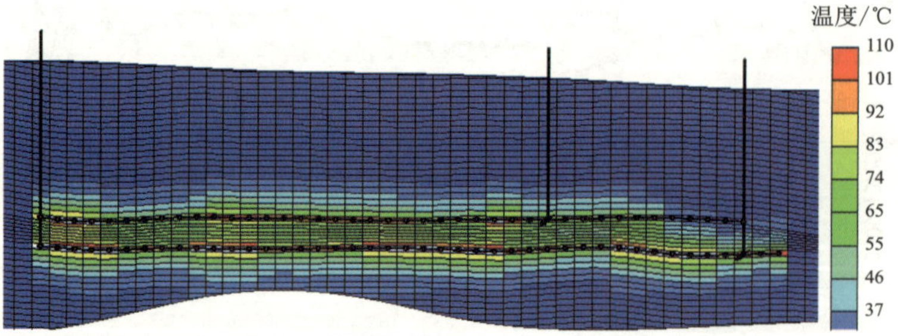

图 6-4-7　FHW207 井组循环预热温度场

下管柱，水平段中部 200 m 处为均匀配汽管柱，因此注汽井有效循环预热为前半段，后半段见汽较困难，注汽井后端温度一直停留在 40 ℃以下，不能形成有效的热连通。

3. 注汽速度

重 37 井区 SAGD 先导试验区水平段长 500 m，合理的注汽速度为 100 t/d。当注汽速度偏小时，井间温度场发育不均匀，容易造成水平段前段温度高、后段温度低；当注汽速度偏大时，对井间区域温度升高影响较小，而返出液热量高，热利用效率低，同时易在斜井段或直井段压力损失大的地方发生闪蒸，造成“汽堵”。

4. 注汽干度

SAGD 地质油藏工程设计与优化的数值模拟结果和试验区生产实际均表明井底蒸汽干度应大于 75%。在同样的注汽速度下，蒸汽干度越大，温度场分布越均匀，井间温度升高得越快，因此蒸汽干度越大越好。

5. 注采井垂向平行程度

注采井垂向平行程度对 SAGD 循环预热有极其重要的影响。FHW104 井组由于注采井间部分井段垂向距离偏小，循环预热阶段出现点连通，蒸汽突破，导致水平段连通不均匀（图 6-4-8），对转 SAGD 生产产生不利影响。

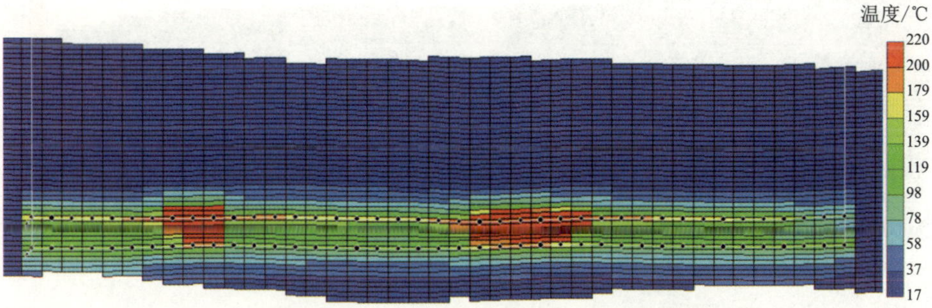

图 6-4-8　FHW104 井组循环预热 100 d 温度场

6. 压差大小

施加压差偏小会延长循环预热时间，但压差过大则容易形成井间优先渗流通道。因此，施加压差不应过大，以 0.2～0.3 MPa 为宜。

FHW200 井组由于 P 井生产管线堵塞物未及时消除，P 井长期对 I 井施加较高的压差（1.0～2.0 MPa），造成多点局部连通。

7. 循环预热时间

若循环预热时间偏短，井间油层还不具备充分的流动性，则仓促转 SAGD 生产易造成局部窜通，后期连通改善非常困难。

根据数值模拟结果及两个试验区循环预热的经验，合理的循环预热管柱结构为：注采井均为双管结构，注汽井长管为隔热油管加内接箍油管，水平段后段打孔 50～60 m，短油管为内接箍油管；采油井长管为内接箍油管加平式油管，短管为平式油管，测试管位于长管外；井口为三管井口。

循环预热分为 3 个阶段：第 1 阶段保证水平井筒周围均匀加热，初期注汽速度为 80～120 t/d，蒸汽干度大于 75%，预热时间为 30～40 d，要求水平段全井段见汽；第 2 阶段注汽井对采油井施压，注汽速度为 80 t/d 左右，采用合理的设备控制注汽井对生产井的压差在 0.2 MPa 左右，时间为 30～90 d；第 3 阶段进行弱采及连通试验，在连通段低于 50%水平段时，不要急于转 SAGD 生产。

三、热连通判断方法

1. 跟踪数值模拟法

根据实际 SAGD 循环预热阶段的管柱结构以及实际注采数据，通过数值模拟可以比较准确地预测注采井之间的连通情况。风城 SAGD 试验区注采井连通的两个主要指标为：注采井井间温度达到 100 ℃以上；注采井井间原油黏度降低至 1 000 mPa·s。FHW103 井组模拟结果（图 6-4-9 和图 6-4-10）显示，经过 100 d 的循环预热，基本达到热连通，具备了转 SAGD 生产的条件。

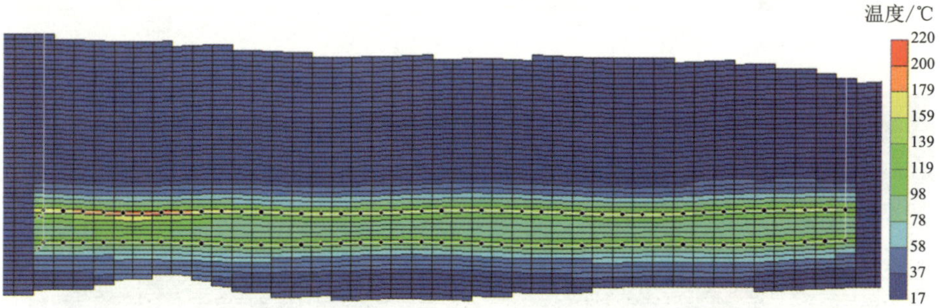

图 6-4-9　FHW103 井组循环预热 100 d 温度场

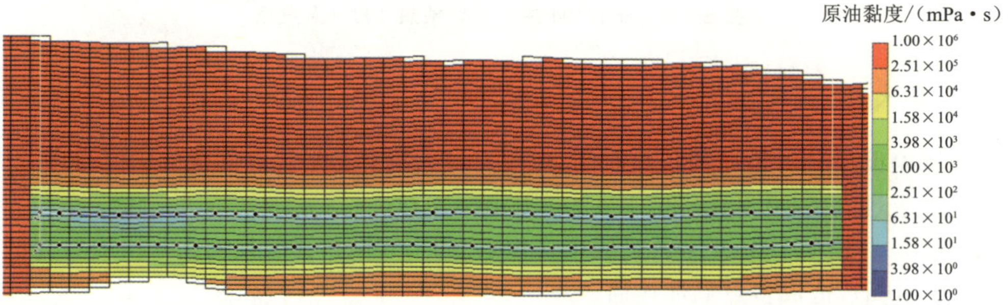

图 6-4-10　FHW103 井组循环预热 100 d 原油黏度分布特征

2. 现场试验法

通过多次现场试验，总结并基本掌握了循环预热阶段注采井间热连通判断的有效技术。现场实际操作中，通过短期焖井建立上下井间的压力波动，观察温度和压力的干扰作用，捕捉温度和压力数据拐点，从而判断井间热连通状况。

在 FHW103 井组开展了 4 次温度、压力干扰试验，形成了有效的热连通判断方法并确定了最佳脉冲吞吐时间。

试验一：预热 26 d 后，注采井施加压差 23 MPa，FHW103P 井关井时地层压力下降较井组关井缓慢（图 6-4-11）。试验结果表明，生产井有外来压力传导和补充，温度下降缓慢，进一步说明有高温液体自注汽井泄下，注汽井与生产井之间有一定程度的连通。

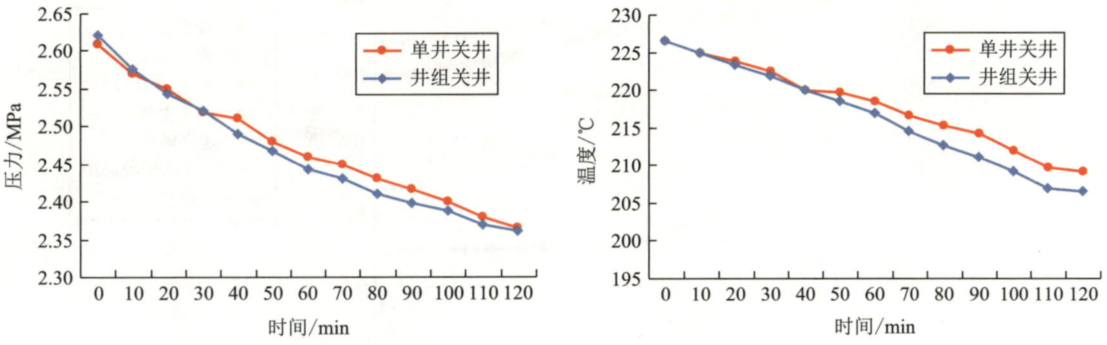

（a）FHW103P 井井底压降试验　　（b）FHW103P 井井底温降试验

图 6-4-11　FHW103 井组温压干扰试验一

试验二：关 FHW103 井组 2 h 后打开 FHW103I 井，8 h 后打开 FHW103P 井，期间每 10 min 记录一次井下温度、压力及井口套压变化情况，试验结果如图 6-4-12 所示。

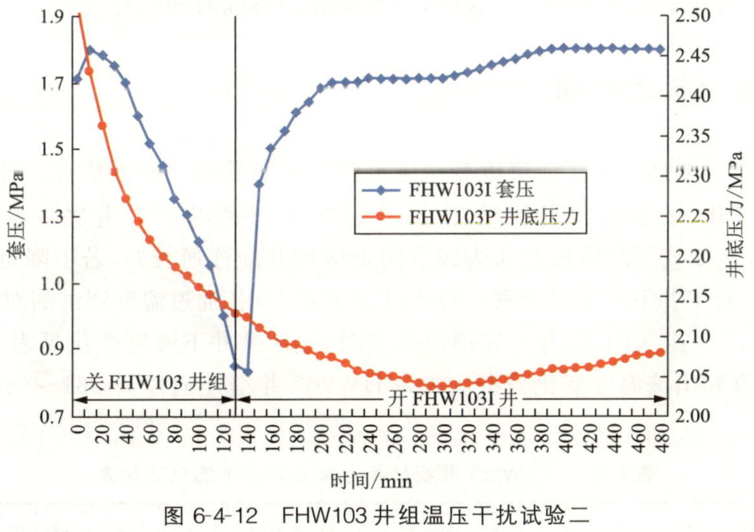

图 6-4-12　FHW103 井组温压干扰试验二

试验数据显示，FHW103I 井开井 3 h 后（即 FHW103P 井关井 5 h），FHW103P 井井底压力由下降转为缓慢上升，在随后 3 h 内上升 0.042 MPa（2.036 MPa→2.078 MPa）。由该试验结果得到两点认识：① FHW103I 井开井循环注汽 3 h 内，FHW103P 井井底压力无响应，由此可知该井组不存在优势渗流通道，表明循环预热正常；② FHW103I 井开井循环注汽 3 h 后开始对 FHW103P 井井底压力产生影响，FHW103P 井井底压力缓慢回升，表明该井组井间已经形成热连通。

试验三：开 FHW103P 井套管排液 10 h，排液期间泵下压力和套压稳定（图 6-4-13）。由此判断 FHW103P 井开套管排液期间井底有持续外来压力补偿，说明生产井上方有持续供液，井间形成热连通。

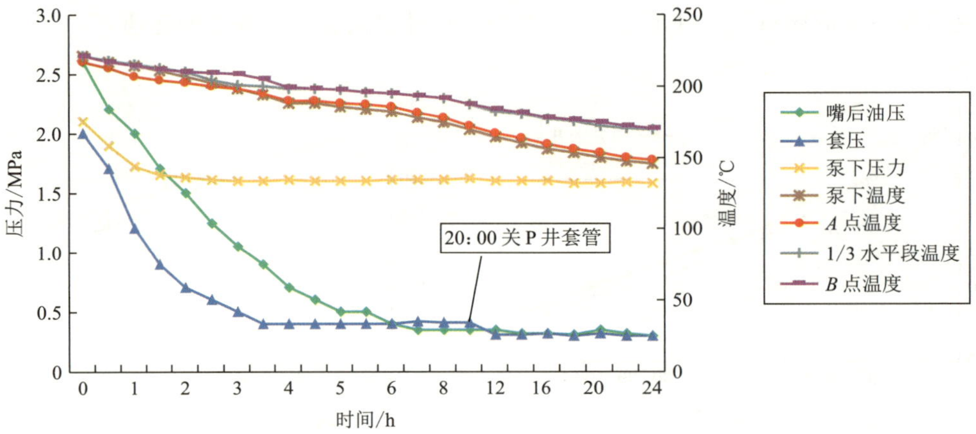

图 6-4-13　FHW103 井组温压干扰试验三

试验四：FHW103P 井焖井 40 min 后，井下温度和压力出现明显转折点，温度下降趋势趋缓，泵下压力基本保持平稳状态。FHW103 井组焖井前后产液量分别为 72.9 t/d 和 95.3 t/d，焖井后排液量明显增加，表明上、下水平井间有一定程度的连通。焖井后压力开始趋于稳定，表明井下有效换热效率较高，因此将脉冲吞吐时间优化为 2 h。

四、热连通长度判断

热连通长度主要通过水平段温度变化来判断。一般采用 3 种方法：① 通过转换注采点观察井底温度变化；② 在注汽井注汽、生产井焖井时，观察生产井井底各温度点的温度变化，若该点温度不变或下降缓慢则认为该点附近区域井间连通较好，若下降迅速则认为不连通或连通差；③ 对于井下未下温压测试的井组，P 井焖井时，通过温度测试剖面判断连通位置。

以 FHW207 井组为例，该井组转换注采点时，生产井井下温度变化见表 6-4-1。通过观察井下温度高点和出液温度变化分析认为，FHW207 井组连通段为 361～566 m，即水平段前 1/2 连通。

表 6-4-1　FHW207 井组转换注采点与井下温度变化表

注采方式	出液温度/℃	276 m 处温度/℃	361 m 处温度/℃	466 m 处温度/℃	566 m 处温度/℃	666 m 处温度/℃	766 m 处温度/℃	276 m 处压力/MPa	666 m 处压力/MPa	温度变化
A 点注、B 点采	155	202	209	227	231	213	208	2.60	3.11	温度高点在 466 m 和 566 m
	155	185	198	219	223	174	163	2.37	2.85	
	150	194	205	224	222	183	178	2.46	3.00	
	175	196	207	226	226	187	181	2.50	3.03	

续表

注采方式	出液温度/℃	276 m 处温度/℃	361 m 处温度/℃	466 m 处温度/℃	566 m 处温度/℃	666 m 处温度/℃	766 m 处温度/℃	276 m 处压力/MPa	666 m 处压力/MPa	温度变化
A 点注、*B* 点采	175	200	213	234	234	223	207	2.55	3.09	
	175	202	205	228	232	210	202	2.36	2.83	
A 点注、*A* 点采	170	182	225	227	234	223	205	2.33	2.79	温度高点在 361 m，466 m 和 566 m 处，出液温度高
	200	236	240	237	238	183	161	2.64	3.08	
	225	238	240	234	240	172	150	2.86	3.11	
	220	205	230	224	243	140	118	2.75	3.24	
	185	204	234	228	242	133	110	2.85	3.32	
B 点注、*A* 点采	185	195	216	214	239	129	109	2.83	3.32	温度高点在 566 m 处
	180	198	223	226	242	120	100	2.82	3.32	
	180	198	224	226	242	120	100	2.83	3.32	
	190	199	226	229	242	118	99	2.88	3.34	
B 点注、*B* 点采	185	207	212	225	218	160	152	2.80	3.34	温度高点在 466 m 和 566 m 处
	185	206	215	231	232	192	192	2.80	3.35	
	185	207	217	234	238	218	214	2.80	3.35	

第五节　SAGD 生产阶段优化调控技术

风城油田齐古组油藏属辫状河沉积，储层非均质性严重。尽管在 SAGD 先导试验初期充分考虑了储层非均质性的影响，但监测资料显示，SAGD 先导试验区循环预热结束后仍不同程度存在点通或连通段短的问题，给转 SAGD 生产带来诸多不利因素，突出表现为：注采井间热连通程度差异大，水平段有效动用程度低；注采井间生产压差大，重力泄油作用减弱；汽液界面控制难，sub-cool 波动大，生产井井筒易发生蒸汽闪蒸；蒸汽腔扩展速度缓慢，采注比较低，产量上升缓慢。

通过综合分析静动态资料，结合跟踪数值模拟研究，制定了 SAGD 生产阶段优化调控技术路线：① 以改善井间连通、提高水平段有效动用程度为首要任务，降低注采井间生产压差，充分发挥重力泄油作用；② 提高 sub-cool 范围，抑制生产井井筒蒸汽闪蒸；③ 分析储层非均质性、管柱结构和注采参数对蒸汽腔的扩展影响，确定影响 SAGD 蒸汽腔发育的主控因素，制定蒸汽腔发育的调控策略。

一、改善注采井间热连通

1. 依据热连通模式制定工作制度

结合温压监测资料和生产管柱结构，将重 32、重 37 SAGD 先导试验区的连通状况划分为以下 3 类连通模式(图 6-5-1)。

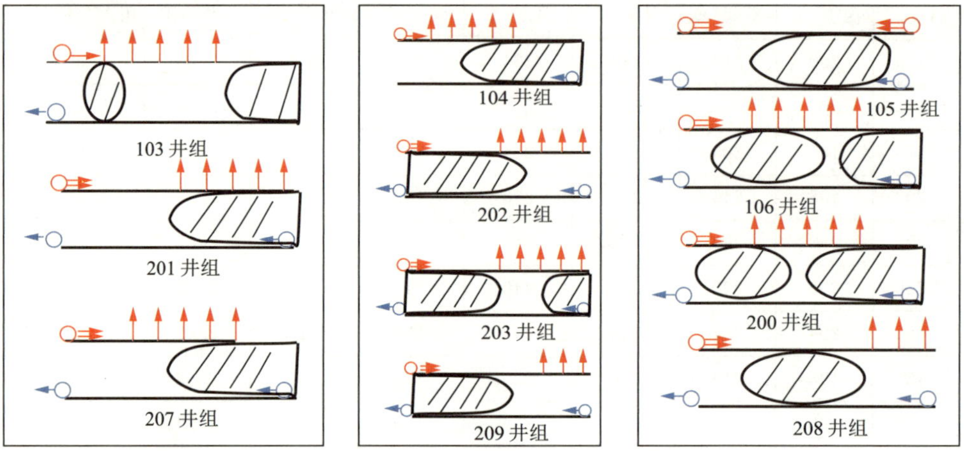

(a)模式一　　(b)模式二　　(c)模式三

图 6-5-1　连通模式划分情况

模式一:长井段连通模式。水平段连通长度大于 50%,注采井管柱结构合理,采取的工作制度是保持液面,控制 sub-cool。

模式二:一端连通模式。水平段连通长度小于 50%,注采井管柱结构合理,采取的工作制度是对应注采,改善连通。

模式三:多段汽窜模式。水平段连通长度小于 50%,注采井管柱结构不合理,采取的工作制度是交叉注采,控制汽窜。

2. 依据井组分类特点制定调整措施

依据静态、动态分析结果,开展井组细分类,制定各井组增汽提液、改进管柱结构等分类治理措施,提高水平段动用程度。

1) 井组分类标准

充分考虑影响 SAGD 井组的静态因素(夹层分布情况、注采管柱灵活性)和动态因素(水平段动用长度、产液量大小、sub-cool 控制程度、汽窜程度、沿水平段蒸汽腔发育情况),将井组分为以下 3 类(表 6-5-1)。

表 6-5-1　风城油田 SAGD 先导试验区井组分类标准

井组分类		静态因素		动态因素				
		夹层分布	管柱灵活性	动用长度	产量情况	sub-cool	汽窜程度	沿水平段蒸汽腔发育
一类井组	FHW103,FHW201,FHW207	物性夹层,厚度<1 m,延伸长度<100 m	基本可调	大于水平段总长度的 1/2	>120 t/d	5～15 ℃,易控	不易汽窜	均　衡

续表

井组分类		静态因素		动态因素				
		夹层分布	管柱灵活性	动用长度	产量情况	sub-cool	汽窜程度	沿水平段蒸汽腔发育
二类井组	FHW208，FHW209，FHW105，FHW106	物性夹层，厚度 1～2 m，延伸长度 100～200 m	基本可调	水平段总长度的 1/4～1/2	100～120 t/d	0～5 ℃，较易控	较易汽窜	较均衡
三类井组	FHW203，FHW200，FHW104	物性＋成岩夹层，厚度<1 m，延伸长度>200 m	可调余地小	小于水平段总长度的 1/4	<100 t/d	5～15 ℃，难控	汽窜频繁	不均衡

(1) 一类井组：物性夹层，平均厚度小于 1 m，且延伸长度小于 100 m；注采管柱基本可调，水平段动用长度大于总长度的 1/2；产液量大于 120 t/d；sub-cool 为 5～15 ℃，易控制；不易汽窜；沿水平段蒸汽腔发育均衡。对应井组为 FHW103，FHW201 和 FHW207。

(2) 二类井组：物性夹层，平均厚度为 1～2 m，延伸长度为 100～200 m；注采管柱基本可调，水平段动用长度为总长度的 1/4～1/2；产液量为 100～120 t/d；sub-cool 为 0～5 ℃，较易控制；沿水平段蒸汽腔发育较均衡。对应井组为 FHW208，FHW209，FHW105 和 FHW106。

(3) 三类井组：物性＋成岩夹层，平均厚度小于 1 m，且延伸长度大于 200 m；注采管柱基本可调，动用长度小于水平段总长度的 1/4；产液量小于 100 t/d；sub-cool 为 5～15 ℃，难控制；汽窜频繁；沿水平段蒸汽腔发育不均衡。对应井组为 FHW104，FHW200 和 FHW203。

2) 井组分类分治措施

一类井组近期调控措施为提汽增液，扩大蒸汽腔；远期调控措施为上机采设备、泵下带尾管或下入内衬管，增加水平段后端动用程度(表 6-5-2)。

表 6-5-2 一类井组分类治理措施

井 组	连通段位置	连通段长度/m	注采井间压差/MPa	注采方式	现场难点	近期调控措施	远期调控措施
FHW103	水平段中前段	200～240	>0.5	*A* 点注汽，*A* 点泵抽	水平段后 1/3 没有动用	增汽提液	上机采设备，泵下带尾管或下入内衬管
FHW201	水平段前半段	240	0～0.2	*B* 点注汽，*B* 点自喷	水平段后端动用程度低	增汽提液	
FHW207	水平段前半段	240	0.1～0.2	*B* 点注汽，*A* 和 *B* 两点自喷	水平段后端动用程度低	增汽提液	

二类井组近期调控措施为高压操作，进一步改善注采井间连通程度；远期调控措施为上

机采设备、泵下带尾管或下入内衬管，改善水平段后端动用程度(表 6-5-3)。

表 6-5-3　二类井组分类治理措施

<table>
<tr><th>井　组</th><th>连通段位置</th><th>连通段长度/m</th><th>生产井间压差/MPa</th><th>注采方式</th><th>现场难点</th><th>近期调控措施</th><th>远期调控措施</th></tr>
<tr><td>FHW105</td><td>水平段前端</td><td>150～200</td><td>>0.5</td><td>B 点注汽，B 点自喷</td><td>A 点附近容易汽窜</td><td>提高操作压力</td><td rowspan="4">上机采设备，泵下带尾管或下入内衬管</td></tr>
<tr><td>FHW106</td><td>水平段前端</td><td>120～160</td><td>>0.8</td><td>B 点注汽，A 点泵抽</td><td>注采不平衡，压力无变化</td><td>生产方式不变</td></tr>
<tr><td>FHW208</td><td>水平段前、后端</td><td>200</td><td>0.5～0.7</td><td>A 点注汽，B 点自喷</td><td>连通段改善效果慢，</td><td>提高操作压力</td></tr>
<tr><td>FHW209</td><td>水平段后端连通，A 点点窜</td><td>200</td><td>0.3～0.5</td><td>B 点注汽，A 点自喷</td><td>A 点附近容易汽窜</td><td>提高操作压力</td></tr>
</table>

三类井组近期调控措施主要为通过交叉注采抑制汽窜，通过高压操作进一步改善注采井间连通程度；远期调控措施主要为上机采设备，下泵转抽，降低闪蒸概率(表 6-5-4)。

表 6-5-4　三类井组分类治理措施

<table>
<tr><th>井　组</th><th>连通段位置</th><th>连通段长度/m</th><th>注采井间压差/MPa</th><th>注采方式</th><th>现场难点</th><th>近期调控措施</th><th>远期调控措施</th></tr>
<tr><td>FHW203</td><td>水平段中段</td><td>100</td><td>0～0.2</td><td>I 井两点注，P 井自喷</td><td>无法确定连通段</td><td>A 和 B 两点注、两点自喷</td><td rowspan="3">上机采设备，下泵转抽</td></tr>
<tr><td>FHW200</td><td>水平段 A 点和中段</td><td>70～100</td><td>0～0.2</td><td>A 点注汽、B 点自喷</td><td>产量低，易汽窜</td><td>B 点注汽、B 点自喷，提高操作压力</td></tr>
<tr><td>FHW202</td><td>水平段中后部</td><td>120</td><td>0.3～0.4</td><td>A 和 B 两点注、A 和 B 两点自喷</td><td>操作不稳定</td><td>A 和 B 两点注、A 点自喷，提高操作压力</td></tr>
<tr><td>FHW104</td><td>水平段前端</td><td>70～100</td><td>0～0.1</td><td>A 点注汽、B 点自喷</td><td>A 点易汽窜，后段动用程度低</td><td>增汽提液</td><td>下内衬管转抽</td></tr>
</table>

采用分类分治措施，试验区井组平均水平段动用程度有较大幅度提高，井下监测资料显示，水平段动用长度百分比由措施前的 41%提高到措施后的 64%(表 6-5-5)。

表 6-5-5　试验区各井组措施前后连通状况变化表

井　组	水平段长度/m	措施前动用长度/m	措施前动用长度百分比/%	措施后动用长度/m	措施后动用长度百分比/%
FHW103	400	240	60	300	75
FHW104	400	100	25	300	75
FHW105	403	200	50	300	74

续表

井 组	水平段长度 /m	措施前动用长度 /m	措施前动用长度百分比/%	措施后动用长度 /m	措施后动用长度百分比/%
FHW106	400	200	50	300	75
FHW200	490	70	14	140	29
FHW201	500	240	48	325	65
FHW202	450	120	27	200	44
FHW203	300	100	33	200	67
FHW207	430	240	56	340	79
FHW208	450	200	44	260	58
FHW209	500	200	40	300	60
平 均	—	—	41	—	64

例如，FHW208 井组未下温度测试，初期生产有汽窜现象，通过分类分治和注采参数优化，取得了比较好的效果。钢凯式电缆测试结果表明，2010 年 11 月 9 日下温度测试后，观察到 *A* 和 *B* 点附近均有连通段，后通过优化注采点，改为 I 井 *A* 点注汽、P 井 *B* 点排液，通过油嘴优化，将采液端油嘴由初期的 ϕ16 mm 逐级优化至 ϕ13 mm，汽窜得到控制，经过长达 5 个月的稳定生产改善，2011 年 4 月 2 日再次测试温度发现，*B* 点附近连通有所改善(图 6-5-2)。

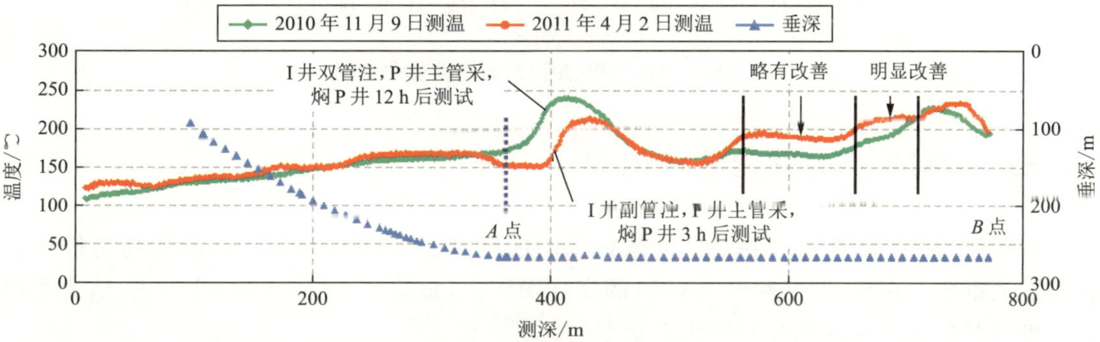

图 6-5-2 FHW208 井组连通改善判断

二、降低注采井间生产压差

SAGD 生产以重力泄油为主要驱油方式，考虑到注采井间 5 m 的渗流阻力，注采井压差维持在 0.2 MPa 以下可充分发挥重力泄油作用，而当注采井压差大于 0.2 MPa 时，蒸汽驱的作用会占主导，汽窜风险增大，可导致排汽阻液现象，引起产液量下降、含水率上升、热损失增大等不良后果。

生产实践表明，通过优化操作压力，采用高压定压操作方式，可促使一定量的蒸汽通过水平井段而不断加热井间地层，逐步改善井间热连通，从而降低注采井间生产压差。FHW103 和 FHW105 井组采用此种调控措施后，井间连通性得到了明显改善，连通压差分别由最初的 1.0 MPa 和 0.7 MPa 降低到 0.3 MPa 左右(图 6-5-3 和图 6-5-4)。

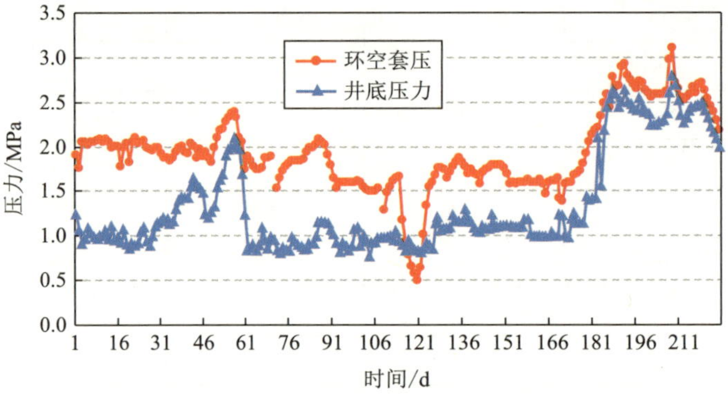

图 6-5-3　FHW103 井组连通压差变化情况

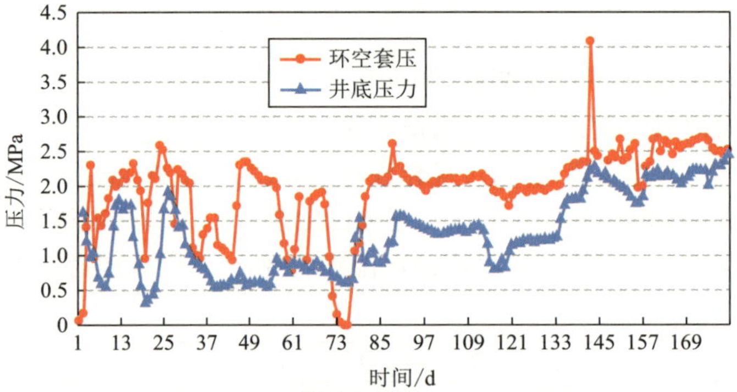

图 6-5-4　FHW105 井组连通压差变化情况

三、抑制生产井井筒蒸汽闪蒸

汽腔压力的大小及生产井井下流体相态的准确判断对于 SAGD 生产阶段稳定操作和控制至关重要。在重 32 试验区 SAGD 的实际操作中,总结出了以 sub-cool 为主,结合井腔视密度及井口 sub-cool 综合判断生产状态的一套方法。

注汽井井筒压力基本代表汽腔压力,即操作压力。蒸汽进入环空前,其压力取决于井口注汽压力及管柱摩阻,此外还有井腔流体密度的影响,但该作用很小。鉴于井腔内介质为蒸汽,因此在正常操作条件下,即注汽井无积液时,油、套压力之和的平均值即代表汽腔压力。基于这种判断方法,可以很容易判断出汽腔压力,并随时观测其稳定性和细微变化(图 6-5-5),以便调整。

四、制定蒸汽腔发育的调控策略

SAGD 技术应用的核心是蒸汽腔扩展和井底相态控制,通过汽腔注入能力、地层消化能力、井间导流能力和井底举升能力的动态平衡调控,合理控制操作压力和注采压差,优化注

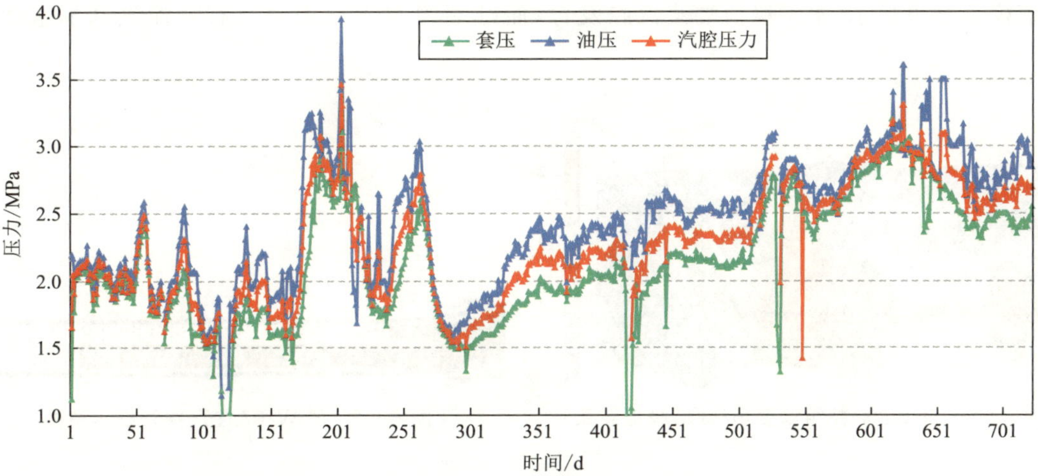

图 6-5-5　FHW103 汽腔压力变化曲线

采点位置与生产压差的匹配关系，实现阻汽排液控制。

蒸汽腔扩展受储层非均质性、管柱结构和注采参数等多种因素影响，需综合分析影响 SAGD 蒸汽腔发育的主控因素。

1. SAGD 蒸汽腔发育影响因素分析

1）储层非均质性影响

储层构型研究表明，FHW202 井组趾端附近上部发育较厚的岩性夹层，在跟端和水平段 1/3 附近发育物性夹层（图 6-5-6）。数值模拟结果显示，对应段动用程度较差，蒸汽腔主要发育在 *A* 点前半段（图 6-5-7）。

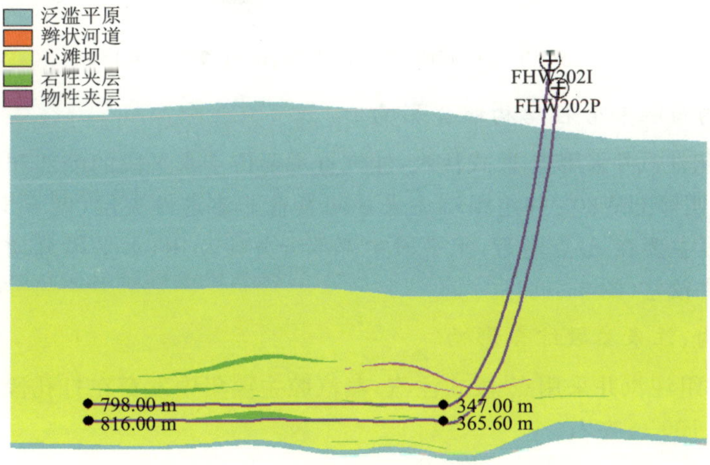

图 6-5-6　FHW202 井组储层构型剖面图

2）管柱结构影响

FHW207 井组注汽井采用点-段式注汽，注汽点主要位于水平段的前部和中部（图 6-5-8）。

数值模拟结果显示，水平段前端蒸汽腔发育，而趾端约 100 m 因缺乏有效注汽基本未动用（图 6-5-9）。

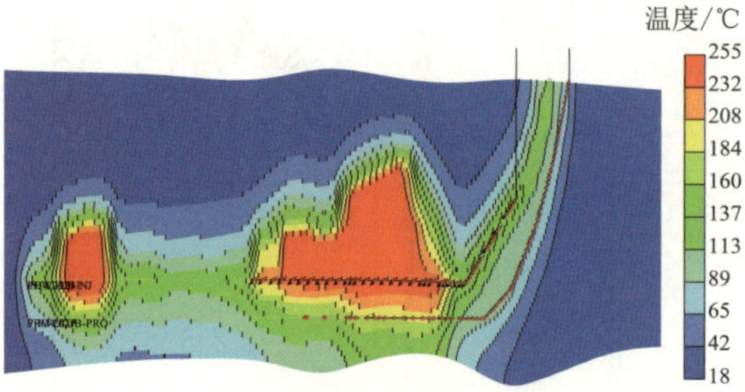

图 6-5-7 FHW202 井组温度场（数值模拟结果）

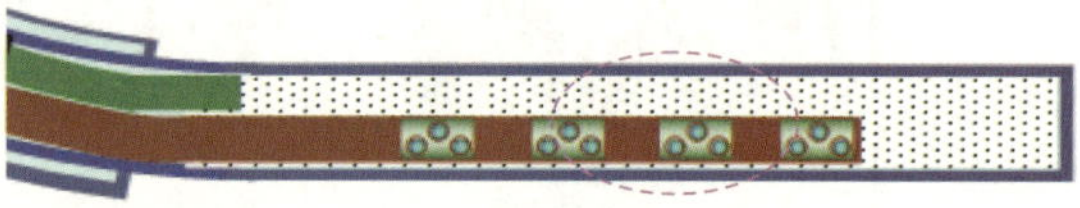

图 6-5-8 FHW207 注汽井管柱示意图

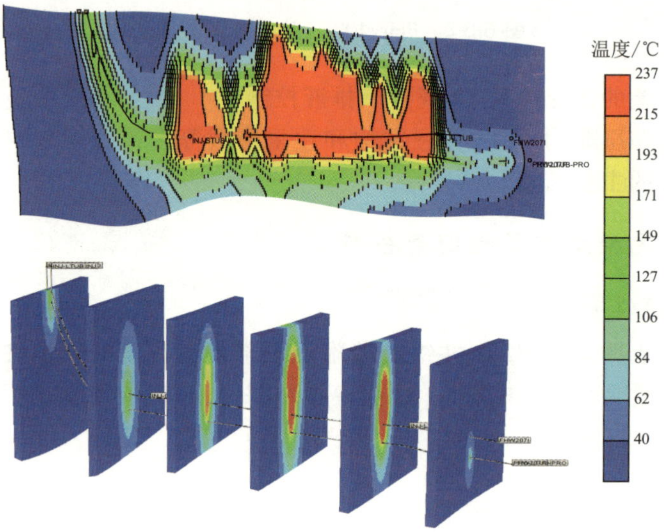

图 6-5-9 FHW207 井组温度场（数值模拟结果）

3）储层非均质性和管柱结构综合影响

FHW203 井组注汽井采用点-段式注汽，注汽点主要位于水平段的前部和中部（图 6-5-10）。储层构型研究表明，FHW203 井组跟端注采井间发育非渗透性夹层（图 6-5-11）。数值模拟结果显示，动用段主要在 *A* 点附近，水平段中部部分井段动用，水平段总动用长度为 150 m 左右，蒸汽腔发育较差（图 6-5-12）。

4）管柱结构、注采参数综合影响

FHW200 井组注汽井采用点-段式注汽，蒸汽腔主要集中发育在打孔段与 *A* 点之间，水平段动用长度为 100 m 左右。

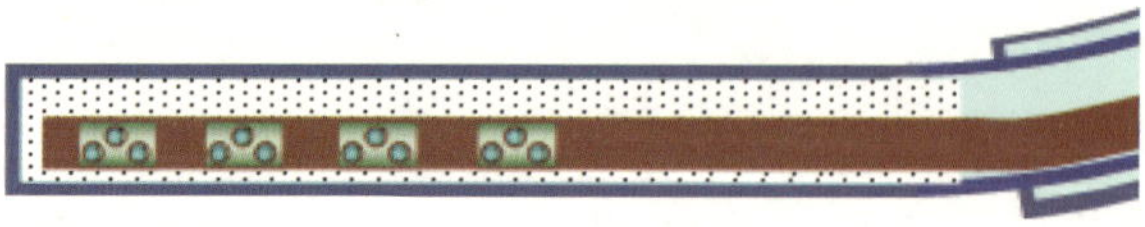

图 6-5-10 FHW203 注汽井管柱示意图

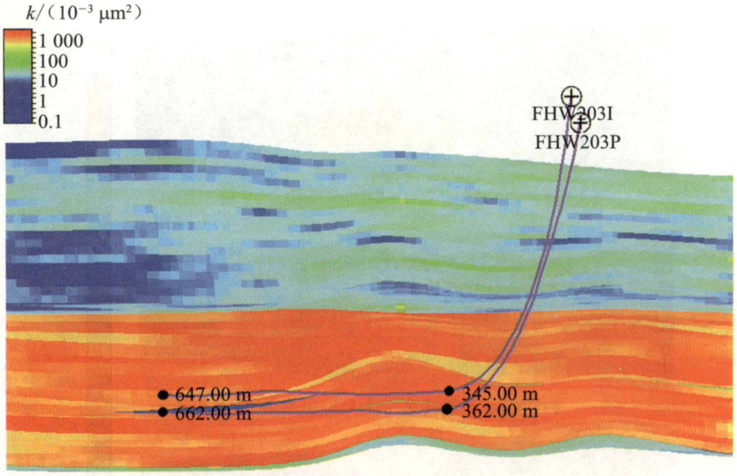

图 6-5-11 FHW203 井组储层构型剖面图

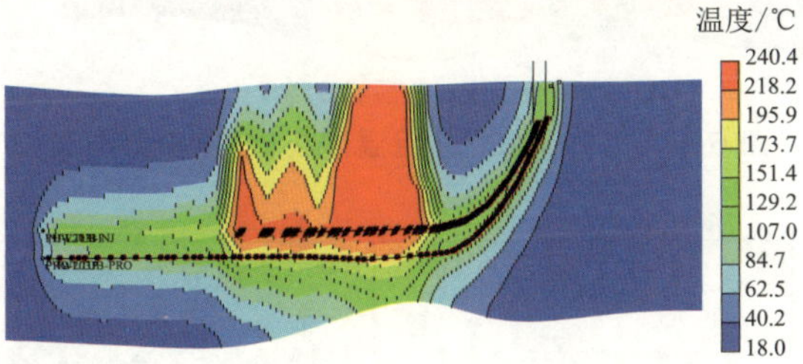

图 6-5-12 FHW203 井组温度场(数值模拟结果)

为改善蒸汽腔发育状况，通过数值模拟对注采参数进行优化，确定合理的注采参数：注汽井主管注汽 60～100 t/d，套压不超过 4.5 MPa；生产井主管注汽、副管排液，套压不超过 2.7 MPa。

数值模拟结果显示：注采参数调整实施一个月后，水平段后端温度有明显上升，注采参数调整实施一年后，水平段中前段基本达到均匀动用，蒸汽腔发育明显，而水平段 *B* 点始终无法有效动用(图 6-5-13)。

2. 调控措施

1) 定压注汽与高压操作相结合

控制蒸汽腔压力在 2.0～2.6 MPa 之间(参考生产井井底压力，以注汽井套压代表汽腔压力)，避免压力波动过大，原则上保证蒸汽腔压力不超过 3 MPa。通过定压注汽与高压操作相结合，提高蒸汽腔扩展速度，增强导流能力，进一步改善井间热连通。

2) 控制注采压差

正常生产时，注采压差(注汽井套压与生产井井底压力之差)尽量保持在 0.2 MPa 左右。现场操作中，通过关闭生产井或降低采液速度来控制注采压差。

3) 采用两点或一点注汽、两点或一点采油方式

FHW207 井组于 2010 年 4 月 5 日转 SAGD 生产(图 6-5-14)；为了改善井间连通程度，

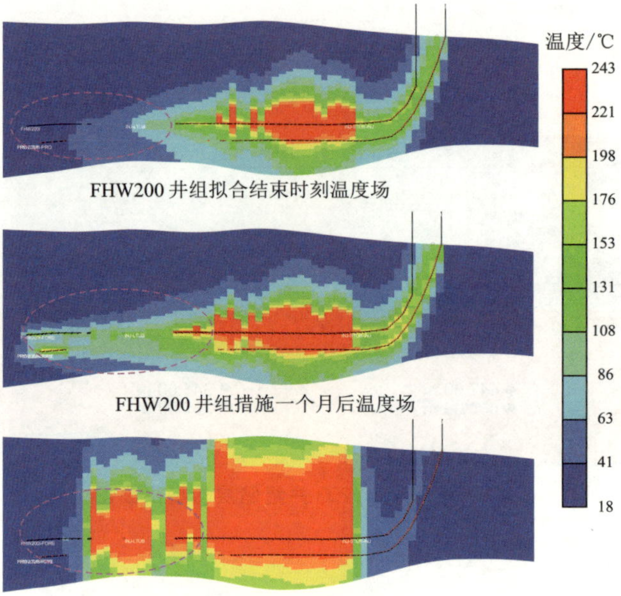

图 6-5-13　FHW200 井组温度场(数值模拟结果)

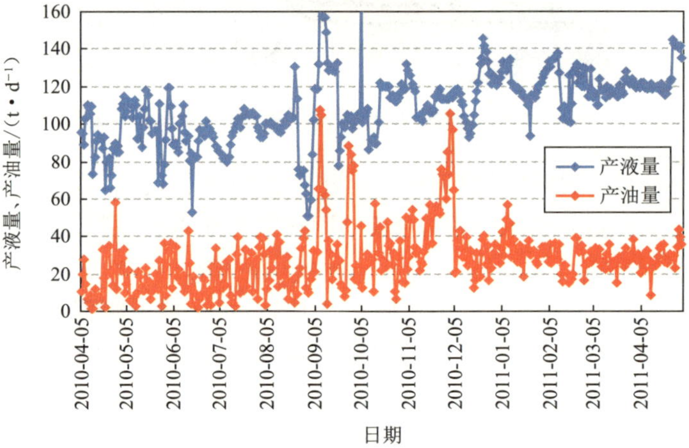

图 6-5-14　FHW207 井组转 SAGD 生产曲线

6 月 26 日开始采取水平井跟端、趾端两点注汽和生产井主、副管同排的措施，生产井 *A* 点后 300 m 井段温度升至 235 ℃，连通效果变好；随后采用趾端单点注汽，注汽压力控制在 3.7 MPa 左右，日产液量由初期的 88 t/d 逐渐上升到 140 t/d 左右，日产油量由初期的 15 t/d 上升至 30 t/d 以上的水平，达到了稳压注汽、扩大汽腔、产液量稳定上升、连续生产的目的。

4）阻汽排液，稳定生产

SAGD 生产中，生产井发生汽窜，打破了井组采油、泄油、注汽的平衡，严重影响产油量，因此及时发现与封堵汽窜是 SAGD 生产优化的首要工作。

从 SAGD 生产实践来看，井下蒸汽突破后有如下特征：

(1) 生产井井口产量开始下降，产液温度升高，含水率明显增加；

（2）水平井井底的温度超过饱和蒸汽温度，判断为汽相；

（3）产液量不增加的条件下汽腔压力短时间稳定或开始下降。

防止或降低蒸汽突破的措施如下：

（1）汽液界面控制在注采水平井之间，保持有液面生产。

（2）调整注采点位置。采用两点注汽、两点采油的井下管柱，生产过程中调节注汽点、采油点位置，注采井点错开汽窜井段生产。

通过一系列的调控措施，SAGD 试验区运转趋于平稳，数值模拟结果表明，蒸汽腔在逐步扩大（图 6-5-15），泄油能力也在进一步增强。

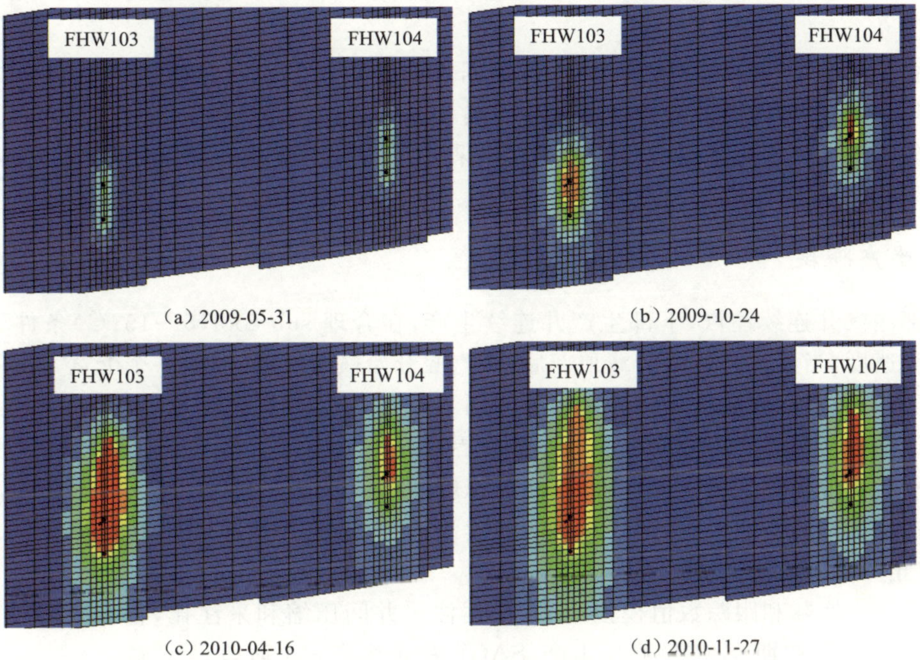

图 6-5-15　FHW103 井组、FHW104 井组蒸汽腔扩展过程（温度场）

根据试验区调控实践，逐步认识了 SAGD 生产调控的原则，即综合协调汽腔注入能力、地层消化能力、井间导流能力、井底举升能力，采取阻汽排液手段，实现上部水平井稳压注汽，保证合适的热传递和蒸汽腔充分的形成与扩展，下部水平井稳定排液、连续生产。现场分析以生产井井底温度低于对应井底压力下的饱和蒸汽温度 5～10 ℃为宜；操作方式以调整注汽速度和生产压力或抽油机冲次为主，必要时可短期关闭生产井。

第六节　SAGD 不同阶段注采参数优化

根据风城油田双水平井 SAGD 生产实践，结合跟踪数值模拟研究，依据蒸汽腔操作压力和采注比的变化特点，开展双水平井 SAGD 阶段细分研究，将 SAGD 划分成均匀等压循环预热、均衡增压循环预热、转 SAGD 初期、SAGD 高压生产、SAGD 稳定生产 5 个阶段，并提出各阶段的转换条件和注采参数，可作为同类油藏双水平井 SAGD 生产方式的技术参考。

一、阶段划分

1. 启动阶段

从将蒸汽注入生产井和注汽井开始热循环到开始转为 SAGD 开采这个阶段称为启动阶段，或称循环预热阶段。预热阶段的目标是在最短的时间内，使注汽井与生产井均匀加热并实现连通。预热时间有可能受注入井和生产之间渗透性的影响。通常，SAGD 预热的时间一般为 6 个月。

综合生产实际和跟踪数值模拟结果，依据注采井间压差和采注比，将 SAGD 启动阶段细分为均匀等压循环预热、均衡增压循环预热。

均匀等压循环预热阶段的目的是建立注采井间均匀热连通；均衡增压循环预热阶段是加速注采井间热传导，缩短预热时间。

2. 生产阶段

上部注汽井连续注汽，下部生产井连续生产，在合理 sub-cool(5～15 ℃)条件下，逐步提高注汽速度，当蒸汽腔达到油藏顶部后，蒸汽腔开始横向扩展，形成一个上宽下窄的“倒三角形”蒸汽腔。蒸汽腔通过热传导作用将周围油藏加热，原油黏度迅速降低。蒸汽区周围油层中的原油由于重力作用而沿汽腔与原油交界面向下流动进入水平生产井，与界面处蒸汽凝结水一起从油藏被采出。在该阶段，注汽速度和产液量达到最大并稳定。当蒸汽腔横向扩展至油层顶部两侧边界时，随着蒸汽的继续注入，蒸汽腔开始缓慢向下发展，产液量持续下降，直至 SAGD 过程结束。

综合生产实际和跟踪数值模拟结果，依据注采井间压缩和采注比，将 SAGD 生产阶段细分为转 SAGD 初期、SAGD 高压生产、SAGD 稳定生产 3 个阶段。

转 SAGD 初期阶段是控制水平段均匀动用；SAGD 高压生产阶段是加快蒸汽腔的扩展，增加泄油面积；SAGD 稳定生产阶段目的是控制合理 Sub-cool、采注比，提高油汽比。

二、循环预热阶段注采参数优化

循环预热阶段优化的主要参数包括循环预热注汽速度、预热注汽干度、预热注汽环空压力、预热注汽压差施加时机和大小等。合理的预热循环参数一般要求环空温度能快速稳定分布、井间油层加热均匀、热利用效率高。

SAGD 试验最初循环预热参数设计为：注汽速度 80～100 m^3/d；循环压力不超过初始油藏压力 0.5 MPa；蒸汽干度不低于 70%；循环预热 25 d 左右施加 80 kPa 压差；预热 60 d 左右，即可转入 SAGD 生产阶段。

当井间油层加热到一定程度，储层流体流动能力较强时，在注汽井和生产井间施加一定的压差(压差＜0.01 MPa)，以使原油向生产井流动，加快井间对流换热，达到更快加热井间油层的目的。现场实际操作过程中，由于地面控制装备、注汽井末下监测设备以及仪表精度等因素的限制，难以满足均匀施压要求。为此，将注采井间均匀施压调整为注采井均衡增压，同时提高注采井循环压力，增加井间流体对流，加快循环预热速度，可达到异曲同工的效果。

1. 均匀等压循环预热阶段

1）注汽速度

当注汽速度较小时，井间温度场发育不均匀；当注汽速度较大时，环空温度分布基本稳定，但储层的非均质性会增加注采井发生汽窜的风险，同时热循环速度增加，返回热量高，热利用效率低。数值模拟结果显示，当注汽速度为 40 m^3/d 时，水平段后段井间温度场发育较差；当注汽速度为 80 m^3/d 时，水平段前段存在点窜风险；当注汽速度为 60～70 m^3/d 时，井间温度场发育较均匀（图 6-6-1～图 6-6-4）。SAGD 先导试验表明，当井底蒸汽干度大于 75%，单井注汽速度为 50.2～70.4 m^3/d 时，注采井循环预热 3 d 后趾端见汽，可以满足均匀等压循环预热的要求。

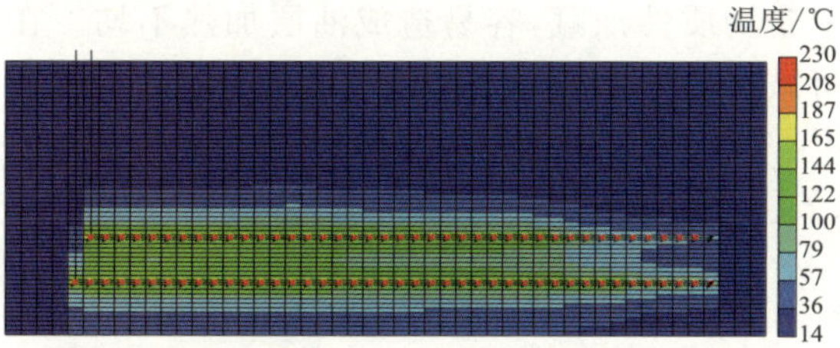

图 6-6-1　注汽速度为 40 m^3/d 时循环预热 70 d 温度分布

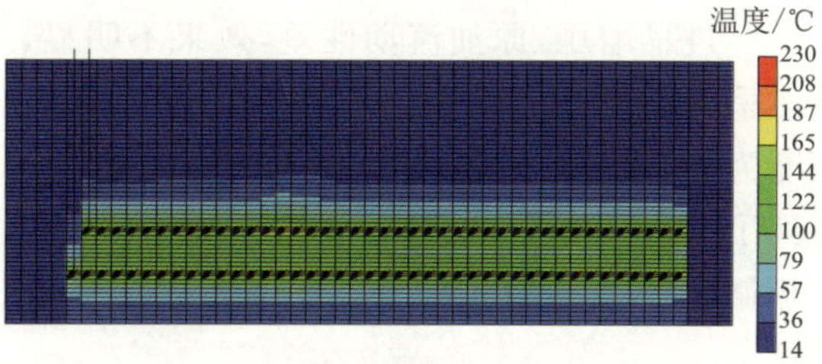

图 6-6-2　注汽速度为 60 m^3/d 时循环预热 90 d 温度分布

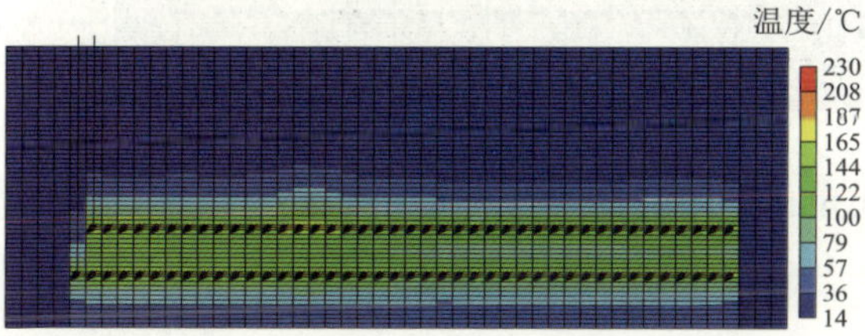

图 6-6-3　注汽速度为 70 m^3/d 时循环预热 80 d 温度分布

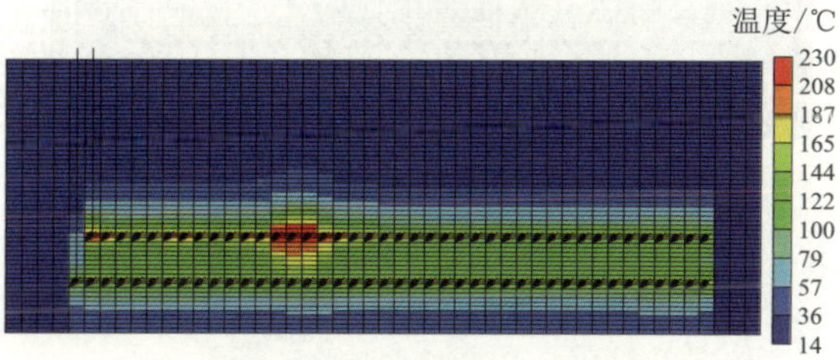

图 6-6-4　注汽速度为 80 m^3/d 时循环预热 80 d 温度分布

2）循环压力

增大循环压力，蒸汽饱和温度升高，有利于提高井间区域的平均温度，但循环压力增大，对于非均质性比较强的油藏，容易导致井间油层加热不均匀，对后期的 SAGD 操作造成影响。

SAGD 先导试验表明，当循环压力接近油藏压力或略高于油藏压力时，井筒环空温度分布最稳定，井间油层加热和蒸汽腔发育最稳定。数值模拟结果表明，循环压力以不高于油藏压力 0.5 MPa 为宜（图 6-6-5）。重 32 井区 SAGD 开发区内原始地层压力为 1.8～2.0 MPa，循环压力应控制在 2.0～2.5 MPa。

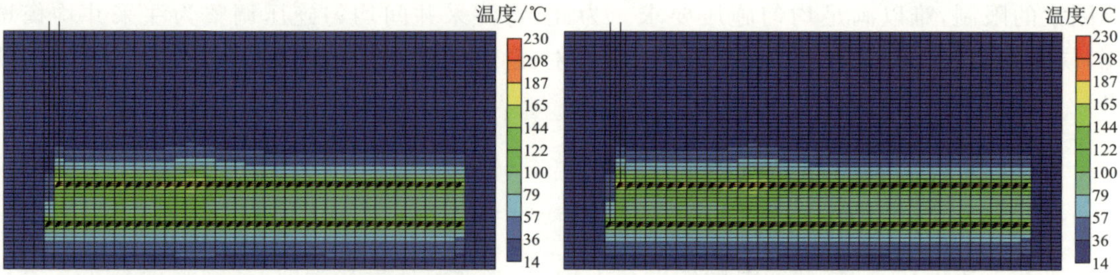

(a) 蒸汽腔操作压力 2.0 MPa　　(b) 蒸汽腔操作压力 2.5 MPa

图 6-6-5　不同循环压力下循环预热 90 d 温度分布(60 m³/d)

3) 采注比

考虑地面蒸汽闪蒸量,均匀等压循环预热阶段采注比应控制在 1.0 左右。

2. 均衡增压循环预热阶段

1) 增压时机

过早增压,原油流动性差,效果不明显,对于非均质性油藏,容易造成油层加热不均。在注采井间原油具有一定的流动性时实施增压,可减少汽窜风险。如图 6-6-6 所示,当注汽速度为 60 m³/d、循环预热 90 d,或注汽速度为 70 m³/d、循环预热 80 d 时,注采井间温度均达到了 90～100 ℃,原油黏度在 1 000 mPa · s 左右,已具有一定的流动能力,可以均衡增压预热循环。

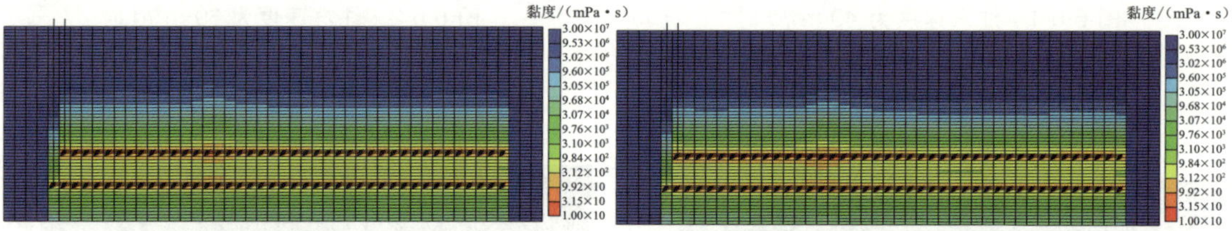

(a) 60 m³/d, 预热 90 d　　(b) 70 m³/d, 预热 80 d

图 6-6-6　不同注汽速度、预热时间下原油黏度分布

2) 循环压力

通过控制产液速度,适当增加注汽速度,等量提升注采井循环压力,进而同步提升注采井间温度,同时避免注采井间出现压差过大而造成单点突破的现象。如图 6-6-7 所示,在均

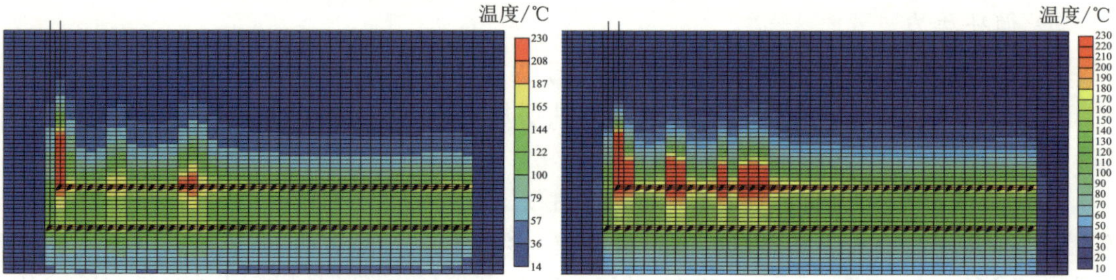

(a) 蒸汽腔操作压力 2.5 MPa　　(b) 蒸汽腔操作压力 3.0 MPa

图 6-6-7　不同循环压力下循环预热 140 d 温度分布(60 m³/d)

衡增压阶段将循环压力提至2.5～3.0 MPa，循环140 d，注采井间温度达到130 ℃左右，原油黏度小于100 mPa·s，已建立了较好的热连通。同时也应注意到，在高压条件下，由储层非均质性导致的不均匀加热趋势增加。如果热交换只建立在注采井间的一小部分而不是全部，则将对SAGD的效果产生不利的影响。

3）采注比

考虑地面蒸汽闪蒸量，均衡增压循环预热阶段采注比应控制在0.8左右。

三、生产阶段注采参数优化

1. 转SAGD初期阶段

转SAGD初期需控制好注采平衡和压差，防止井底压力和温度发生较大波动，确保水平段动用程度。

1）转SAGD生产时机

结合SAGD先导试验，提出转SAGD生产时机：

(1) 注采井间温度达到125～130 ℃，注采井间原油黏度为100 mPa·s左右，在井筒周围形成一个高温低黏区域；

(2) 对未发生单点突破的SAGD井组，水平段热连通长度应该达到水平段长度的50%以上；

(3) 产出液中含油率在10%以上。

2）注采参数

转SAGD初期阶段，高温低黏区仅限于注采井筒周围以及注采井间油层，其蒸汽腔较小，供液有限，能够承受的压力波动幅度较小，应严格控制生产压差和注采比，确保较高的sub-cool和液面。避免因注采比过大而造成局部汽窜，使转SAGD初期操作自然过渡为正常的SAGD操作。根据SAGD先导试验区的实际操作经验，推荐生产压差为0.2～0.5 MPa，注采比为1.0，sub-cool大于15 ℃，动液面大于50 m。

2. SAGD高压生产和稳定生产阶段

蒸汽腔顶部的汽指在蒸汽腔上升过程中起着重要作用，高压操作对激发汽指形成非常重要。

1）蒸汽腔操作压力

SAGD生产阶段蒸汽腔压力操作主要有低压力操作与高压力操作两种操作方式。低压力操作与高压力操作具有各自的优点与缺点。

低压力操作方式：油藏的温度较低，所需的能量比较低，可以获得较高的油汽比，产出液中的SiO_2含量较低，H_2S产出量较少，对生产设备腐蚀较小，处理费用相对较低。同时，由于操作压力较低，所以注汽能力较低，产液速度、采油速度低，经济效益较差。

高压力操作方式：高压力操作对应高蒸汽温度，有利于水平段均匀加热和蒸汽腔垂向发育。同时，高压力操作必然带来高温产出液，热量损失较大，导致油汽比较低。SiO_2含量与

H_2S 的产出量随温度升高而增加，对生产设备腐蚀较大，后期处理费用较高。

SAGD 生产系统相对稳定后，针对陆相非均质性较强的超稠油油藏，可适当提高操作压力，加快蒸汽腔的发育，增加水平段动用程度。SAGD 生产高压操作阶段的蒸汽腔操作原则为蒸汽腔压力小于油层破裂压力 0.5 MPa。因此，建议蒸汽腔操作压力应控制在 3.0～3.5 MPa 之间。

达到产油高峰后，逐步降低操作压力，提高热效率，保持较高的油汽比，从而达到高效经济开发目的。另外，随生产时间的增加，原油黏度有进一步增加的趋势，为保持原油的流动性，操作压力不宜过低。建议 SAGD 稳定生产阶段操作压力控制在 2.0～2.5 MPa。

2）sub-cool

SAGD 生产过程中，一般要求 sub-cool 稳定在适当的范围之内，控制生产井的产出液量和蒸汽腔的发育，发挥重力泄油的作用。数值模拟结果表明，当 sub-cool＜5 ℃时，蒸汽腔接近生产井，容易造成蒸汽突破；当 sub-cool＞15 ℃时，排液液面接近注汽井，不利于蒸汽腔的发育。综合考虑生产井的控制和蒸汽的热利用效率，sub-cool 应控制在 5～15 ℃之间。

3）注汽速度

在井口蒸汽干度(95%)相同的条件下，注汽速度越高，井底蒸汽干度越高。因此，在注汽工艺和油藏条件允许的条件下，应适当提高注汽速度。数值模拟结果表明，当注汽速度大于 180 m^3/d 时，井底蒸汽干度增加幅度较小，操作压力变高，油汽比降低，因此注汽速度应为 100～180 m^3/d。

4）采注比

数值模拟结果表明，当采注比小于 1.2 时，蒸汽腔发育不充分，生产时间长，注汽量多，油汽比低；当采注比大于 1.5 时，蒸汽腔发育接近生产井，容易导致生产不稳定，不利于生产调控。因此，采注比以 1.2～1.4 为宜。

四、SAGD 不同开采阶段参数优化

通过数值模拟研究，结合现场实际操作，依据操作压力、采注比及蒸汽腔发育特征，将 SAGD 生产过程细分为均匀等压循环、均衡增压循环、转 SAGD 初期、SAGD 高压生产、SAGD 稳定生产 5 个阶段。

1. 均匀等压循环阶段

注汽井和采油井均采用长管（*B* 点）注汽、短管或油套环空（*A* 点）排液的循环预热模式。随着循环注入压力的增大，蒸汽饱和温度升高，有利于提高注采井间的平均温度。当环空压力过高时，将导致非均质性比较强的油藏注采井间油层加热不均匀，对后期的蒸汽辅助重力泄油操作造成不利影响。实践表明，注汽井与采油井井底注汽压力保持一致，操作压力不大于地层压力 0.5 MPa，注采比控制在 1.0 时，井筒环空温度分布最稳定，井间油层加热和蒸汽腔发育最稳定。在均匀等压循环阶段，注汽井与采油井各自形成一个独立的循环体系，井间干扰小，通过不间断的热传导，逐渐在注汽井与采油井水平段附近形成一个温度较高、原油黏度相对较低的区域（图 6-6-8）。

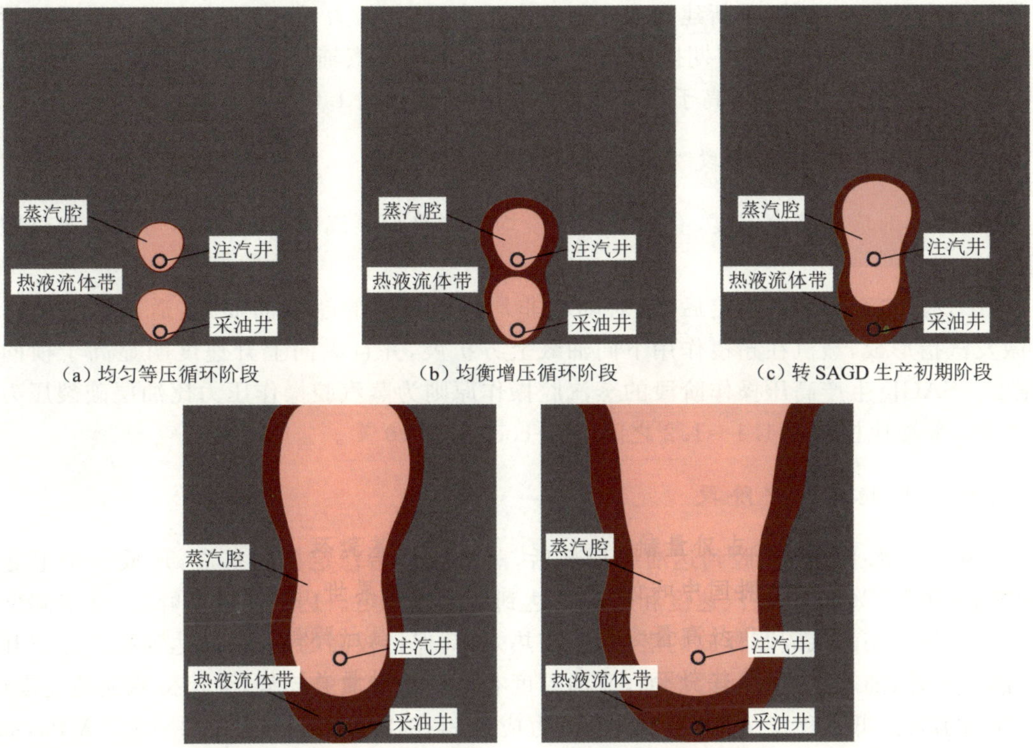

(a) 均匀等压循环阶段　(b) 均衡增压循环阶段　(c) 转 SAGD 生产初期阶段

(d) 高压生产阶段　(e) 稳定生产阶段

图 6-6-8　不同生产阶段蒸汽腔发育示意图

2. 均衡增压循环阶段

如果过早增大压差，原油流动性差，则效果不明显，特别对于非均质油藏，容易造成油层加热不均，导致注汽井、采油井间发生“点窜”或“段通”。均匀等压循环阶段末期，随着水平段井筒附近高温区的不断扩展，注汽井与采油井间原油黏度逐渐降至 1 000 mPa · s 左右，具有一定的流动能力，可以进行均衡增压操作，即均衡逐步提升注汽井和采油井的井底操作压力，保持操作压力比地层破裂压力小 0.5 MPa，采注比控制在 0.80～0.85 之间，进一步提升蒸汽腔温度，降低原油黏度，促进原油流动。均衡增压循环阶段末期，一方面增加注汽井长管(*B* 点)的注汽速度，减少注汽井短管(*A* 点)的产液量；另一方面同步等量增加采油井长管(*B* 点)的注汽量，适当增加采油井短管(*A* 点)的产液量，逐步在注汽井与采油井间形成 0.2～0.5 MPa 的生产压差。该过程中，热水驱替原油形成快速的热对流，从而加快注汽井与采油井之间的热连通，为 SAGD 生产做准备。

3. 转 SAGD 初期阶段

转入 SAGD 生产后，其工作制度与循环预热阶段有本质的区别：注汽井短管停止产液，长管继续注汽；采油井长管停止注汽，短管下泵生产。

转 SAGD 生产初期阶段，高温低黏区仅限于注采井筒周围以及注采井井间油层，蒸汽腔较小，供液有限，能够承受的压力波动幅度较小，整个过渡阶段必须采用相对较低的操作压力，注汽井弱注、采油井弱采，在注汽井与采油井间建立新的动态平衡；逐步提高操作压力，增加注汽量和产液量，重新建立一个新动态平衡；操作压力、注汽速度和产液量呈螺旋上升的趋势，使转SAGD生产初期操作自然过渡为正常的蒸汽辅助重力泄油操作。整个过渡阶段，操作压力界限控制在不高于地层压力0.5 MPa，采注比1.0左右，sub-cool大于15 ℃。

4. SAGD高压生产阶段

高压操作对应高蒸汽温度，有利于水平段均匀加热和蒸汽腔垂向发育，可加快蒸汽腔的扩展。

SAGD生产系统相对稳定后，针对陆相非均质性较强的超稠油油藏，适当提高操作压力，激发汽指形成，蒸汽在超覆作用下向油藏上方扩展，并且纵向上升速度明显高于横向扩展速度。SAGD生产高压操作阶段的蒸汽腔操作原则为蒸汽腔操作压力比油层破裂压力低0.5 MPa，采注比控制在1.1～1.2之间，sub-cool大于10 ℃。

5. SAGD稳定生产阶段

当80%的水平段蒸汽腔到达油层顶部后，蒸汽腔开始稳定横向扩展，形成一个上宽下窄的“倒三角形”蒸汽腔，注汽速度和产液量达到最大并稳定。达到产油高峰后，逐步降低操作压力，有效利用蒸汽闪蒸释放的潜热，提高热效率，保持较高的油汽比，达到高效经济开发的目的。另外，随着生产时间的增加，原油黏度有进一步增加的趋势，为保持原油的流动性，操作压力不宜过低。稳定生产阶段操作压力应控制在比地层压力大0.2～0.5 MPa，sub-cool大于5 ℃，同时控制产液速度，采注比控制在1.2～1.4之间，确保蒸汽腔的发育充分，有效发挥重力泄油作用。

当蒸汽腔横向扩展至油层顶部两侧边界时，随着蒸汽的继续注入，蒸汽腔开始缓慢向下发展。水平采油井上方基本被蒸汽腔充满，水平采油井有蒸汽突破，产油量急剧下降，含水率高达98%以上，蒸汽辅助重力泄油过程结束。

第七章
立体泄油系统

蒸汽腔体均衡平稳发育是SAGD高效开发的关键，实时监测油藏热采过程中油藏岩石特性、流体特性和蒸汽腔体的三维形态及增长趋势是SAGD开发项目成功的重要基础。SAGD实施过程中有效地监测蒸汽腔体发育形态、分布规律、均匀程度是调控蒸汽腔体扩展和控制汽液界面平衡的基础，同时蒸汽腔体监测所得的资料对分析生产动态和生产效果至关重要，是进行注采参数优化和调整的依据。通过连续的SAGD蒸汽腔的定期监测，了解SAGD蒸汽腔的发育规律，提高对重油油藏开发过程规律的认识，为开发决策提供参考。

第一节　夹层对蒸汽腔的影响

一、夹层分布模式

室内研究及现场实践表明，夹层发育位置、规模、大小及夹层的渗透率均会影响SAGD开发效果。在夹层三维模型基础上，采用过井切片统计研究区井组的夹层发育情况。结果显示，夹层沿水平段不同位置均有发育（图7-1-1）。

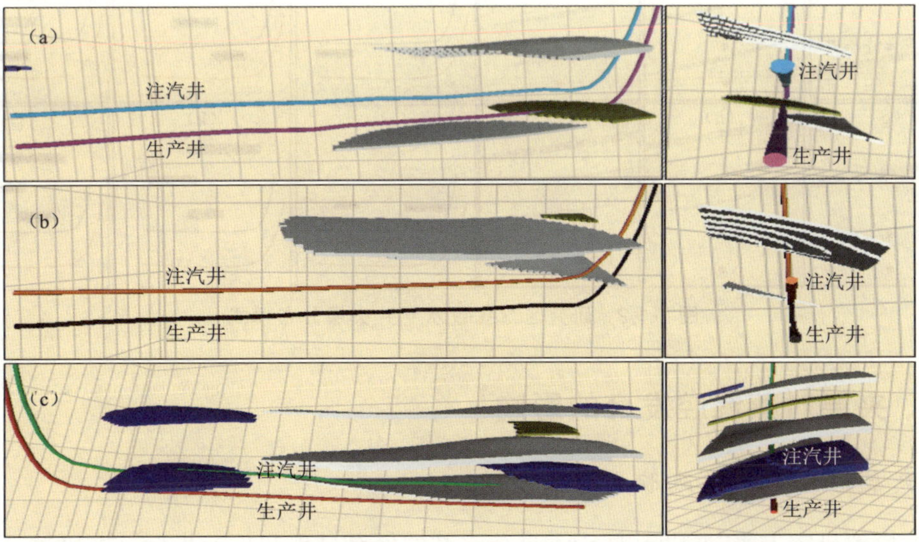

图7-1-1　研究区典型井夹层分布与水平井位置关系示意图

重点考虑夹层位置、大小和相互关系，从垂直水平井方向和沿水平井方向两个维度井间有无夹层出发，总结出 2 类 12 种夹层分布模式。

第一类：注采井间或注采井间及注汽井之上发育夹层。

垂直水平井方向分为 3 种模式：① 井间发育 1 个展布范围较大的全覆盖夹层（图 7-1-2a），注汽井上方无夹层；② 井间发育 1 个相对较大的夹层，同时注汽井之上发育 1 个局部遮挡和 1 个全遮挡的夹层（图 7-1-2b）；③ 井间发育 1 个规模较小的夹层，注汽井之上发育 1 个规模较大的和 1 个全遮挡的夹层（图 7-1-2c）。

沿水平井方向分为 3 种模式：① 仅在井间发育夹层，注汽井之上不发育夹层，夹层规模不等，覆盖范围为 10%～30%，夹层数为 1～3 个（图 7-1-2d）；② 井间发育夹层，注汽井之上发育 2 个位置不重叠的夹层，且 3 个夹层自跟端向趾端错落排列（图 7-1-2e）；③ 井间发育 1 个夹层，注汽井之上发育位置重叠的 2 个夹层，3 个夹层垂向上重合，夹层覆盖面积自下而上依次增大，覆盖范围为 30%～50%（图 7-1-2f）。

第二类：只在注汽井之上发育夹层。

垂直水平井方向分为 3 种模式：① 注汽井之上发育 1 个全遮挡夹层（图 7-1-2g）；② 注汽井上方发育 2 个位置错开的局部遮挡的夹层，并在最上方发育 1 个全遮挡夹层（图 7-1-2h）；③ 注汽井上方发育 3 个覆盖宽度依次增大的夹层（图 7-1-2i）。

沿水平井方向分为 3 种模式：① 注汽井上方夹层规模不等，覆盖范围为 10%～30%，夹层数为 1～3 个，如发育多个夹层，则这些夹层在水平方向上基本处于同一高度（图 7-1-2j）；第②和③种夹层模式为距离注汽井 3～5 m 和 5～8 m 发育覆盖范围为 20%～40%的夹层，2 个夹层垂向上有部分重合，且在这 2 个夹层之上发育第 3 个覆盖范围相对较大的夹层，其中第②种夹层模式顶部垂向上覆盖底部夹层，而第③种夹层模式垂向上覆盖中部与底部夹层（图 7-1-2k、图 7-1-2l）。

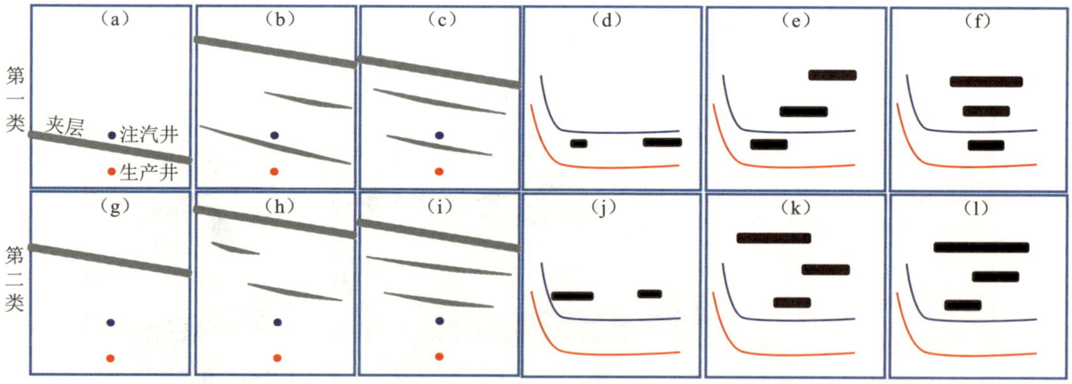

图 7-1-2 研究区 SAGD 水平井夹层分布模式

二、夹层对蒸汽腔发育的影响

1. 夹层影响下的蒸汽腔发育特征

数值模拟研究表明，夹层影响 SAGD 蒸汽腔的发育过程和生产指标。夹层越靠近油层顶部，蒸汽腔受到影响的时机越晚；当夹层上方油层厚度较大时，蒸汽腔有二次扩展过程，从而降低峰值产量并延缓峰值出现时间。当注汽井和生产井之间存在夹层时，注采井间较难形成有效的流动通道，井间连通启动困难，此类井组生产周期延长，日产油量和累积油汽比显著降低，严重时无峰值产量，表现为长期低产。

生产实践表明，夹层会对 SAGD 蒸汽腔的形成和扩展造成严重影响，进而降低 SAGD 生产效果。风城油田重 1 井区 M 井组为井间和注汽井上方发育夹层的典型井组。该井组注汽井上方发育一条长度为 150 m、宽度为 65 m 的物性夹层，受夹层影响，该井组平均日产油量仅为 20.7 t/d，远低于相邻井组的平均日产油量(41.6 t/d)。采用 M 井组实际模型对其生产过程进行跟踪数值模拟，进一步分析蒸汽腔边缘流体的流动能力。从流线模拟结果(图 7-1-3)可以看出，水平段不同位置处流体的流动能力差异较大：夹层上方由于基本无蒸汽腔发育，流体的流动能力较弱；夹层下部蒸汽腔相对发育，流体具有一定的流动能力，但远低于蒸汽腔发育好的部位。随着时间的推移，蒸汽腔不断扩展，但夹层处流体流动能力仍然有限，导致夹层上方存在一个含油饱和度较高的死油区。

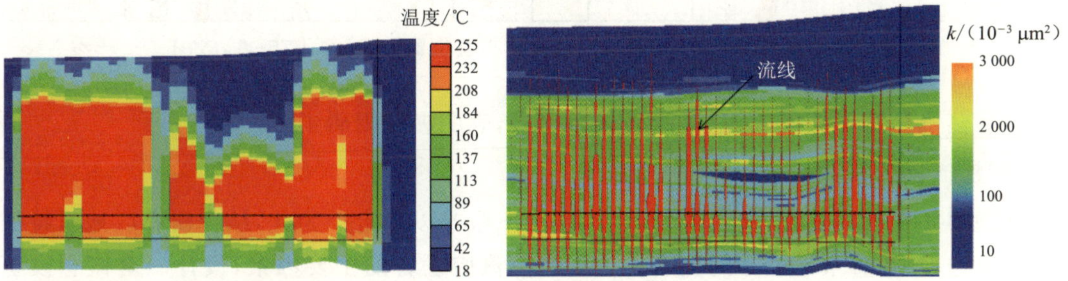

(a) 温度场　　　(b) 流线分布

图 7-1-3　夹层影响的 SAGD 井组流线模拟结果

2. 夹层遮挡界限

1) 观察井温度监测

夹层对蒸汽腔扩展的影响通过观察井实际温度监测数据得到了证实。FZ5 为一口 SAGD 观察井，位于水平井组跟端附近，距水平井段 17 m，采用全井段光纤测温。监测显示，自转 SAGD 生产第 3 年起 FZ5 井温度持续上升，温度最高点从 80 ℃上升至 196 ℃。根据测井解释结果，该井在海拔 154 m，152 m 和 146 m 处发育 3 个夹层，对应的温度曲线均有拐点响应(图 7-1-4)。

根据储层构型研究结果，FZ5 井在 154 m 处钻遇夹层，夹层为泛滥平原沉积，位于注汽井上方 6 m 左右，覆盖范围为 280 m，厚度为 0.8 m，平均渗透率为 2×10^{-3} μm^2。测温曲线显示该夹层之上出现温度拐点，转 SAGD 生产 4 年夹层未被突破(4 年后测温异常，无数据)。152 m 深处夹层为岩性夹层，夹层厚度为 0.4 m，平均渗透率为 445×10^{-3} μm^2，测温曲线表现为对蒸汽腔扩展略有影响，但很快被突破。146 m 深处夹层为沟道沉积，位于注汽井上方 2 m 处，覆盖范围为 45 m，厚度为 0.5 m，平均渗透率为 5.3×10^{-3} μm^2，测温曲线显示该夹层明显阻碍蒸汽腔向上扩展，蒸汽腔横向扩展相对加快。

另一个典型实例为 FZ8 井。该井位于水平井组趾端附近，距水平井段 17.8 m。在 141 m 深处发育夹层，厚度为 0.7 m，平均渗透率为 13×10^{-3} μm^2。监测显示，FZ8 井转 SAGD 生

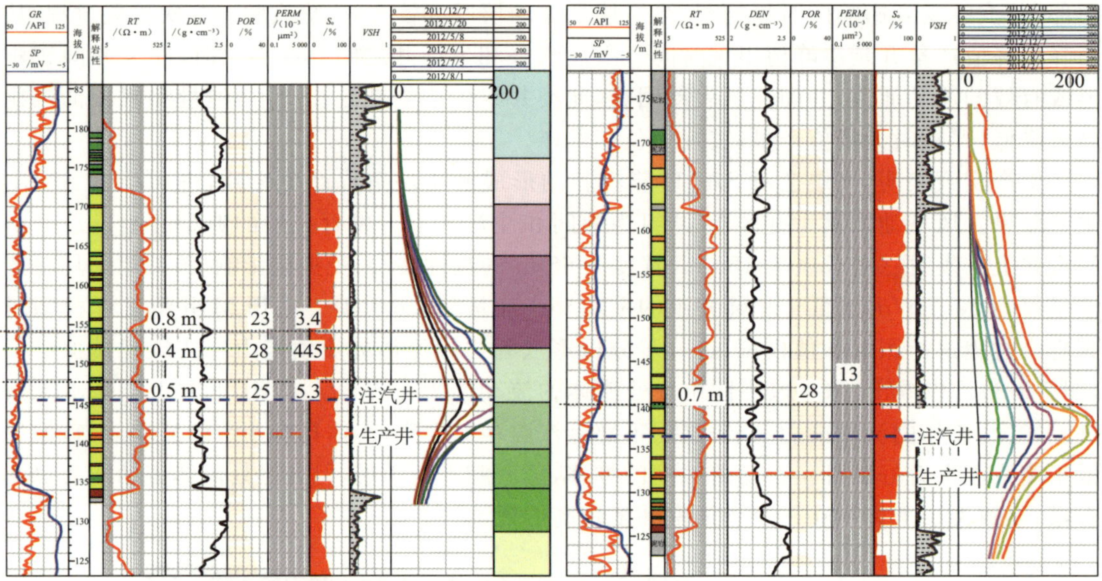

图 7-1-4　观察井温度监测曲线变化与夹层位置关系（左：FZ5；右：FZ8）

产 4 年后蒸汽腔遇到该夹层，温度曲线转折明显，表明夹层阻碍了蒸汽腔扩展。

2）数值模拟研究

受观察井资料的限制，夹层的物性、产状等下限难以确定。为此，结合研究区地质特征，以夹层渗透率、垂直水平段方向宽度作为影响蒸汽腔发育的主要因素，设计一套概念模型，其中油层孔隙度为 30%，渗透率为 1 500×10^{-3} μm^2，含油饱和度为 0.72，夹层分布于注汽井之上 5 m 和之下 2 m。通过概念模型数值模拟，得到夹层不同渗透率、垂直水平段方向宽度条件下的温度场，即得到夹层遮挡界限。

（1）注汽井之上局部发育夹层：① 当夹层渗透率小于 10×10^{-3} μm^2，即储层与夹层渗透率级差大于或等于 150 时，蒸汽无法穿过夹层向上运移，蒸汽腔横向扩展；② 当夹层渗透率为（10～50）×10^{-3} μm^2，即渗透率级差为 30～150 时，夹层严重阻碍蒸汽腔扩展，夹层上方不发育蒸汽腔，蒸汽腔沿无夹层区域向上扩展，少量蒸汽可以沿边部影响夹层上方储层；③ 当夹层渗透率为（50～500）×10^{-3} μm^2，即渗透率级差为 3～30 时，夹层对蒸汽腔扩展有影响，蒸汽主要沿无夹层区域向上扩展，部分可以穿过夹层向上扩展，随渗透率的不断增大，可穿过夹层的蒸汽越来越多；④ 当夹层渗透率大于 500×10^{-3} μm^2，即渗透率级差小于或等于 3 时，蒸汽可以直接穿过夹层向上运移，对蒸汽腔扩展无影响。

（2）注采井间局部发育夹层：① 当夹层渗透率小于 10×10^{-3} μm^2，即储层与夹层渗透率级差大于 150 时，夹层上方无法形成蒸汽腔，井间无泄油通道；② 当夹层渗透率为（10～50）×10^{-3} μm^2，即渗透率级差为 30～150 时，夹层严重阻碍蒸汽腔的扩展及泄油，夹层上方储层无法动用；③ 当夹层渗透率为（50～500）×10^{-3} μm^2，即渗透率级差在 3～30 时，夹层会阻碍蒸汽腔发育和泄油，部分蒸汽可以穿过夹层向上扩展，且夹层渗透率越大，阻碍作用越小；④ 当夹层渗透率大于 500×10^{-3} μm^2，即渗透率级差小于 3 时，夹层无阻碍作用。

三、夹层对 SAGD 开发的影响

1. 夹层对注采动态的影响

SAGD 开发方式的核心机理是重力泄油，这一特点决定了该方式受垂向渗流影响较大。夹层的存在将直接阻碍或减缓流体的垂向泄流，进而加剧生产操作过程中的注采矛盾。现场实践表明，夹层控制下的 SAGD 井组注采能力低，生产效果差。以风城油田 A1 区为例，统计结果(图 7-1-5)显示，夹层发育时单井日产油量和注汽速度均低于无夹层情况，注汽井上方发育大规模夹层时对生产效果影响尤为显著。分析认为，注汽井上方大规模夹层阻碍了蒸汽腔垂向扩展，根据 Butler 产量解析式，等效油层厚度减小，导致产量降低。就 SAGD 生产过程中的注采矛盾而言，夹层产生了两个负面作用：① 夹层在注汽井上方成为顶板式阻挡面，蒸汽波及面到达此处后形成最大的压力梯度变化界面，蒸汽腔的弹性变化能力降低，近似刚性边界，导致同等操作压力条件下注汽量大幅下降；② 夹层在井间直接形成渗流遮挡，油水乳化液垂向泄流阻力大大增加，有效泄流通道减少，造成相同水平段长度条件下实际泄油能力大幅降低。图 7-1-6 所示为相邻两口井的生产动态对比曲线。F1 井组注汽井上方发育夹层，F2 井组无夹层发育，在同等操作压力条件下 F1 井组的注汽量仅为 F2 井组的 50%左右，产量也较 F2 井组低 50%。

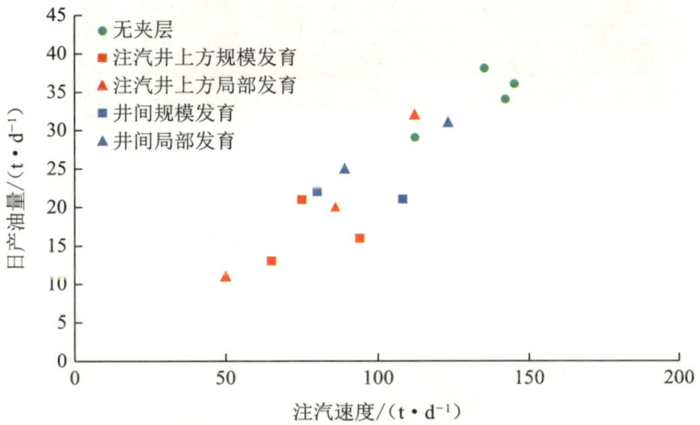

图 7-1-5　风城油田 A1 区夹层与注汽速度及日产油量的关系

2. 夹层影响下的水平段动用特征及产量变化模式

传统分析方法判断 SAGD 井组水平段动用程度往往依靠生产井监测温度。以风城油田 A1 区 C 井组为例，井下监测温度数据显示除水平段末端一处测温点未动用外，其他测温点温度均较高，表明该井组水平段动用程度较高。但由于受夹层影响，根据水平段温度数据判断的水平段动用状况往往不能真实反映水平段供液能力，无法衡量水平段不同位置的产量贡献。利用流线分析方法，对 C 井组水平段不同位置的产量贡献进行定量统计。结果表明，该井组产量贡献主要来自水平段后段和前段，水平段中段对产量的贡献仅为 20%，其中夹层发育处对应水平段对产量的贡献仅为 8.4%(图 7-1-7a)。

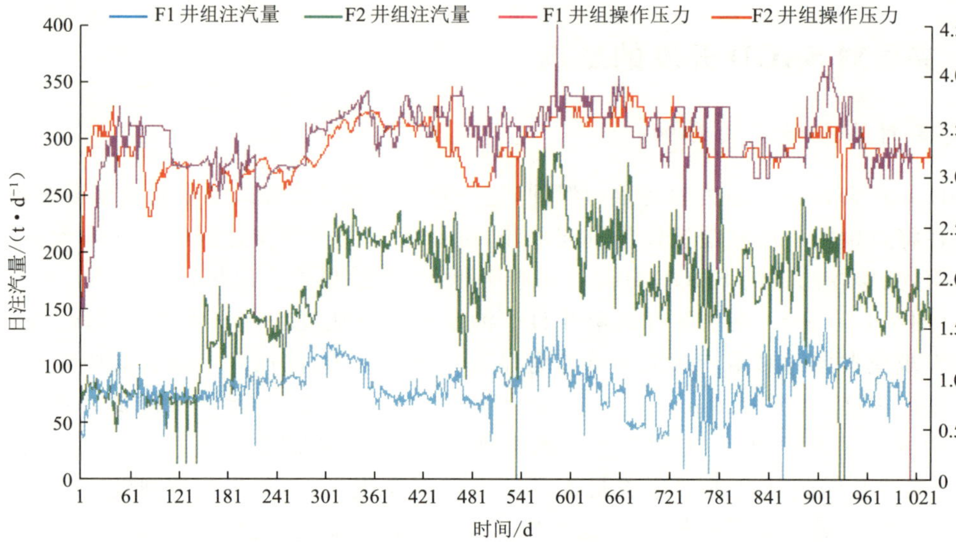

图 7-1-6　风城油田 A1 区典型井生产动态曲线

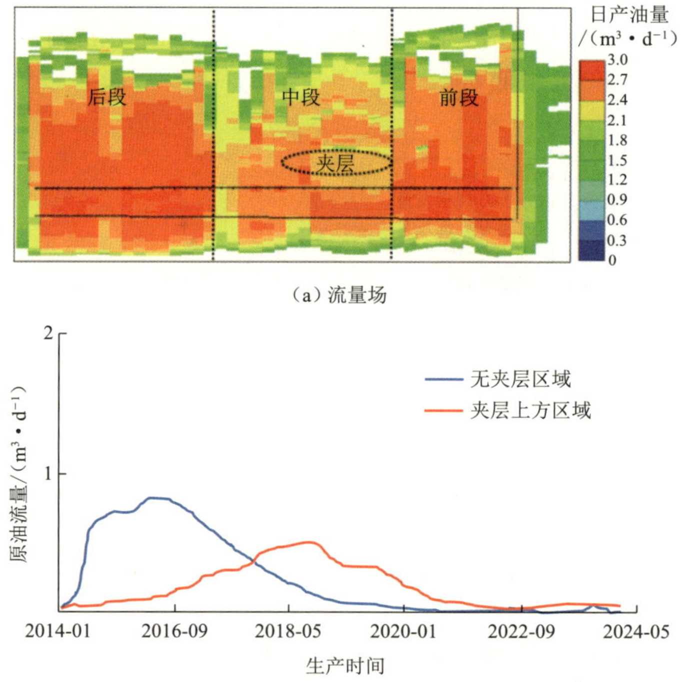

(a) 流量场

(b) 流量随时间变化

图 7-1-7　水平段不同部位流量贡献示意图

SAGD 产量变化过程和蒸汽腔发育过程是一致的，而经典的 SAGD 理论是以储层均质为假设条件的，SAGD 蒸汽腔沿着水平段是均衡上升的，产量也稳定上升，直至蒸汽腔到顶，产量达到峰值并稳产，稳产一段时间后进入产量下降阶段。因此，长期以来经典的 SAGD 生产过程包括产量上升、稳产、产量下降 3 个阶段。当存在夹层时，这一产量变化模式发生改变，蒸汽腔的垂向扩展会因为夹层的遮挡而暂时放缓或停止，峰值产量降低，井组将在相当长一段时间内保持低产并缓慢下降，而当经过一段时间夹层上方剩余油得以动用时，下降趋势变缓，随夹层上方蒸汽腔的重新发育和供液补充，井组产量会恢复到一定水平并延长稳产时间(图 7-1-7b)。从 SAGD 井组生产周期来看，这种初期的低采油速度和长时间的低产是 SAGD 开发经济性所不能接受的，因此如何及时动用夹层上方剩余油并提高初期采油速度成为关键。

第二节　SAGD 立体井网优化

一、直井辅助 SAGD

针对受局部夹层影响，水平段动用差、蒸汽腔发育缓慢的井组，选择动用较差的水平段附近的一口或多口直井进行蒸汽吞吐，形成新的蒸汽腔，当直井蒸汽腔前缘与 SAGD 井组原有蒸汽腔逐渐连通后，直井转为持续注汽，以驱泄复合方式加速 SAGD 蒸汽腔扩展，波及受夹层影响的剩余油区，加快夹层上方剩余油的动用(图 7-2-1)。

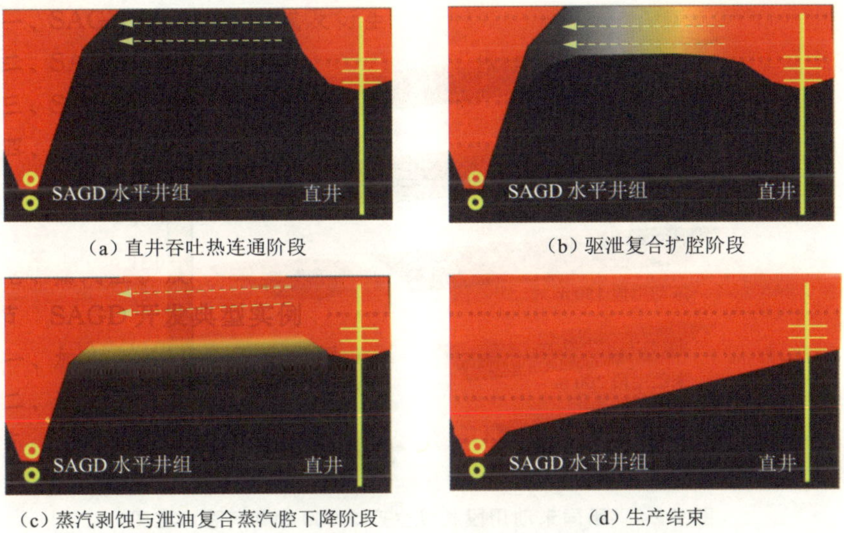

图 7-2-1　直井辅助 SAGD 不同阶段蒸汽腔示意图

直井辅助 SAGD 技术与常规 SAGD 技术相比，主要有以下两方面特点：

(1) 由于储层非均质性的影响，SAGD 各井组蒸汽腔发育不均衡，呈现“串珠状”分布，通过在蒸汽腔发育不好甚至不发育处部署直井，辅以蒸汽吞吐，可以促进形成新的蒸汽腔，降低储层非均质性的影响，达到均衡扩腔、提高采油速度的目的。

(2) SAGD 各井组储层不同程度上发育夹层，而蒸汽腔遇夹层发育受阻，夹层上方储量不能得到有效动用，通过在夹层上方部署直井，吞吐造腔，从而动用夹层上方储量。

1. 直井辅助 SAGD 井网优化

1）直井与 SAGD 井组平面位置

考虑地层倾角的数值模拟结果表明，直井位于 SAGD 井组尾端时无法与蒸汽腔形成有效连通；直井位于上倾方向或下倾方向时均有助于实现蒸汽腔的连通，而且下倾方向蒸汽腔发育情况好于上倾方向，能显著提高 SAGD 开发效果。直井位于 SAGD 井组蒸汽腔不连通段的前、中和后段的数值模拟结果表明，直井位于 SAGD 井组蒸汽腔不连通段中段效果较好，能辅助不连通段蒸汽腔均匀发育，提高 SAGD 开发效果。

2）直井布井方式

通过对 SAGD 井组现场调研及数值模拟分析发现，单井辅助波及范围小于 100 m 水平段，即单井辅助在未连通段长度小于 100 m 时效果最佳，超过 100 m 时采用多井进行辅助。多井辅助时，辅助直井的井数需要根据水平段未动用长度来确定，当未动用段长度为 200～250 m 时采用三井辅助，大于 250 m 时采用四井辅助，这样可以达到最佳开发效果，且辅助直井分布在水平井异侧斜对、同侧平行时，水平段连通程度最大，最终累产油量明显高于其他布井方式（图 7-2-2）。

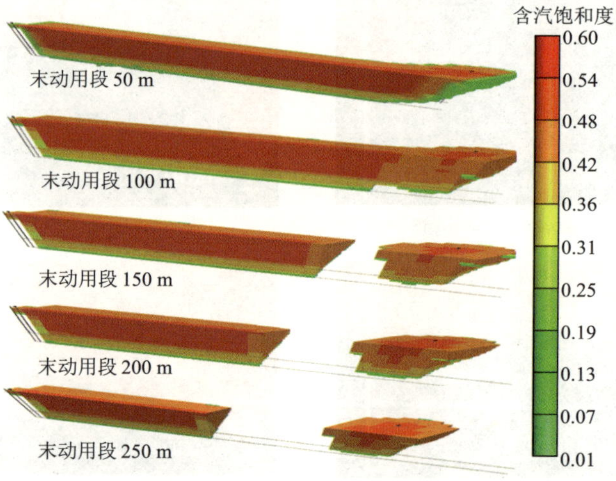

图 7-2-2 不同未动用段长度生产 2 000 d 蒸汽腔示意图

3）直井与水平井平面垂向距离

直井/水平井连通情况与平面垂向距离有关。若蒸汽腔不发育，则直井与水平井平面垂向距离小于 20 m 时易形成连通，但波及范围小，易形成汽窜；大于 40 m 时难以形成热连通，吞吐轮次高而开采效果不理想；当直井与水平井平面垂向距离保持在 20～40 m 之间，扩腔作用明显（图 7-2-3、图 7-2-4）。

综上所述，确立了直井辅助 SAGD 布井模式（表 7-2-1）。对老区进行调整时，可参照该布井模式优选合适直井辅助 SAGD 来提高 SAGD 开发效果。

2. 辅助直井射孔井段优化

根据数值模拟结果，直井射孔井段需高于 SAGD 注汽井，此时蒸汽腔呈倒三角形，连通

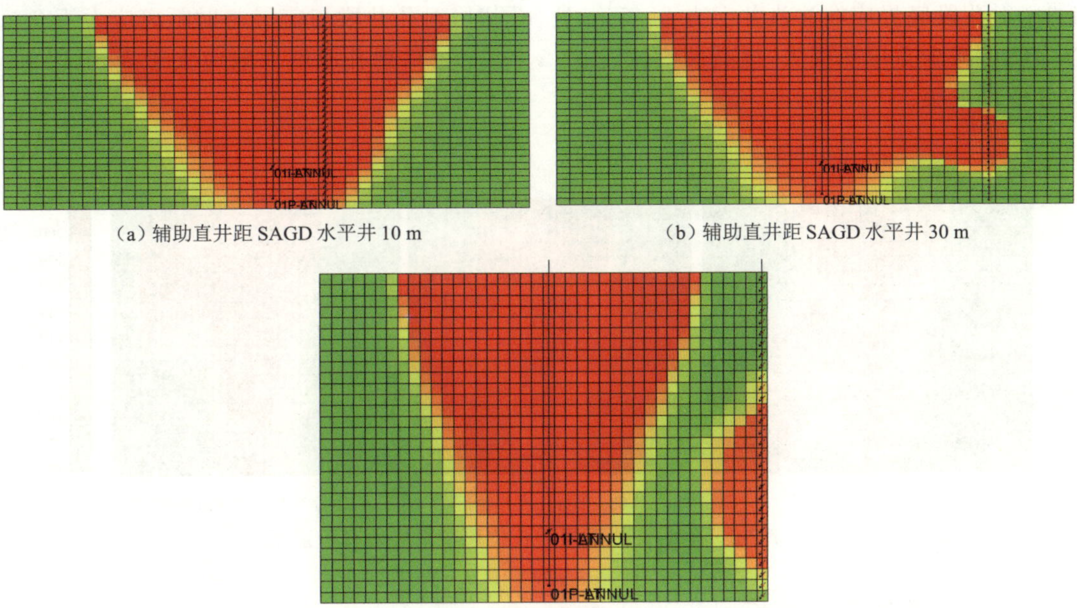

(a) 辅助直井距 SAGD 水平井 10 m　　(b) 辅助直井距 SAGD 水平井 30 m

(c) 辅助直井距 SAGD 水平井 50 m

图 7-2-3　不同垂向距离直井辅助 SAGD 温度场图

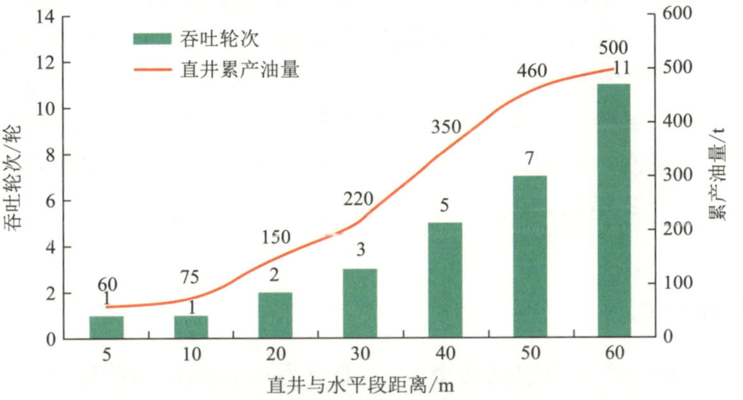

图 7-2-4　不同距离直井辅助 SAGD 吞吐轮次和累产油曲线

表 7-2-1　直井辅助 SAGD 布井模式

井型		未动用段长度/m	辅助时机	与 SAGD 井组位置关系			直井间位置关系
				对应关系	相对距离/m	平面位置	
单井		≤100	蒸汽腔上升或到顶	下倾一侧	20～40	未动用中部	无
组合	2 口直井	100～200	蒸汽腔上升或到顶	下倾一侧	20～40	中部平均	一侧
	3 口直井	200～250	蒸汽腔上升或到顶	下倾为主	20～40	均匀分布	一侧平均、两侧对角
	4 口直井	>250	蒸汽腔上升或到顶	下倾为主	20～40	均匀分布	一侧平均、两侧对角

较好，且不易发生汽窜。兼顾加快蒸汽腔扩展和油层动用，射孔位置进一步细分为两种情况：当油层厚度为 10～15 m 时，射孔段底界应与 SAGD 注汽井平行；当油层厚度在 15 m 以

上时，射孔段底界应在注汽井上方 2～5 m 处。同时，射孔井段与盖层避射距离应大于 3 m，以大幅度减少盖层热损失，提高油汽比(图 7-2-5)。另外，射孔厚度一般应大于 5 m，以保证直井辅助效果。

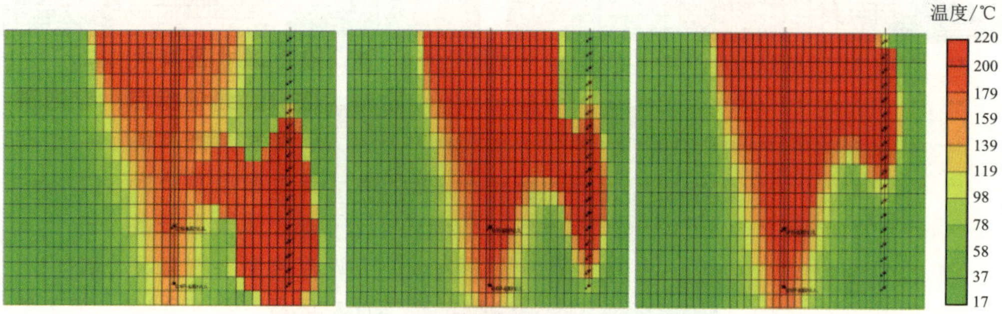

(a) 与生产井平行射孔　　(b) 平行注汽井射孔　　(c) 注汽井上方 5 m 射孔

图 7-2-5　辅助直井不同射孔位置蒸汽腔发育示意图

3. 直井辅助时机优化

数值模拟研究了蒸汽腔上升阶段和横向扩展阶段直井辅助 SAGD 试验效果。模拟结果表明，开展直井辅助 SAGD 试验 10 年，蒸汽腔上升阶段与横向扩展阶段累产油量相差较小，但上升阶段的日产油量峰值比横向扩展阶段提前 2 年达到。不同蒸汽腔发育阶段温度场表明，蒸汽腔上升阶段比横向扩展阶段吞吐热连通时间长，蒸汽腔上升阶段直井吞吐 6 轮形成热连通，而横向扩展阶段只要 3 轮即可形成热连通，但转蒸汽驱后相同时间内蒸汽腔发育基本一致，不影响最终产油量，因此蒸汽腔上升或到顶阶段均可实施直井辅助 SAGD 生产。一般 SAGD 生产 2 年后，待蒸汽腔发育及水平段动用明确后，即可实施直井辅助 SAGD 生产。

4. 操作参数优化

直井辅助 SAGD 生产主要包括两个阶段：直井吞吐预热连通阶段和直井转汽驱辅助阶段。下面分阶段对直井辅助 SAGD 生产操作参数进行优化。

1) 直井吞吐预热连通阶段

(1) 注汽压力。

直井注汽压力越高，热扩散半径越大，但注汽压力过高易导致顶部盖层被压裂，造成地表汽窜，因此注汽压力应小于地层破裂压力。重 32 井区注汽压力上限为 4 MPa。

(2) 注汽速度。

吞吐阶段的注汽速度影响直井和水平井间的热连通时间，以注汽速度逐轮增加的方式吞吐更有利于温度场的形成。重 32 井区设计吞吐 3 轮实现热连通，各轮注汽速度为 80 t/d，90 t/d 和 100 t/d，达到压力上限即停止注汽。对重 37 井区 J_3q_2 层注汽压力进行了限制，该区注汽速度设计为 60 t/d；重 37 井区 J_3q_3 层设计吞吐 4 轮连通，各轮注汽速度为 130 t/d，140 t/d，140 t/d 和 150 t/d。

(3) 轮注汽量。

模拟研究表明，重 32 井区吞吐 1～3 轮注汽量分别为 1 100 t，1 200 t 和 1 300 t 时热扩散半径较大，生产效果最好；重 37 井区 J_3q_2 层降低注汽强度，4 轮注汽量分别为 600 t，700 t，800 t 和 900 t，J_3q_3 层 4 轮注汽量分别为 1 000 t，1 100 t，1 100 t 和 1 200 t。

(4) 焖井时间。

若焖井时间过短，则热交换时间不足，蒸汽被大量采出，油汽比降低；若焖井时间过长，则热损失加大，热利用率低，油汽比也降低。重 32 井区和重 37 井区推荐焖井时间为 2～3 d。

2) 直井转汽驱辅助阶段

(1) 注汽压力。

直井与 SAGD 井组形成热连通后转为注汽井，即直井和 SAGD 注汽井同时注汽，SAGD 生产井保持生产。SAGD 水平井以稳定生产为目标，此时应控制直井注汽压力与 SAGD 井组汽腔压力保持一致。

(2) 注汽速度。

数值模拟结果表明，辅助直井注汽速度过大将导致 SAGD 井组汽液界面不稳定而引起汽窜，油汽比降低；当注汽速度过小时，驱油能力弱，增油效果差。因此，推荐直井注汽速度为 50～75 t/d，且各区块直井根据与 SAGD 井连通程度的不同，注汽速度略有不同(表 7-2-2)。

表 7-2-2　直井辅助注采参数优化结果表

<table>
<tr><th>阶　段</th><th colspan="2">操作参数</th><th>技术标准</th><th>重 32 井区</th><th>重 37 井区 J_3q_2 层</th><th>重 37 井区 J_3q_3 层</th></tr>
<tr><td rowspan="5">直井吞吐预热连通阶段</td><td colspan="2">注汽压力/MPa</td><td>小于地层破裂压力，避免发生地表汽窜</td><td>≤4</td><td>≤4</td><td>≤8～9</td></tr>
<tr><td colspan="2">注汽速度/$(t \cdot d^{-1})$</td><td>逐轮增加控制压力，不超过地层破裂压力</td><td>80，90，100</td><td>60</td><td>130，140，140，150</td></tr>
<tr><td colspan="2">轮注汽量/t</td><td>逐轮增加注汽量，控制注汽强度</td><td>1 100，1 200，1 300</td><td>600，700，800，900</td><td>1 000，1 100，1 100，1 200</td></tr>
<tr><td colspan="2">焖井时间/d</td><td>提高热利用率</td><td>2～3</td><td>2～3</td><td>2～3</td></tr>
<tr><td colspan="2">吞吐轮次/轮</td><td>保证直井与 SAGD 井热连通</td><td>3</td><td>4</td><td>4</td></tr>
<tr><td rowspan="3">直井转汽驱辅助阶段</td><td colspan="2">注汽压力</td><td>同一压力系统</td><td colspan="3">与蒸汽腔操作压力一致</td></tr>
<tr><td>直　井</td><td>注汽速度/$(t \cdot d^{-1})$</td><td>蒸汽腔连通时间和日产油最优</td><td>50～75</td><td>50～75</td><td>50～75</td></tr>
<tr><td>SAGD</td><td>注汽速度</td><td>稳定 SAGD 井生产</td><td>维持现有注汽速度，适当降汽</td><td></td><td></td></tr>
</table>

二、水平井辅助 SAGD

针对 SAGD 两井组井间三角区域原油无法动用的问题，在井对之间加密水平井，形成水平井辅助 SAGD 方式。利用数值模拟技术，对水平井辅助 SAGD 的井网部署方式、操作方式等进行优化。优化结果表明，加密水平井与 SAGD 生产井部署在同一高度，采用脉冲式吞吐方法启动，预计采收率可提高 10 个百分点。重 32 井区水平井辅助 SAGD 现场实践表明，该方式有效改善了 SAGD 开发效果，达到了加快泄油、提高采油速度及水平井间储量动用程度的目的。

水平井辅助 SAGD 是在相邻 SAGD 井组中间钻一口加密水平井，通过增大蒸汽腔横向波及体积，辅助 SAGD 重力泄油，提高蒸汽腔热能利用效率，加快采油速度的一种方法。数值模拟结果表明，水平井辅助蒸汽腔呈现“孤立发育—汽腔连通—稳定泄油—汽腔淹没”的发育模式(图 7-2-6)。孤立发育阶段 SAGD 井组正常预热及生产，加密水平井以循环或吞吐方式启动，当加密水平井与 SAGD 井间建立热连通并能形成稳定泄油通道后，加密水平井转为持续生产，最后通过调整注采参数实现整个系统的稳定生产，直至蒸汽腔淹没加密水平井。

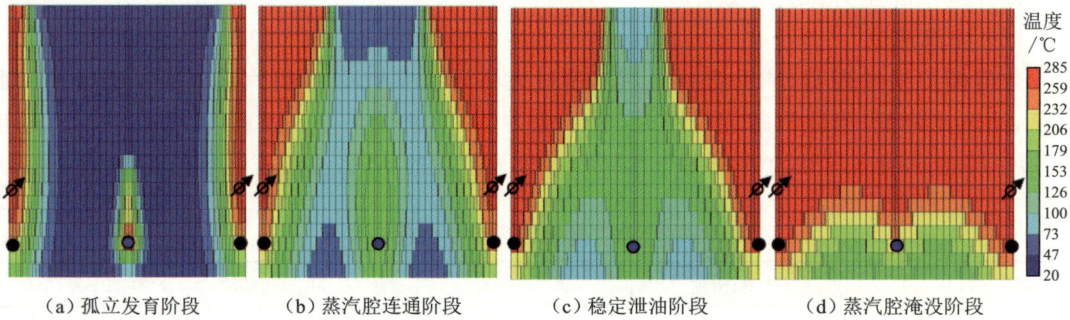

图 7-2-6 水平井辅助开采 4 个阶段模拟温度场图

1. 水平井辅助 SAGD 井网优化设计

为达到稳定操作、均衡泄油的目的，在平面上使加密水平井位于原有 SAGD 井组中间(图 7-2-7a)；纵向上对加密水平井位置进行优化，分别模拟了加密水平井距油层底部距离为 0 m，2 m，4 m，6 m 的情况。结果表明，随加密水平井距油层底部距离的增大，采收率逐渐减小，但 0 m 和 2 m 时基本相同；平均日产油量及累积油汽比先升高后降低，在 2 m 处达到峰值(表 7-2-3)。因此，纵向上加密水平井距油层底部距离为 2 m(图 7-2-7b)，即与原 SAGD 井组生产井平齐时效果最好。

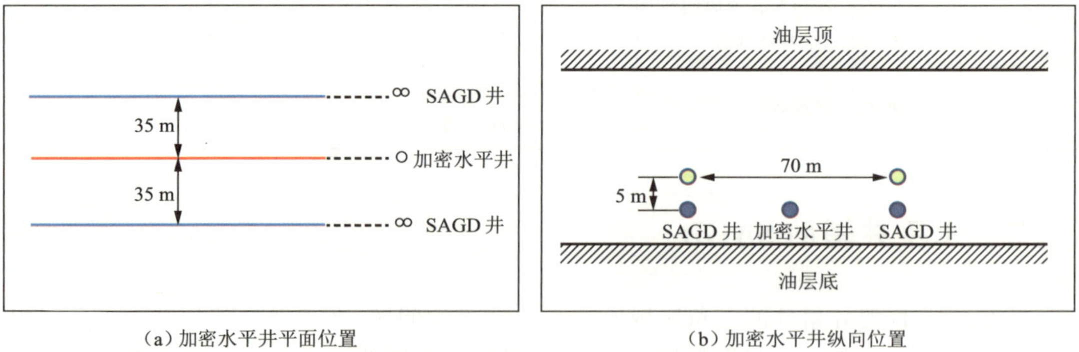

图 7-2-7 水平井辅助井网示意图

表 7-2-3　加密水平井在不同纵向位置生产效果对比

距油层底部距离/m	平均日产油量/(t·d^{-1})	采收率/%	累积油汽比
0	26.9	56.2	0.161
2	27.8	56.2	0.164
4	25.4	55.1	0.160
6	22.1	53.5	0.159

2. 操作方式及关键参数优化

投产初期 SAGD 井组按照“井筒预热—均匀等压循环—均衡增压循环—微压差泄油”模式进行循环预热，转 SAGD 生产初期，控制操作压力为 5.0～6.0 MPa、注汽量为 80～120 t/d、采注比为 1.0～1.2 进行生产。与此同时，加密水平井需进行预处理及启动，下面对其操作方式及关键参数进行系统优化。

1）加密水平井预处理方式

为减轻井筒中残余钻井液对储层造成的伤害，降低加密水平井近井地带的原油黏度，减少投产初期蒸汽消耗量，在加密水平井完井后用热水洗井以将井中钻井液洗净，然后注入二甲苯溶剂或二甲苯与柴油混合溶剂进行溶剂浸泡，注入量（10～15 m^3）与井筒容积相当。同时，SAGD 井组进行常规蒸汽循环预热及 SAGD 生产。

SAGD 井组生产一段时间后，加密水平井启动前，用蒸汽干度约为 75％的饱和蒸汽对水平井进行循环（3～7 d），之后对加密水平井进行微压裂扩容。通过微压裂扩容可增加井筒周围地层的渗流能力，提高加密水平井启动效率，促进蒸汽腔连通。

2）加密水平井启动方式

分别模拟加密水平井以循环、吞吐两种方式启动，其中水平井循环采用长管注汽短管采油的方式，注汽速度为 60～100 t/d，注汽压力为 5.0～5.5 MPa，采注比为 1.0～1.2；水平井吞吐注汽速度为 240～300 t/d，注汽强度为 8～20 t/m，注汽压力为 9 MPa 左右，采注比为 0.7～1.2，焖井时间为 2～7 d。

结果表明，采用循环启动方式时，蒸汽腔发展缓慢，建立连通需要较长时间，导致最终采收率和油汽比较低。相比常规 SAGD 开发，两种启动方式在采收率、油汽比及开采周期方面都有较明显的优势（图 7-2-8）。

3）加密水平井启动时间

分别模拟 SAGD 井生产 1 年、2 年、3 年后加密水平井开始启动的生产效果。结果表明，SAGD 井生产 1 年后开始启动加密生产井，前期产油量提高较早，但需吞吐较多轮次才能建立连通，导致最终采收率及油汽比变差；SAGD 井生产 3 年后开始启动加密生产井，前期产油水平较低，峰值产油期延后；SAGD 井生产 2 年后，SAGD 蒸汽腔基本发育到油层顶部，此时启动加密水平井，采收率及油汽比相对较高（图 7-2-9）。

4）加密水平井转生产时机

随着吞吐轮次的增加，加密水平井压力及温度波及范围逐渐变大，当 SAGD 蒸汽腔与加密水平井蒸汽腔间原油黏度降到 100 mPa·s 以下，SAGD 井与加密水平井建立压力和

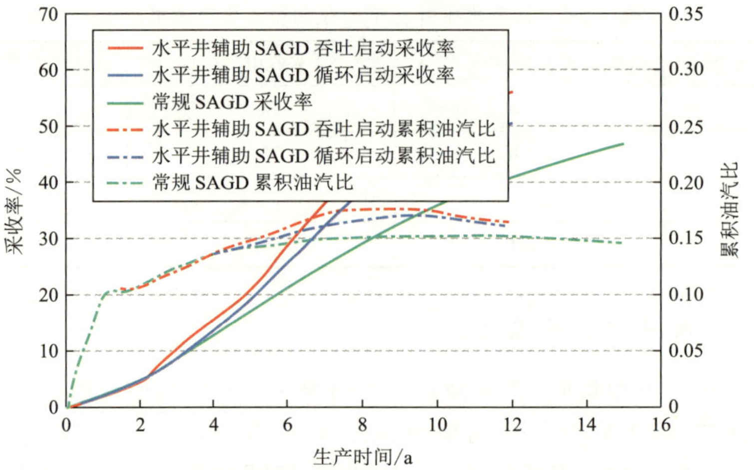

图 7-2-8 辅助水平井不同启动方式与常规 SAGD 生产效果对比

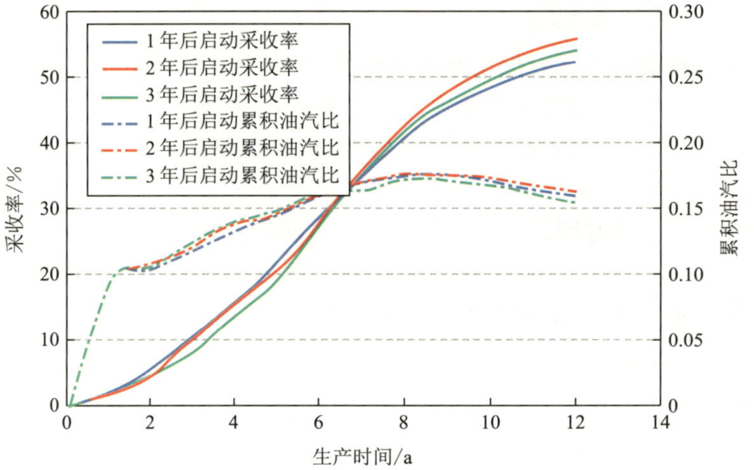

图 7-2-9 加密水平井不同启动时间生产效果对比

水力连通关系后，加密水平井开始转连续生产。分别模拟加密水平井吞吐 6 轮、7 轮、8 轮及 9 轮后转生产的情况。结果表明，加密水平井吞吐 7 轮后，蒸汽腔间原油黏度降到 100 mPa·s 以下，并开始建立连通；当吞吐轮次继续增加时，采收率及油汽比均有所下降（表 7-2-4）。

表 7-2-4 加密水平井吞吐不同轮次后转生产效果对比

吞吐轮次/轮	井间黏度/(mPa·s)	采收率/%	累积油汽比
6	275	55.0	0.155
7	98	56.2	0.164
8	42	56.1	0.160
9	16	56.0	0.157

加密水平井开始转连续生产后，调节 SAGD 井注采参数，控制整体采注比为 1.1～1.4，保持注采及压力平衡，直至生产结束。

三、SAGD 双层立体井网

超稠油油藏双水平井 SAGD 开发一般将水平井组部署在距离连续油层底界 1～2 m 处，且位于储层质量最好的部位，以便获得最佳的泄流速度和提高 SAGD 生产效果。然而，对于油层较厚、夹层普遍发育的单一开发层系而言，这种常规井网模式会带来一些问题：① 由于受夹层影响，蒸汽腔发育速度慢，导致产量上升缓慢；② 夹层上方滞留的稠油无法有效泄流，储量损失较大；③ 厚油层采油速度相对较低。这些因素对 SAGD 的开发效果和经济效益带来不利影响。

针对连续油层厚度大、夹层较发育的 SAGD 开发油藏，提出一种双层 SAGD 井网、立体交错部署的开发模式，并通过数值模拟研究进行验证和生产操作参数优化。研究结果表明，采用 SAGD 双层立体井网可有效提高储量利用率和采油速度，减轻夹层给生产带来的不利影响。SAGD 双层立体井网具有汽驱辅助和重力泄油的双重开采机理；生产后期蒸汽腔聚并融合后，上部井组继续注汽更有利于提高开发效果。SAGD 双层立体井网已在风城油田 Z 区块投入现场应用，并取得初步效果，对于类似油藏的 SAGD 高效开发具有借鉴和指导意义。

1. SAGD 立体井网设计

根据 Z 区块地质特征，结合前期 SAGD 开发存在的问题，建立了 1/2 井组的数值模拟机理模型，面积为 480 m×40 m，平面网格划分为 96×40 个，油层厚度为 40 m，纵向上分为 40 个层，在此模型基础上进行立体井网设计。

SAGD 井网部署采用上下两层平面等距交错方式。为最大限度地利用油层，下层井网部署在油层底部，距离底界 1～2 m，井距 80 m；上层井网与下层井网平行交错部署，以利于最大限度地提高蒸汽腔波及效率和扩展均匀性，同时便于上部井网在后期被蒸汽腔淹没后继续注汽，以便发挥汽驱辅助和重力泄油相结合的驱泄复合作用。对夹层不发育部位，井网部署在油层中部，而对夹层发育部位，井网部署在距离夹层底界 1～2 m 处，井距为 80 m；与下层井网构成平面 40 m 井距的立体井网（图 7-2-10）。

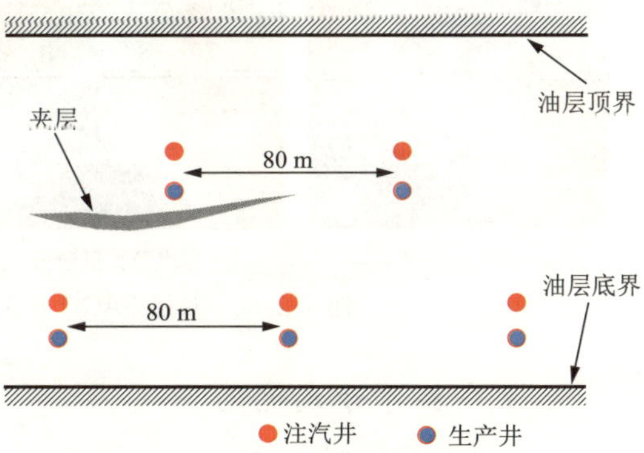

图 7-2-10　双层 SAGD 立体井网示意图

2. SAGD 立体井网的蒸汽腔发育模式

采用双层立体井网，在 SAGD 预热启动阶段，由于距离较远，原油在地层条件下基本无流动能力，井组间无压力传导，两层井网不会产生相互干扰；转入生产阶段后，两个蒸汽腔会逐渐开始传热和传质，蒸汽腔发育过程不同于常规 SAGD。从模拟结果来看，在双层立体井网条件下，SAGD 蒸汽腔呈现出“孤立发育—上升扩展—相互接触—聚并融合”的发育模式。

在无夹层的情况下，上下井组的蒸汽腔首先各自独立发育（图 7-2-11a），随后开始垂向上升和横向扩展，上部井组蒸汽腔最先到达油层顶部并开始扩展，下部井组的蒸汽腔随后到达顶部，之后开始扩展（图 7-2-11b），待上、下蒸汽腔扩展到一定阶段后，蒸汽腔边界开始接触（图 7-2-11c），直到完全聚并融合，随蒸汽腔不断下降，最终上部井组被完全淹没（图 7-2-11d）。

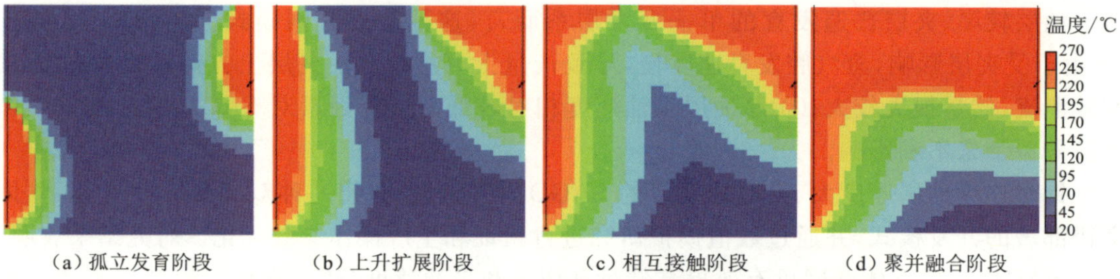

图 7-2-11　双层 SAGD 开采 4 个阶段模拟温度场图（无夹层）

在存在夹层的情况下，上部井组部署在夹层上方，蒸汽腔发育过程有所不同。在上部蒸汽腔到达油层顶部并开始扩展时，下部井组的蒸汽腔由于受到夹层阻挡，仅在夹层下部发育（图 7-2-12a），但随着生产时间的延长，蒸汽腔逐渐绕过夹层发育（图 7-2-12b），并与上部蒸汽腔融为一体（图 7-2-12c），随蒸汽腔不断下降，最终上部井组被完全淹没（图 7-2-12d）。从模拟结果来看，立体井网有效降低了夹层对 SAGD 开发的影响，提高了夹层上部油层的利用率，如为常规单层井网，夹层对蒸汽腔的阻碍将明显降低 SAGD 整体开发效果。

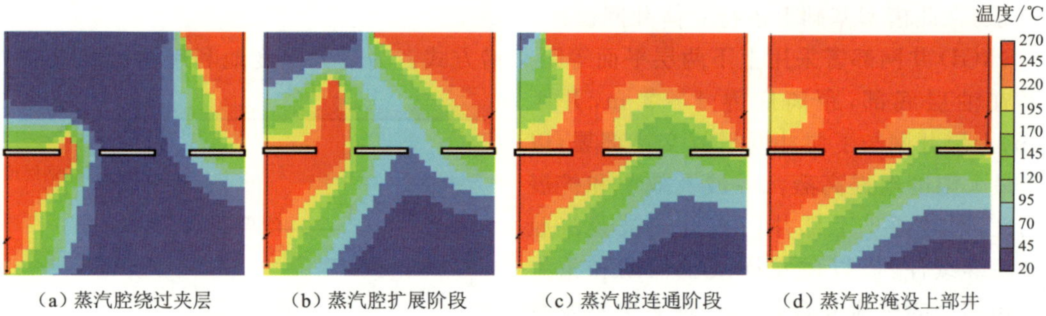

图 7-2-12　双层 SAGD 开采 4 个阶段模拟温度场图（有夹层）

3. 生产操作方式优化

对常规单层 SAGD 井网及双层 SAGD 立体井网进行数值模拟研究，其中双层 SAGD 立体井网开发后期分直接关闭上部井组和上部井组继续注汽（50 t/d）两种情况。从模拟结果来看，双层立体井网井组日产油量由常规单层井网 SAGD 部署的 63 t/d 上升到 95 t/d（图 7-2-13a），年采油速度由 5.7%上升到 8.5%（图 7-2-13b）；生产后期上部井组继续注汽情况下的日产油量及年采油速度均高于关闭上部井组情况；常规单层井网 SAGD 部署条件下，井组采收率为 60.0%，后期上部井组关井和继续注汽时，最终采收率分别提高到 64.5%和 68.4%（图 7-2-13c），有效提高了蒸汽腔发育速度和储量利用率；开发后期，油汽比均略高于常规单层井网，上部井组继续小汽量注汽情况下的油汽比相比直接关闭上部井组略低（图

7-2-13d)。考虑开发的综合效益,建议在 SAGD 生产中后期上部井组继续小汽量注蒸汽,以调整 SAGD 蒸汽腔,形成水平井汽驱辅助与重力泄油的双重开发效果,促使蒸汽腔波及范围进一步扩大,从而有效提高生产效果。

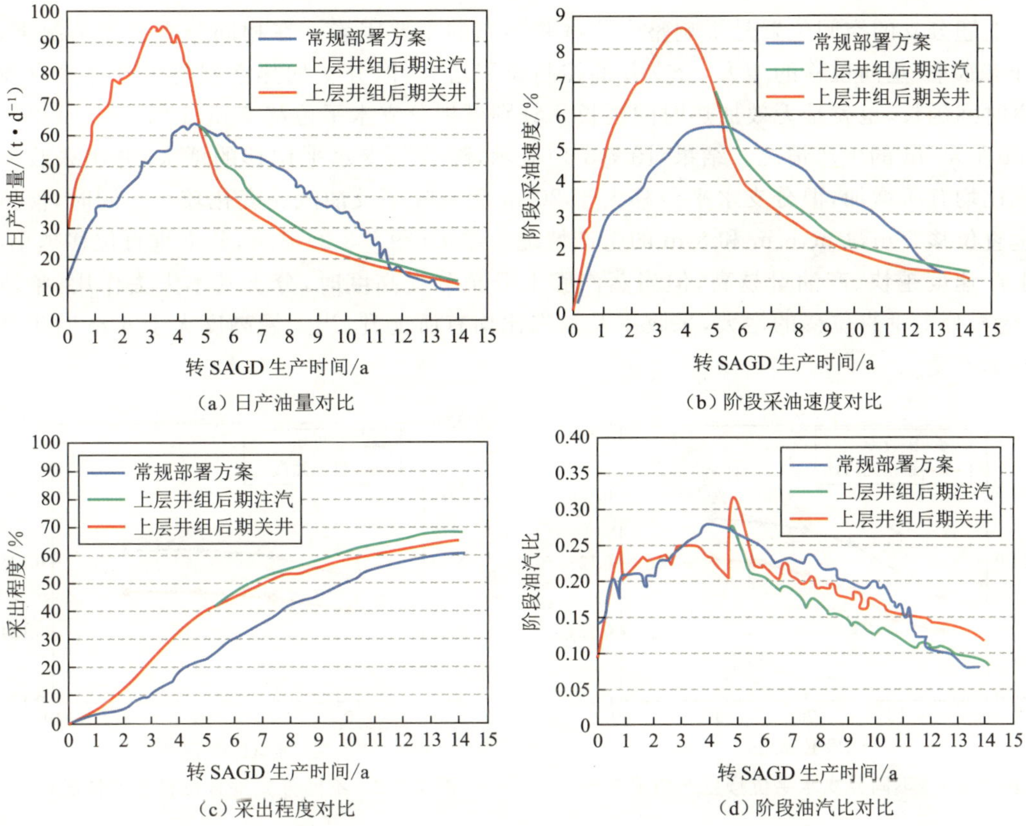

图 7-2-13　双层 SAGD 立体井网与常规部署生产效果对比图

第三节　多分支井型优化

储层非均质性及夹层是影响 SAGD 开发效果的关键地质因素之一,特别是夹层的存在,严重制约蒸汽腔的扩展,阻碍泄油通道,从而导致 SAGD 井组上产速度慢、油汽比低、开采周期延长、经济效益下降,影响 SAGD 开发的整体效果。为减小夹层的影响,加速蒸汽腔扩展,提高 SAGD 开发效率,开展多分支 SAGD 技术研究。以风城油田 A 井区为例,利用数值模拟技术,优化了影响多分支 SAGD 生产效果的关键因素。与常规 SAGD 相比,多分支 SAGD 在保证上下两口平行水平井的基础上,将上方注汽井调整为分支井,增加多个上翘分支,用以增加注汽波及面积,减小夹层影响,加快泄油速度。

一、多分支 SAGD 布井参数优化

1. 分支与主井眼相对位置

上翘分支的空间位置是影响整个注汽井形态的主要因素。在相同分支长度情况下，随着分支水平、垂向位移的增大，分支井的控制面积增大，但分支加热空间与生产井建立泄流通道时间延长，也就是无效加热时间延长。分别模拟分支水平位移 5 m，10 m，15 m，20 m，25 m 和 30 m 的生产情况。结果(图 7-3-1)显示，随着分支水平位移的增大，井组采收率及油汽比均有所增加，但分支水平位移大于 20 m 后采收率及油汽比变化较小。同时，模拟分支垂直位移 2 m，4 m，6 m 和 8 m 的生产情况。结果(图 7-3-2)显示，分支垂直位移越小，初期上产速度越快、产油量越高，但当蒸汽腔上升至分支高度时，分支基本失去作用；整体来看，随着分支垂直位移的增大，采收率及油汽比均有所上升，当上翘高度大于 6 m 时生产情况基本不变。

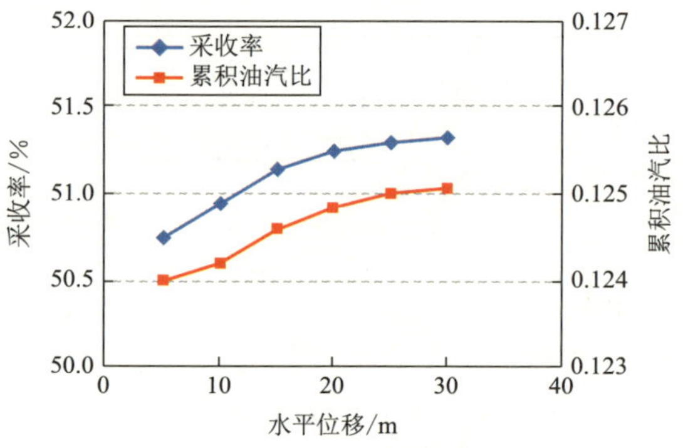

图 7-3-1　不同分支水平位移生产情况对比

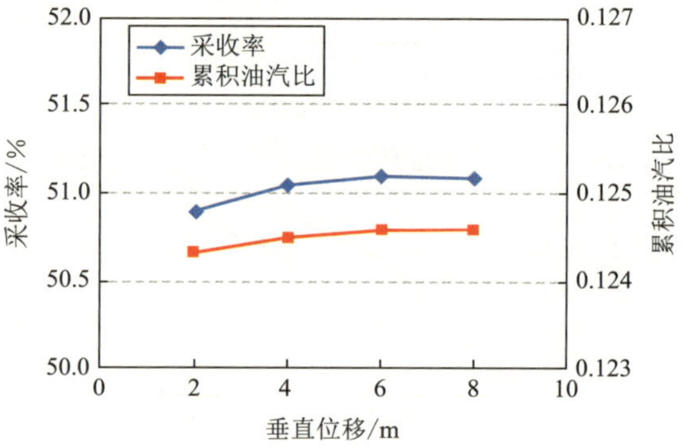

图 7-3-2　不同分支垂直位移生产情况对比

2. 分支数目及对称方式

注汽井分支数目及分布方式也是影响蒸汽分布及蒸汽腔发育的关键因素。在总分支长度不变、分支水平位移及垂直位移固定的情况下，设计了 6 分支、4 分支、2 分支及不同分布方式共 7 种情况(图 7-3-3)。

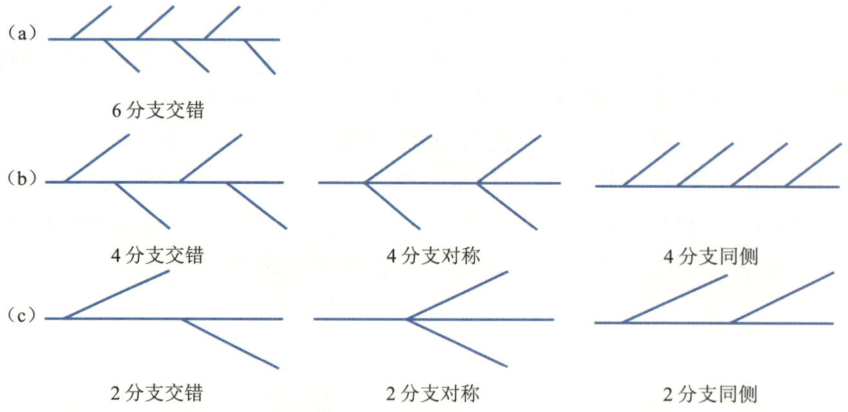

图 7-3-3　注汽井不同分支数与对称情况示意图生

在总分支长度不变的情况下，分支数越少意味着单分支长度越大，注汽波及范围越广。由数值模拟结果可以看出，分支数越少，累积油汽比及采收率越高(表7-3-1)。同时，对于分支完全对称及分支分布在主井眼同侧的情况，主井眼无分支井段或无分支一侧蒸汽腔发育较差，影响整体生产效果。模拟结果表明，与分支对称分布及同侧分布情况相比，分支交错分布生产效果最优(表7-3-1)。

表7-3-1 注汽井不同分支数与对称情况生产效果对比表

井 型	累积油汽比	采收率/%
6分支交错	0.124 9	50.67
4分支交错	0.125 2	50.72
4分支对称	0.120 6	49.54
4分支同侧	0.125 2	50.69
2分支交错	0.125 7	51.08
2分支对称	0.121 0	50.12
2分支同侧	0.125 7	50.48
无分支	0.114 6	48.14

3. 分支与夹层相对位置

多分支SAGD的主要目的是减小注汽井上方夹层的影响，使夹层上方油藏能有效泄流，因此分支与夹层的位置关系对井组生产效果尤为重要。在模型中，注汽井上方3 m处设置2个长100 m、横向展布30 m的典型夹层。模拟对比了分支从夹层侧面绕至夹层上方、分支穿过夹层、无分支3种情况下的生产效果。由模拟结果(图7-3-4)可以看出：分支穿过夹层能破坏夹层完整性，形成一定的泄油通道，提前动用夹层上部油藏，峰值产量高于分

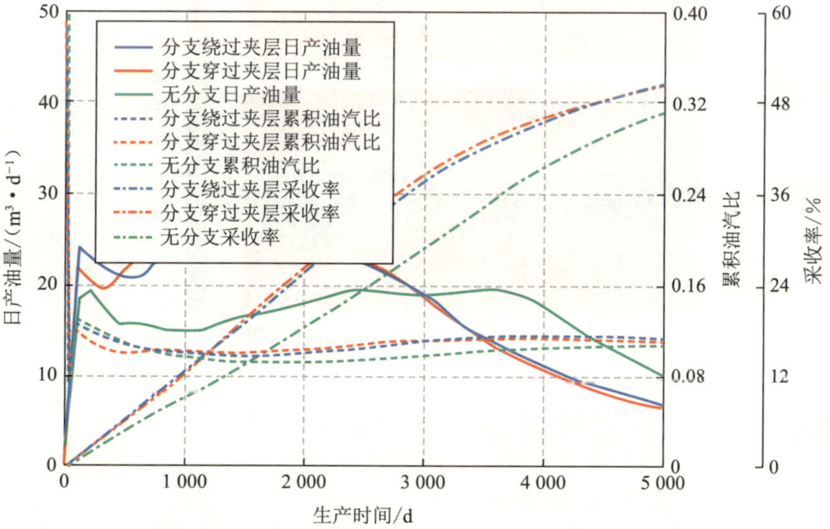

图7-3-4 不同分支与夹层相对位置生产效果对比

支绕过夹层，生产效果最好；与无分支情况相比，分支穿过夹层的峰值产量高出 7.1 t/d，采收率提高 3.8%，油汽比增加 0.012。

4. **二级分支 SAGD 优化**

多分支 SAGD 的泄油机理及已实施井组开发实践表明，分支钻穿夹层次数越多，蒸汽波及范围越广，夹层的遮挡作用越弱。在此基础上，综合考虑钻井条件提出二级分支 SAGD。二级分支即在一级分支井段上呈一定角度延伸的额外分支，如图 7-3-5 所示。

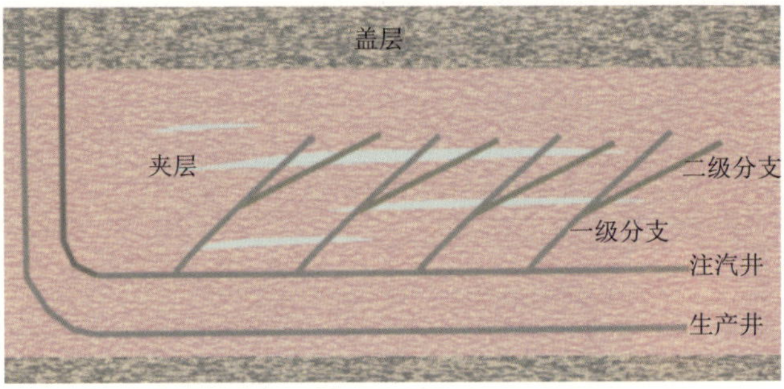

图 7-3-5　二级分支 SAGD 示意图

二级分支可以在夹层上方形成更多的泄油通道，动用一级分支波及不到的油层，进一步提高注汽井注汽能力，促进蒸汽腔快速扩展（图 7-3-6）。模拟结果表明，与分支 SAGD 生产相比，二级分支 SAGD 生产日产油量增加了 1.5 t/d，采收率提高了 3.39%。

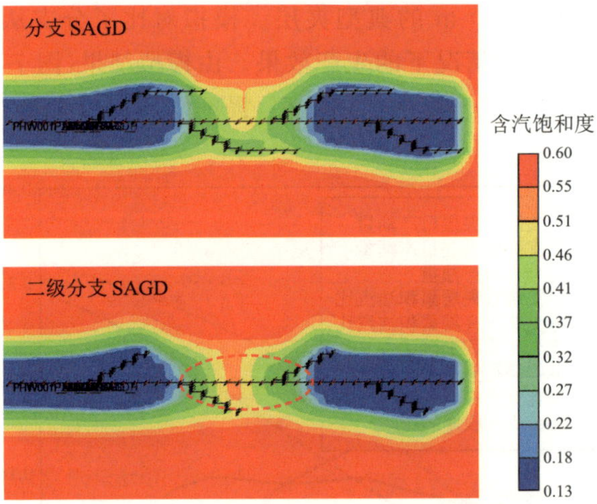

图 7-3-6　一级分支 SAGD 与二级分支 SAGD 蒸汽腔发育对比

二、多分支 SAGD 操作策略及参数优化

1. 多分支 SAGD 高效启动策略

由于分支井段的干扰及分流作用，分支井段附近主井筒的流量比同样长度水平井的流

量小，特别是在分支汇合点附近流量下降最严重，远离汇合点受到的干扰较小，因此对主井眼来说 A 点、B 点处流量最大。当循环阶段注汽速度较大时，容易在 A 点、B 点处提前建立连通，导致整体预热不均。模拟结果显示：当注汽速度过大时，在水平井段 A 点、B 点处发生汽窜（图 7-3-7）；当注汽速度为 60～80 m^3/d 时，可减少井间局部高温带的出现，循环预热更均衡，从而建立相对良好的井间连通（图 7-3-8）。

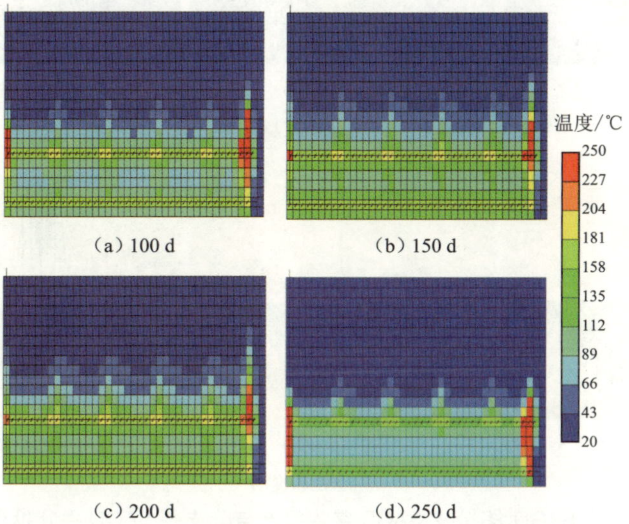

图 7-3-7　注汽速度为 100 m^3/d 时井间温度分布图

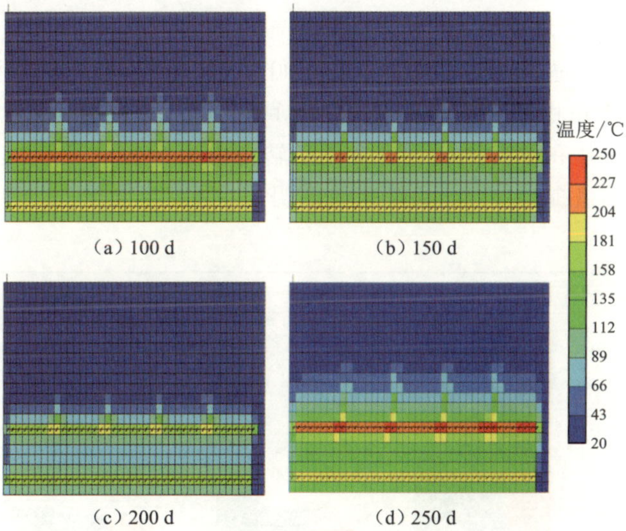

图 7-3-8　注汽速度为 60 m^3/d 时井间温度分布图

按常规 SAGD 生产方式，多分支 SAGD 穿过夹层的分支段只能注汽，加热周围油层，直至流动原油绕过夹层才能建立泄油通道，当夹层较大时，分支作用非常微弱。经过对比研究发现，多分支 SAGD 在常规循环预热结束后进行蒸汽吞吐，可以增加分支注汽波及范围，建立夹层上方原油泄油通道，对于夹层发育较大的情况，分支作用尤为凸显（图 7-3-9）。

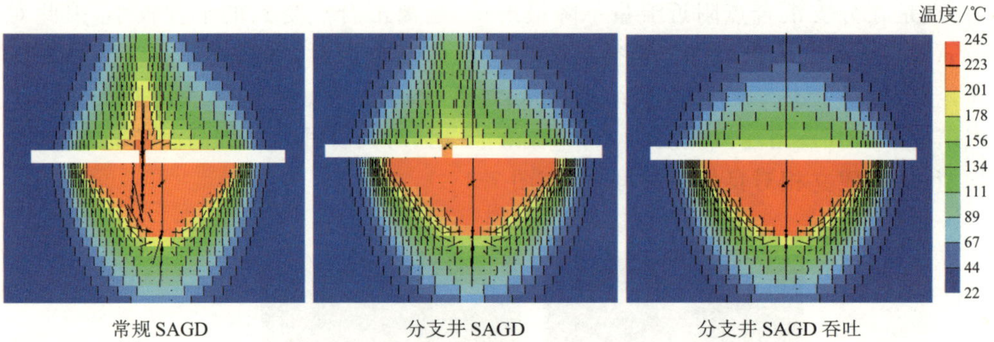

（a）温度场

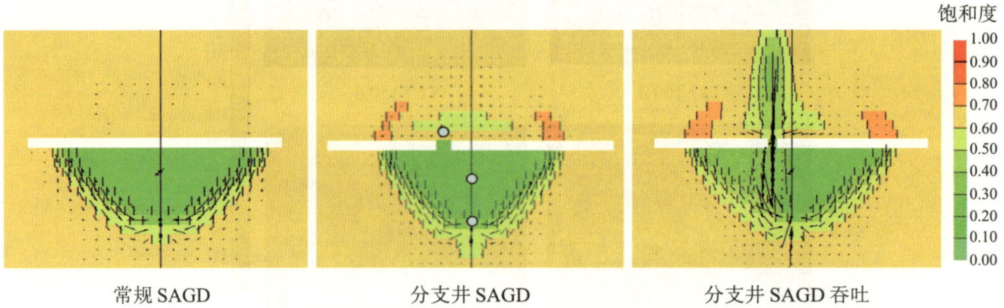

（b）饱和度场

图 7-3-9　常规 SAGD、多分支 SAGD 常规投产与分支井 SAGD 吞吐投产效果对比

在此基础上，利用数值模拟手段，对比以下 3 种方案。

方案一：循环后，按常规 SAGD 生产方式投产。

方案二：循环后，I 井进行吞吐，P 井关井，吞吐 1～2 轮后，转为正常生产。

方案三：循环后，I 井和 P 井同步吞吐，吞吐 1～2 轮后，转为正常生产。对比生产效果（图 7-3-10）：循环后，I 井和 P 井同时吞吐 2 轮后转正常生产效果最好，相对不吞吐直接启动方式，生产初期日产油量提高 25%，最终采收率提高 7%。

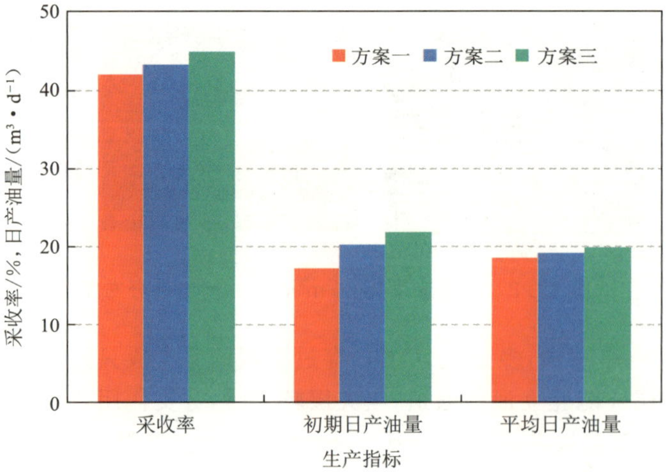

图 7-3-10　多分支 SAGD 不同启动方案生产效果对比

2. 多分支 SAGD 脉冲生产策略

针对生产一段时间后蒸汽腔尚未淹没分支而分支作用较弱的多分支 SAGD，提出了脉冲式生产策略，即按周期调整注汽压力。结果表明，对于无夹层井组，脉冲操作可促进分支与主汽腔建立连通，加快建立泄油通道（图 7-3-11）；对于有夹层井组，脉冲操作可加快夹层上方原油绕过夹层或通过分支井眼泄流，进一步减弱夹层影响，增加采油速度（图 7-3-12）。

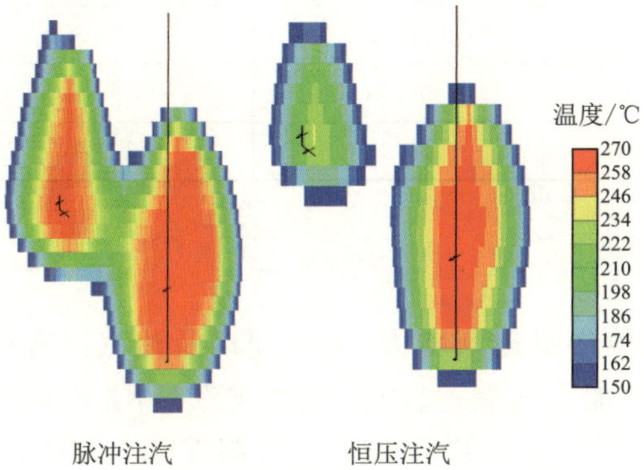

图 7-3-11　相同时间内两种方式蒸汽腔对比切面（无夹层）

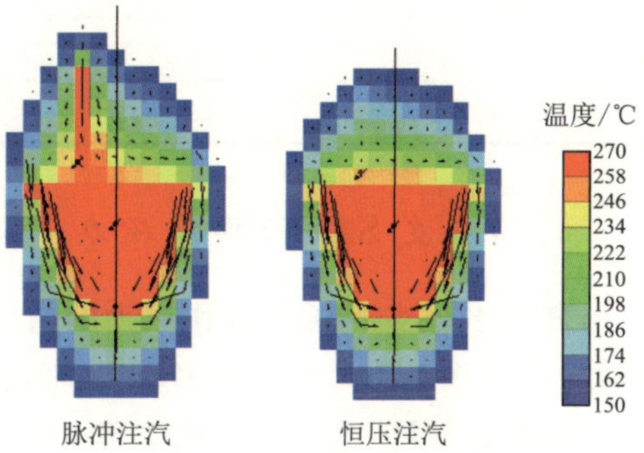

图 7-3-12　相同时间内两种方式蒸汽腔对比切面（有夹层）

对比以下 2 种方案。

方案一：注汽压力一直维持在 5 MPa。

方案二：注汽压力以 5 MPa 和 6 MPa 交替变化（交替周期为 4 个月）。

模拟结果（图 7-3-13）表明，相对恒压注汽，脉冲注入的平均日产油量可提高 9%左右，采收率提高 2%。

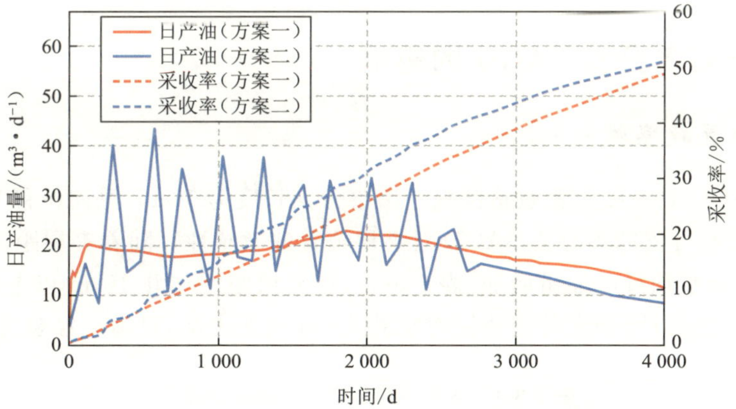

图 7-3-13　多分支 SAGD 两种生产方案效果对比曲线

3. 多分支 SAGD 注汽速度

随着多分支 SAGD 注汽速度的增加，井组生产周期缩短，峰值产量逐渐增大，油汽比逐渐降低，当注汽速度为 250 t/d 时采收率最高；当注汽速度小于 150 t/d 时，水平段尾端蒸汽干度几乎为零，尾部蒸汽腔发育明显较差；当注汽速度大于 250 t/d 时汽窜严重，采收率及油汽比明显降低，因此多分支 SAGD 的注汽速度应控制在 200～250 t/d 为佳(表 7-3-2)。

表 7-3-2 不同注汽速度生产效果对比表

注汽速度/($t \cdot d^{-1}$)	生产周期/a	峰值产量/($t \cdot d^{-1}$)	采收率/%	累积油汽比
150	15.6	15.9	50.53	0.129 3
200	11.2	21.5	51.32	0.129 3
250	9.3	30.8	51.44	0.122 1
300	7.1	37.5	51.18	0.116 9

4. 多分支 SAGD 操作压力

随着多分支 SAGD 操作压力的增加，井组峰值产量逐渐增大，生产周期及油汽比有所减小；当操作压力大于 5.5 MPa 以后，受油藏吸汽能力限制，过快注汽造成汽窜，上产阶段累产油明显下降，采收率开始下降，因此分支水平井 SAGD 操作压力应控制在 5.5 MPa 以内(表 7-3-3)。

表 7-3-3 不同操作压力生产效果对比表

操作压力/MPa	生产周期/a	峰值产量/($t \cdot d^{-1}$)	采收率/%	累积油汽比
4.5	15.3	15.1	51.44	0.128 9
5.0	12.8	20.2	51.68	0.128 0
5.5	10.3	27.6	51.72	0.121 2
6.0	9.4	29.3	50.98	0.114 9

三、夹层对多分支 SAGD 的影响

1. 夹层位置敏感性分析

多分支 SAGD 对夹层位置敏感性强。考察分支长度为 50 m，垂向位移为 10 m，水平位移为 10 m，无二级分支的多分支 SAGD 对夹层位置的敏感性。随着夹层距注汽井垂向距离的增加，采收率及平均日产油量增加(表 7-3-4)，当夹层距注气井 10 m 以上时其影响降低。考虑分支的倾斜角设计，分支井主要针对距井 10 m 内的夹层，且需要穿越夹层设计。

表 7-3-4 夹层不同位置开发效果对比表

夹层距注汽井垂向距离/m	采收率/%	日产油量/($m^3 \cdot d^{-1}$)
2	44.83	19.68
4	47.94	21.03
6	49.01	21.53

续表

夹层距注汽井垂向距离/m	采收率/%	日产油量/($m^3 \cdot d^{-1}$)
8	49.93	21.94
10	50.92	22.42

2. 夹层宽度敏感性分析

开展多分支SAGD对夹层宽度的敏感性分析。夹层位于注汽井上方，垂向距离为2 m，水平方向上以注汽井为轴对称分布，长度为80 m，宽度为20～100 m(图7-3-14)。

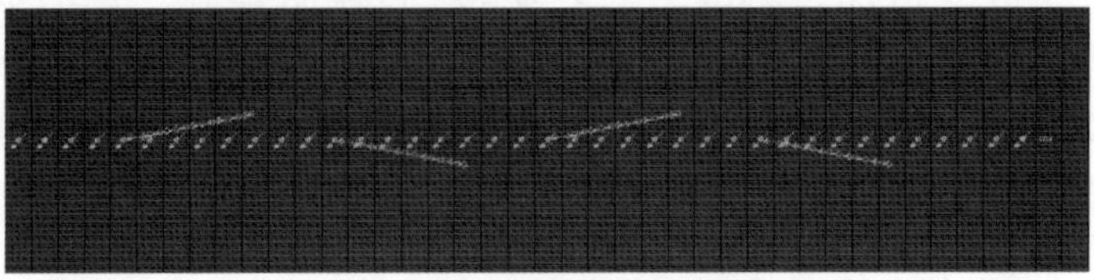

图7-3-14　夹层及分支平面分布图

模拟结果(表7-3-5)表明，多分支SAGD对夹层宽度的敏感性较强，分支侧向偏移距离是否超过夹层的水平范围严重影响着开发效果。当分支侧向偏移距离超过夹层宽度时，平均日产油量及采收率明显提高，分支处蒸汽腔扩展为绕过夹层重力泄油提供了泄油通道；当夹层宽度大于60 m时，夹层所覆盖段分支增产作用减弱。

表7-3-5　不同夹层宽度开发效果表

夹层宽度/m	日产油量/($m^3 \cdot d^{-1}$)	采收率/%
20	21.24	48.35
40	20.05	45.63
60	19.61	44.64
80	19.57	44.55
100	19.55	44.50

第四节　储层升级扩容技术

目前风城油田已实施SAGD井组200余对，其中50%的井组所在油藏为夹层广泛发育的超稠油Ⅲ类油藏，产油量低，油汽比低，上产速度慢。适合SAGD开发的剩余未动用储量中的超稠油Ⅲ类油藏占比近80%，开采潜力巨大。鉴于此，开展了SAGD储层及夹层升级扩容室内实验及现场试验研究。SAGD升级扩容技术是一项基于弱固结砂岩岩石力学扩容原理的油藏改造方法，主要通过向注汽井及生产井注入高温热污水来改善井筒周围储层物性，击破泥岩夹层，以达到提高储层孔隙度和渗透率、增加蒸汽在上方储层中的流动能力的目的。

一、储层扩容基础实验及分析

SAGD扩容技术的力学机理是弱固结油砂储层的地质力学扩容现象。扩容是指孔隙介质岩体在所受总应力条件下，受剪应力或孔隙流体压力增加的作用，其总体积增大的岩石变形现象。弱固结油砂储层的扩容行为由剪应力(剪切扩容)或孔隙流体压力增加(流体压力扩容)所致。从微观上看，扩容行为可以被视为砂粒的重新排列。为获取基本的地质力学参数，开展了岩芯三轴应力-应变实验和现场试注试验。三轴实验岩芯样品取自风城SAGD开发区。常温条件下，在实验室测量了有效围压0.5 MPa，1.0 MPa，2.0 MPa和5.0 MPa时岩芯样品的应力-应变情况。测试结果表明，岩芯样品具有一定的剪胀特征，低围压(0.5 MPa)下体积增加2%～6%(图7-4-1)，虽然体积应变量很小，但是绝对渗透率变化数将增加数倍甚至数十倍。对比剪胀前后的岩芯CT扫描图像(图7-4-2)发现，剪胀后的岩芯形成了微裂缝、高渗带，表明施加的围压起到了扩容作用。

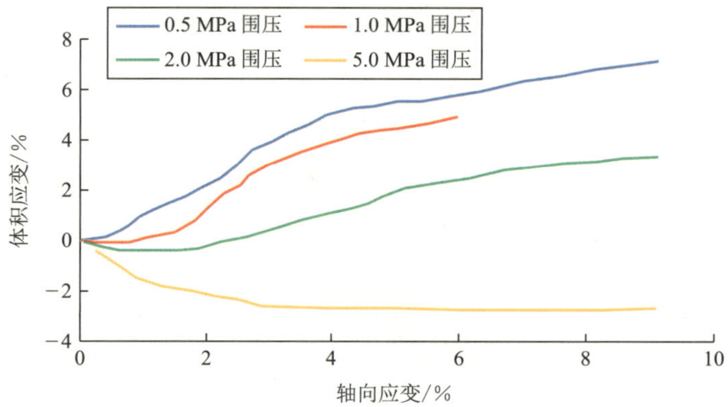

图7-4-1 油砂试样在不同围压下的体积应变

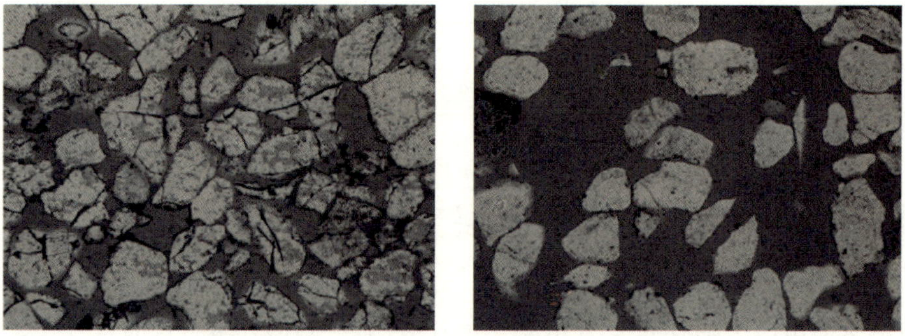

(a) 三轴实验前 (b) 三轴实验后

图7-4-2 三轴实验前后油砂试样微观结构的改变

同时，利用扫描电镜(SEM)对三轴实验前后油砂岩的微观结构改变进行了研究。SEM扫描结果如图7-4-2所示。从图中可以看出，经过三轴实验后的油砂岩的孔隙度显著增大。需要注意的是，在三轴实验中，岩芯的应力还是压应力状态，这时孔隙度的增加主要是由剪应力增加引起的。

油砂中的扩容是剪切破坏和张性微裂缝相结合的现象。图 7-4-3 展示了剪切扩容和张性破裂的区别。当发生剪切扩容时，颗粒间的原始接触位置受到颗粒相互滚动的扰动，但颗粒仍然互相接触；在张性破裂阶段，颗粒之间相互分离而不接触。

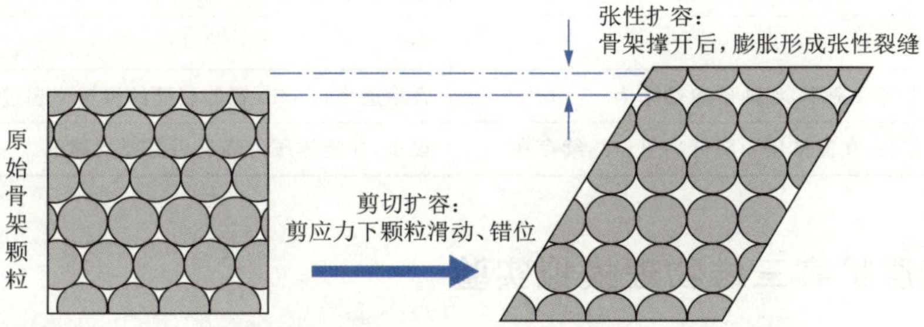

图 7-4-3 由剪切引发的扩容和孔压引发的张性微裂缝

油砂地层的扩容将在井周产生一个大体积、高孔隙度和高渗透率的扩容区，该扩容区可以理解为一个包含无数微观张剪裂缝网的高渗区域。利用岩石力学扩容为稠油井增注增产的机理可以通过下式说明：

$$M=\frac{k_a k_{rw}\gamma_w}{\mu_w}+\frac{k_a k_{ro}\gamma_o}{\mu_o} \tag{7-4-1}$$

式中 k_a——岩石绝对渗透率；

k_{rw}, k_{ro}——水和油的相对渗透率；

γ_w, γ_o——水和油的单位容重；

μ_w, μ_o——水和油的黏度；

M——流体在孔隙介质中的流度。

由于稠油的原位黏度很高（$\mu_o \gg \mu_w$），所以方程右边第二项可以忽略不计。储层力学扩容可增加岩石的孔隙度和绝对渗透率（k_a）。在利用凉水（或热水）进行油砂储层扩容的情况下，新创造的孔隙空间完全被注入的水填满，这增加了水的相对渗透率。以上现象均可增加水在油砂中的流度，从而增大高温蒸汽在稠油储层中的流动性和注入能力。利用热-固-流耦合的有限元格式，Xu 等提出了针对弱固结油砂压裂和扩容现象的有限元模型和材料模型，并且此数值模拟软件一直用于扩容现场工作的设计。

岩石的扩容从定义和形成机理上均区别于致密岩石中的水力压裂。表 7-4-1 总结了扩容和水力压裂的区别。从定义上说，岩石的扩容是砂岩颗粒间的相互错动及分开而形成的孔隙度的增加，水力压裂则是流体压力克服地应力岩石的抗张强度后在地层中形成的宏观线性裂缝。在几何形态上，扩容区为大体积的孔隙度增加区域，而水力压裂通常为线性张裂缝。需要强调的是，区别于水力压裂，扩容区形成后不需要加入支撑剂，砂粒的自支撑效应（或者拱形效应）能够维持扩容区的孔隙度和渗透性。SAGD 扩容施工通常采用现场能方便提供并且对储层无污染的热污水。利用精确设计的施工方案可使沿水平井段形成的油砂扩容区最大化，同时避免产生单一裂缝。

表 7-4-1　扩容和水力压裂的区别

	扩　容	水力压裂
定　义	岩体的孔隙体积增大	岩石开裂，形成线性张裂缝
力学成因	剪应力或孔隙压力引起的颗粒错动或分开	高流体压力下的张性破裂
几何形态	复杂、大体积的微观张剪裂缝区	平行于主应力的宏观线性裂缝
油藏改造体积	大	小
渗透率	中等渗透率，如油砂渗透率为 10 μm^2	大渗透率，1 mm 宽的裂缝的渗透率超过 10^5 μm^2
拱形效应	很强，在流体压力降低后可以继续存在	很小，在流体压力降低后需要支撑剂

二、储层扩容三维物理模拟实验

1. 储层扩容三维物理实验系统

储层扩容三维物理实验系统由真三轴模型加载系统、控制及数据采集系统、注入采出系统及处理系统组成。真三轴模型加载系统包括 8 个加载泵，可实现 X 方向 4×1 000 kN，Y 方向 4×1 000 kN，Z 方向 1×2 000 kN 的加载；实验模型尺寸为 1 050 mm×400 mm×400 mm。温度采集通道 75 路（测温范围 −20～300 ℃，精度 0.1 ℃）；压力采集通道 16 路，可实现流量、温度、压力同时检测、显示、采集工作（图 7-4-4、图 7-4-5）。

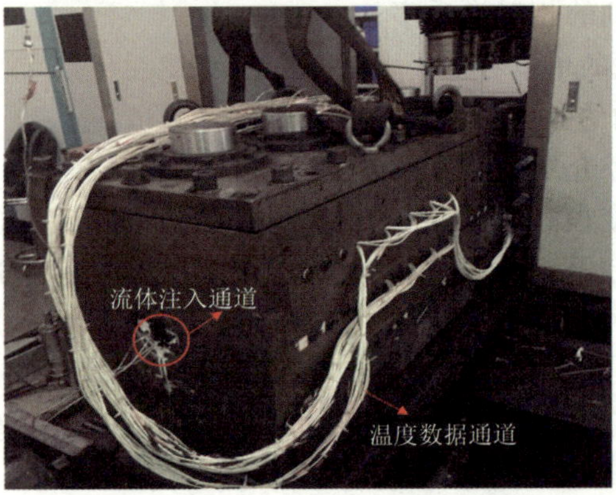

图 7-4-4　真三轴模型加载装置图

模型共设置 4 个流体通道，注采管柱采用长短管双油管系统，长管延伸至趾端，短管位于跟端；注采水平井采用模拟割缝筛管，筛管长度为 90 mm，内径为 14 mm；长、短管均采用内径为 3 mm 的钢管，承压能力为 35 MPa。

2. 实验流程

选用风城油砂矿油砂经粉碎、压实后模拟储层，模型油砂总体积为 160 L。压实后，抽样检测孔隙度、单轴抗压强度、抽样弹模，与模拟储层条件基本符合。对储层试件施加 X 方向应力 5 000 kPa、Y 方向应力 5 500 kPa、Z 方向应力 4 500 kPa 的真三轴地应力。待施加

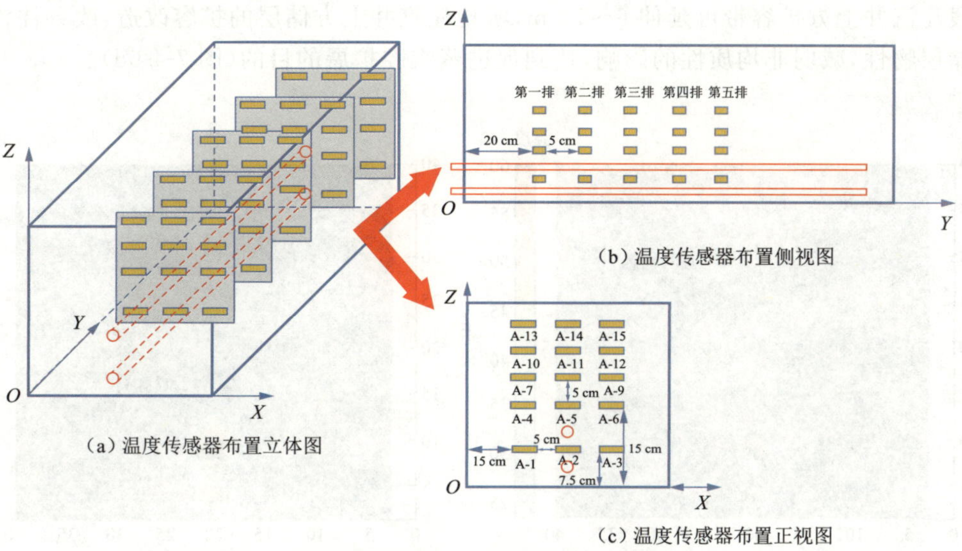

图 7-4-5　真三轴模型传感器分布图

地应力稳定后，开始进行 SAGD 扩容实验，注入特定溶液，控制注入量，缓慢增加注入压力，且每个压力梯度保持一段时间，待各监测点数据稳定后进入下一梯度。实验阶段最大流量为 6 L/min，最大注入压力为 4 500 kPa，模拟时间为 60 min。

3. 实验效果分析

通过预置于物模机中的温度传感器探测扩容区（热水区）的扩展，分析 SAGD 储层扩容各阶段的扩容效果。

1）低压井筒改造

实验前，对注汽及生产水平井进行循环洗井，长管注入、短管采出，洗井结束后关闭短管，通过长管注入方式对井筒周围储层进行低压扩容，改造井周的含水饱和度，改善井周的物性均匀性，达到均匀扩容的目的。此阶段严格控制压力，注入压力为 2 300～3 500 kPa，注入速度为 2～3 L/min。井筒低压扩容结束后，在注采井筒周围形成 1～2 m 的扩容带（图 7-4-6a）。

2）SAGD 注采井间扩容

低压改造结束后，通过提高注入速度进一步提高井底压力，扩大储层扩容区，同时扩展注汽及生产水平井的扩容区，直到注采井间连通。注入压力为 3 500～4 000 kPa，注入速度为 4～5 L/min，该阶段注采井间储层物性得到有效改善，并在井间建立热连通及流体连通，从而缩短 SAGD 循环预热阶段循环时间，减少注汽用量。在此过程中注采井筒周围形成 2～3 m 的扩容带，井间见明显温度场（图 7-4-6b）。

3）注汽井上方储层扩容

注采井连通后，关闭并封堵生产水平井，调整注汽井注入压力（4 000～4 500 kPa）、注入速度（5～6 L/min），随着注汽压力及注入速度的增加，注汽井上方扩容范围逐渐增大（图 7-4-6c），生产井周围扩容范围基本不变，稳定注入压力直至各监测点数据稳定，结束实验。

此阶段注汽井上方扩容带可延伸 6～10 m，实现注汽井上方储层的扩容改造，改善注汽井上方的储层物性，减弱非均质性的影响，达到促进蒸汽腔扩展的目的(图 7-4-6d)。

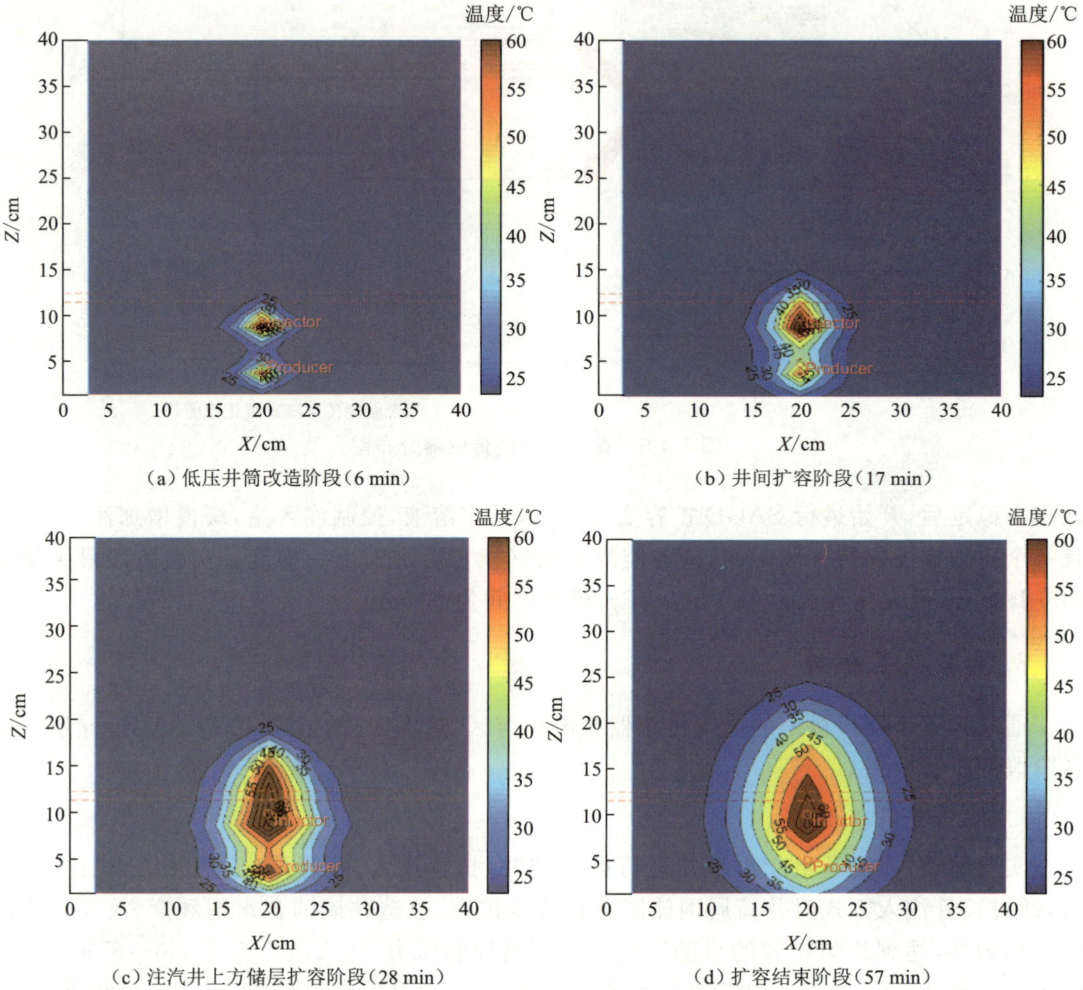

(a) 低压井筒改造阶段(6 min)　(b) 井间扩容阶段(17 min)

(c) 注汽井上方储层扩容阶段(28 min)　(d) 扩容结束阶段(57 min)

图 7-4-6　不同阶段扩容区(热水区)的扩展范围

三、储层扩容数值模拟

1. 扩容波及范围

储层扩容范围是以注采井连线为长轴的椭圆。风城油田实际储层厚度一般为 10～25 m，生产井距油层底部 1～2 m，扩容过程中靠近泥岩底层的一端椭圆状水力波及范围干扰明显，而靠近盖层的一端干扰作用不明显。为表征注汽井上方扩容范围，采用纵向水力波及半径 R_a、横向水力波及半径 R_b(图 7-4-7)进行模拟。

2. 扩容范围内储层物性变化规律

利用耦合模型多维表征手段描述扩容范围内储层物性变化规律。模拟结果表明，井间

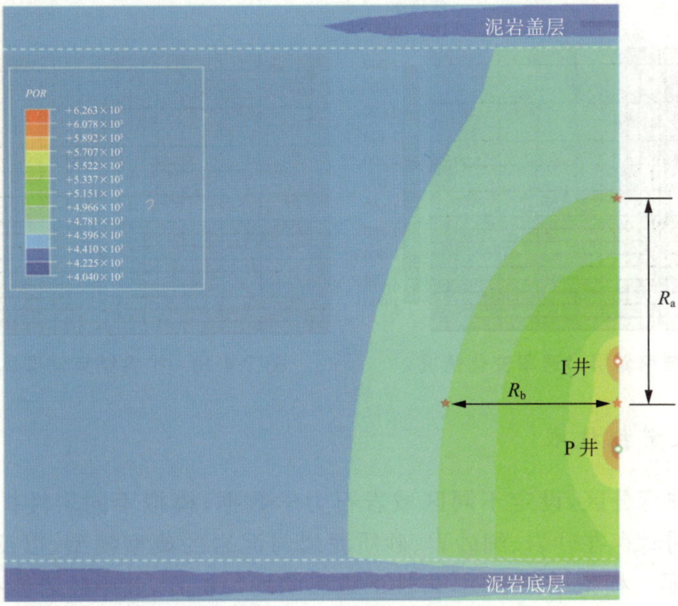

图 7-4-7　扩容波及范围图例

扩容阶段，I 井附近孔隙度从初始的 31.2%提高到 32.7%，I 和 P 井间孔隙度从初始的 31.2%提高到 32.2%；注汽井上方储层扩容阶段，I 井附近孔隙度从初始扩容阶段的 32.7%提高到 33.3%，I 和 P 井间孔隙度进一步提高到 32.7%；扩容结束时，井组周围孔隙度提高 2%，渗透率增加 0.1～3 倍，体积扩容率最大达到 1%～2.5%（图 7-4-8～图 7-4-10）。

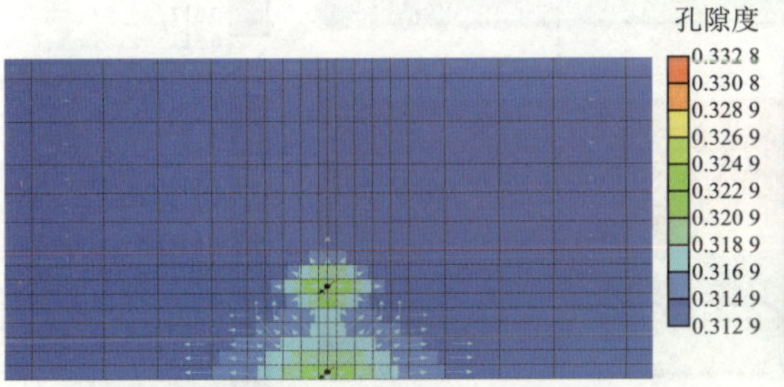

（a）井筒周围低压扩容

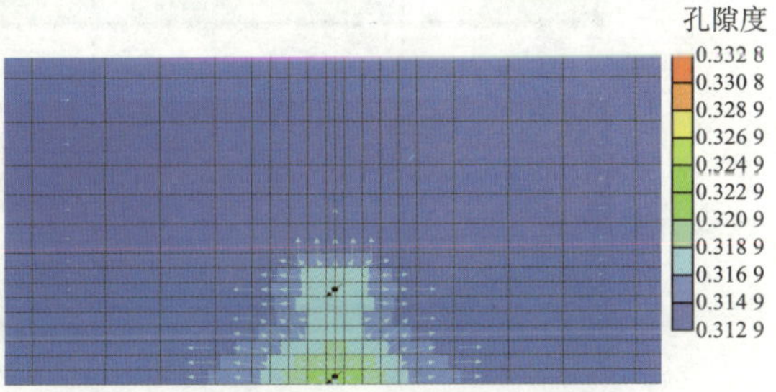

（b）井间扩容

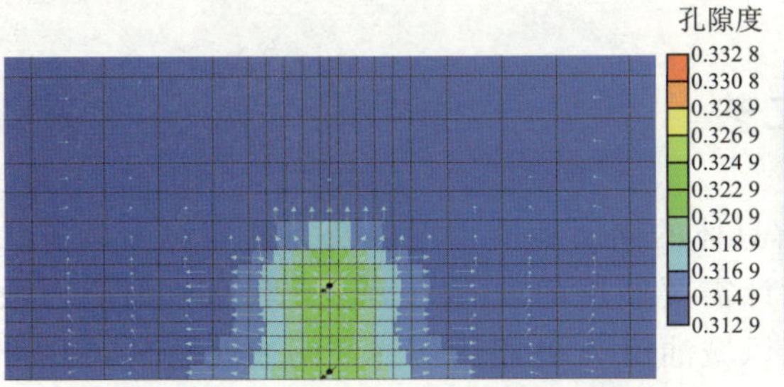

（c）注汽井上方储层扩容

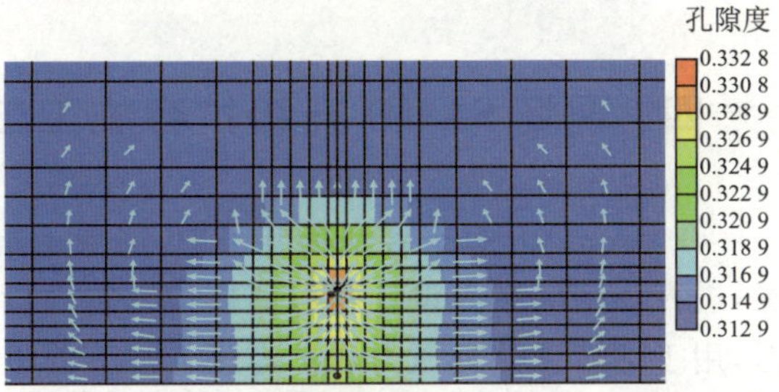

（d）扩容结束

图 7-4-8　扩容 4 个阶段储层孔隙度变化情况

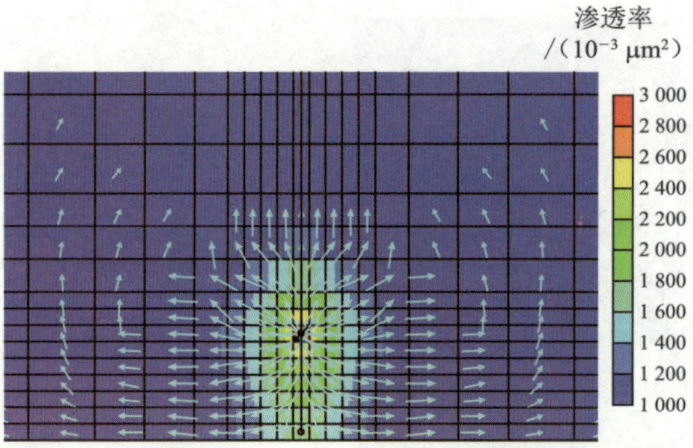

图 7-4-9 扩容结束储层渗透率变化情况

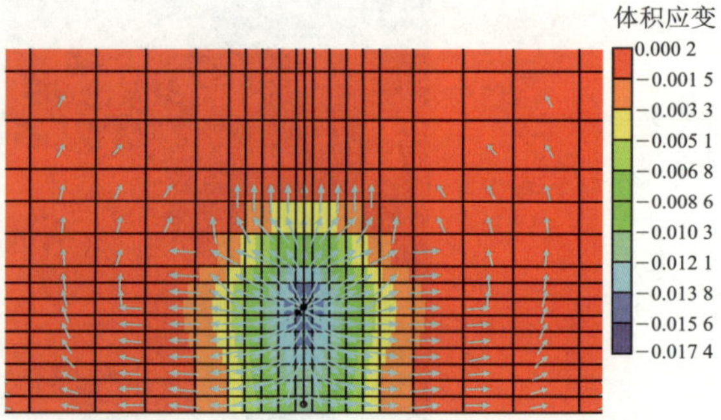

图 7-4-10 扩容结束储层体积应变变化情况

3. 夹层扩容模拟技术

按不同岩性进行分区，设定不同区域岩石力学数据，模拟不同岩性扩容范围及扩容程度。设置水平段同时存在砂岩、细砂岩、砂质泥岩与泥岩的典型模型，以反映不同地质力学特征的 SAGD 储层。模拟结果表明，岩性严重影响均匀扩容，其中砂岩体积应变为 2.5%～3.7%，细砂岩为 1.5%～2.5%，砂质泥岩仅为 0～1.5%，纯泥岩难以有效扩容(图 7-4-11)。

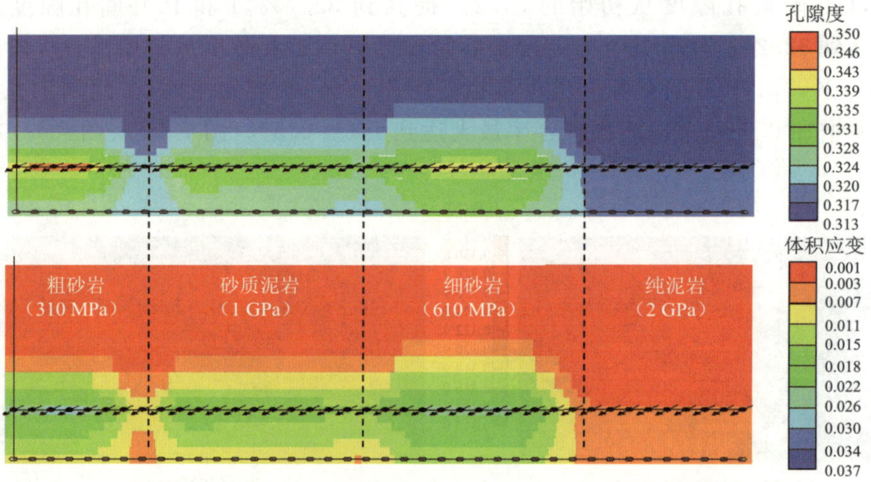

图 7-4-11 水平段不同岩性下井组扩容效果对比图

四、现场 SAGD 升级扩容施工工艺

在 SAGD 升级扩容现场施工前，需要了解具体的储层地质情况以及完井和地面设备状况，进行详细的室内设计和数值模拟。室内设计需要储层的岩石力学参数和原位地应力数据，用于估算预处理压力和扩容压力。下面以风城油田 A 井组为例详细阐述现场 SAGD 升级扩容操作过程。

A 井组注汽井上方发育多期夹层，渗透率剖面如图 7-4-12 所示。A 井组水平段长度约为 400 m，注汽井及生产井均有长管和短管，其为流体流动提供两条通道：流体通过注汽井长管注入趾端或通过短管注入跟端。从生产井跟端到趾端沿水平段方向均匀分布 10 个热电偶。

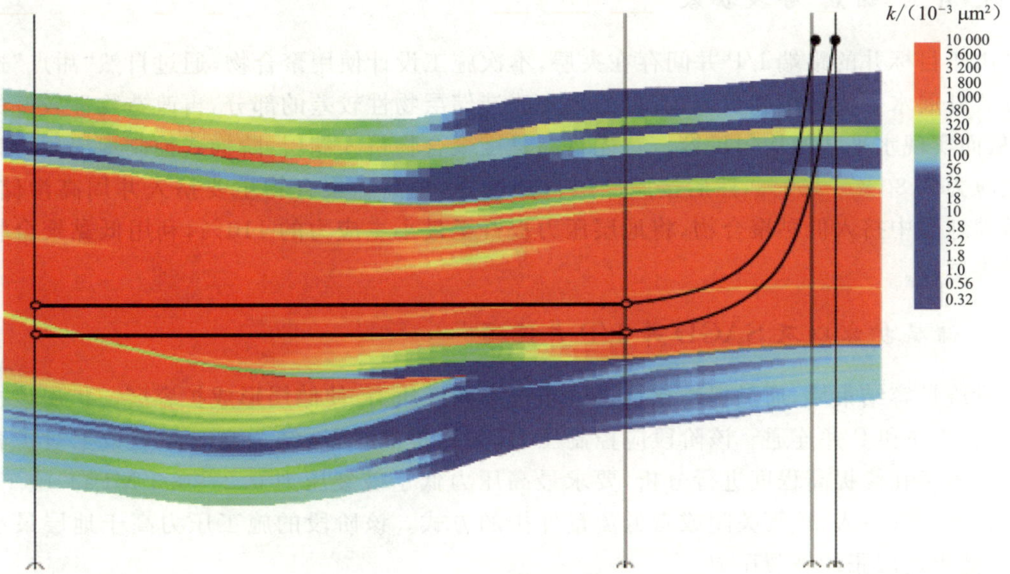

图 7-4-12　A 井组渗透率剖面

储层升级扩容改造过程可划分为 5 个阶段，即井筒预处理、低压井筒改造、自然“甜点”分段扩容、储层扩容及 SAGD 井 I/P 井连通和注汽井上方储层改造。模拟优化各阶段参数，具体如下。

1. **井筒预处理**

对于钻完井后未投产时间较长或曾经短期投产的井组，作业前必须保证井筒通畅、无堵塞，而有堵塞井需进行热洗、冲砂等作业。在作业前，进行带压洗井，替出井内油污，判断油层是否存在天然裂缝。在循环试注过程中，控制地面压力低于 1 MPa，观察油层吸水能力。根据井区前期经验，在该压力范围内吸水能力应低于 30 L/min。若初期吸水能力明显高于 30 L/min，则油层可能存在天然裂缝，需进一步判断。若试注过程吸水正常，则进入正常挤注阶段。

对于施工过程中发现储层具有异常吸水能力且分析认为天然裂缝发育的井组，需要根据吸水情况判断裂缝发育程度，并通过提高挤液排量及累积注水量填充裂缝通道，观察能否达到提升压力的要求，同时观察邻井温度、压力变化情况。若该措施仍不能达到设计压力，建议使用暂堵材料施工。

2. **低压井筒改造**

该井区油层段最小主地应力为 2.82 MPa，压力梯度为 11.46 kPa/m，按该压力梯度计算，注采水平井水平段储层最小主地应力分别为 2.56 MPa 和 2.61 MPa。该区储层破裂压力梯度按照 21 kPa/m 来计算，注采水平井破裂压力分别为 4.68 MPa 和 4.79 MPa。

井筒低压改造的主要目的是改造井周的含水饱和度，改善井周的物性均匀性，从而达到均匀扩容的目的。本阶段要求严格控制压力，以压力为主控参数、排量为辅助控制参数。该阶段井底压力逐步提高，净注入速度为35～70 L/min。

3. 自然“甜点”分段扩容

由于目标井的跟端I/P井间存在夹层，本次施工设计使用聚合物，通过自然“甜点”选择的方式开展水平段封堵和扩容，有目的地先改造储层物性较差的部分，再改造物性较好的部分，从而实现水平井的均匀扩容。首先将高黏度聚合物挤入储层，阶梯式控制地层压力为最小主应力的80%～100%，然后按照储层自然选择，将高黏聚合物主要挤入井周高渗储层，之后向地层中挤入低黏聚合物，将地层压力提升至最小主应力的110%，利用低黏聚合物改造低渗层段。

4. 储层扩容以及SAGD井I/P井连通

升级扩容结束后，通过提高排量进一步提高井底压力，使储层形成扩容区。扩展该扩容区，直到I井和P井连通。该阶段应控制压力，匀速提高排量，结合实时施工数据对扩容半径及扩容区孔渗提高程度进行分析，要求最高压力低于破裂压力0.2～0.3 MPa。施工时，通常采用长管注入、短管关闭或者低流量外排的方式。该阶段的施工压力高于地层最小主应力，低于地层张性破裂压力。

5. 注汽井上方储层改造

I井和P井连通后，通过P井暂堵，关井，I井压力控制注入的方式，实现I井上方储层的扩容改造。该阶段的目的是突破I井上方的非均质物性夹层，促进蒸汽腔的扩展。

风城油田A井组经过上述6个阶段的储层升级扩容后，循环预热时间为90 d，消耗蒸汽量1.89×10^4 t，较同区块物性相近的井组平均循环预热时间缩短50%，消耗蒸汽量减少30%。转SAGD生产后，A井组日产油量为15 t/d，油汽比为0.18，较同区块物性相近的井组的采油速度提高20%，油汽比提高0.01。现场应用结果表明，非均质储层SAGD升级扩容可有效改善生产效果。

第八章
SAGD 衍生技术

第一节　SAGD 衍生技术概述

一、SAGD 衍生技术研究背景

新疆薄层超稠油油藏储层属洪积扇背景下的多期次近物源辫状河流相沉积，其非均质性强（渗透率变异系数大于 0.7），油层薄（单砂体 5～15 m），埋藏浅（125～450 m），原油黏度高（地层条件下大于 60×10^4 mPa·s）且基本以固态赋存，主要采用蒸汽吞吐开发，具有温度低、压力低、孔渗低、流度低、产量低、采收率低的“六低”特点，随开发时间的延长，蒸汽吞吐逼近开发效益极限，采出程度仅 20%左右，剩余原油滞留地下，无法实现油藏高效深度开发。

通常情况下，稠油油藏油层厚度大于 15 m 时采用双水平井 SAGD 方式，油层厚度小于 15 m 时采用蒸汽吞吐方式。薄层超稠油油藏蒸汽吞吐采收率不超过 30%，亟待探索超稠油大幅提高采收率、实现规模效益开发的接替技术。

要实现新疆薄层超稠油蒸汽吞吐后期接替技术突破，需通过理论创新、技术创新，创新 SAGD 衍生技术，探索薄层超稠油蒸汽吞叶后有效接替技术的新思路。

(1) 需创新注蒸汽热采理论方法，实现薄层超稠油有效开发。在超稠油注蒸汽驱油过程中，存在蒸汽驱动力、重力、毛管力这 3 种力，需要运用数值解析方法，剖析驱动力、重力及毛管力的共同作用机理，扩展 SAGD 的重力泄油开发理论，明确驱、泄作用范围和程度，建立驱泄复合蒸汽腔汽液界面系数方程，研究水平运动与垂直运动的规律，弄清蒸汽腔前缘形态。

(2) 需开展隔夹层精细刻画研究，明晰剩余资源潜力。新疆薄层稠油油藏条件较差，储层非均质性强，具有“浅、薄、稠、松、小”的特点，需开展多渗流屏障条件下吞吐后期复杂窜流网络的剩余油定量表征。

(3) 需针对性开展关键参数优化，综合应用数值模拟、油藏工程研究技术，描述多相流体前缘变化规律，研究蒸汽腔扩展形态与储层条件、设计因素、操作因素的内在关系，指导开发关键参数的确定。同时不同区层的地质条件、开发模式等也存在很大差异，需要有针对性地制定适应的接替方式和开发策略。

(4) 需细分开发阶段，优化调控技术政策。薄层超稠油吞吐后期驱泄复合开发技术在目前稠油开发领域仍属空白，实施过程中的蒸汽腔发育规律研究及操作调控技术无可借鉴，油藏非均质性严重、井间汽窜严重、蒸汽腔扩展规律复杂，因此存在如何使蒸汽腔发育更好、转驱效果最佳的难题。

SAGD 衍生技术预期技术经济指标为：

（1）适用于油层厚度 5～15 m 的超稠油油藏；

（2）适用于地层原油黏度大于 60×10^4 mPa·s 的超稠油油藏；

（3）采油速度和油汽比均提高 50%以上；

（4）采收率在蒸汽吞吐基础上提高 25 个百分点。

为此，自 2011 年起，新疆油田公司依托 14 个国家、中国石油集团公司和油田公司项目，组建了 100 余人的产学研一体化团队，持续攻关十余年，引入驱泄复合（蒸汽驱替和重力泄油相结合）的理念，衍生 SAGD 开发技术，创建了薄层超稠油油藏蒸汽吞吐后期转驱泄复合开发技术体系。

二、驱泄复合开发技术关键

1. 驱泄开发机理研究

加拿大、委内瑞拉稠油单油层厚度达到 10～70 m，渗透率为 2～10 μm^2，对油层厚度大于 15 m 的油藏采用 SAGD 开发技术，对油层厚度小于 10～15 m、黏度在 0.1×10^4 mPa·s 以内的油藏采用蒸汽驱，均实现了有效开发。

国内外稠油油藏开发实践表明，常规蒸汽驱的原油黏度技术界限为地层原油黏度小于 2×10^4 mPa·s，而新疆薄层超稠油地层条件下原油黏度大于 60×10^4 mPa·s，无法采用常规蒸汽驱。要实现新疆薄层超稠油吞吐后期接替技术突破，需要解决以下关键问题：

（1）运用数值解析技术，揭示不同作用力在驱泄复合过程中的作用机理。在超稠油蒸汽驱过程中，存在蒸汽驱动力、重力、毛管力，需要运用数值解析方法，剖析驱动力、重力及毛管力共同作用机理，并明确驱泄作用范围和程度。

（2）综合应用数模、油藏工程研究技术，描述多相流体前缘变化规律；建立驱泄复合蒸汽腔汽液界面系数方程，研究水平运动与垂直运动的规律，弄清蒸汽腔前缘形态；确定蒸汽腔扩展形态与储层条件、设计因素、操作因素的内在关系，指导开发关键参数的制定。

2. 储层刻画及剩余油表征技术

新疆稠油油藏由于具有“浅、薄、稠、松、小”的特点，其储层构型刻画及吞吐后期复杂窜流网络下的剩余油定量表征难度大。要弄清储层构型、明晰剩余资源潜力，需要解决以下关键问题：

（1）运用储层构型描述技术实现辫状河流相薄层超稠油油藏储层精细定量表征。一是运用旋回对比方法，形成单砂体及内部构型描述技术，建立辫状河储层内部夹层定量预测模型；二是以“模式指导、层次约束”为指导思想，建立密井网下的高精度模型，实现储层构型定量表征。

（2）运用多维剩余油评价技术明确剩余油分布模式并量化资源潜力。应用沉积韵律模式、密闭取芯、动态监测、水淹层解释、数值模拟等多维手段，建立沉积韵律控制下的薄层超稠油蒸汽吞吐后剩余油分布模式，明确开发调整潜力。

3. 转驱泄复合关键参数优化技术

新疆风城稠油油藏为洪积扇背景下的薄层超稠油油藏，存在窜流网络复杂、盖层顶板热损失大、薄层、高黏无法有效驱替等问题。同时，不同区层的地质条件、开发模式等也存在很大差异，需要制定适用的接替方式和开发策略。要实现针对性的高效开发，需要解决以什么方式转驱、什么时间转驱和怎样转驱的难题。

(1) 接替方式优选技术。一是根据不同区层的地质条件、井网模式、剩余油分布特点、直井射孔形式、水平井轨迹空间形态等，提出适用的接替开发方式；二是结合效益概算，确定不同接替方式的开发技术界限。

(2) 转驱时机判定技术。基于浅层超稠油注蒸汽开发热场波及规律，结合采注比、含水率、产液量、油汽比、注入孔隙体积、地层存水量等关键生产指标变化特征，综合评价地层能量变化及井间连通程度，形成吞吐后转驱泄复合最佳时机的判断技术。

(3) 关键参数优选技术。结合现场生产特点，开展油藏工程研究：① 确定不同开采方式的平面井网形式、井距及排距，优选纵向直井射孔方式、油汽井注采点高差、注采井段与油层的相对位置等关键设计参数；② 明确不同开发方式实施过程中的注汽模式、注汽速度、蒸汽干度、采注比、操作压力等关键参数。

在薄层超稠油吞吐后期驱泄复合开发技术实施过程中，蒸汽腔发育规律研究及操作调控技术无可借鉴，而且油藏非均质性严重、井间汽窜严重、蒸汽腔扩展规律复杂。为使蒸汽腔发育更好、转驱效果最佳，需要细分开发阶段，优化调控技术政策。

(1) 细分开发阶段。依据吞吐后期驱泄复合开发机理和蒸汽腔发育规律，科学划分驱泄复合开发方式的开发阶段，揭示不同阶段的蒸汽腔发育特征和注采特征，为精细高效开发奠定基础。

(2) 优化调控技术政策。依托现场试验和工程研究，形成驱泄复合开发适用的精细调控技术，包括蒸汽腔监测、温度场均匀连通、蒸汽腔均衡扩展、增产提效等技术，实现驱泄复合开发技术的高效实施。

第二节　驱泄复合开发机理研究

一、驱泄复合概念

在超稠油注蒸汽驱油过程中，蒸汽驱动力由压力梯度产生，对流体的水平驱替起主要作用；重力由流体间密度差产生，引起垂向压力梯度，且重力会导致蒸汽向上超覆、原油和凝结水向下流动；毛管力是孔隙结构内的界面张力引起的附加力，对初始流体饱和度的分布和残余油饱和度起支配作用，通过水的吸渗，毛管力也能产生对油的驱替作用，但在像疏松砂岩稠油油藏这样的高渗透孔隙体系中，这种作用比较小。因此，重力和蒸汽驱动力不仅控制着蒸汽超覆的程度，还决定着蒸汽驱动原油的能力。驱动力控制着油和蒸汽的水平运动，而重力引起油的垂向运动，因此可以综合利用水平驱动力和重力泄油，实现超稠油的驱泄复合开发。如果前期采用蒸汽吞吐方式生产至8～10轮时，井间建立了热连通，则转入驱泄复合方式生产，即注汽井连续注入蒸汽加热原油，被加热原油在重力和蒸汽驱动力作用下流至油层下部的水平井中被采出。随着蒸汽的连续注入，蒸汽腔不断往两侧和下方扩展，能够更加有效地加热并驱替原油，从而大幅度提高油藏采收率。

二、驱泄复合受力和原油运动速度研究

驱泄复合开发主要受驱动力、重力、毛管力 3 种力的综合影响。在低渗透砂岩油藏中（渗透率小于或等于 $50\times10^{-3}\ \mu m^2$），驱动力和重力很难克服油藏中的毛管力，蒸汽难以驱动原油下压和流动；而在高渗透砂岩油藏中，重力和驱动力很容易克服毛管力，重力作用形成蒸汽超覆。

1. 驱泄复合受力分析

1）驱动力

根据势的叠加原理，可以得到注采井流线上驱动力的关系式为：

$$p=\frac{Q_1\mu}{2\pi kh}\ln r-\frac{Q_2\mu}{2\pi kh}\ln(L-r)+C \tag{8-2-1}$$

式中 p——驱动力，MPa；

Q_1——生产井产量，m^3/s；

Q_2——蒸汽注入量，m^3/s；

μ——流体黏度 mPa·s；

h——油层厚度，m；

r——任意点至生产井的距离，m；

L——注采井间井距，m；

k——渗透率，$10^{-3}\ \mu m^2$；

C——现场实际常数。

2）重　力

在蒸汽突破以前，原油所受重力 G 近似看作恒定的，方向为垂直油层向下，表达式为：

$$G=mg \tag{8-2-2}$$

式中 m——原油质量，kg；

g——重力加速度，m/s^2。

3）毛管力

在油藏水湿情况下，毛管力是蒸汽运移的动力，也是原油运移的动力，为正值；在油湿情况下，毛管力是蒸汽运移的阻力，取负值。毛管力 F 存在于任何方向的毛管（毛管为油层中的渗透孔道）中，其表达式为：

$$F=2\times10^{-5}\sigma\cos\theta/r_p \tag{8-2-3}$$

式中 σ——界面张力，mN/m；

θ——接触角，(°)；

r_p——孔隙半径，在高渗油藏中，孔隙半径较大，毛管力较小，可以忽略不计，mm。

在蒸汽突破之前，驱动力方向由注汽井指向生产井，重力垂直油层向下，毛管力的方向与蒸汽运移方向同向或反向。

2. 驱泄复合原油运动速度研究

在稠油油藏注蒸汽过程中，在重力、黏滞力和毛管力与油藏流体间的复杂作用下产生了蒸汽超覆现象，其中重力是产生蒸汽超覆的主要动力。

在注蒸汽驱油过程中，重力和黏滞力有着相同的重要性。由于蒸汽驱动力引起油的水平运动，而重力引起油的垂向运动，所以可将油的运动速度看作水平方向上的运动速度 v_{oh} 和垂向上的运动速度 v_{ov}。

假设毛管力忽略不计，汽相和油相的压力梯度相同，当蒸汽从注入井向生产井流动时，可导出描述原油水平速度与垂向速度的关系式，具体推导过程如下。

根据达西定律有：

$$v=-\frac{k}{\mu}\frac{\mathrm{d}p}{\mathrm{d}x} \tag{8-2-4}$$

原油水平运动速度 v_{oh} 为：

$$v_{oh}=-\frac{k_{oh}}{\mu_o}\frac{\mathrm{d}p}{\mathrm{d}x} \tag{8-2-5}$$

蒸汽水平运动速度 v_{sh} 为：

$$v_{sh}=-\frac{k_{sh}}{\mu_s}\frac{\mathrm{d}p}{\mathrm{d}x} \tag{8-2-6}$$

原油垂向运动速度 v_{ov} 为：

$$v_{ov}=\frac{k_{ov}}{\mu_o}\Delta\rho g \tag{8-2-7}$$

由式(8-2-5)和式(8-2-6)得：

$$\frac{v_{oh}\mu_o}{k_{oh}}=\frac{v_{sh}\mu_s}{k_{sh}} \tag{8-2-8}$$

由式(8-2-7)和式(8-2-8)得原油水平运动与垂向运动速度之比：

$$\frac{v_{oh}}{v_{ov}}=\frac{k_{oh}}{k_{ov}}\frac{v_{sh}}{k_{sh}}\frac{\mu_s}{\Delta\rho g} \tag{8-2-9}$$

$$\Delta\rho=\rho_o-\rho_s$$

式中 v_{oh}——原油水平运动速度，m/s；

v_{ov}——原油垂向运动速度，m/s；

v_{sh}——蒸汽水平运动速度，m/s；

k_{oh}——原油水平有效渗透率，$10^{-3}\ \mu m^2$；

k_{ov}——原油垂向有效渗透率，$10^{-3}\ \mu m^2$；

k_{sh}——蒸汽水平有效渗透率，$10^{-3}\ \mu m^2$；

μ_s——蒸汽黏度，mPa·s；

ρ_o，ρ_s——原油和蒸汽密度，kg/m^3。

在美国加利福尼亚州克恩河稠油油田典型操作条件下，仅在距注入井水平径向距离7 m以内时，原油水平运动速度大于垂向运动速度，因此垂向泄油是该油藏的主要开采机理。克拉玛依油田稠油区地质情况与美国加利福尼亚州克恩河稠油油田相似。以风城油田重 32 井区稠油油藏为例,其操作参数如下:

垂向与水平渗透率之比为 0.25;

蒸汽水平有效渗透率 $k_{sh}=1.5\times10^{-3}\ \mu m^2$;

蒸汽带的温度大约为 177 ℃;

该温度下蒸汽的比体积为 0.206 m^3/kg,蒸汽的黏度为 0.015 mPa·s;

每个井组以 1.56 $m^3/(d\cdot hm^2\cdot m)$的速度注入 70%干度的蒸汽;

井组面积约为 4.64 hm^2,注采井距为 134 m。

假设温度为 177 ℃时原油的密度为 932 kg/m^3,在上述条件下由式(8-2-9)计算得:

$$\frac{v_{oh}}{v_{ov}}=\frac{6.8}{r} \tag{8-2-10}$$

式中 r——距注入井的水平径向距离,m。

式(8-2-10)表明,风城油田重 32 井区稠油油藏距注入井水平径向距离在 6 m 以内时,原油水平运动速度大于垂向运动速度,而在 6 m 以外时则垂向运动速度大于水平运动速度。

三、蒸汽腔前缘形态方程推导

1. 基础模型

假设模型为等厚均质单油层,并且不考虑裂缝,油层顶、底导热系数相等,蒸汽腔内部蒸汽均匀分布,压力保持一致,则蒸汽腔前缘上两侧对应的蒸汽与油藏的压力差相等。

当界面形成并达到稳定后,其边界形状如图 8-2-1 所示。将径向水平距离为 r_1 和 r_2 的汽液界面上 2 个点的压力折算到 $h=0$ 的平面上。

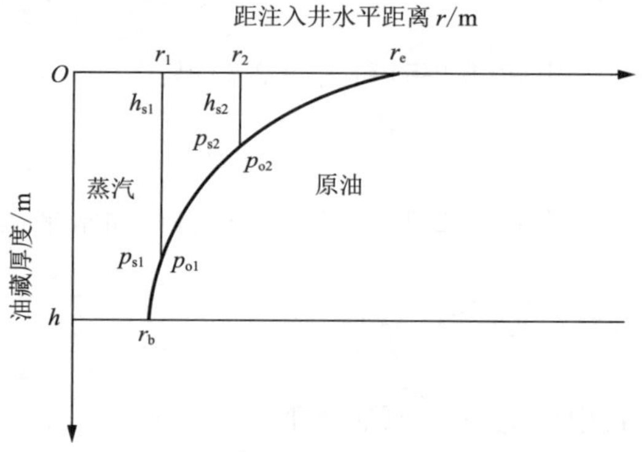

图 8-2-1 驱泄复合时汽液边界形状

对于汽相:

$$\varphi_{s1}=p_{s1}-\rho_s g h_{s1} \tag{8-2-11}$$

$$\varphi_{s2}=p_{s2}-\rho_s g h_{s2} \tag{8-2-12}$$

对于液相:

$$\varphi_{o1}=p_{o1}-\rho_o g h_{o1} \tag{8-2-13}$$

$$\varphi_{o2}=p_{o2}-\rho_o g h_{o2} \tag{8-2-14}$$

因此有:

$$\Delta\varphi_s=\varphi_{s1}-\varphi_{s2}=(p_{s1}-p_{s2})-\rho_s g(h_{s1}-h_{s2}) \tag{8-2-15}$$

$$\Delta\varphi_o=\varphi_{o1}-\varphi_{o2}=(p_{o1}-p_{o2})-\rho_o g(h_{s1}-h_{s2}) \tag{8-2-16}$$

式中 φ_s,φ_o——汽液界面上蒸汽、原油折算到 $h=0$ 面上的势,Pa;

p_s,p_o——蒸汽和油相压力,MPa;

ρ_s,ρ_o——蒸汽和油相密度,kg/m^3;

h_s——蒸汽超覆高度,m;

h_o——油相高度,m;

$\Delta\varphi_s, \Delta\varphi_o$——汽液界面上蒸汽、原油的势差，Pa。

由于汽液界面两侧的压力差均相等，所以有：

$$p_{s1} - p_{o1} = p_{s2} - p_{o2} \tag{8-2-17}$$

由式(8-2-15)～式(8-2-17)得：

$$\Delta\varphi_s - \Delta\varphi_o = (\rho_o - \rho_s) g \Delta h_s \tag{8-2-18}$$

当 $\Delta r \to 0$ 时，有：

$$\frac{\partial \varphi_s}{\partial r} - \frac{\partial \varphi_o}{\partial r} = (\rho_o - \rho_s) g \frac{\partial h_s}{\partial r} \tag{8-2-19}$$

式中　$\frac{\partial h_s}{\partial r}$——汽液界面的形状。

由达西定律可得：

$$\frac{\partial \varphi_s}{\partial r} = -\frac{\mu_s i_s}{2\pi r h_s k_s \rho_s} \tag{8-2-20}$$

$$\frac{\partial \varphi_o}{\partial r} = -\frac{\mu_o i_o}{2\pi r (h - h_s) k_o \rho_o} \tag{8-2-21}$$

式中　μ_s, μ_o——蒸汽和油相黏度，mPa·s；

i_s, i_o——径向上蒸汽质量流速和油相质量流速，kg/s；

k_s, k_o——蒸汽和油相渗透率，$10^{-3}\ \mu m^2$。

由式(8-2-19)～式(8-2-21)可以得到：

$$\frac{\partial h_s}{\partial r} = \frac{1}{(\rho_o - \rho_s) g}\left(\frac{\partial \varphi_s}{\partial r} - \frac{\partial \varphi_o}{\partial r}\right) \tag{8-2-22}$$

$$\frac{\partial h_s}{\partial r} = -\frac{1}{(\rho_o - \rho_s) g}\left[\frac{\mu_s i_s}{2\pi r h_s k_s \rho_s} - \frac{\mu_o i_o}{2\pi r (h - h_s) k_o \rho_o}\right] \tag{8-2-23}$$

整理得：

$$\frac{\partial h_s}{\partial r} = -\frac{\mu_s i_s}{2\pi r (\rho_o - \rho_s) g h_s k_s \rho_s}\left[1 - M' \frac{h_s i_o i_s (r_b)}{(h - h_s) i_s i_o (r_e)}\right] \tag{8-2-24}$$

$$M' = \frac{\mu_o k_s}{\mu_s k_o} \frac{\rho_s i_o (r_e)}{\rho_o i_s (r_b)} \tag{8-2-25}$$

式中　r_e——沿油层顶的距离；

r_b——沿油层底的距离；

M'——径向驱替的拟流度比。

当汽液界面稳定后，界面下方凝析液体的黏度与水相近，汽、液有效渗透率相差不大，但汽、液密度相差较大，因此 M' 通常小于 1。当 $M' = 0$ 时，可得到：

$$\frac{\partial h_s}{\partial r} = -\frac{\mu_s i_s}{2\pi r (\rho_o - \rho_s) g h_s k_s \rho_s} \tag{8-2-26}$$

令

$$A_{rD}^2 = \frac{\mu_s i_{s,i}}{\pi (\rho_o - \rho_s) g h^2 k_s \rho_s} \tag{8-2-27}$$

则有：

$$\frac{\partial h_s}{\partial r} = -A_{rD}^2 \frac{i_s h^2}{2 i_{s,i} r h_s} \tag{8-2-28}$$

式中 A_{rD}——汽液界面的形状系数，即蒸汽超覆系数；

h——油层厚度，m；

$i_{s,i}$——注入蒸汽在井底的质量流速，kg/s。

蒸汽的垂向波及系数 E_{SV} 为：

$$E_{SV}=\frac{h_{st}}{h}=0.5A_{rD} \tag{8-2-29}$$

式中 h_{st}——蒸汽超覆厚度。

2. 不考虑拟流度比时的前缘方程

不考虑拟流度比，即 $M'=0$ 时，若 i_s 和 $i_{s,i}$ 之间不存在函数关系且均与半径 r 无关，令：

$$\frac{\partial h_s}{\partial r}=-A_{rD}^2\frac{i_s h^2}{2i_{s,i}rh_s} \tag{8-2-30}$$

$$B_{rD}=-A_{rD}^2\frac{i_s h^2}{2i_{s,i}} \tag{8-2-31}$$

则有：

$$\frac{\partial h_s}{\partial r}=B_{rD}\frac{1}{rh_s} \tag{8-2-32}$$

由 $r=r_e$ 时，$h_s=0$，积分可得：

$$\frac{h_s^2}{2}=B_{rD}\ln\frac{r}{r_e} \tag{8-2-33}$$

将式(8-2-31)代入式(8-2-32)并整理得：

$$h_s=\left(-A_{rD}^2\frac{i_s h^2}{i_{s,i}}\ln\frac{r}{r_e}\right)^{\frac{1}{2}} \tag{8-2-34}$$

由 $r=r_b$ 时，$h_s=h$，积分可得：

$$\frac{h_s^2}{2}=B_{rD}\ln\frac{r}{r_b}+\frac{h^2}{2} \tag{8-2-35}$$

将式(8-2-31)代入式(8-2-35)并整理得：

$$h_s=\left(-A_{rD}^2\frac{i_s h^2}{i_{s,i}}\ln\frac{r}{r_b}+h^2\right)^{\frac{1}{2}} \tag{8-2-36}$$

由式(8-2-34)和式(8-2-36)可得：

$$\ln\frac{r_e}{r_b}=\frac{1}{A_{rD}^2}\frac{i_{s,i}}{i_s} \tag{8-2-37}$$

式(8-2-37)即蒸汽分别沿顶层和底层的运动距离 r_e 和 r_b 的关系式。

上述公式是在理想条件下推导出来的，而在实际油藏中 i_s 和 $i_{s,i}$ 之间必然存在函数关系。此时存在两种假设情况：① 径向上蒸汽速率与半径平方差成正比；② 径向上蒸汽速率与注汽速率相等。

假设 1：径向上蒸汽速率与半径平方差成正比，且有如下关系：

$$\frac{i_s}{i_{s,i}}=\frac{r_e^2-r^2}{r_e^2-r_w^2}=1-\frac{r^2}{r_e^2}\quad\left(\frac{r_w}{r_e}\ll 1\right) \tag{8-2-38}$$

将式(8-2-38)代入式(8-2-28)得：

$$\frac{\partial h_s}{\partial r}=-A_{rD}^2\frac{h^2}{2rh_s}\left(1-\frac{r^2}{r_e^2}\right) \tag{8-2-39}$$

对式(8-2-39)进行积分得：

$$h_s=\frac{1}{2}A_{rD}h\left(\ln\frac{r_e}{r}-\frac{1}{2}+\frac{1}{2}\frac{r^2}{r_e^2}\right) \tag{8-2-40}$$

假设 2：径向上蒸汽速率与注汽速率相等，即 $i_s=i_{s,i}$。

若径向上蒸汽速率与半径无关，则有：

$$\frac{\partial h_s}{\partial r}=-A_{rD}^2\frac{h^2}{2rh_s} \tag{8-2-41}$$

对上式积分得：

$$h_s=\frac{1}{2}A_{rD}h\ln\frac{r_e}{r} \tag{8-2-42}$$

根据式(8-2-40)和式(8-2-42)分别绘制出蒸汽前缘的形状，如图 8-2-2 所示。从图中可以看出，在两种假设下蒸汽超覆所造成的蒸汽驱前缘形状趋向相同，蒸汽均倾向于沿油层顶部向前推进。图中绿色曲线为两种情况下所求得的蒸汽厚度的加权平均，更能反映实际油藏情况下的前缘形状。

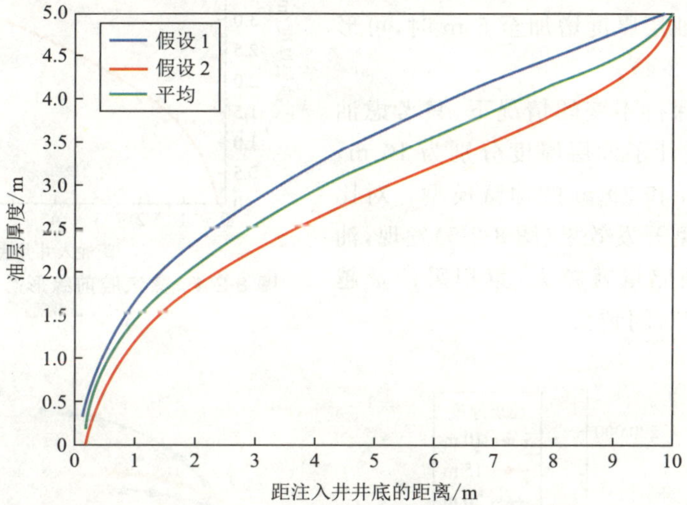

图 8-2-2　蒸汽前缘形状

如图 8-2-3 所示，随着蒸汽腔不断向外扩展，蒸汽超覆现象也趋于严重。

四、蒸汽腔前缘形态影响因素分析

蒸汽腔扩展形态与扩展时间相关，注汽时间增加使扩展时间延长，蒸汽腔不断上升并且持续扩展，蒸汽腔累采油量增加。蒸汽腔扩展形态与油层厚度、油层渗透率、原油黏度、含油饱和度、油层的热物性参数等有关，而蒸汽腔高度受注汽速度控制，因此蒸汽腔扩展形态也与注汽速度有关。

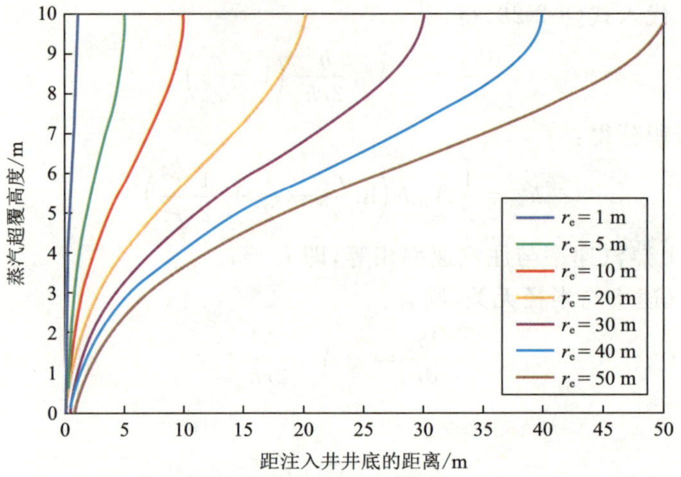

图 8-2-3　不同 r_e 下蒸汽前缘形状

1. 油层厚度

驱泄复合开发过程中，油层厚度对蒸汽腔发育的影响较大。油层厚度越大，蒸汽腔到顶的时间就越长，其重力泄油作用也越大，蒸汽超覆越明显。当油层厚度增加至 5 m 时，可形成驱泄复合(图 8-2-4)。

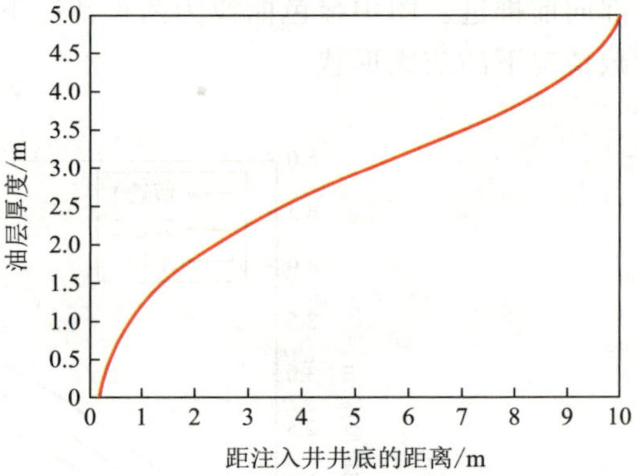

图 8-2-4　蒸汽腔前缘形态随油层厚度的变化

在其他因素保持不变的情况下，只考虑油层厚度的影响，设计了油层厚度分别为 10 m，15 m，20 m，25 m 和 30 m 的油藏模型。对比不同厚度下的模型开发效果(图 8-2-5)发现，油层厚度越大，原油储量就越大，累积采油量越高，驱泄复合生产时间越长。

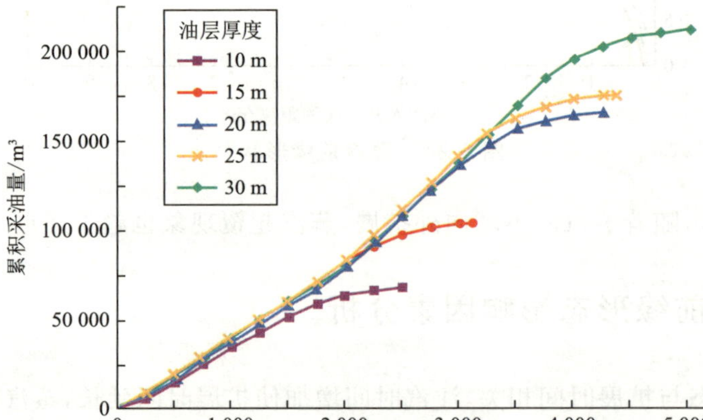

图 8-2-5　不同油层厚度的开发效果对比

2. 渗透率和垂向渗透率与水平渗透率比值

由于驱泄复合开发依靠驱动力和重力的共同作用，所以分别受垂直方向和水平方向渗透率的影响，且垂向渗透率和水平渗透率的大小影响渗流方向上流量的大小。若垂向渗透率不断增大，则重力泄油作用明显，蒸汽超覆程度增加（图 8-2-6），蒸汽腔波及面积增大；若水平渗透率较大，则水平驱替作用明显，蒸汽超覆程度减小，蒸汽横向扩展加速，容易造成单点突破。

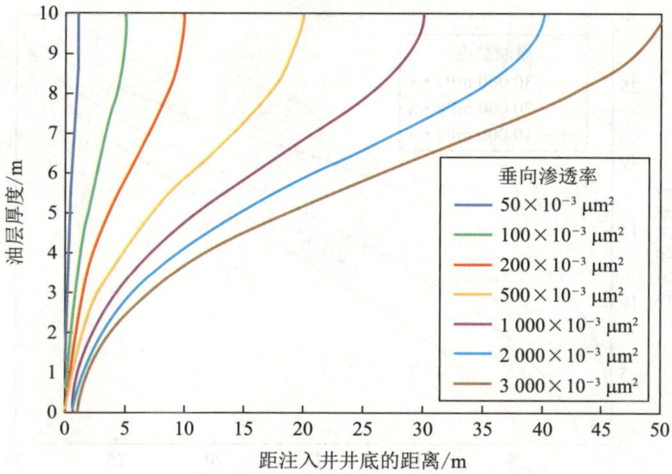

图 8-2-6 不同垂向渗透率下蒸汽腔前缘形态

根据驱泄复合原理，设计了垂向渗透率与水平渗透率比值为 0.1，0.3，0.6 和 1.0 的油藏模型，水平渗透率取值为 $100\times10^{-3}\ \mu m^2$，$200\times10^{-3}\ \mu m^2$，$500\times10^{-3}\ \mu m^2$，$1\ 000\times10^{-3}\ \mu m^2$ 和 $2\ 000\times10^{-3}\ \mu m^2$（图 8-2-7）。首先采用蒸汽吞吐使地层热连通，而后转入驱泄复合生产，对比不同渗透率比值下的模型预测开发效果。

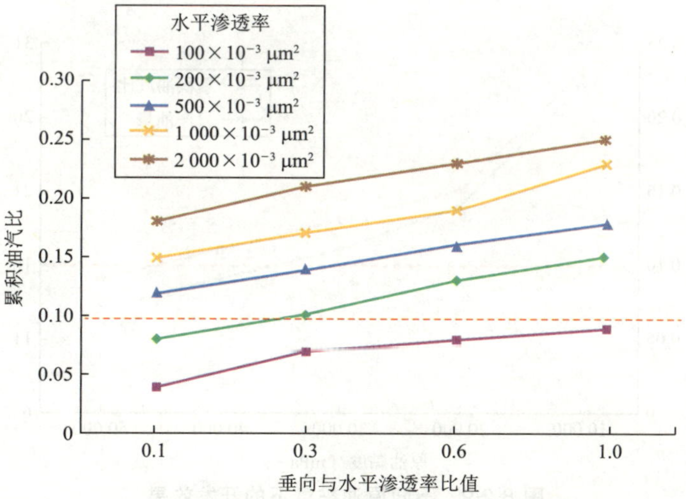

图 8-2-7 不同垂向与水平渗透率比值的开发效果

驱泄复合累积油汽比随垂向渗透率与水平渗透率比值的增加而增加，当该比值小于0.3时，累积油汽比小于经济极限油汽比0.1，由此可以得出驱泄复合的渗透率适应性极限为水平渗透率大于$200\times10^{-3}\ \mu m^2$，垂向渗透率和水平渗透率的比值应大于0.3。

3. 原油黏度

原油黏度是驱泄复合开发的关键参数，原油黏度越小，蒸汽腔发育越好，蒸汽超覆作用越明显，蒸汽腔边缘扩展范围越大（图8-2-8）。

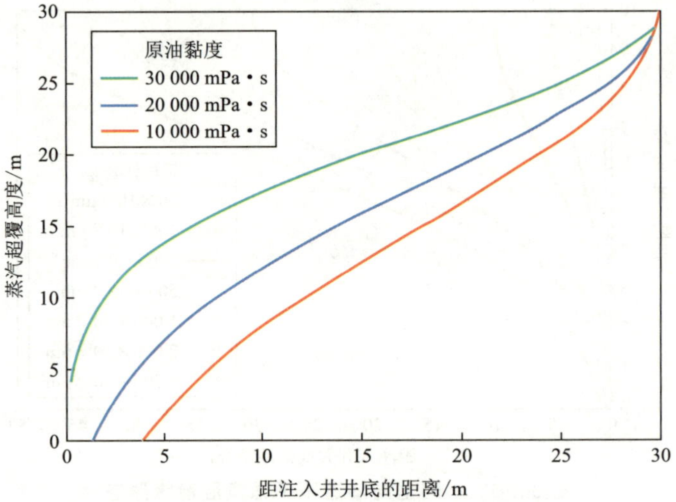

图8-2-8　不同原油黏度下蒸汽腔前缘形态

在渗透率确定的均质油藏模型中，设计油藏原油黏度分别为10 000 mPa・s，20 000 mPa・s，30 000 mPa・s，40 000 mPa・s和50 000 mPa・s，预测不同原油黏度下油藏模型的开发效果。结果（图8-2-9）表明，原油黏度越大，开发效果越差，但开发效果趋势逐渐平缓；当原油黏度小于43 000 mPa・s时，油藏开发达到经济极限油汽比。原油黏度对于温度的敏感程

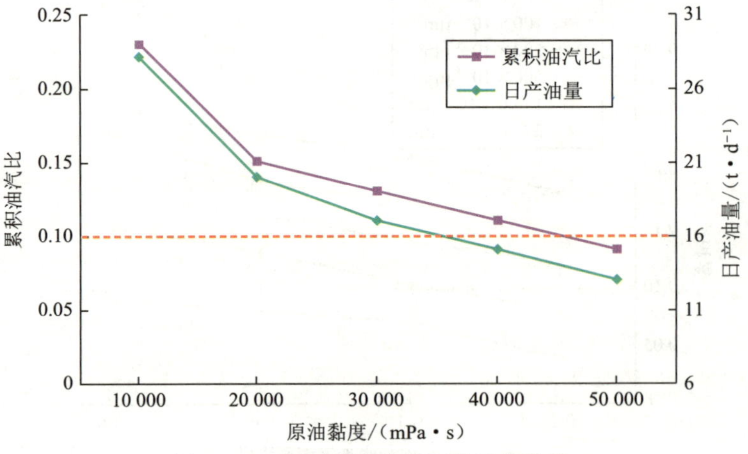

图8-2-9　不同原油黏度下的开发效果

度也至关重要，当温度升高至 200 ℃时，原油黏度降低至 10 mPa·s，适合进行驱泄复合开发。

4. **含油饱和度**

含油饱和度代表油藏单位体积下的含油量。含油饱和度增大，蒸汽腔垂直扩展速度变慢。这是因为含油饱和度越大，垂向上的原油越多，就需要更多的蒸汽来加热驱动，蒸汽腔顶部边界换热时间越长。

随着含油饱和度的增大，蒸汽腔横向扩展速度变慢。由于初始含油饱和度增大，需要更多的蒸汽来加热驱动，因此蒸汽腔侧边界换热时间增加，扩展速度变慢(图 8-2-10)。

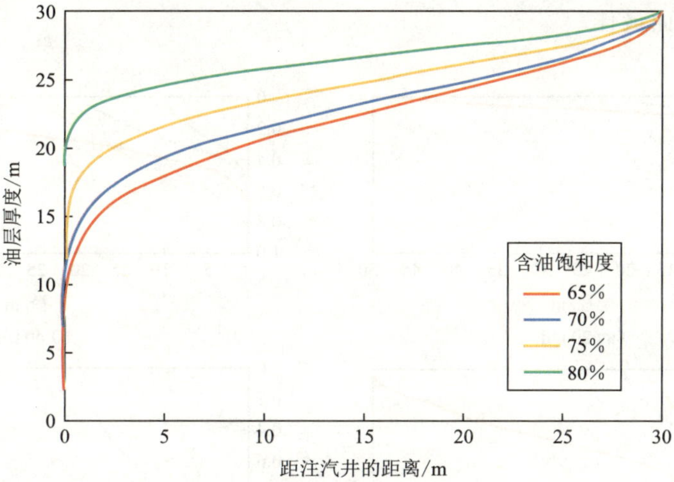

图 8-2-10　不同含油饱和度下的蒸汽腔前缘形态

保持其他条件不变，设计了含油饱和度分别为 61%，63%，65%，68%和 70%时的油藏模型，对比其开发效果(图 8-2-11)。

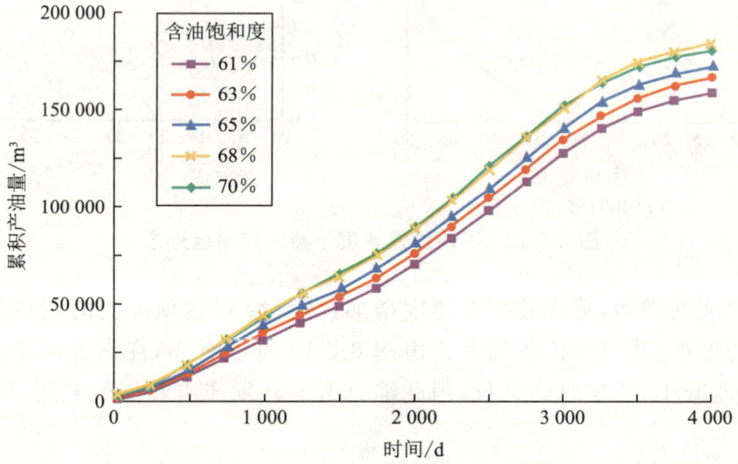

图 8-2-11　不同含油饱和度下的开发效果

综合蒸汽腔前缘形态和开发效果，含油饱和度对于蒸汽腔扩展的影响并不明显，但随着含油饱和度的升高，驱泄复合开发效果变好，当含油饱和度升至70%左右时，注入蒸汽携带的热量能够加热的原油体积达到峰值，累产油增量减少。

5. 注汽速度

蒸汽腔前缘形态与注汽速度有关，注汽速度越大，蒸汽超覆系数越大，蒸汽前缘越平滑；随着蒸汽腔的不断扩展，在较低超覆系数下，蒸汽将倾向于被限制在油藏的顶部流动，蒸汽前缘沿水平方向的倾斜度大，随着蒸汽超覆系数的增大，蒸汽前缘趋向于垂直，原油采收率和油汽比相应增加。对比注汽速度为20 t/d，40 t/d，60 t/d，80 t/d，100 t/d和120 t/d的驱泄复合开发蒸汽前缘形态（图8-2-12）和开发效果（图8-2-13）可知，注汽速度为60～100 t/d时，蒸汽腔前缘界面最佳。

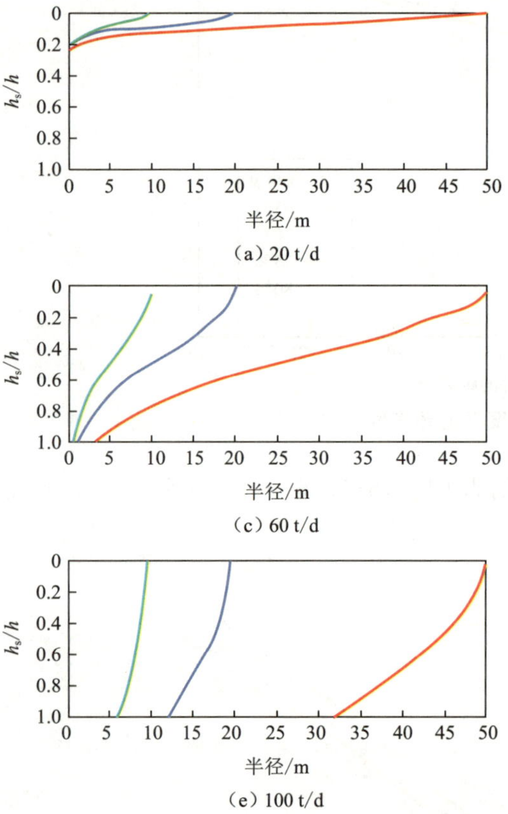

图8-2-12　不同注汽速度下蒸汽腔前缘形态

随着注汽速度的增加，蒸汽腔扩展速度增加，蒸汽腔到达顶部的时间变短，蒸汽腔边界可以接触更多的原油，蒸汽腔体积增大。由图8-2-13可以看出，注汽速度增加，累积产油量增加，而注汽速度减小，开发时间延长，因此综合考虑开发成本和能量利用，优选注汽速度为60～100 t/d。

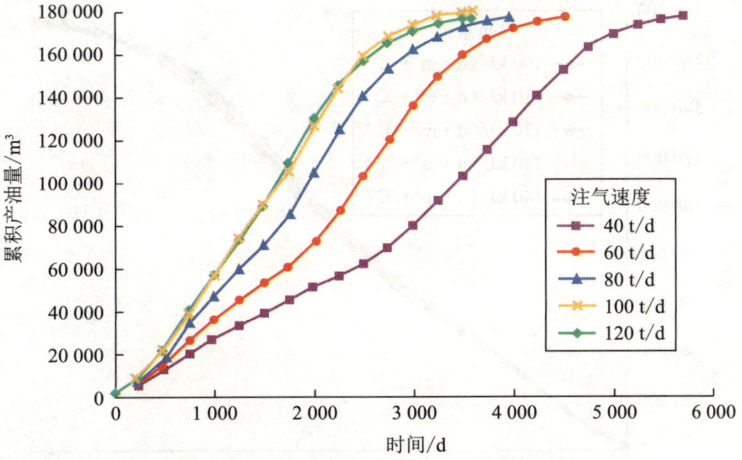

图 8-2-13 不同注汽速度下的开发效果

6. **盖层热损失**

油藏盖层的热损失对蒸汽腔的形成有一定的影响，具体表现在盖层岩石的导热系数上。随着盖层岩石导热系数的提高，热损失增大，蒸汽腔的扩展速度变缓（图 8-2-14）。

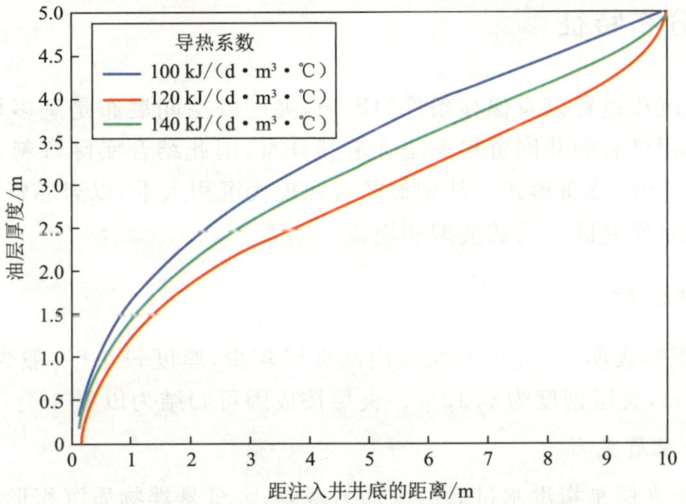

图 8-2-14 不同盖层导热系数下蒸汽腔前缘形态

保持其他条件不变，设计盖层导热系数为 100 kJ/(d・m³・℃)，110 kJ/(d・m³・℃)，120 kJ/(d・m³・℃)，130 kJ/(d・m³・℃)和 140 kJ/(d・m³・℃)时的油藏模型，对比其开发效果（图 8-2-15）。从图中可以看出，盖层热损失对开发效果的影响不大，这是由于蒸汽腔扩展到顶部需要一定的时间，盖层热损失的影响在驱泄复合开发中后期才会显现出来，虽然导热系数变大，但注入地层中的饱和水和干蒸汽的热能并不会减少，因此在注汽参数一定的条件下开发效果基本相同。

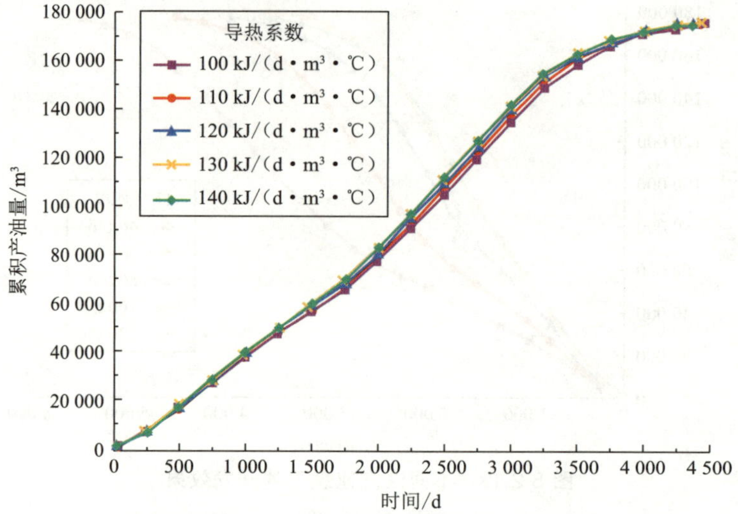

图 8-2-15　不同盖层导热系数下的开发效果

第三节　夹层刻画剩余油表征

一、夹层分布特征

受沉积背景、沉积过程以及保存条件的影响，夹层的空间展布是呈多样性的，加之夹层的规模都较小，利用已有的井网资料无法确定其分布，因此结合实际资料，通过模式认知来预测研究区夹层可能的分布形式。从相似露头和现代沉积入手，以岩芯资料、测井资料和动态资料为依据，确定研究区夹层的类型和规模。

1. 取芯资料分析

取芯井岩芯观察表明，研究区心滩坝内部夹层较少，厚度较小(一般为 10～20 cm)，夹层频率为 0.5 层/m，夹层密度为 0.13%。夹层按成因可归结为以下 4 类：

1）洪水落淤泥质夹层

洪水落淤泥质夹层是指洪水过后因水动力减弱，大量悬浮物质沉积形成的细粒沉积层。此种泥质夹层宽度较大，厚度较小，一般出现在河道复合砂体的顶部。该类泥质隔层多不纯，含有多种粒级的砂质颗粒，且砂质颗粒分布不均，局部砂质颗粒富集成泥质砂岩。泥岩中的层理构造多不明显，反映出洪泛期快速落淤成因的特点。该类夹层厚度较薄，一般为 8～50 cm(图 8-3-1 中的⑦和⑧夹层)，泥质纯净，多为深灰色或灰白色；测井曲线响应明显，电阻率曲线极低回返。

2）蒸发或淋滤钙质沉积夹层

蒸发或淋滤钙质沉积夹层是指在气候干旱条件下，水体大量蒸发使水中钙质发生沉淀析出，形成钙质结核或者钙质砂岩沉积，或者在成岩过程中，孔隙水中的钙质发生淋滤作用，形成钙质沉淀。该类夹层多发育在砂泥的分界面处，经常在一期河道顶部或底部出现，厚度薄，多在 20cm 以内，如图 8-3-1 中⑤⑥⑧夹层所示。

3）河道滞留砂砾岩致密层

河道滞留砂砾岩致密层一般发育在河道底部，属于河流二元结构底部滞留沉积，如图 8-3-1 中①②夹层所示，砾石较粗，砾径在 5～20 mm 之间，大小变化较大，磨圆中等，具有一定的搬运距离，属于辫状河强水动力条件下的产物，内部夹杂细粒沉积，且大小混杂，因而储层物性变差。

4）泥砾层夹层

泥砾层夹层主要由泥砾层组成，由处于早期泥质沉积或堤岸沉积的泥岩经过河流冲刷打碎后再沉积形成。该类夹层泥砾砾径大，大的为 3～10 cm（如图 8-3-1 中⑨夹层），可以出现在河道底部或中部，延伸距离短，具有局部遮挡作用。

以上 4 种夹层都是独立出现的，不同岩性夹层遮挡作用不同，其中泥质类型夹层遮挡作用最强，其次是砾石层，钙质夹层和泥砾层遮挡作用相对较弱。

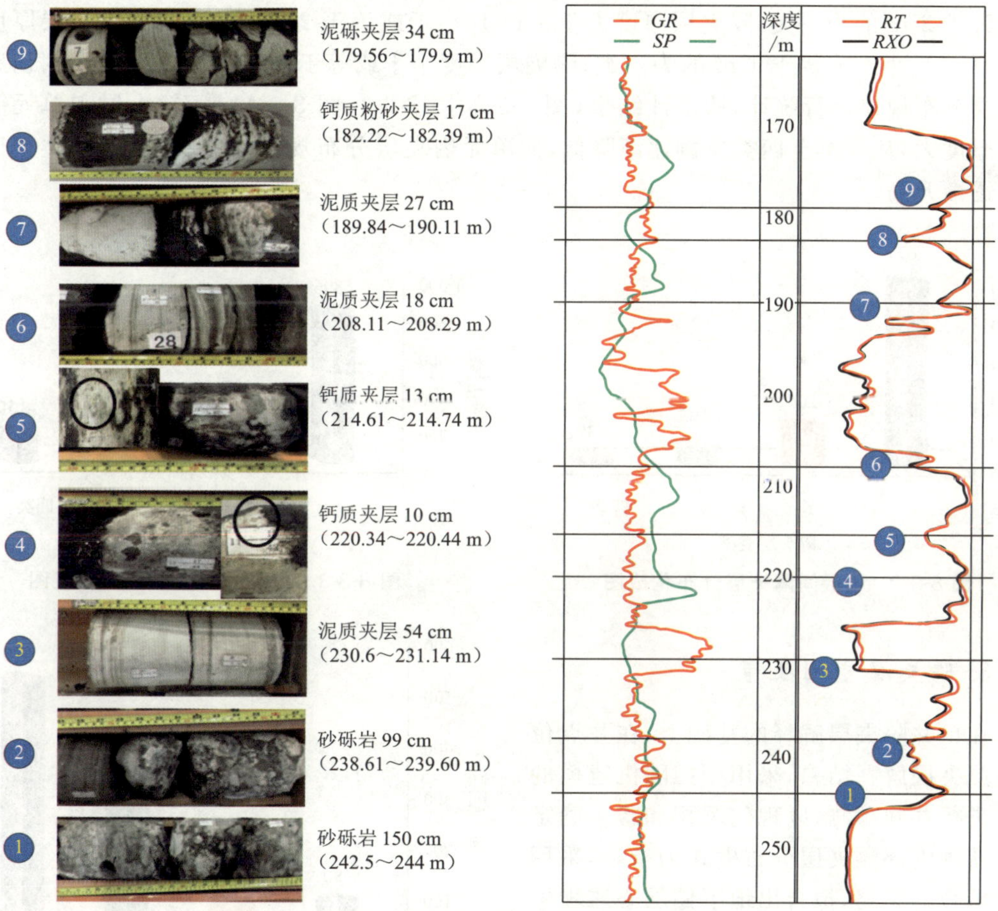

图 8-3-1　DF3037 井取芯夹层岩性类型

2. 测井解释夹层

通过岩电特征分析确定了砂岩厚度划分测井解释界限，建立了岩性解释图版。

利用 14 口取芯井，在岩芯归位和测井曲线归一化处理基础上，选择同一种岩性连续厚度较大、测井响应特征比较稳定的岩芯段，建立岩性-电性关系图，并确定岩性解释模型（表 8-3-1）。

表 8-3-1　重 32 井区齐古组岩性解释模型

岩　性	电阻率/(Ω·m)	声波时差/(μs·m⁻¹)	密度/(g·cm⁻³)
泥　岩	<9		
泥质砂岩	9～20		
中细砂岩	>20	>350	<2.35
砂砾岩	>20	≤350	≥2.35

根据图版对该区的砂岩厚度进行划分，根据岩性解释结果对隔夹层厚度进行计算。先将隔夹层划分 3 个级别（小层间、单元间和单元内），再根据厚度将类型划分为 4 类：隔夹层厚度大于 2 m 的为一类，隔夹层厚度大于 1 m 且小于或等于 2 m 的为二类，隔夹层厚度大于 0.5 m 且小于或等于 1 m 的为三类，隔夹层厚度小于或等于 0.5 m 的为四类。对研究区隔夹层分布规律进行统计，从统计结果（图 8-3-2、图 8-3-3、图 8-3-4）来看，小层和单元间隔夹层厚度大，从一类至四类比例逐渐降低，而单元内夹层分布规律与之相反，从一类至四类比例逐渐升高。

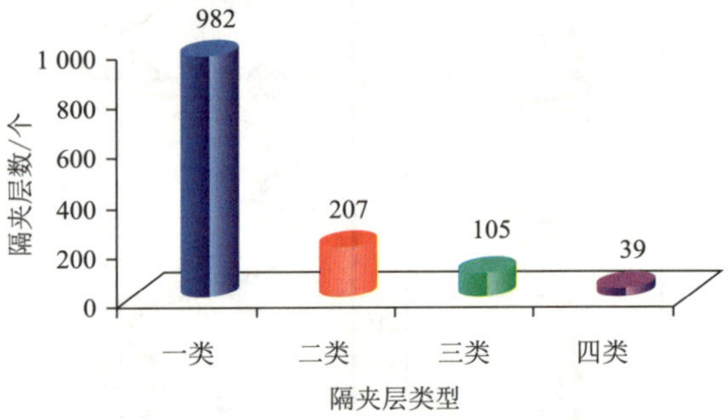

图 8-3-2　小层间隔夹层分布构成图

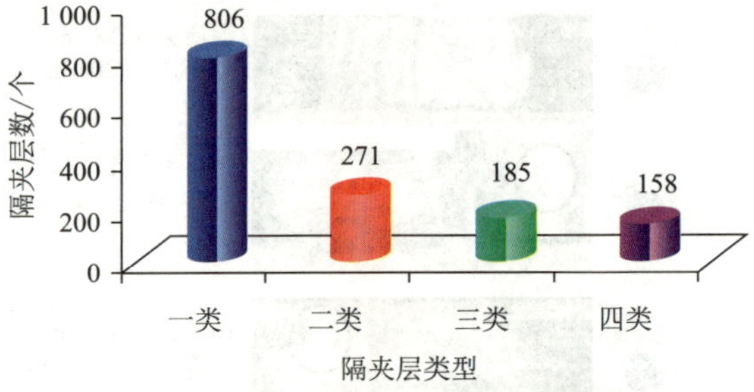

图 8-3-3　单元间隔夹层分布构成图

3. 隔夹层空间展布

在单井隔夹层解释的基础上，在井点位置遵照夹层解释结果，采用相控随机建模的思路进行井间预测，以现代沉积和露头确定的心滩坝内部隔夹层分布模式为指导，采用模式拟合的思路，拟合出地下储层心滩坝中隔夹层和垂积体的分布，在平面上对夹层空间分布特征进行描述。

利用夹层描述成果对研究区隔夹层分布特征进行分析，深化对隔夹层分布特征的

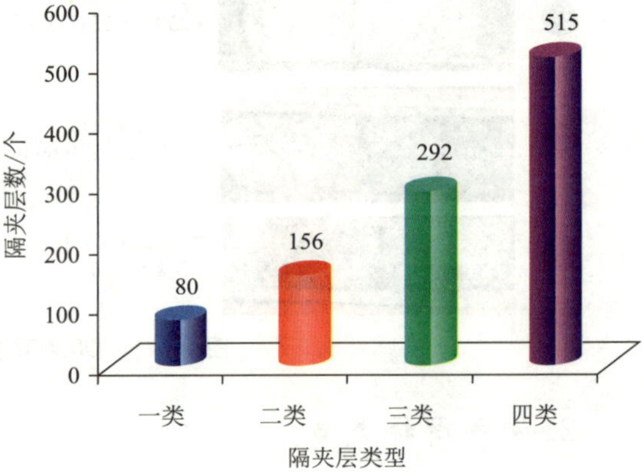

图 8-3-4　单元内隔夹层分布构成图

认识：

(1) 小层间与单元间夹层分布稳定，具有区域遮挡作用。

最稳定的夹层属于小层间夹层，如研究区 $J_3q_2^{2-3}$，J_3q_3 和 $J_3q_2^{2-1a}$ 顶部的泥岩夹层。该类夹层在全区稳定分布，厚度较大，达到 3～8 m，其中大于 2 m 的占比为 73.6%，1～2 m 的占比为 15.5%，起到井间完全遮挡作用(图 8-3-5)

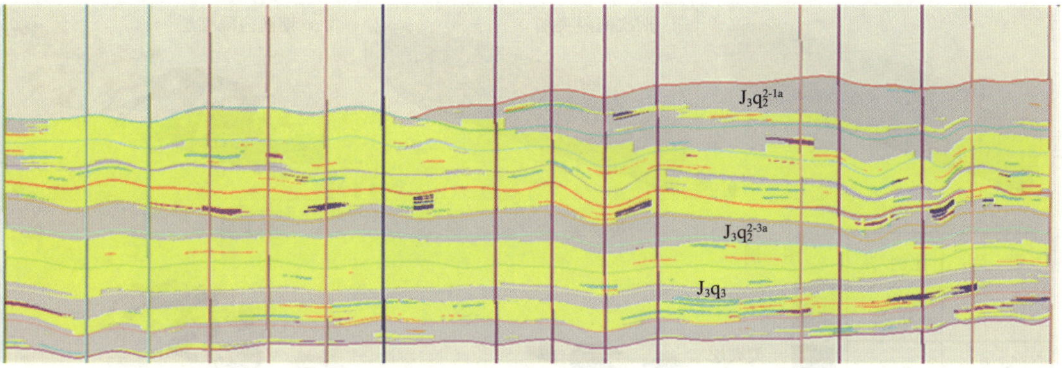

图 8-3-5 小层间夹层分布特征

在沉积期次间的夹层，如 $J_3q_2^{2-3b}$ 和 $J_3q_2^{2-3c}$ 之间的夹层，代表一个期次的沉积，相对稳定，可以在井组间进行对比，可追溯范围在 200 m 以上，厚度变化大(薄厚不等)，但是厚度多在 1 m 以上(图 8-3-6)，其中大于 2 m 的占比为 56.7%，1～2 m 的占比为 19.1%，0.5～1 m 的占比为 13.1%，小于 0.5 m 的占比为 11.1%，且以钙质、泥质、滞留沉积类型为主，具有部分遮挡作用。

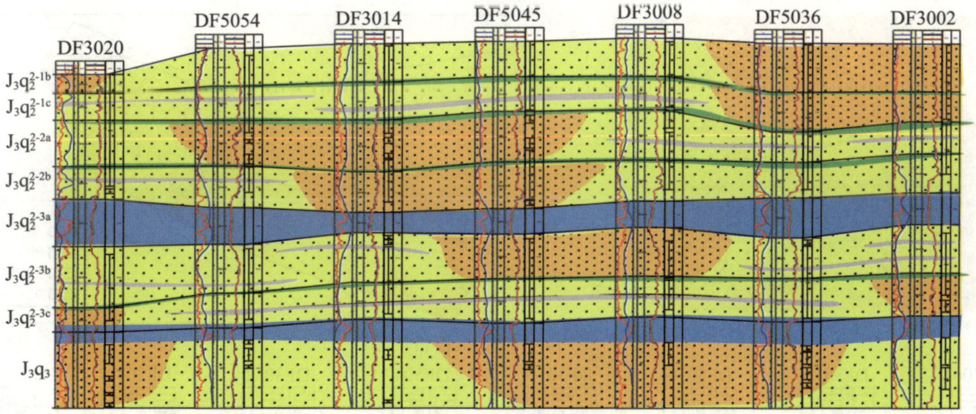

图 8-3-6 沉积期次间隔夹层分布特征

(2) 单元内夹层分布变化形态复杂，具有局部遮挡作用。

期次内夹层主要是洪水过后的落淤层沉积，沉积间断较短，代表不同韵律间的界面，稳定性较差，总体上井间可追溯距离短，夹层形态比较复杂(图 8-3-7)，且不同类型夹层的厚度分布面积不等；厚度变化大，但是厚度多小于 0.5 m，其中小于 0.5 m 的占 49.4%，0.5～1 m

的占 27.9%，1～2 m 的占 1.5%，大于 2 m 的占 0.76%。不同方向夹层的保存程度不同(图 8-3-8、图 8-3-9)，其中，顺水流方向，夹层保存程度好，长度为 40～100 m；垂直水流方向，夹层保存程度差，长度为 30～80 m。

总之，通过重 32 井区齐古组单砂体及其内部构型精细表征，深化了对储层非均质特征的认识程度。在平面上开展单砂体识别研究，精细刻画心滩与辫状河道单砂体分布特征；

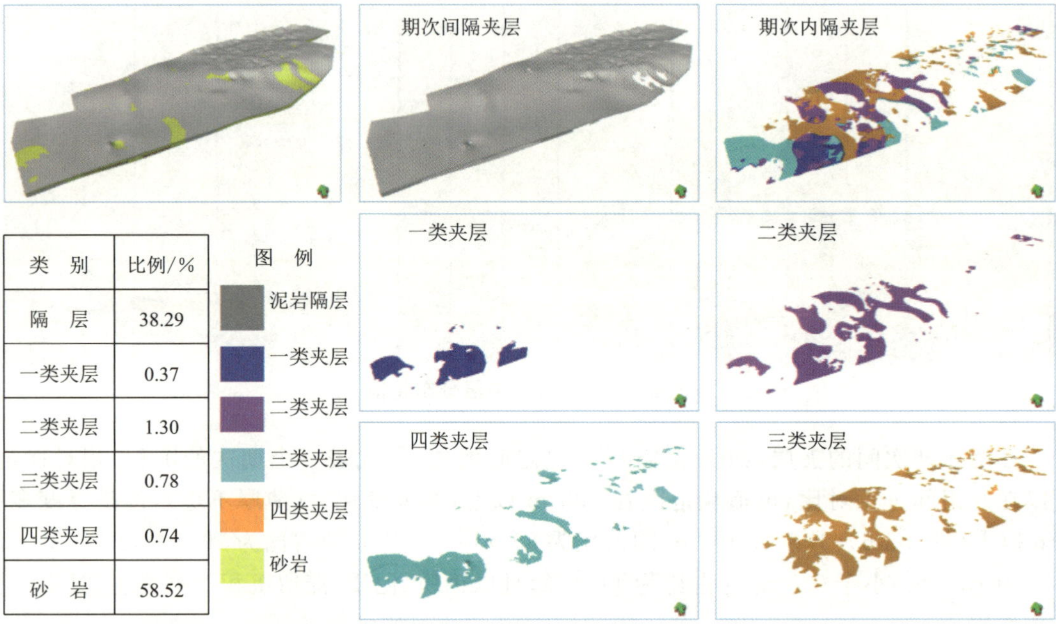

类　别	比例/%
隔　层	38.29
一类夹层	0.37
二类夹层	1.30
三类夹层	0.78
四类夹层	0.74
砂　岩	58.52

图 8-3-7　$J_3q_2^{2\text{-}3b}$ 单元期次内夹层平面分布特征

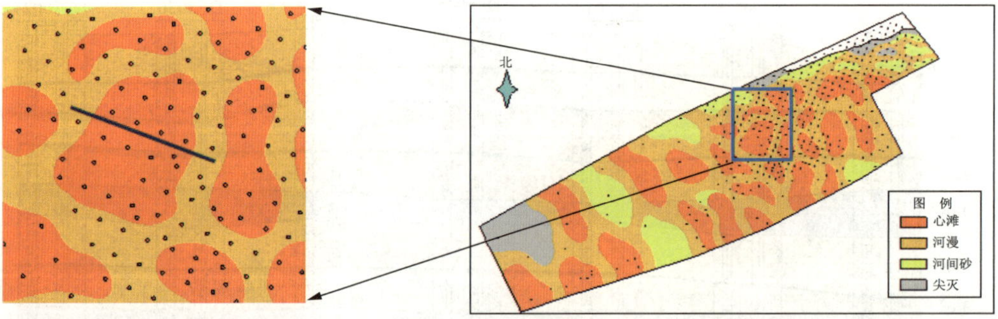

(a) $J_3q_2^{2\text{-}3b}$ 单元沉积相带图

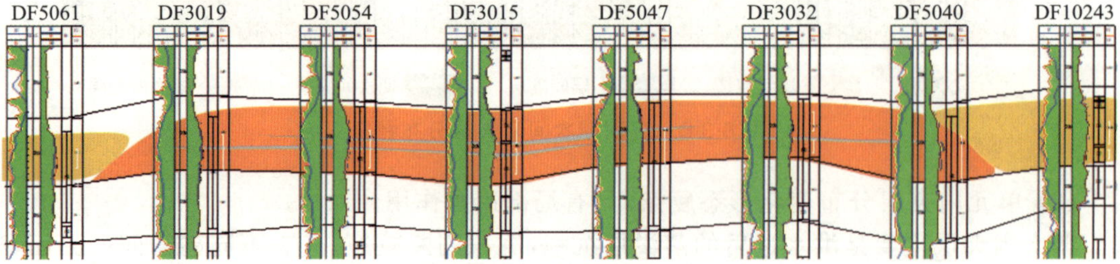

(b) $J_3q_2^{2\text{-}3b}$ 单元沉积相带剖面图

图 8-3-8　顺水流方向夹层分布特征

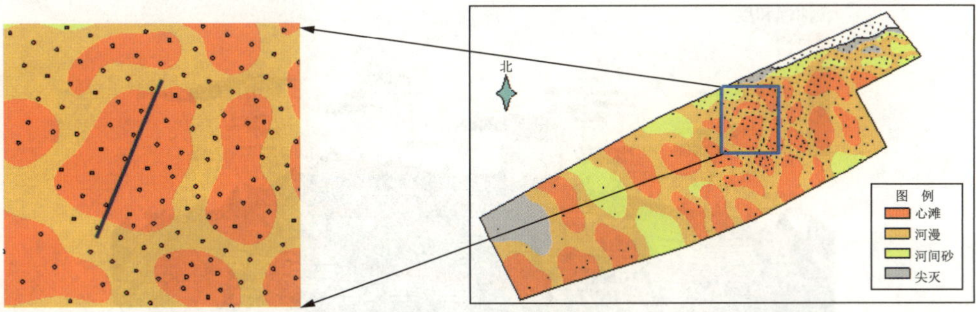

（a）$J_3q_2^{2\text{-}3b}$ 单元沉积相带图

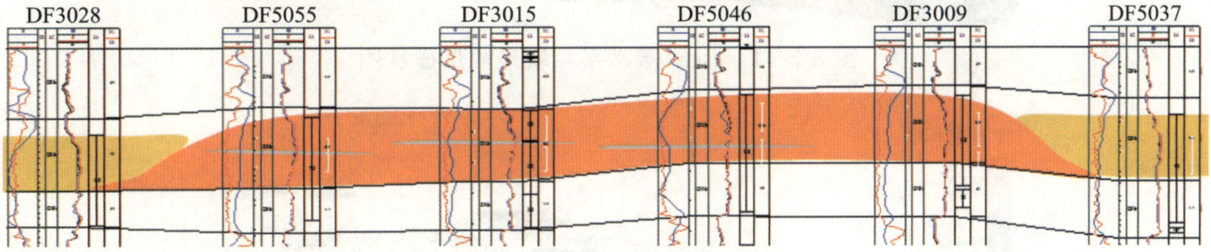

（b）$J_3q_2^{2\text{-}3b}$ 单元沉积相带剖面图

图 8-3-9　垂直水流方向夹层分布特征

在垂向上开展厚油层内部细分结构单元，划分沉积期次，分析隔夹层分布规律；在空间上建立三维地质模型，展现不同级次构型单元间的分布特征，提高了对井间连通注采关系的认识程度，为剩余油分析及层内细分调整与挖潜提供了地质依据。

二、水平井轨迹分析及可视化研究

水平井轨迹空间展布形态主要分为 3 类：第一类轨迹位于油层底部，第二类轨迹在油层中起伏大，第三类轨迹位于油层中上部。

水平井轨迹是否平稳、油层钻遇率高低直接影响水平井的寿命及产量。应用 OilBrowser 系统对全区水平井轨迹及油层钻遇情况进行综合分析及可视化研究，为未来水平井区域综合调整提供参考依据。从分析结果来看，3 套油层水平井的油层钻遇率高，81.9％的井钻遇油层底部位置，轨迹良好，6.6％的井在油层中起伏大，11.5％的井位于油层中上部，为开发调整奠定了物质基础（图 8-3-10～图 8-3-12）。

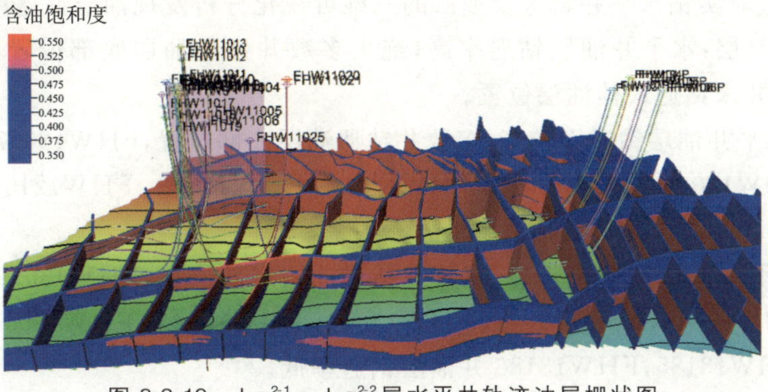

图 8-3-10　$J_3q_2^{2\text{-}1}+J_3q_2^{2\text{-}2}$ 层水平井轨迹油层栅状图

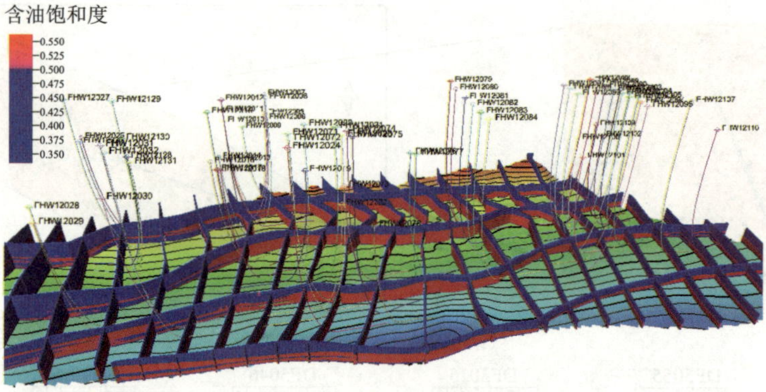

图 8-3-11　$J_3q_2^{2\text{-}3}$层水平井轨迹油层栅状图

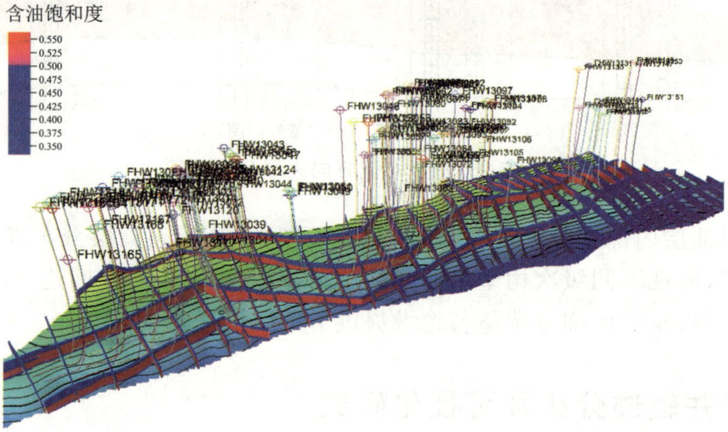

图 8-3-12　J_3q_3层水平井轨迹油层栅状图

利用精细三维地质模型及水平井三维可视化技术，对各油层进行有利区域三维刻画，结合构造、储层的三维空间特征及直井、水平井的空间关系来寻找有利的水平井或直井挖潜区域，从而进一步提高油藏的整体动用程度。

1. 水平段钻遇油层情况

水平井在实钻过程中，油层厚度、构造的变化以及造斜误差等都会造成水平井油层钻遇率低。下面通过对实钻水平井轨迹及油层的三维可视化分析发现油层钻遇率低的水平井。

$J_3q_2^{2\text{-}1}+J_3q_2^{2\text{-}2}$层：水平井油层钻遇率高，绝大多数井钻遇油层底部位置，仅 FHW11005 和 FHW11017 井未钻遇最佳油层位置。

$J_3q_2^{2\text{-}3}$层：水平井油层钻遇率较高，多数井钻遇油层底部位置，FHW12097 井未钻遇最佳油层位置，FHW12009，FHW12015，FHW12017，FHW12078，FHW12105，FHW12125，FHW12135，FHW12170 井油层钻遇率低。

J_3q_3层：水平井油层钻遇率较高，多数井钻遇油层底部位置，FHW13079 井未钻遇最佳油层位置，FHW13042，FHW13043，FHW13044，FHW13045，FHW13066，FHW13161，FHW13182，FHW13185，FHW13186 井油层钻遇率低。

2. 未动用油层分布情况

重 32 井区开发井网复杂，直井、水平井目的层存在差异，地面上井网部署较均匀，但地下各目的层井网存在油藏动用不均匀的现象，通过对各目的层三维构造、有效储层分布及其对应水平井轨迹和直井的可视化研究，发现有利的油藏未动用潜力区域。

$J_3q_2^{2-1}+J_3q_2^{2-2}$ 层：目前共有 481 口直井、20 口定向井、28 口水平井钻遇 $J_3q_2^{2-1}+J_3q_2^{2-2}$ 层油藏，结合 $J_3q_2^{2-1}+J_3q_2^{2-2}$ 层有效厚度分布、油水分布特征等，在 FHW11015 井—FHW11111 井一带的西部及南部，F11113 井—F10128 井一带的北部，F11001 井—DF32160 井—F10256 井—F11040 井—F10240 井—F10195 井区域内，直井目前生产层位为 $J_3q_2^{2-3}$ 和 J_3q_3 层，可以作为上返开采的潜力区（图 8-3-13）。

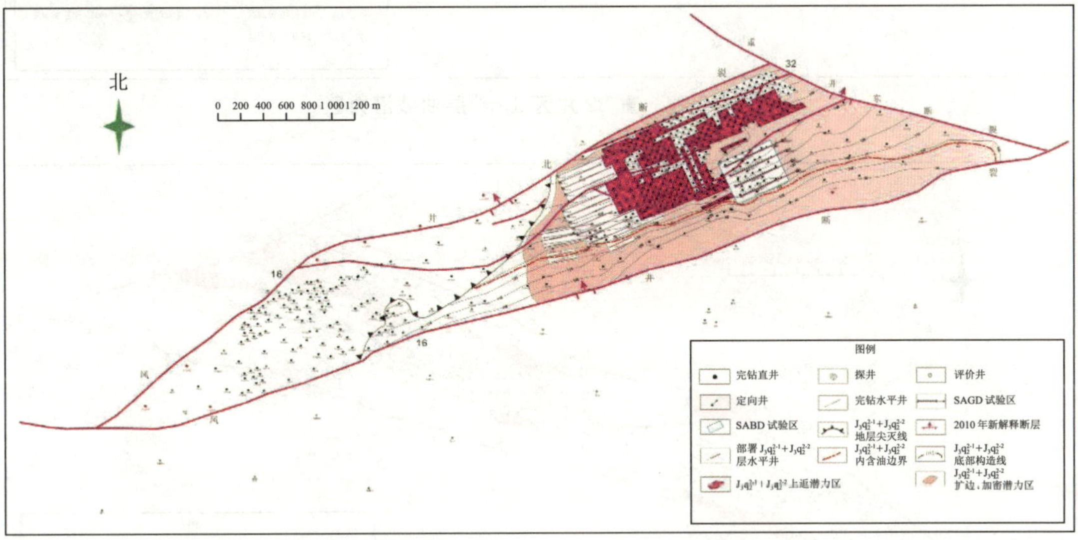

图 8-3-13　重 32 井区 $J_3q_2^{2-1}+J_3q_2^{2-2}$ 层油藏潜力区

$J_3q_2^{2-3}$ 层：目前共有 575 口直井、34 口定向井、69 口水平井钻遇 $J_3q_2^{2-3}$ 层油藏，结合 $J_3q_2^{2-3}$ 层有效厚度分布、储层参数分布特征，在 F10561 井—F10565 井—F10030 井一带的北部、东部，FHW12109 井—FHW12105 井—FHW12184 井一带的北部、东南部都存在进一步的扩边部署区域，且有效厚度大于 5 m。DF32072 井—DF32129 井—DF3054 井—DF5038 井区域内直井目前生产层位为 J_3q_3 层，可以作为上返开采的潜力区（图 8-3-14）。

J_3q_3 层：共有 486 口直井、30 口定向井、107 口水平井钻遇 J_3q_3 层油藏，结合 J_3q_3 层有效厚度分布、储层参数分布特征，FHW13181 井—FHW13172 井—FHW13041 井一带的南部，FD10582 井—F10030 井一带的北部，FHW13085 井—FHW13097 井一带的南部，FHW13090 井—FHW13100 井一带的北部，DF3010 井—DF3048 井—F11053 井—F10220 井区域内，FHW13135 井—FHW13145 井一带的北部，有效厚度大于 5 m，可作为进一步的扩边或加密部署有利区（图 8-3-15）。

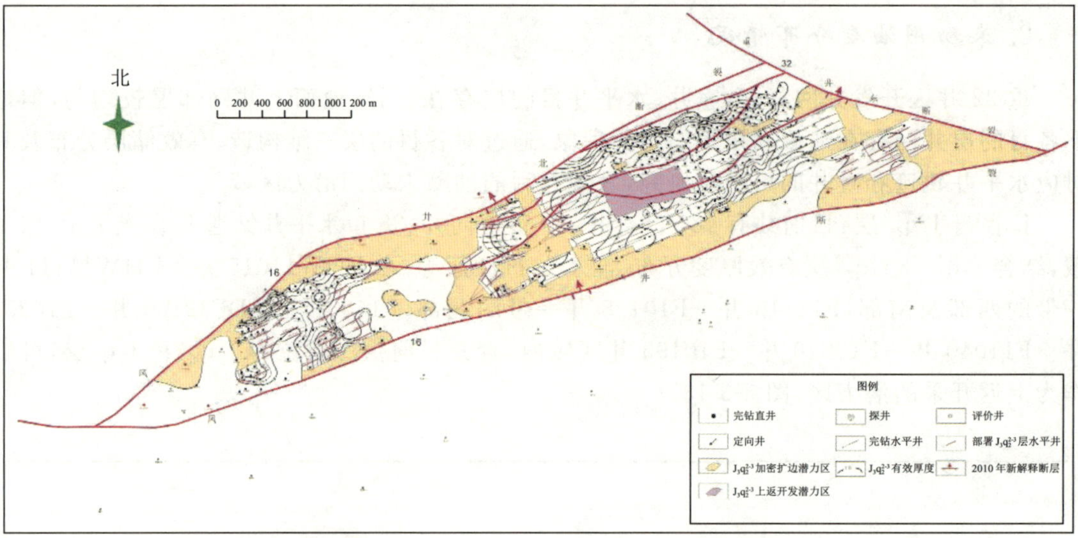

图 8-3-14　重 32 井区 $J_3q_2^{2-3}$ 层油藏潜力区

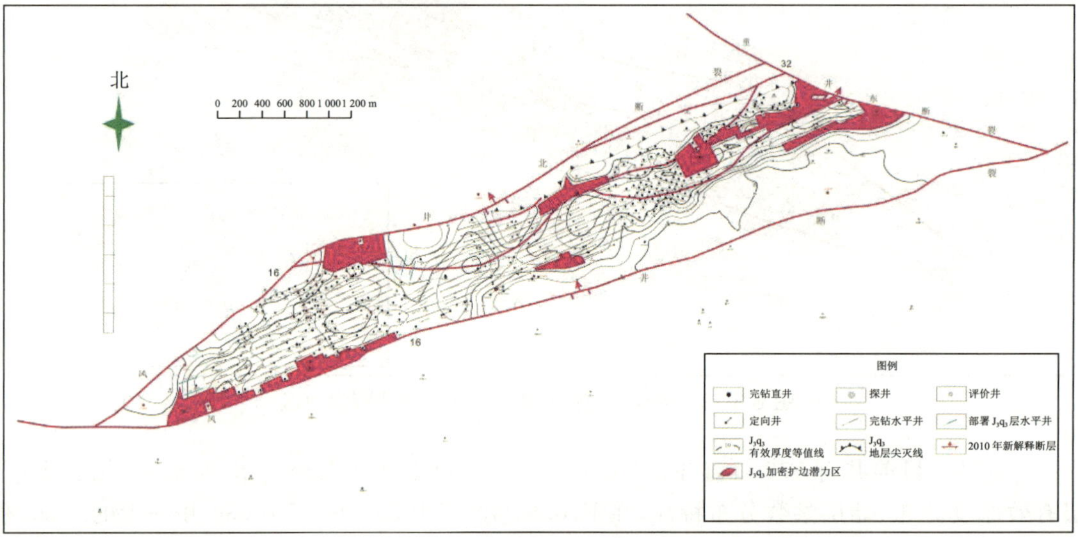

图 8-3-15　重 32 井区 J_3q_3 层油藏潜力区

3. 潜力区域可视化分析

$J_3q_2^{2-1}+J_3q_2^{2-2}$ 层：在 FHW11015 井—FHW11111 井一带西部及南部潜力区，储层岩性变差，泥质砂岩、砂砾岩厚度增加，中细砂岩厚度减薄（图 8-3-16），储层含油性变差，向西部、南部油层减薄，南部油层底部发育边底水。在 F11113 井—F10128 井一带的北部，储层中细砂岩厚度减薄，泥质砂岩、泥岩厚度增加，隔夹层发育，有效储层减薄（图 8-3-17）。F11001 井—DF32160 井—F10256 井—F11040 井—F10240 井—F10195 井区域内储层主要岩性为中细砂岩，油层厚度大且连续发育，垂向未动用程度高，适合上返或水平井加密开发（图 8-3-18）。

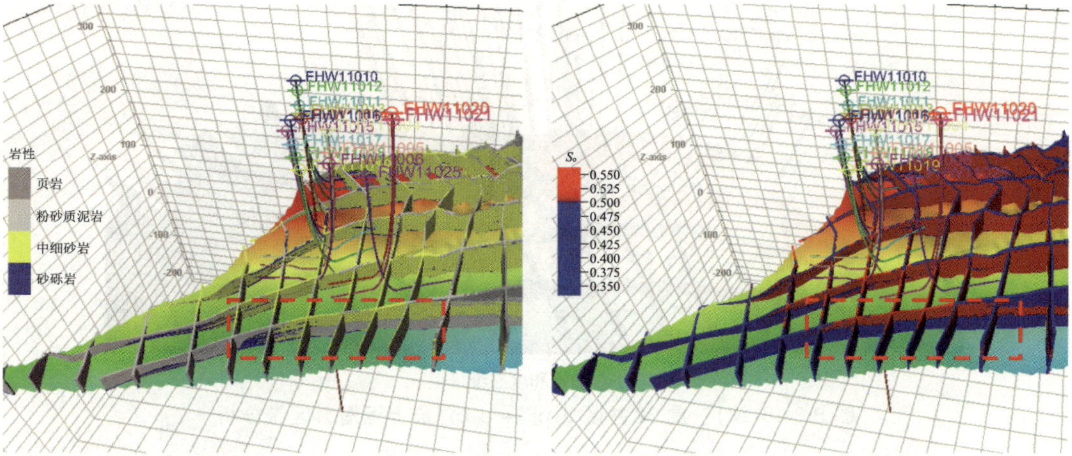

(a) 岩性三维模型　　(b) 含油饱和度三维模型

图 8-3-16 重 32 井区 $J_3q_2^{2-1}$ + $J_3q_2^{2-2}$ 层 FHW11015 井区有利区带分析

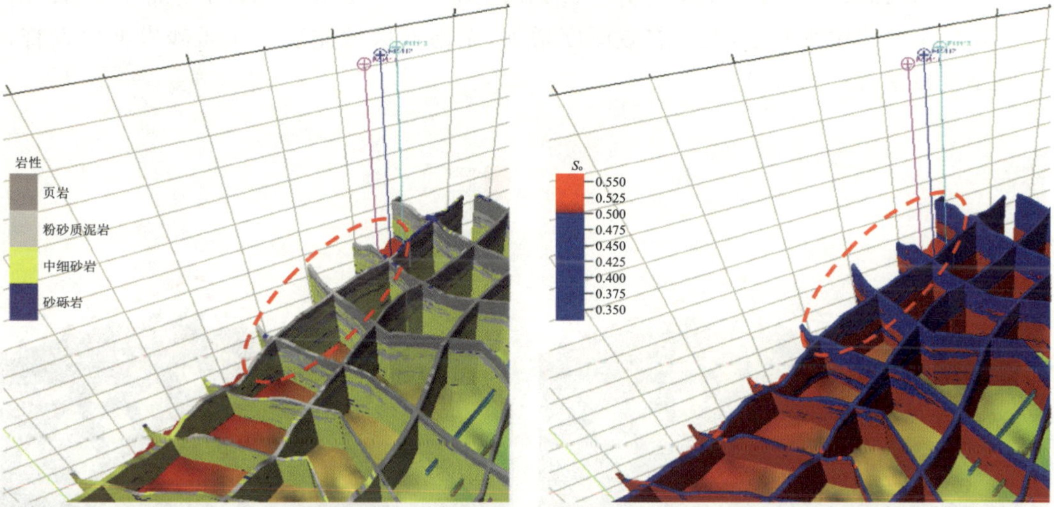

(a) 岩性三维模型　　(b) 含油饱和度三维模型

图 8-3-17 重 32 井区 $J_3q_2^{2-1}$ + $J_3q_2^{2-2}$ 层 F11113 井区北部有利区带分析

(a) 岩性三维模型

图 8-3-18 重 32 井区 $J_3q_2^{2-1}$ + $J_3q_2^{2-2}$ 层上返潜力区带分析

（b）含油饱和度三维模型

图 8-3-18（续） 重 32 井区 $J_3q_2^{2-1}$+ $J_3q_2^{2-2}$层上返潜力区带分析

$J_3q_2^{2-3}$层：在 F10561 井—F10565 井—F10030 井一带的北部、东部潜力区，有效储层厚度有所减薄，且隔夹层发育，尤其是在东部地区泥质砂岩夹层发育普遍，储层岩性主要为中细砂岩（图 8-3-19）。在 FHW12109 井—FHW12105 井—FHW12184 井一带的北部，潜力区储层岩性主要为中细砂岩，储层有效厚度增加，东南部区域储层中泥质砂岩夹层发育，储层有效厚度减薄（图 8-3-20）。

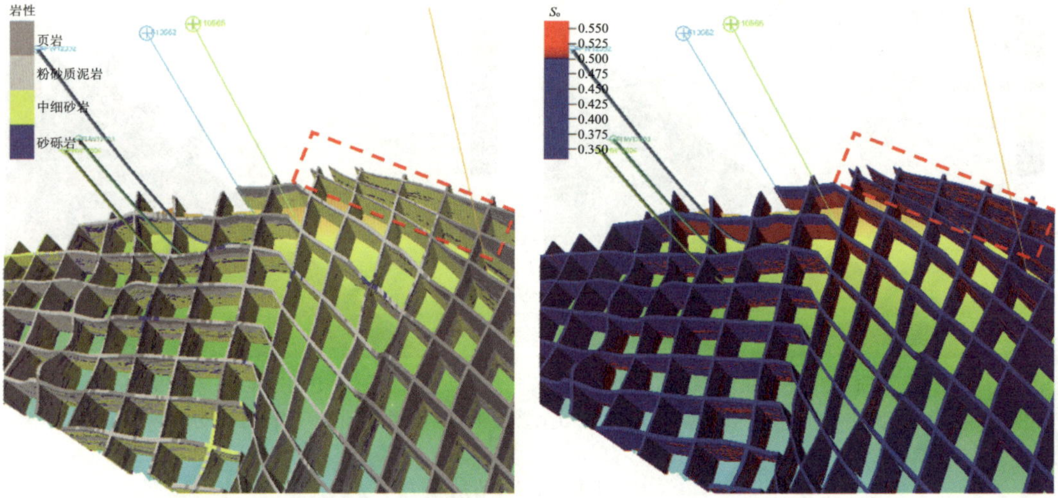

（a）岩性三维模型　　（b）含油饱和度三维模型

图 8-3-19 重 32 井区 $J_3q_2^{2-3}$层 F10565 井区北部有利区带分析

J_3q_3层：在 FHW13181 井—FHW13172 井—FHW13041 井一带的南部至风 16 井断裂区域，储层岩性主要为中细砂岩，泥质砂岩、砾岩夹层发育，储层有效厚度向西南方向减薄（图 8-3-21）。在 FD10582 井—F10030 井一带的北部至风 16 井北断裂区域，储层泥质砂岩夹层发育，油层发育稳定，有效厚度大于 5 m（图 8-3-22）。在 FHW13135 井—FHW13145 井一带的北部，储层岩性主要为中细砂岩，泥质砂岩夹层发育，储层有效厚度大于 5 m（图 8-3-23）。在 DF3010 井—DF3048 井—F11053 井—F10220 井区域内部署的直井开采层位为 $J_3q_2^{2-1}$＋$J_3q_2^{2-2}$和 $J_3q_2^{2-3}$，该区域 J_3q_3油层厚度在 10 m 以上，储层中细砂岩稳定发育，无夹层发育，是较好的加密区域(图 8-3-24)。

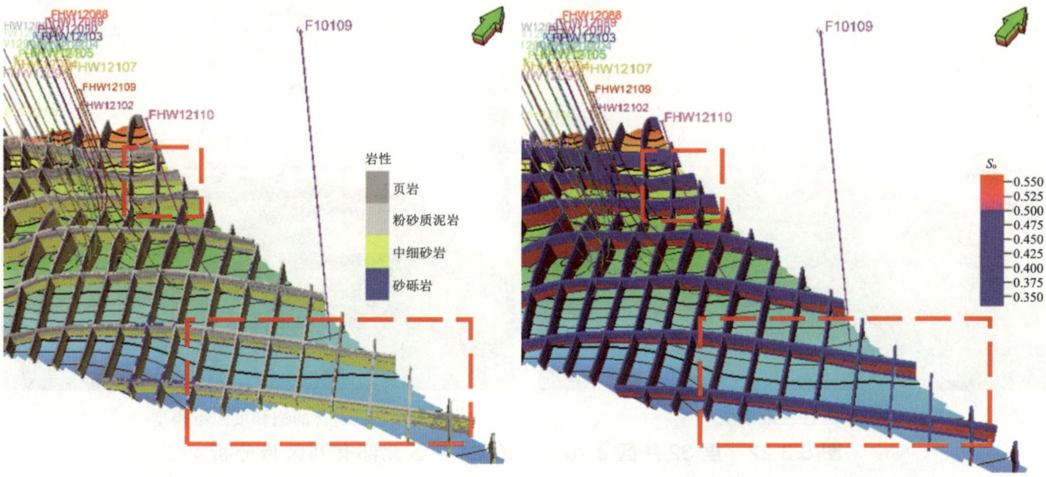

(a) 岩性三维模型　　　　(b) 含油饱和度三维模型

图 8-3-20　重 32 井区 $J_3q_2^{2\text{-}3}$层 FHW12109 井区北、东南部有利区带分析

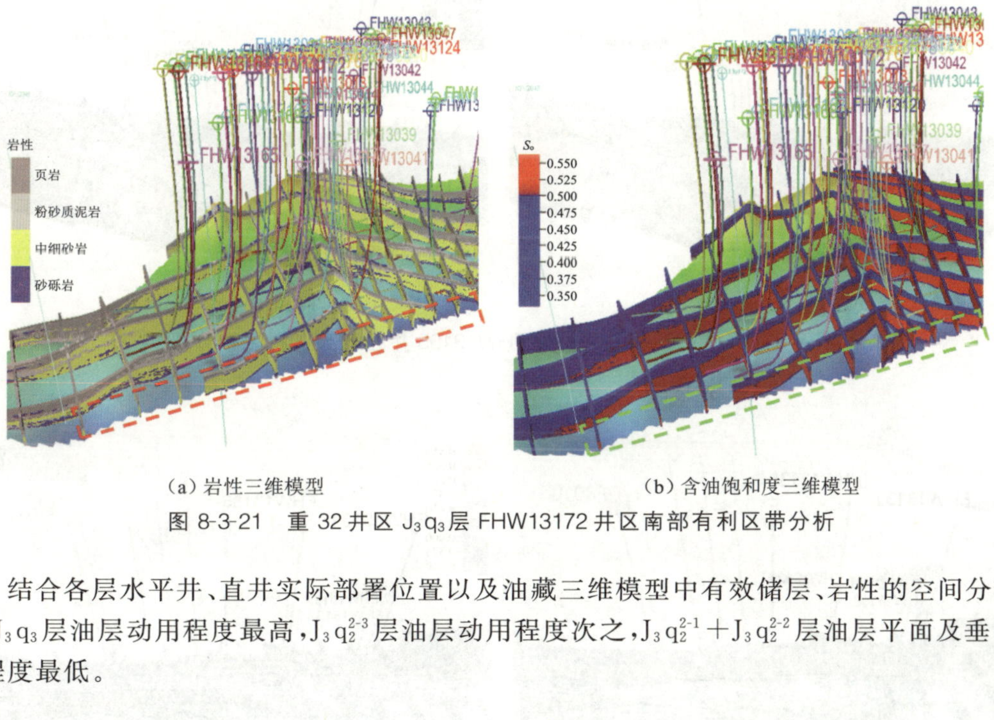

(a) 岩性三维模型　　　　(b) 含油饱和度三维模型

图 8-3-21　重 32 井区 J_3q_3层 FHW13172 井区南部有利区带分析

结合各层水平井、直井实际部署位置以及油藏三维模型中有效储层、岩性的空间分布特征，J_3q_3层油层动用程度最高，$J_3q_2^{2\text{-}3}$层油层动用程度次之，$J_3q_2^{2\text{-}1}+J_3q_2^{2\text{-}2}$层油层平面及垂向动用程度最低。

三、剩余油表征

利用密闭取芯、动态监测、数值模拟等手段，动静结合，明确剩余油的主控因素，揭示蒸汽超覆、沉积韵律对剩余油分布的影响机制，建立井间剩余油“蜂巢状”分布模型；集成创新了砂砾岩油藏蒸汽吞吐后期高度分散剩余油的平面、纵向多维定量表征技术，实现“平面到空间、定性到定量”的跨越；集成密闭取芯、动态监测、精细建模、数值模拟等技术，形成蒸汽

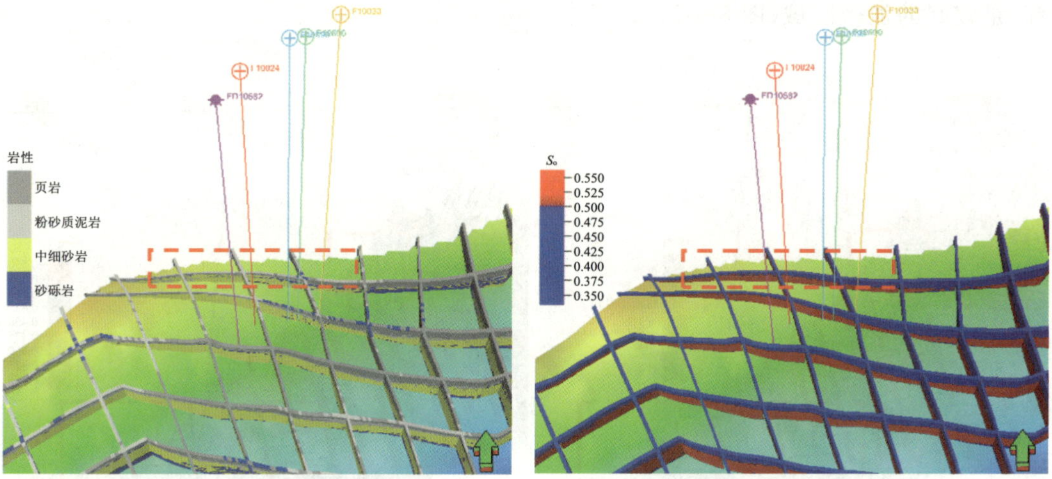

（a）岩性三维模型　　（b）含油饱和度三维模型

图 8-3-22　重 32 井区 J_3q_3 层 F10024 井区北部有利区带分析

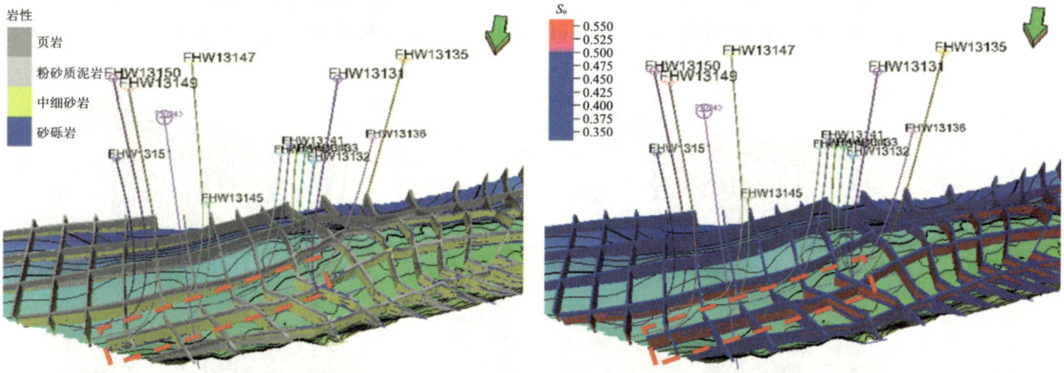

（a）岩性三维模型　　（b）含油饱和度三维模型

图 8-3-23　重 32 井区 J_3q_3 层 FHW13135 井区北部有利区带分析

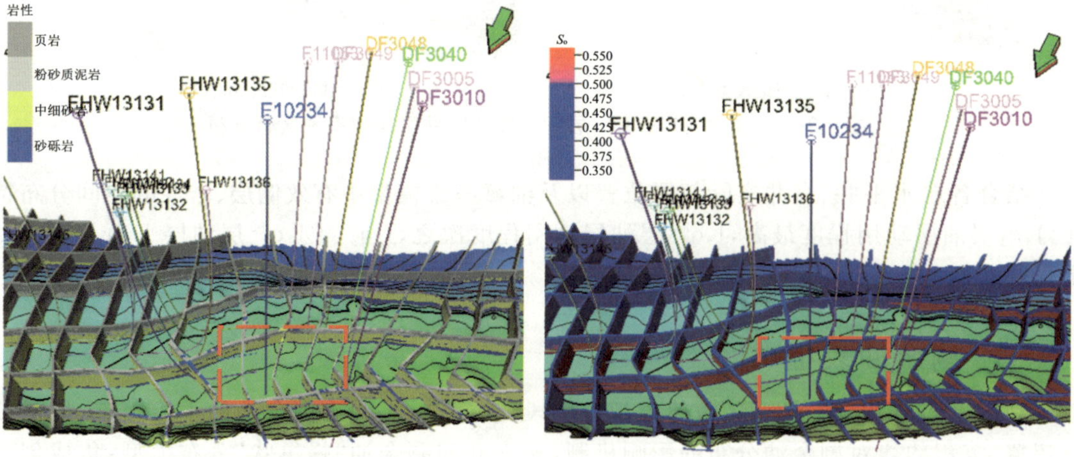

（a）岩性三维模型　　（b）含油饱和度三维模型

图 8-3-24　重 32 井区 J_3q_3 层 DF3010 井区有利区带分析

吞吐后剩余油准确识别与精细定量表征方法，建立沉积韵律控制下的浅层超稠油蒸汽吞吐后剩余油分布模式，指导浅层超稠油蒸汽吞吐转驱泄复合井网部署、层系优化与重组。

1. 密闭取芯技术

密闭取芯技术是进行剩余油研究的主要手段之一。通过岩芯样品分析，可以较准确地求取不同动用程度油层的剩余油、水饱和度数据，较准确地认识不同油层蒸汽的热采波及范围(水洗或降压)，研究油层动用程度与其物性、岩性、沉积微相、周围井生产状况的关系及不同层位岩性相带的水洗特征，确定剩余油的宏观分布规律和微观赋存状态。

通过取芯井油、水饱和度研究，基本确定单井纵向上的剩余油分布，再以取芯井为核心，通过取芯井单井沉积相分析，结合所在井组的沉积相、井组连通关系等基本地质研究以及井组内油井生产动态分析、动态油井测井、测试监测等，综合确定井组内的剩余油分布，为区块整体剩余油研究奠定基础。

研究表明，在 50 m×70 m 反九点井网条件下，注蒸汽开采 3～8 年后，蒸汽波及范围十分有限，动用半径小于 25 m。

2. 动态监测技术

从重 32 井区吸汽、产液资料分析结果(图 8-3-25)来看，在蒸汽吞吐开发阶段，井筒附近各油层均能得到动用，但由于各层物性条件的差异及生产过程中蒸汽超覆的影响，油层在纵

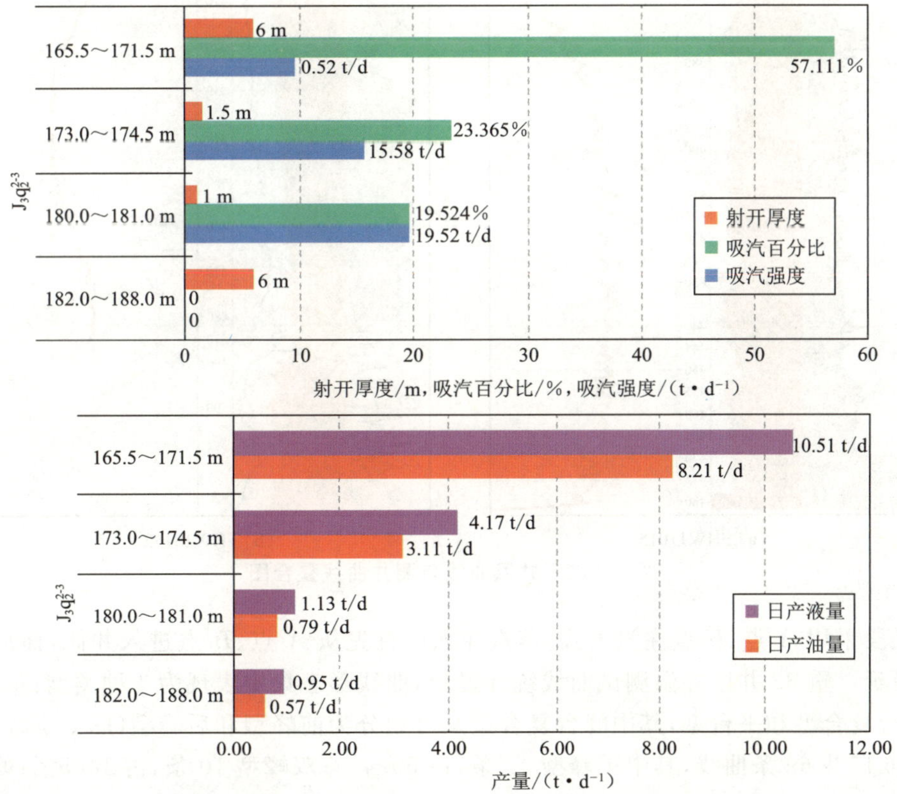

图 8-3-25　重 32 井区 F10169 井吸汽、产液剖面图

向上的动用程度差异较大，上部的吸汽百分比和产液百分比高于下部，油层下部剩余油含量高于油层上部。

从水平井井温曲线与水平段测井曲线叠合图（图 8-3-26）来看，水平段吸汽程度受物性差异影响，物性好吸汽量大，物性差吸气量小，因此物性差异是影响水平段动用不均的一大因素。

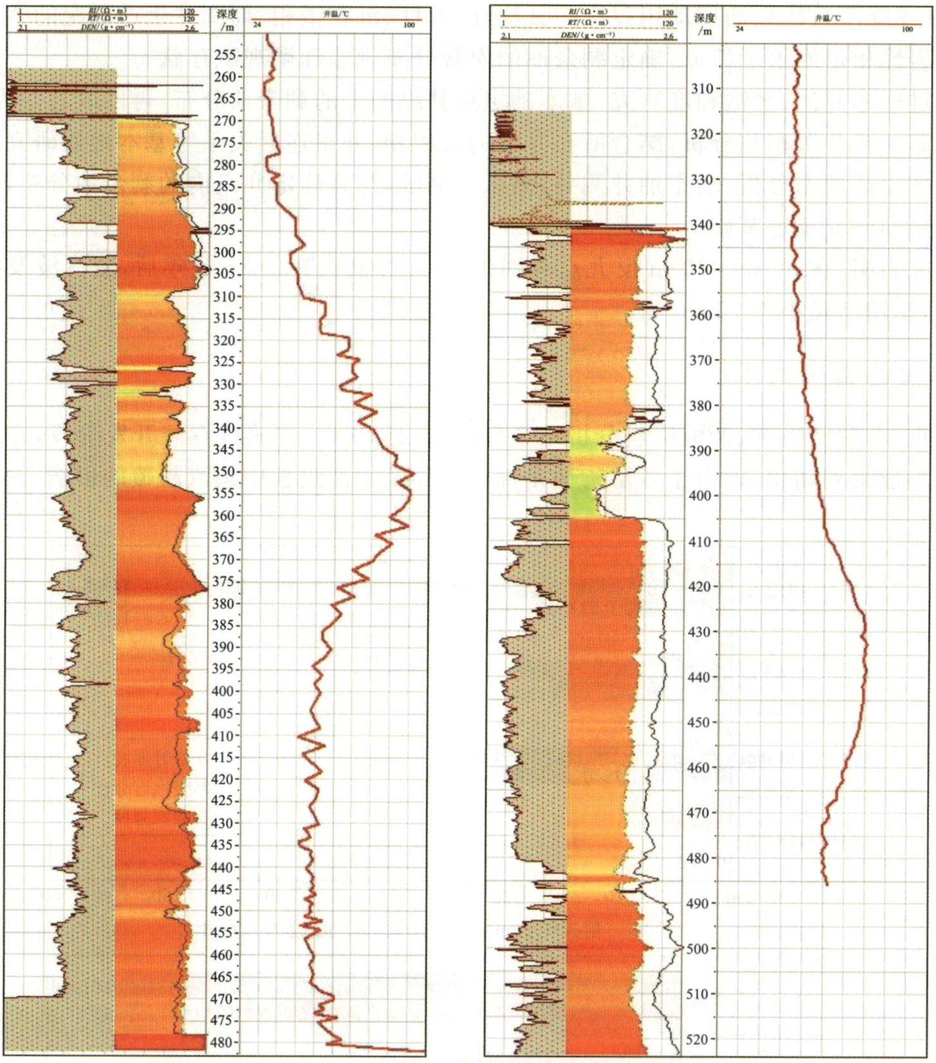

（a）FHW11015　　（b）FHW13142

图 8-3-26　井温曲线与测井曲线叠合图

水平段采用 A 点、B 点注汽方式，蒸汽注入后首先从 A 点、B 点进入井筒，而后从两端向中部漫延。重 32 井区井温测试曲线统计显示，曲线形态集中表现为 4 种类型：单峰型、双峰型、峰台复合型和平台型，其中峰台复合型又可划分为前峰型和后峰型（图 8-3-27）。目前共统计 36 口井 69 条曲线，其中单峰型 41 条，占 59.4%；双峰型 10 条，占 14.5%；峰台复合型 5 条，占 7.3%；平台型 13 条，占 18.8%。

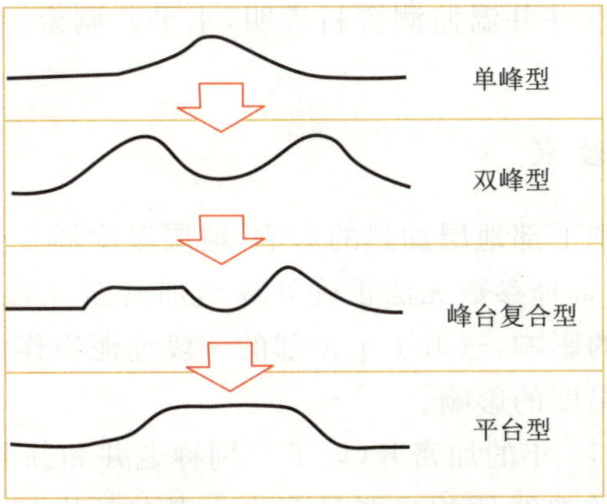

图 8-3-27　4 种井温曲线型态

统计波峰在水平段出现的位置，结果见表 8-3-1。从表中可以看出，波峰主要出现在主管出汽口和副管出汽口，分别占 25.8%和 54.5%，水平段温度扩展表现出"哑铃状"形态。

表 8-3-1　井温曲线波峰出现位置统计

波峰出现位置	单峰型曲线/条	双峰型曲线/条	峰台复合型曲线/条	平台型/条	总计/条	百分比/%
主管出汽口	7	5	1	4	17	25.8
副管出汽口	24	3	3	6	36	54.5
主副管出汽口之间	1	1	1	10	13	19.7

观察井 FZI107 在平面上靠近 $J_3q_2^{2-3}$ 层 FHW12081 井 *A* 点，井温显示 *A* 点附近井温较高(图 8-3-28)，动用程度较高；FZI108 观察井在平面上靠近 FHW12081 井水平段中部，温度相对 *A* 点低(图 8-3-29)，动用程度较低。

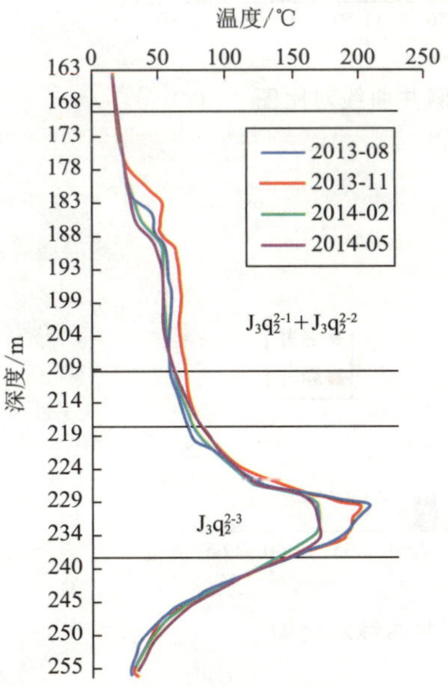

图 8-3-28　观察井 FZI107 井温曲线图

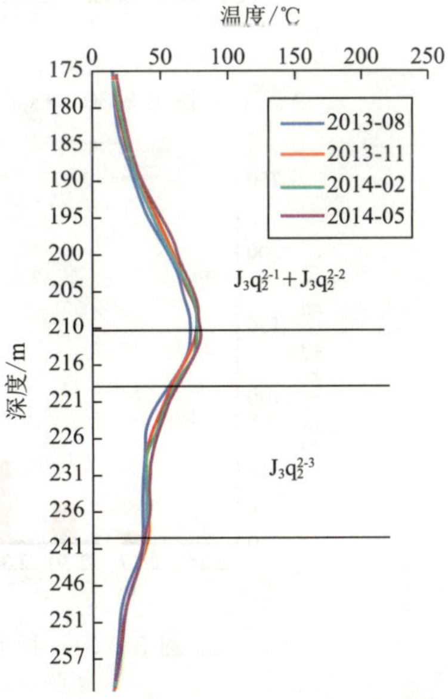

图 8-3-29　观察井 FZI108 井温曲线图

水平段井温测试及观察井井温监测资料表明，水平井剩余油富集区位于 A 点、B 点以外水平段物性差的区域。

3. 水淹层测井解释技术

老区加密区域由于受到下部地层加热的影响，地层温度场发生变化，导致地层流体电阻率发生变化，原含油饱和度解释参数无法正确计算出加密新井含油饱和度。为消除地层流体温度变化对测井曲线值的影响，选取 J_3q_3 顶部的一段纯泥岩作为标准层段，通过对比该标准层段的测井曲线来分析温度的影响。

2007 年的开发井与 2015 年的加密井（以下分别称老井和新井）密度测井曲线值和电阻率测井曲线值与标准层段的曲线值相比明显变小。老井标准层段电阻率曲线分布范围为 7.0～13.5 Ω·m，新井电阻率曲线分布范围为 1.5～7.0 Ω·m（图 8-3-30）；密度曲线同样存在一定程度的偏移，老井密度分布范围为 2.40～2.45 g/cm³，新井密度分布范围为 2.30～2.35 g/cm³（图 8-3-31）。电阻率测井曲线和密度测井曲线出现偏移的原因是经过长期蒸汽吞吐开发，标准层段地层被加热，导致地层流体性质发生变化。

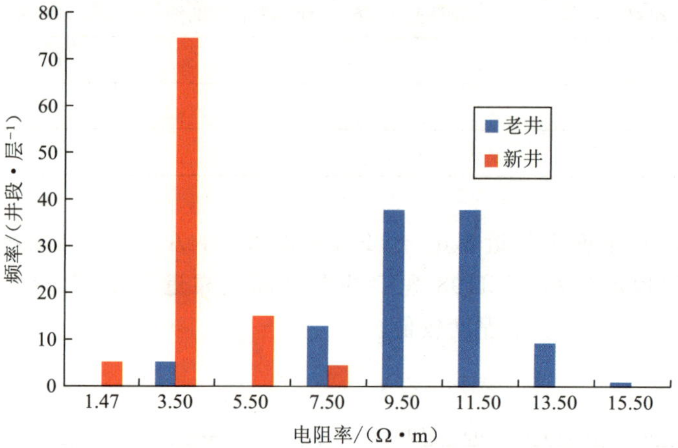

图 8-3-30　标准层段电阻率测井曲线对比图

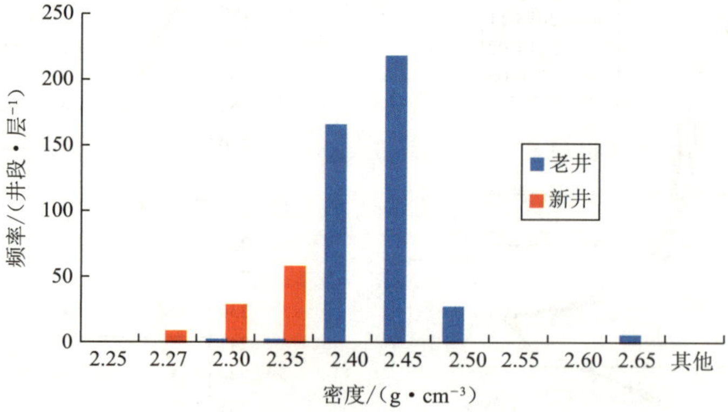

图 8-3-31　标准层段密度测井曲线对比图

通过测量井温曲线，计算相同深度点的地层温度变化量。以新井邻井标准层的密度测井曲线值为基准量，计算该井相同标准层密度曲线相对于基准量的变化量。拟合标准层地层温度变化量与密度测井曲线变化量的关系，获得不同温度下密度测井曲线值的矫正量，从而消除温度对密度测井曲线的影响。同理，计算该井相同标准层电阻率测井曲线相对于基准量的变化量，拟合标准层地层温度变化量与电阻率测井曲线变化量的关系，获得不同温度下电阻率测井曲线值的矫正量，从而消除温度对电阻率测井曲线的影响（图 8-3-32、图 8-3-33）。

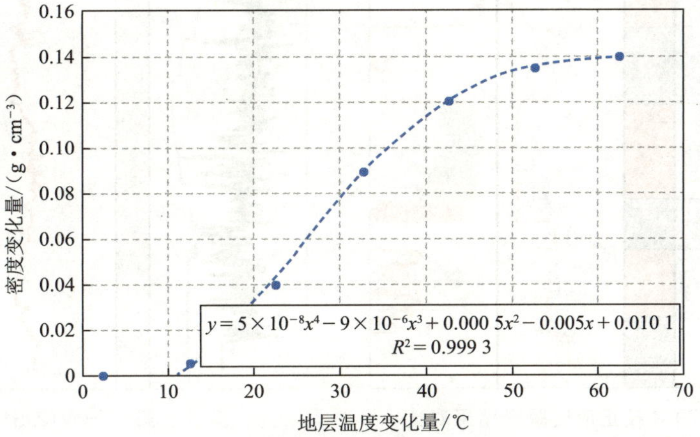

图 8-3-32　密度变化量随地层温度变化关系

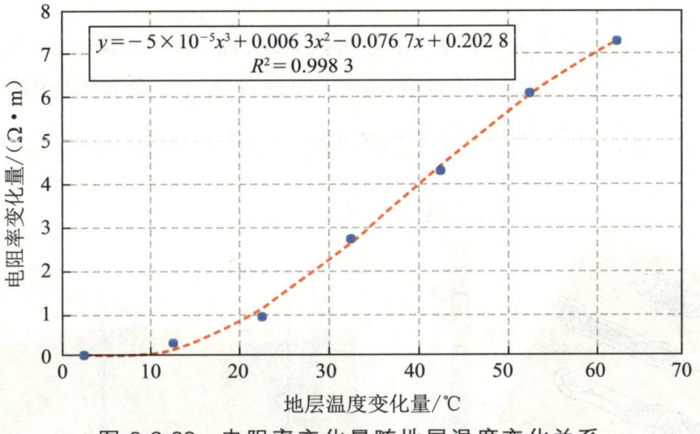

图 8-3-33　电阻率变化量随地层温度变化关系

从校正后的含油饱和度结果（图 8-3-34）来看，校正电阻率明显高于实测电阻率，校正后计算的含油饱和度明显高于未校正计算的含油饱和度，与油层原始含油饱和度相符。

水平井蒸汽吞吐 10 轮后，井间加密新水平井，新钻水平井位于原水平井井间 30 m 处，垂向上水平段比原水平段高出 5 m。新钻水平井测井资料显示，电阻率平均为 30 Ω·m，地层温度平均为 50 ℃，最高为 57 ℃，说明井距为 60 m 时水平井井间油层略微被加热，但未被动用，剩余油潜力较大（图 8-3-35）。

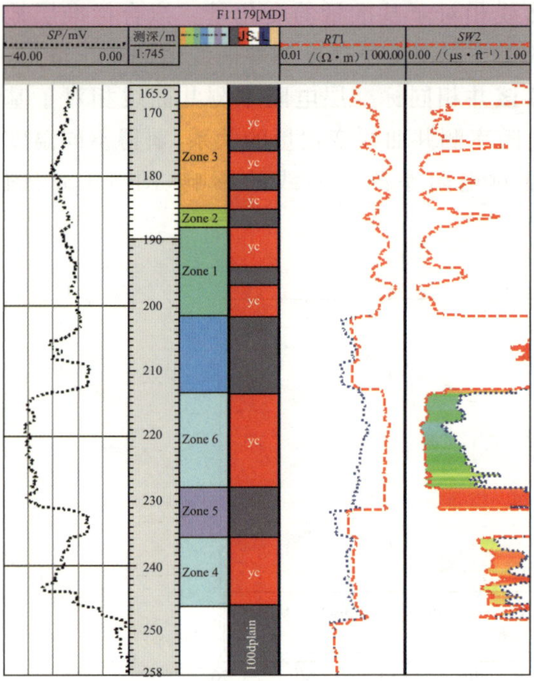

图 8-3-34 F11179 井校正前后解释结果对比

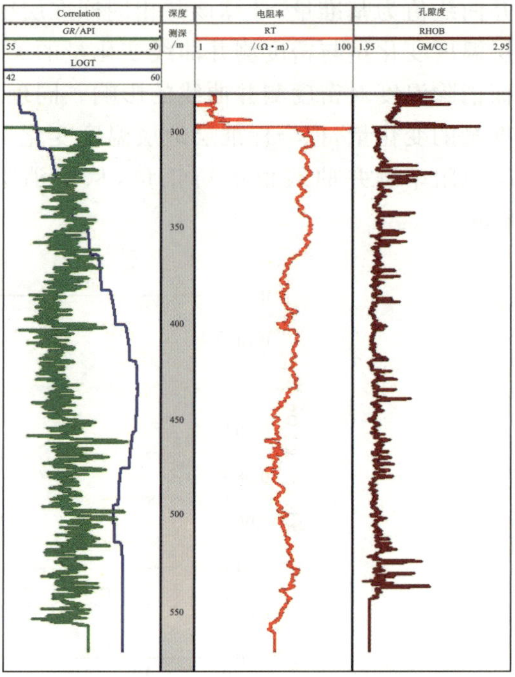

图 8-3-35 FHW12251 井测井曲线

4. 数值模拟方法定量计算剩余油位置及含量

数值模拟技术自 20 世纪 80 年代开始在克拉玛依油田九区稠油开发过程中进行应用，主要通过数值模拟模型的建立和历史拟合，分析加热半径、剩余油饱和度分布等，从而分析剩余油在平面和纵向上的分布规律(图 8-3-36)。

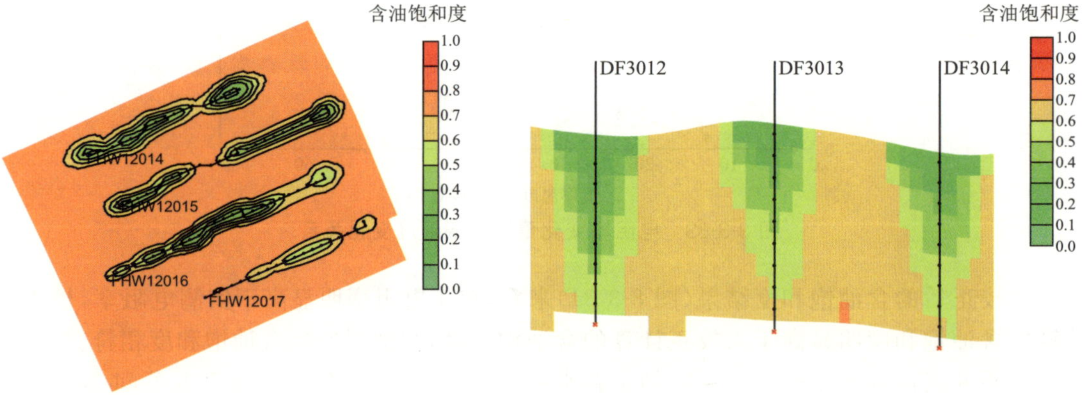

(a) (b)

图 8-3-36 重 32 井区平面及纵向含油饱和度场图

利用以上分析手段，明确了剩余油的主控因素。

(1) 平面剩余油分布规律及影响因素。

平面剩余油分布主要受油层平面非均质性控制，也就是受沉积微相、非均质、汽窜通道、原油黏度、井网等条件的影响。

(2) 纵向剩余油分布规律及影响因素。

垂向非均质性主要有层内和层间两种。层内剩余油的分布受层内非均质性的控制，也就是与渗透率、韵律、层内夹层等因素密切相关；层间渗透率级差和层间隔层导致层间明显的非均质性，对层间剩余油的存在有重要影响。

① 对于正韵律油层，受蒸汽超覆的影响，近井筒处水淹较均匀，而远井筒处以下部水淹为主，上部水淹差，注蒸汽波及效果差。剩余油主要分布在油层顶部及非强洗段。

② 对于反韵律油层，注蒸汽后，近井筒处上部水淹严重，而远井筒处下部蒸汽吞吐效果差，水淹不严重。

③ 对于复合韵律油层，注蒸汽后，水淹规律兼有正、反韵律油层水淹的特点；储层岩性越均匀，水淹波及范围越大。

不同沉积微相对蒸汽波及范围的影响不同。沿着主河道方向蒸汽（热水）推进速度快，在生产中表现为河道主流线方向上油井汽窜干扰严重；河道砂体内部的相对高渗透率段多在中上部，是蒸汽突进的主要层段，主力储层仅中上部得到有效动用。

5. 剩余油分布规律

1) 直井剩余油分布情况

从数值模拟得到的含油饱和度分布情况来看，直井井筒周围动用程度较高，剩余油平面上呈“蜂巢”状分布，纵向上存在“三角”死油带。

$J_3q_2^{2-1}+J_3q_2^{2-2}$层剩余油饱和度普遍较高，均在70%左右，多数区域没有动用，在平面上个别井点井筒附近10 m左右剩余油饱和度约为40%，多数井点剩余油饱和度在60%以上。

$J_3q_2^{2-3}$层平面上近井地带10～15 m动用较好，剩余油饱和度为10%～25%，井间剩余油饱和度较高；纵向上主要表现为油层上部动用程度较高，含油饱和度下降幅度达到40%，而中下部含油饱和度下降幅度较小，不到5%。

J_3q_3层井筒附近20 m左右剩余油饱和度为20%～40%；井网不完善区及角井间剩余油饱和度较高，一般为50%～60%，相邻井间的上部已形成高含水条带，剩余油呈孤立丘状；纵向上，油层中、上部动用程度较高，而下部含油饱和度下降幅度略小（图8-3-37）。

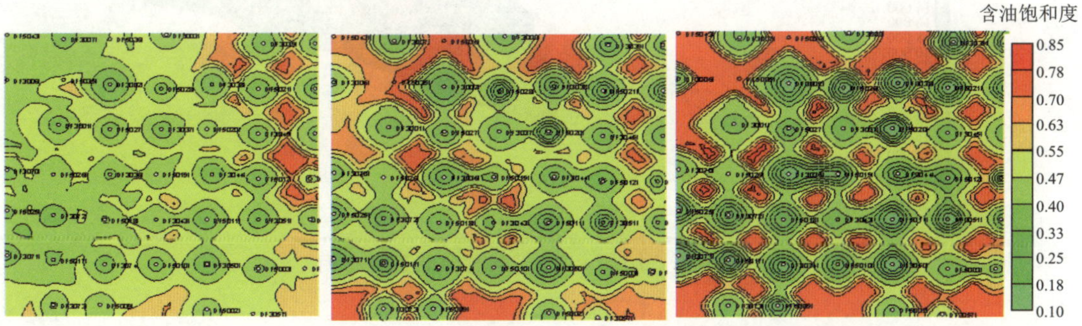

(a) 上部　　(b) 中部　　(c) 下部

图 8-3-37　直井剩余油饱和度数值模拟图

2）水平井剩余油分布情况

数值模拟结果显示，$J_3q_2^{2\text{-}1}$+$J_3q_2^{2\text{-}2}$层多数区域未连通，剩余油饱和度普遍较高，平面上油层动用呈“串珠”状，近井筒地带 10～20 m 处动用情况不等，动用好区域的剩余油饱和度降到 50%～60%；纵向上动用了近井筒地带并随井轨迹的变化而变化。

$J_3q_2^{2\text{-}3}$层近井处 10～20 m 剩余油饱和度为 30%～60%，井间区域未动用，处于原始含油饱和度状态；纵向上，水平井上部动用效果好于下部，部分井段受储层物性好的影响，吸汽能力较好，剩余油饱和度降到 50%左右。

J_3q_3层剩余油饱和度普遍较高，平面上油层动用呈“串珠”状，近井筒地带 10～30 m 处动用情况不等，动用好的区域剩余油饱和度降到 30%～40%（图 8-3-38）。

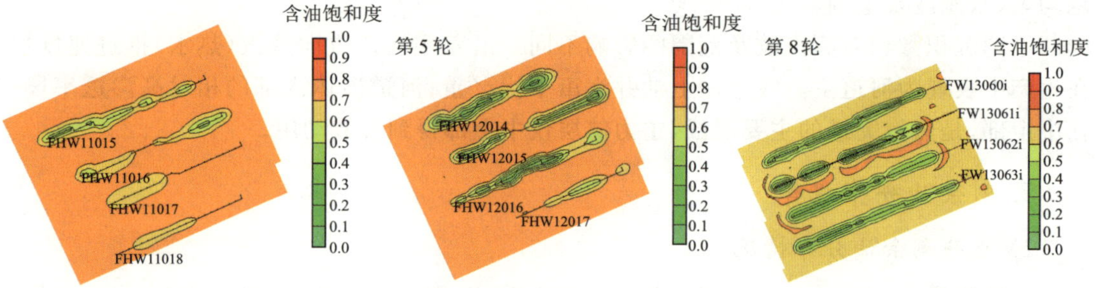

图 8-3-38　水平井剩余油饱和度数值模拟图

3）剩余储量平面分布

利用单井控制储量及单井产油量进行剩余储量分布研究。结果表明，$J_3q_2^{2\text{-}1}$+$J_3q_2^{2\text{-}2}$层剩余储量较大，大部分区域剩余储量在 20 000 t 以上（图 8-3-39）；$J_3q_2^{2\text{-}3}$层剩余储量分布不均匀，主要集中在直井区该层未生产区域，该区域剩余储量基本在 15 000 t 以上（图 8-3-40）；J_3q_3层剩余储量较低，基本小于 15 000 t，在平面上东西向呈条带状分布（图 8-3-41）。

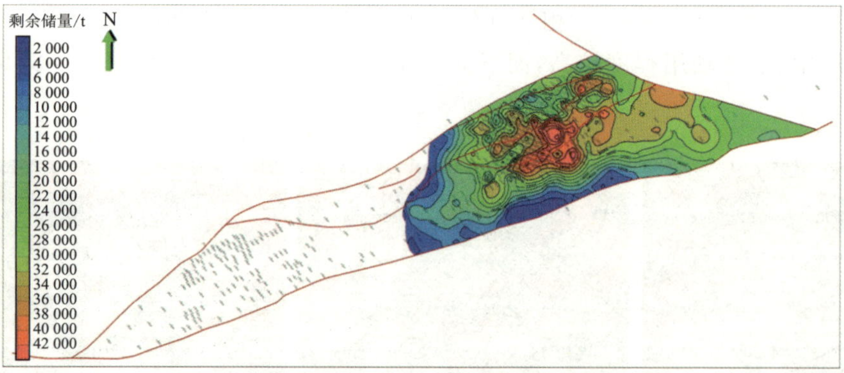

图 8-3-39　$J_3q_2^{2\text{-}1}$+$J_3q_2^{2\text{-}2}$层剩余储量分布图

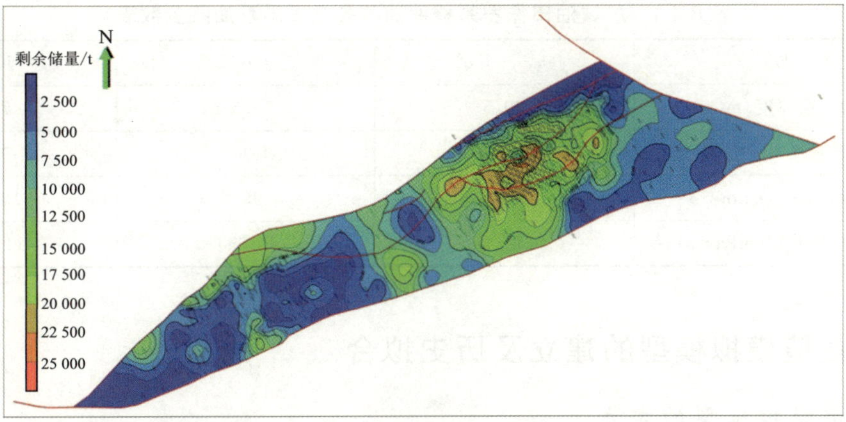

图 8-3-40　$J_3q_2^{2\text{-}3}$层剩余储量分布图

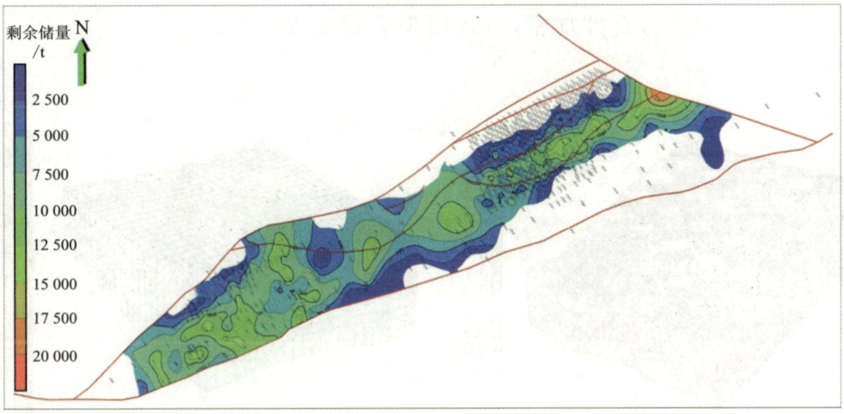

图 8-3-41　J_3q_3层剩余储量分布图

第四节　转驱泄复合关键参数优化

一、开发层系划分

重 32 井区发育齐古组 J_3q_2层和 J_3q_3层 2 套含油层，其中 J_3q_2层地层厚度较大，砂层比较发育，分布稳定，又细分为 $J_3q_2^{2\text{-}1}$，$J_3q_2^{2\text{-}2}$和 $J_3q_2^{2\text{-}3}$ 3 个单层。$J_3q_2^{2\text{-}1}$和 $J_3q_2^{2\text{-}2}$层油层厚度较大，但层间泥岩隔层厚度薄，分布不稳定，多数井两层间没有明显隔层，因此将 $J_3q_2^{2\text{-}1}$与$J_3q_2^{2\text{-}2}$作为一个开发层系开发。$J_3q_2^{2\text{-}2}$和 $J_3q_2^{2\text{-}3}$层之间沉积了覆盖全区的一套泥岩隔层，厚度一般在 5 m 以上，而且该区域 $J_3q_2^{2\text{-}3}$层油层厚度较大，能够满足单独开发条件，因此与上覆的 $J_3q_2^{2\text{-}1}$＋$J_3q_2^{2\text{-}2}$层进行分层开发；$J_3q_2^{2\text{-}3}$和 J_3q_3层之间发育了厚度较大（一般在 5 m 以上）、在全区稳定分布的泥岩隔层，且 J_3q_3层在该区西部与上覆 J_3q_2层油层不重叠，J_3q_3层油层分布稳定，储量丰度满足独立开发条件，因此 J_3q_3层也能独立开发。各层系储层物性、原油性质有所差别。从已开发井的生产情况来看，分 $J_3q_2^{2\text{-}1}$＋$J_3q_2^{2\text{-}2}$层、$J_3q_2^{2\text{-}3}$层和 J_3q_3层 3 套层系开发是合理的。全区各层系油藏参数见表 8-4-1。

表 8-4-1 风城油田侏罗系稠油油藏各开发层系油藏参数表

参 数	$J_3q_2^{2-1}+J_3q_2^{2-2}$	$J_3q_2^{2-3}$	J_3q_3
平均油层厚度/m	20.5	9.5	7.2
油层渗透率/(10^{-3} μm²)	1 749	1 903	931
储量丰度/(10^4 t·km^{-2})	439.6	195.2	139.8
原油黏度(50 ℃)/(mPa·s)	21 447	12 634	11 083

二、数值模拟模型的建立及历史拟合

1. 数值模拟模型的建立

根据潜力分析划分出的不同调整区域，分别建立了 2 个基础模型(图 8-4-1)。模型①和②分别考虑对不同层位进行直井加密，具体模型参数见表 8-1-2。

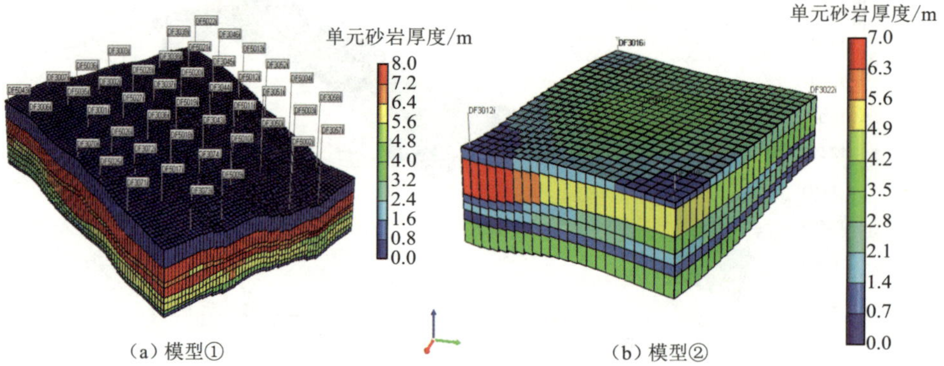

(a) 模型①　(b) 模型②

图 8-4-1 数值模拟模型示意图

表 8-4-2 重 32 区地质模型基本参数表

模型	层 位	潜 力	有效厚度/m	孔隙度/%	含油饱和度/%	储量/(10^4 t)	50 ℃黏度/(mPa·s)	热采井数/口	采出程度/%
①	$J_3q_2^{2-1}+J_3q_2^{2-2}$层、$J_3q_2^{2-3}$层(水平井)	直井-水平井汽驱	38.8	32.4	77.2	89.10	9 950～12 000	11	5.9
②	$J_3q_2^{2-3}$层(直井-水平井)	水平井-水平井汽驱	16.0	32.2	75.3	89.70	11 000	29	11.4

2. 历史拟合

对 2 个模型分别进行历史拟合，主要目的是确定数值模拟模型的基础参数(如岩石、原油等热物性参数及压缩系数等)，并验证目前地层的基本状况(如压力、温度、剩余油饱和度等)。借鉴等期数值模拟的岩石、流体等热物性参数，通过调整相渗曲线端点值来拟合单井及井组产油量和产液量。2 个模型的单井及井组产油量和产液量误差均在 10%以内，产量拟合的结果与生产动态一致。通过 3 套层系的历史拟合，确定了重 32 井区齐古组岩石及流体参数(表 8-4-3)。

表 8-4-3 重 32 井区齐古组岩石及流体物性参数表

参 数	J_3q_3	$J_3q_2^{2-3}$	$J_3q_2^{2-1}+J_3q_2^{2-2}$
原油热膨胀系数/$℃^{-1}$	4.0×10^{-4}	4×10^{-4}	4×10^{-4}
原油压缩系数/MPa^{-1}	2.0×10^{-3}	2×10^{-3}	2×10^{-3}
原油比热容/($kJ\cdot kg^{-1}\cdot ℃^{-1}$)	1.924	1.924	1.924
综合压缩系数/MPa^{-1}	0.08	0.02	0.05
岩石导热系数/($kJ\cdot d^{-1}\cdot m^{-1}\cdot ℃^{-1}$)	120.0	120.0	120.7
岩石体积热容量/($kJ\cdot m^{-3}\cdot ℃^{-1}$)	2 100	2 100	1 846
上下盖层导热系数/($kJ\cdot d^{-1}\cdot m^{-3}\cdot ℃^{-1}$)	120	120	120
上下盖层热容量/($kJ\cdot m^{-3}\cdot ℃^{-1}$)	1 846	1 846	1 846
油层压力/MPa	2.3	2.1	1.83
油层温度/℃	19	19	19

三、开发方式筛选

与稠油油藏热采开发方式筛选标准(表 8-4-4)相比,重 32 井区齐古组埋藏深度浅、厚度大、净总比高,而且除黏度高外,地质条件符合现有的热采开发方式筛选标准。随着新疆油田稠油开采工艺技术的不断进步及现场试验不断取得的进展,目前 50 ℃黏度低于 2×10^4 mPa·s(地层温度原油黏度低于 100×10^4 mPa·s)、油层厚度大于 5 m 的油层均可采用常规注蒸汽吞吐方式开采。

表 8-4-4 稠油油藏热采开发方式筛选标准

开发方式	油藏埋深/m	地温原油黏度/(mPa·s)	渗透率/($10^{-3}\ \mu m^2$)	有效厚度/m	净总比	边底水能量
蒸汽吞吐	<1 500	<1 000 000	>300	>5	>0.5	小
SAGD	<1 000	10 000~5 000 000	≥500	>15	>0.7	
蒸汽驱	<1 200	<20 000	>300	>5	>0.5	小
热水驱	<1 200	<1 000	>300	>15	>0.35	
火 驱	>100	<10 000	>100	>5	>0.35	小
$J_3q_2^{2-1}+J_3q_2^{2-2}$	150~300	$(10\sim580)\times10^4$	1 749	5~40	>0.8	无
$J_3q_2^{2-3}$	150~300	$(10\sim120)\times10^4$	1 903	5~21	>0.8	无
J_3q_3	150~300	$(10\sim90)\times10^4$	931	5~19	>0.8	无

随着重 32 井区前期开发井逐步进入蒸汽吞吐中后期,亟须寻找可行的吞吐后期有效接替技术,以实现可持续开发。通过蒸汽腔演化研究,结合重 32 井区井网井距的分布情况,筛

选了 2 种吞吐后期接替技术，即直井-水平井汽驱（VHSD）、水平井-水平井汽驱（立体 HHSD）（图 8-4-2）。

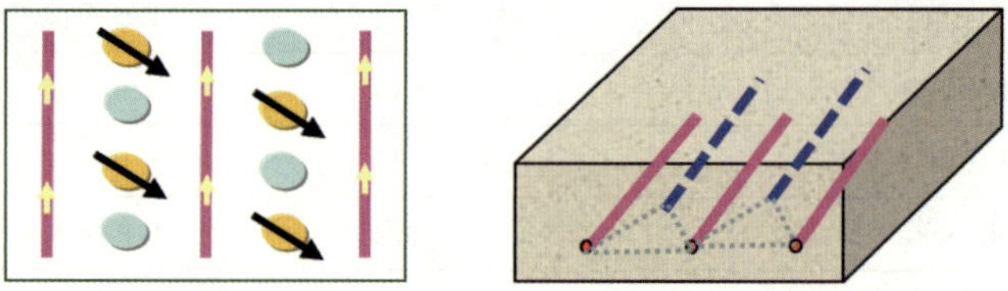

（a）VHSD 井网图　　（b）立体 HHSD 井网图

图 8-4-2　吞吐后期接替技术示意图

1. **直井-水平井汽驱**（VHSD）

直井-水平井汽驱采用的是水平井两边的直井注蒸汽、水平井开采的方式。对于在地层原始条件下没有流动能力的高黏度原油，要实现注采井之间的热连通，需经历油层预热阶段，形成热连通后，注入的蒸汽向上超覆，在地层中形成蒸汽腔，然后蒸汽腔向上及侧面移动，与油层中的原油发生热交换，加热的原油和蒸汽冷凝水靠重力作用泄到下面的生产井中产出。

直井-水平井组合的优点：① 降低钻平行水平井的技术难度；② 对于已开发的油田，可以利用现有的直井作为注汽井，节约钻井费用；③ 初期可以通过调节各井的注汽量来调节蒸汽沿水平段的分布；④ 靠优化射孔井段的手段来达到减轻油层非均质性（如夹层）影响的目的。

2. **水平井-水平井汽驱（立体** HHSD）

立体 HHSD 通过前期预热建立水平井间连通关系，将蒸汽从注入井连续不断地注入油层中，使稠油得到加热、降黏，并被驱向水平生产井。立体 HHSD 的生产井位于油层底部，原油在驱动力和重力的共同作用下从水平生产井中采出。在多轮次吞吐后，水平井段的上部油层已经得到有效动用；转为 HHSD 方式后，蒸汽腔沿横向扩展，驱动油层上部的原油向生产井运动；原油进入生产井蒸汽腔后，在重力和驱动力双重作用下进入生产井筒。重 32 井区部分区块以水平井蒸汽吞吐作为主要开发方式，前期水平井蒸汽吞吐与直井相比具有油汽比高、产量稳定等优势，但其转换开发方式时却尚无可参考的实例，亟须展开立体 HHSD 的现场试验。

数值模拟研究结果表明，直井-水平井区域吞吐结束后，采用直井-水平井汽驱（VHSD）进行开发，预测采收率为 60%；水平井区域吞吐结束后，采用水平井-水平井汽驱（立体 HHSD）进行开发，采收率可以达到 33%～56%。

四、开发地质界限

运用数值模拟优化技术建立 2 种驱泄复合开发方式的地质机理模型，并设计对比不同地质参数下的模型采出程度，结合效益概算法，将不同油价下的采收率与极限技术采收率进行对比，综合确定目前油价下的最佳开发界限（图 8-4-3、图 8-4-4）。

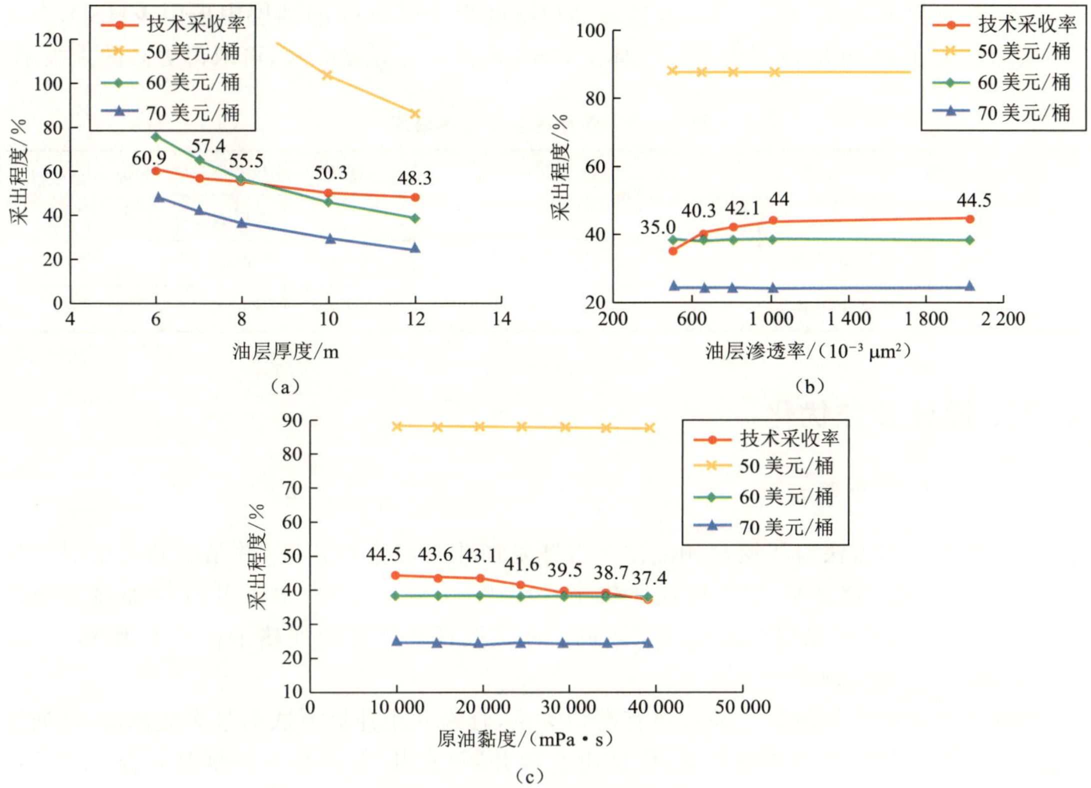

图 8-4-3　VHSD 开发界限优选图

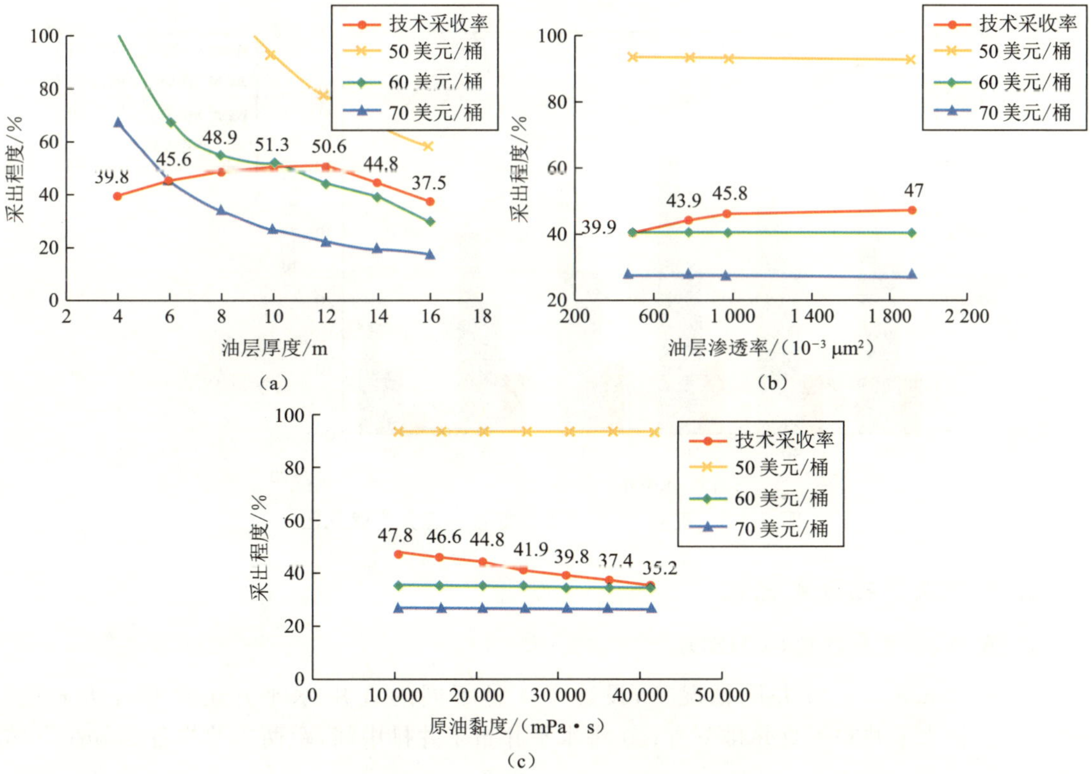

图 8-4-4　立体 HHSD 开发界限优选图

通过开发界限筛选(表 8-4-5),在连续油层厚度为 8～10 m 的油层中采用 VHSD,在连续油层厚度大于 10 m 的油层中采用立体 HHSD 驱泄复合开发方式,可取得更高的采收率。

表 8-4-5 驱泄复合开发界限表

开发方式	井网形式	油层厚度/m	渗透率/(10^{-3} μm^2)	黏度/(mPa·s)		最终采收率/%
				50 ℃	地层温度下	
VHSD	直井-水平井	>8	>600	<4×10^4	260×10^4	60
立体 HHSD	加密水平井	>10		<4×10^4	260×10^4	56

五、设计参数优化

1. 合理井网井距

利用数值模拟方法对浅层超稠油注蒸汽开发加热半径进行研究,并结合新疆浅层超稠油特点做了修正。修正后直井有效加热半径为 24.4～29.7 m,水平井有效加热半径为 20.4～23.6 m,由此可以得出新疆浅层超稠油注蒸汽吞吐开发的加热半径极限为 30 m,吞吐后期应转换驱泄复合开发方式。

井网井距与最终驱泄复合采收率有密切关系,合理井距计算方法为最大盈利法,即通过对比不同井距下的盈利值和采收率,优选出合理井距:直井-水平井组合驱泄复合合理井距为 35～50 m(图 8-4-5),水平井-水平井组合驱泄复合合理井距为 30～60 m(图 8-4-6)。

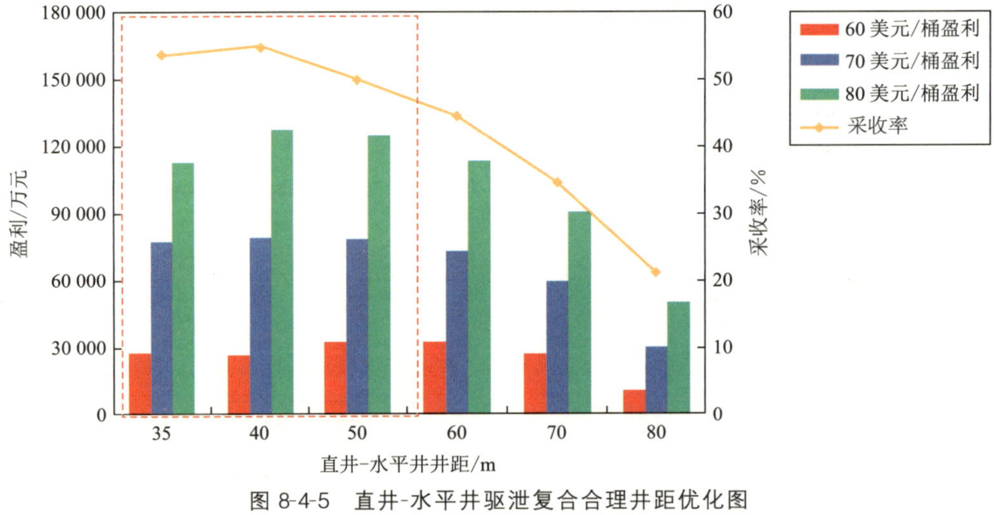

图 8-4-5 直井-水平井驱泄复合合理井距优化图

2. 布井及射孔方式优化

1) 直井-水平井汽驱(VHSD)

在原 70 m×100 m 井网情况下,设计了 4 种不同的直井-水平井组合布井方式(图 8-4-7):① 将水平井布于直井排下方;② 将水平井布于井排中间,距两边井排各 35 m;③ 将

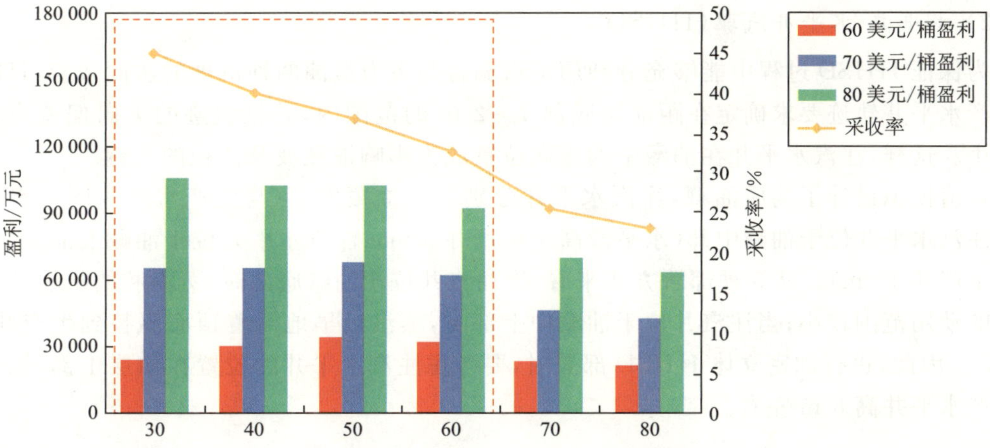

图 8-4-6 水平井-水平井驱泄复合合理井距优化图

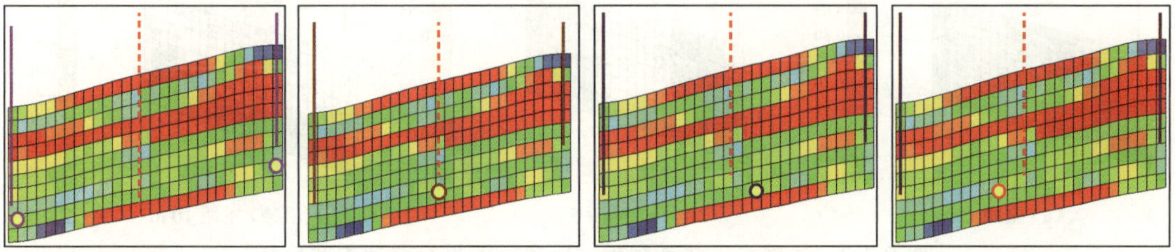

(a) 井排底部　(b) 井排中间　(c) 上倾 10 m　(d) 下倾 10 m

图 8-4-7 直井-水平井组合布井方式示意图

水平井布于井排中间上倾方向 10 m 处；④ 将水平井布于井排中间下倾方向 10 m 处。研究结果表明，水平井位于井排中间时生产时间最长，开采效果最好，推荐水平井布在井排中间，水平井距离油层底部 1～2 m。

为了最大限度地发挥蒸汽辅助重力泄油作用，射孔井段位于水平井上方时可以充分扩大蒸汽腔，保持水平井上方汽液界面高度，有效防止蒸汽在储层下方提前突破。为此设计了 3 种射孔方式，分别将水平井上方 5 m，7 m 和 9 m 的直井段射开，对比其生产效果。结果发现，射开水平井上方 5 m 时累产油量和平均日产油量最高，但是差别不大，见表 8-4-6。考虑现场汽窜问题，建议初期采用距离水平段 5 m 射孔的方式开发，更容易达到驱替效果；直井、水平井间形成泄油通道后采用距离水平段 9 m 射孔的方式开发，以减少汽窜扩大蒸汽腔，形成油藏垂向驱泄。

表 8-4-6 $J_3q_2^{2\text{-}3}$层不同直井-水平井组合射孔方式

射孔距离/m	生产时间/d	注汽量/t	累产油量/t	油汽比	平均日产油量/(t·d⁻¹)
5	3 448	620 640	88 272.0	0.142 2	25.60
7	3 448	620 640	88 045.8	0.141 9	25.54
9	3 448	620 640	87 960.3	0.141 7	25.51

2）水平井-水平井汽驱(HHSD)

为保证 HHSD 过程中能够充分利用蒸汽驱替与重力泄油两种机理的协同效应，HHSD 的生产水平井轨迹要求确定在距油层底部 1～2 m 的范围内，并且轨迹的纵向偏差应尽可能地小。这样，注汽水平井在油藏中的垂向位置成为影响油藏波及体积的关键。

数值模拟设计了均质油藏，注汽水平井分别位于油藏底部(与生产水平井同一水平高度)、注汽水平井位于油藏中部(水平段高于生产井 5 m)、注汽水平井位于油藏上部(水平段高于生产井 10 m)。从 3 种部署方式来看，当注汽井位于油藏底部时，蒸汽腔的扩展范围及油藏的动用范围较小；当注汽井位于油藏中上部时，蒸汽过早地沿着顶面驱替到生产井(图 8-4-8)。因此，进行加密立体 HHSD 部署时，要考虑注汽水平井的位置在油层中部，纵向上比生产水平井高 5 m 左右。

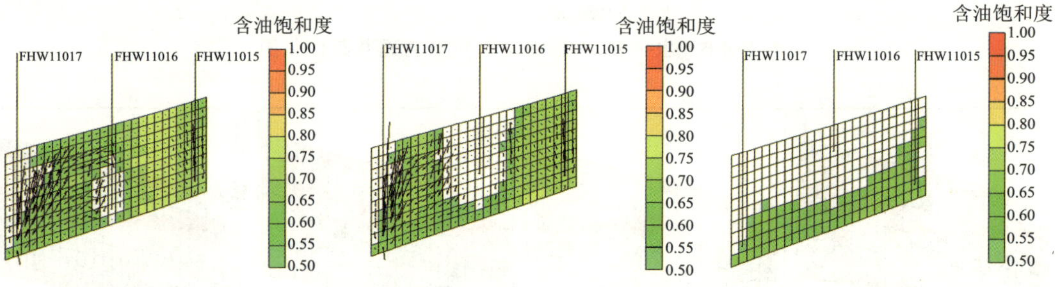

(a) 垂距 1 m　(b) 垂距 5 m　(c) 垂距 10 m

图 8-4-8　注采水平井不同垂向距离驱泄复合含油饱和度场

3. **转驱时机判定**

1）超稠油吞吐加热半径研究

运用数值模拟方法研究不同黏度下的油层动用半径，设计模型基本参数为：油层厚度 10 m，孔隙度 0.3，渗透率 $3\ 000\times10^{-3}\ \mu m^2$，原油黏度在 50 ℃时分别为 10 000 mPa・s，20 000 mPa・s，30 000 mPa・s 和 40 000 mPa・s。模型采用径向网格，网格尺寸为 0.5 m×1 m。随着蒸汽吞吐轮次的增加，直井吞吐油层的加热半径逐渐增加。将直井周围原油黏度降至 1 000 mPa・s 以下具有流动能力的范围定义为可动用半径。随原油黏度的增大，油层动用半径逐渐减小。当原油黏度为 10 000 mPa・s 时，动用半径为 25 m(图 8-4-9)。

经调研可知，窦宏恩模型用解析方法计算得到的动用半径受注汽量影响较大；Willman 模型计算的动用半径为均质油藏的动用半径；窦宏恩模型计算的动用半径与非均质模型相似，计算结果与实际情况更相符。窦宏恩模型推导过程中假设顶、底层绝热，并建立如下热平衡方程：

$$\pi R^2 hM(T_s - T_r) = Q_i t \tag{8-4-1}$$

$$Q_{n-1} = A_{n-1} hM(T_{avg} - T_r) \tag{8-4-2}$$

由方程计算所得的动用半径应为最大加热半径。第 n 轮动用半径 R_n 为：

$$R_n = \sqrt{\frac{1\ 000 q_s (X_s L_v + H_{wr}) t}{\pi hM(T_s - T_r)}}\sqrt{1 + \frac{Q_{n-1}}{Q_i t}} \tag{8-4-3}$$

式中　R——蒸汽带的最大加热半径，m；

h——油层厚度，m；

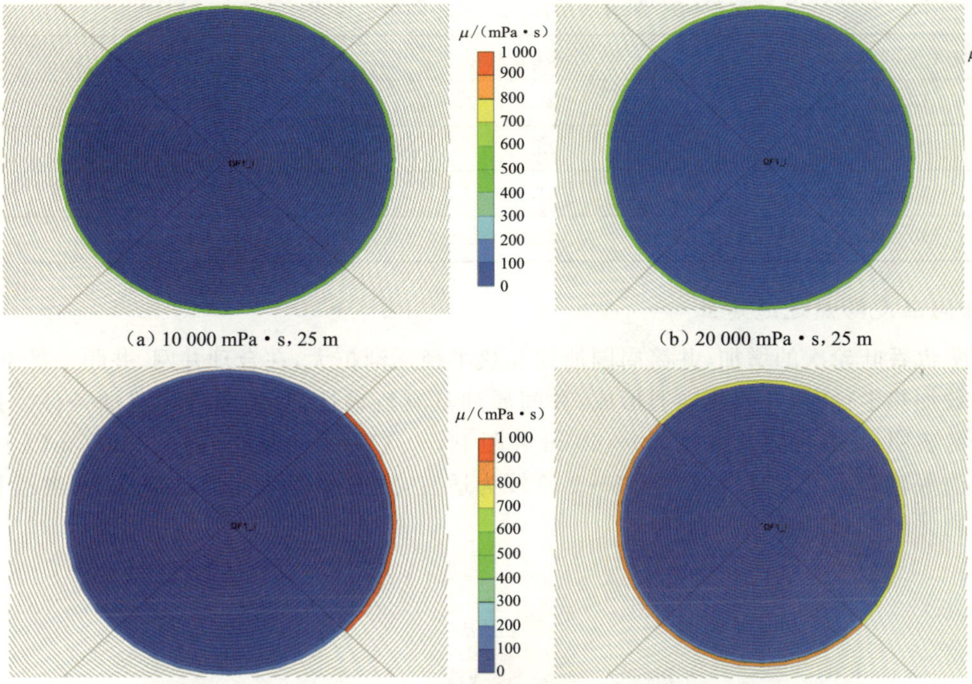

(a) 10 000 mPa·s, 25 m　(b) 20 000 mPa·s, 25 m

(c) 30 000 mPa·s, 25 m　(d) 40 000 mPa·s, 25 m

图 8-4-9　不同黏度下直井加热半径图

M——油层比热容，kJ/(m³·℃)；

t——注汽时间，d；

Q_i——第 i 轮的注入热量，kJ；

Q_{n-1}——上一轮次余热，kJ；

A_{n-1}——上一轮的蒸汽加热面积，m²；

q_s——注汽速度，m³/d；

X_s——井底蒸汽干度，%；

L_v——蒸汽的汽化潜热，kJ/kg；

T_s，T_r，T_{avg}——注汽温度、原始地层温度、加热区平均温度，℃；

H_{wr}——温度 T_r 下热水的焓，kJ/kg。

经统计，Willman 模型和窦宏恩模型计算的动用半径比值平均为 1.19(表 8-4-7)，在此基础上对数值模拟计算得到的新疆浅层稠油动用半径做了修正，计算结果见表 8-4-8。可以看出，初始原油黏度 10 000 mPa·s 时，修正后动用半径为 29.75 m。

表 8-4-7　两种模型不同轮次动用半径计算

模　型	不同轮次下动用半径/m					
	7	9	11	13	15	平　均
Willman 模型/m	25.15	26.36	27.13	27.64	27.97	26.85
窦宏恩模型/m	28.70	30.77	32.30	33.44	34.32	31.91
两种模型下的比值	1.14	1.17	1.19	1.21	1.23	1.19

表 8-4-8　新疆浅层超稠油修正动用半径表

黏度/(mPa·s)	动用半径/m	修正动用半径/m
10 000	25.0	29.75
20 000	23.5	27.96
30 000	21.0	24.99
40 000	20.5	24.40

2）井间温度场热连通建立

随着蒸汽吞吐轮次的增加，井筒周围油层加热半径逐渐扩大，在合理井网、井距条件下，当达到有效加热半径时，井间热连通形成，井间原油具有流动性，具备驱替和泄油条件。数值模拟研究表明，在井网完善区域，50～60 m 井距下，50 ℃时原油黏度小于 20 000 mPa·s 的超稠油油藏转驱泄复合时机在吞吐 8～9 轮较为适宜，此时井间热连通已建立，而继续吞吐只会加剧井间汽窜通道（图 8-4-10）。

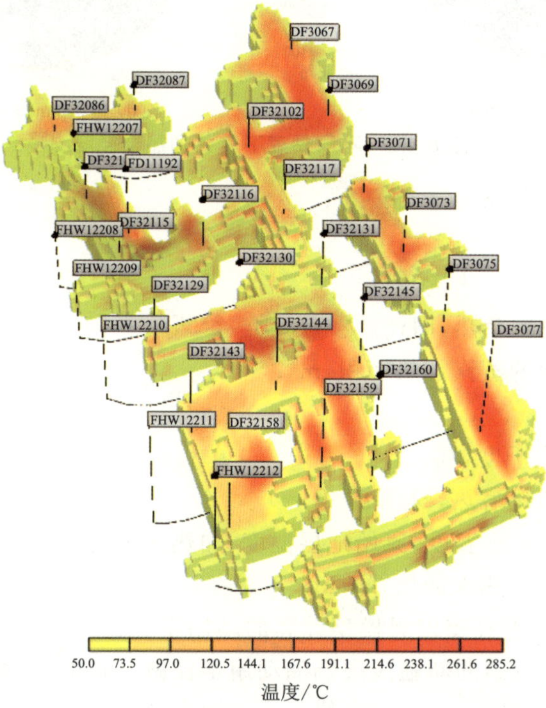

图 8-4-10　$J_3q_2^{2-3}$层 VHSD 井组温度场连通示意图

3）生产指标出现拐点

实际生产指标显示，采注比、综合含水率、产液量、油汽比、注入孔隙体积、地层存水量在吞吐 8 轮后同时出现拐点，生产指标大幅下降（图 8-4-11），表明继续吞吐已无效果，此时转换开采方式，地层存水量最小，蒸汽波及范围最大，利于蒸汽腔的发育。

4）加密新井

在加密井区域，模拟研究了水平井蒸汽吞吐不同轮次（1，2，3 和 4 轮次）的生产效果。

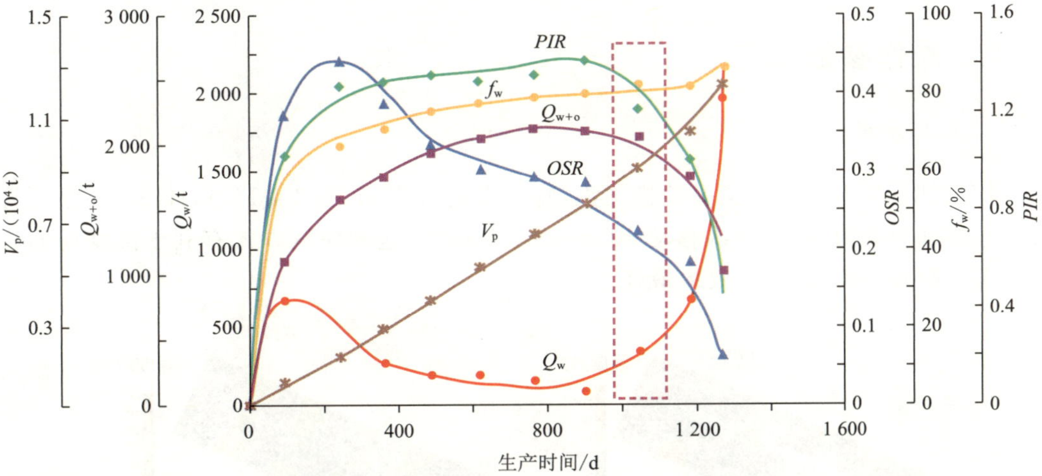

PIR—采注比；f_w—含水率；Q_{w+o}—产液量；OSR—油汽比；V_p—注入孔隙体积；Q_w—地层存水量。

图 8-4-11　直井转驱泄复合模式图(井距 50 m)

模拟结果(图 8-4-12)显示，吞吐轮次的增加并不能显著提高最终采收率，随着吞吐轮次的增加，转驱泄复合后采出程度增长幅度下降，吞吐带来的收益降低。推荐加密井吞吐 2～3 轮，此时井间温度已经达到 60～80 ℃(图 8-4-13)，井间建立热连通，具备转驱的条件。

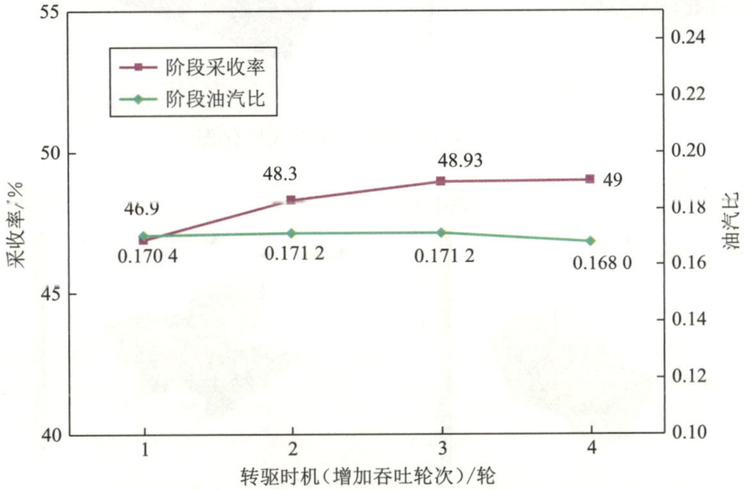

图 8-4-12　水平井转驱泄复合模式图(井距 60 m)

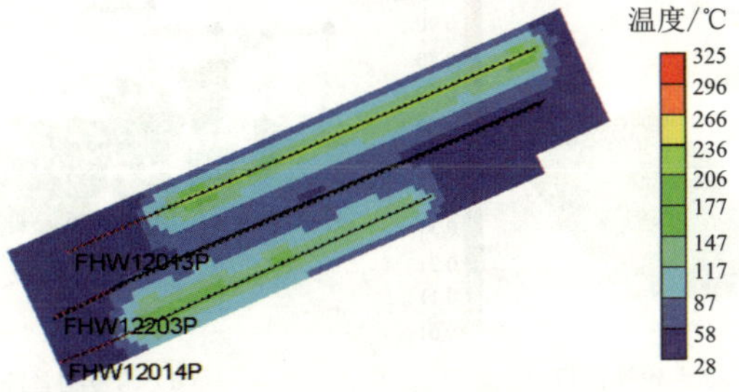

图 8-4-13　$J_3q_2^{2\text{-}3}$ 层立体 HHSD 模型第 3 轮温度场

六、操作参数确定

1. 注汽方式

研究表明，VHSD 直井交叉轮换注汽，轮换周期为 60 d（图 8-4-14）；HHSD 调整副管轮换注汽，移动周期为 90 d，每次移动 40 m（图 8-4-15）。这种注汽方式有利于温度场的均匀分布，蒸汽腔发育均衡，生产效果最好。

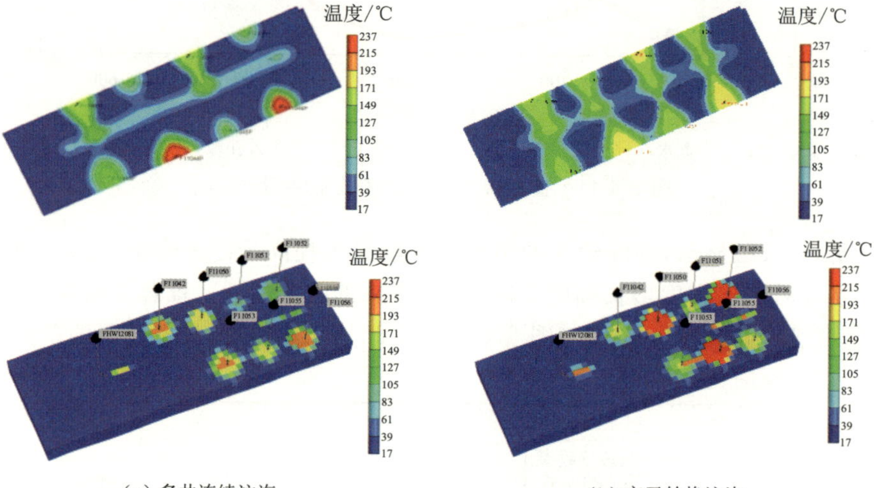

（a）多井连续注汽　　（b）交叉轮换注汽

图 8-4-14　VHSD 注汽方式优化图

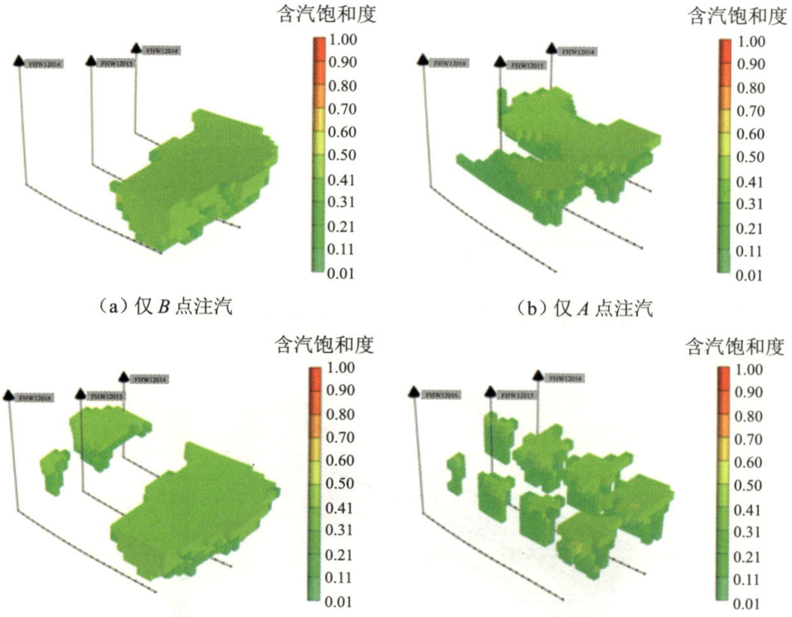

（a）仅 *B* 点注汽　　（b）仅 *A* 点注汽

（c）*A* 点、*B* 点轮换注汽　　（d）调整副管注汽

图 8-4-15　HHSD 注汽方式优化图

2. 注汽速度

模拟对比了 VHSD、加密立体 HHSD 2 种转驱方式的注汽速度。结果表明：VHSD 注汽速度最优为 70 t/d(图 8-4-16)，加密立体 HHSD 日注汽量为 60～80 t/d(图 8-4-17)。

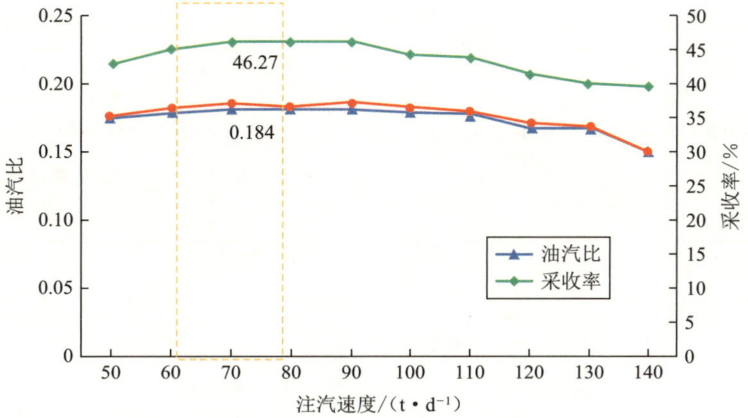

图 8-4-16 VHSD 不同注汽速度下开采效果对比

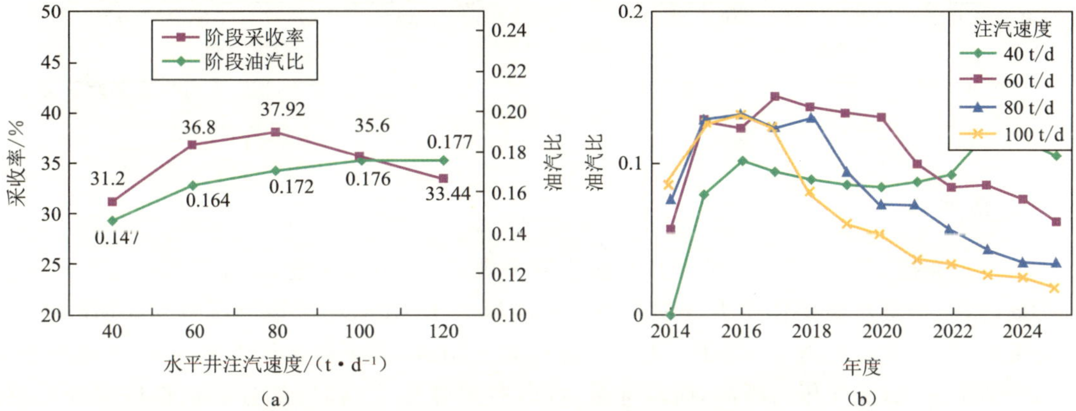

图 8-4-17 立体 HHSD 不同注汽速度下开采效果对比

3. 采注比

采注比是衡量注与采能否达到平衡的指标。对于驱泄复合而言，采出量应略大于注入量才能保证蒸汽的注入速度及井底干度。另外，液体采出能力决定着蒸汽的注入能力，合理的排量应该与蒸汽腔的扩展及泄油能力匹配。数值模拟研究表明，蒸汽驱合理采注比为 1.1～1.2 时开采效果较好(图 8-4-18、图 8-4-19)。

4. 井底蒸汽干度

井底蒸汽干度是影响重力泄油的一个非常重要的参数。对比分析不同蒸汽干度下直井驱泄复合和水平井驱泄复合开采效果(图 8-4-20 和图 8-4-21)，可以看出，VHSD 和立体 HHSD 井底蒸汽干度均大于 0.7 时，生产效果更佳。

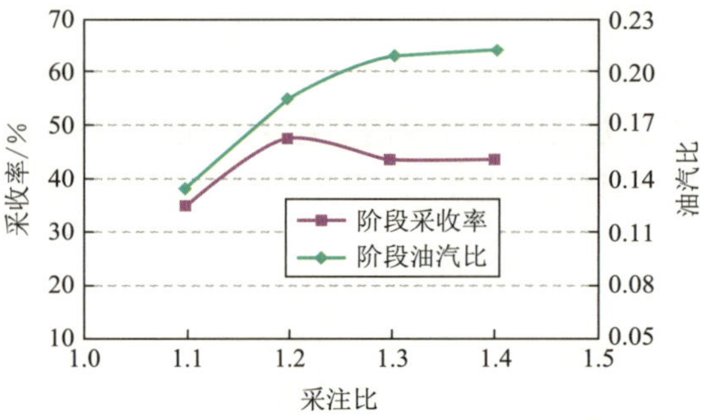

图 8-4-18　VHSD 不同采注比下开采效果对比

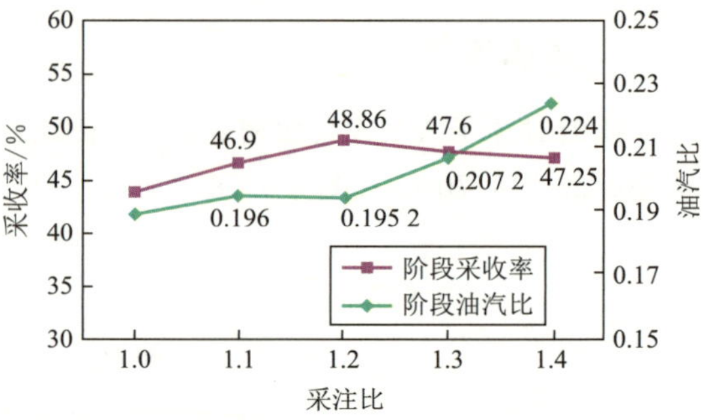

图 8-4-19　立体 HHSD 不同采注比下开采效果对比

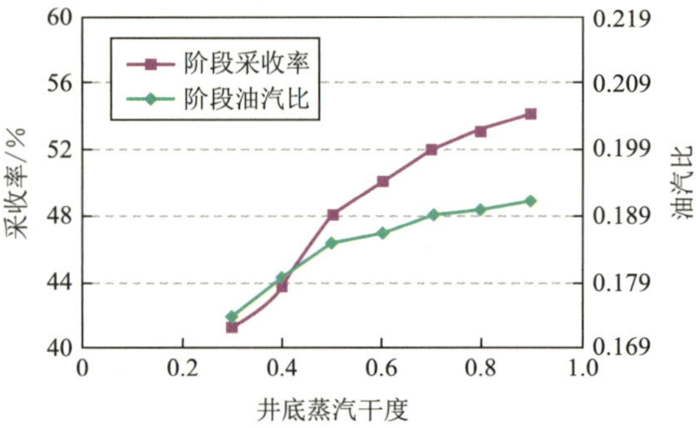

图 8-4-20　VHSD 不同井底蒸汽干度下开采效果对比

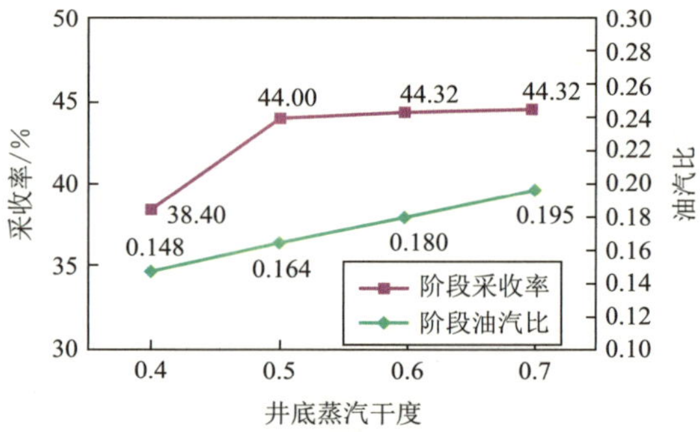

图 8-4-21　立体 HHSD 不同井底蒸汽干度下开采效果对比

5. 操作压力

为了研究操作压力对吞吐后期接替技术开发效果的影响，在重 32 井区实际油层压力为 2 MPa 时，模拟蒸汽腔操作压力分别为小于地层压力 1 MPa、小于地层压力 0.5 MPa、等于地层压力、大于地层压力 0.5 MPa、大于地层压力 1 MPa、大于地层压力 1.5 MPa 时的开采效果。结果表明，操作压力越高，阶段油量越高，且操作压力高时，部分能量将传递到底层；维持适当压力定压操作既有利于蒸汽腔扩展，又能减少热损失(表 8-4-9)。随着操作压力的升高，阶段油汽比和日产油量下降；但当操作压力大于 2.5 MPa 时，油汽比和日产油量下降趋势加剧；当操作压力小于 2.5 MPa 时，阶段采油量下降。因此，综合优选操作压力为 2.5 MPa，即大于地层压力 0.5 MPa。

表 8-4-9　驱泄复合试验不同操作压力效果对比

操作压力/MPa	生产时间/d	注汽量/t	阶段采油量/t	阶段油汽比	阶段日产油量/(t·d^{-1})
1.5	2 242	260 631	46 824	0.180	25.0
2.0	2 307	269 799	48 118	0.178	24.8
2.5	2 377	279 518	49 666	0.178	24.7
3.0	2 500	296 775	52 083	0.175	24.4

第五节 驱泄复合调控技术

一、开发阶段划分

驱泄复合开发方式可划分为 3 个阶段，即注采热连通阶段、蒸汽腔扩展阶段和蒸汽腔剥蚀阶段（图 8-5-1）。注采热连通阶段是指注采井间实现热连通，形成蒸汽驱替的阶段。此阶段由于吞吐期间地层亏空容量大，油层压力低，注入蒸汽一方面为油层连续提供热量，更主要的是向地层补充能量，提高地层压力，生产井驱动压差因油层部分压力上升而增大，使得井筒附近液体（主要是吞吐末期的存水）向生产井渗流，因此该阶段表现为压力上升很快，含水大幅度上升，液量上升不大，是生产的低谷区，生产方式以热水驱和蒸汽驱为主。蒸汽腔扩展阶段主要表现为蒸汽腔逐步扩大，驱油、泄油作用共存，此时产液温度迅速上升，产液量迅速降低。此阶段的出现标志着蒸汽腔已基本形成，精细调控将成为主要手段，生产方式以驱泄复合为主。在蒸汽腔剥蚀阶段，蒸汽腔连通并到顶，然后逐步下降，热散失不断增加，开发效果不断变差，此时应降压控腔，保持生产平稳。

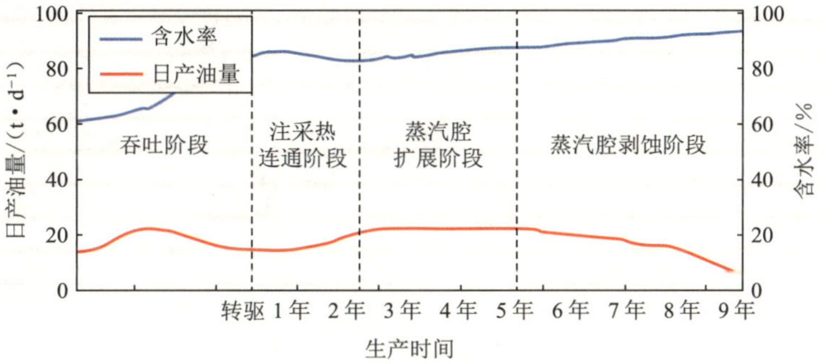

图 8-5-1 驱泄复合开发不同阶段划分图

二、蒸汽腔监控

目前蒸汽腔监控采用的主要技术有以下几种：一是观察井监控，但观察井资料只能记录单点数据，没有整体的概念；二是数值模拟技术，但由于受观察井井数限制和地层非均质性的影响，该技术预测结果与实际生产表现存在一定的差异；三是生产资料反推，但受到周边其他因素的影响，不能明确生产资料产生的本质和来源；四是示踪剂技术，但只能定性测到井点间可能有热流动，不能确定热能空间扩展；五是微震监测技术，通过不定期监测，可直观了解各种热采过程中蒸汽腔、蒸汽运移的三维形态和发育变化特点，有助于提高对稠油热开采规律的认识。

1. 微地震四维监测

微地震四维监测是通过在井中和地面布置检波器（高分辨率）排列组合，接收热采蒸汽注入过程中引发岩石的微破裂/声发射现象（AE）等微地震事件，然后通过对微地震信号进行检测、记录、分析和处理，求取微地震震源位置等相关参数，达到监测与评价热采蒸汽前缘、蒸汽腔位置的一项技术。微地震四维监测包括以下两项关键技术：

1）节点式无缆微地震监测系统及配套的微地震监测与现场处理软件

该系统在强调处理流程可追溯的同时，采用基于多特征差异扫描的微地震事件自动识别方法、SLAAP微地震信号初至自动拾取方法等专有技术，极大地降低了现场处理人员的工作强度，提高了工作效率，减少了技术人员的经验差异对处理结果的影响，为四维微地震监测效果评估提供了更为清晰、准确的直接依据。

基于多道相似系数的微地震事件自动识别方法（图8-5-2）是利用微地震事件在各道之间的波形一致性，通过引入多道相似系数来综合各道的波形信息并进行事件识别的方法。该方法能够有效避免由于微地震事件中某几道数据的信噪比过低而遗漏整个事件的情况。

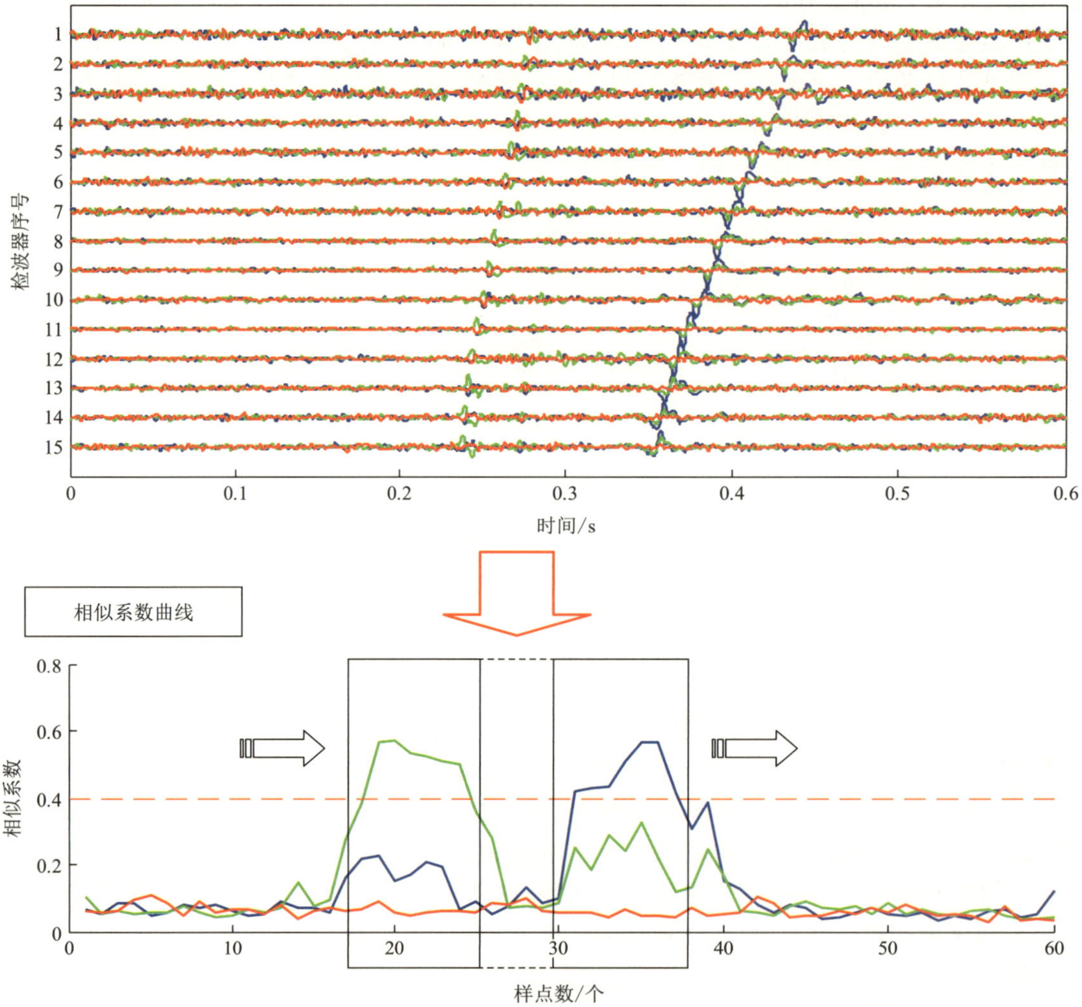

图8-5-2 事件识别方法原理示意图

联合长短时窗比法则、偏振分析以及自回归赤池信息量准则方法的微地震事件初至拾取方法（图8-5-3）综合了有效信号与环境噪声在能量、偏振以及统计特征三方面存在的差异来提取初至时刻。该方法能够有效克服由微地震事件中某几道数据的信噪比过低而导致拾取出的初至时刻存在较大误差的问题。

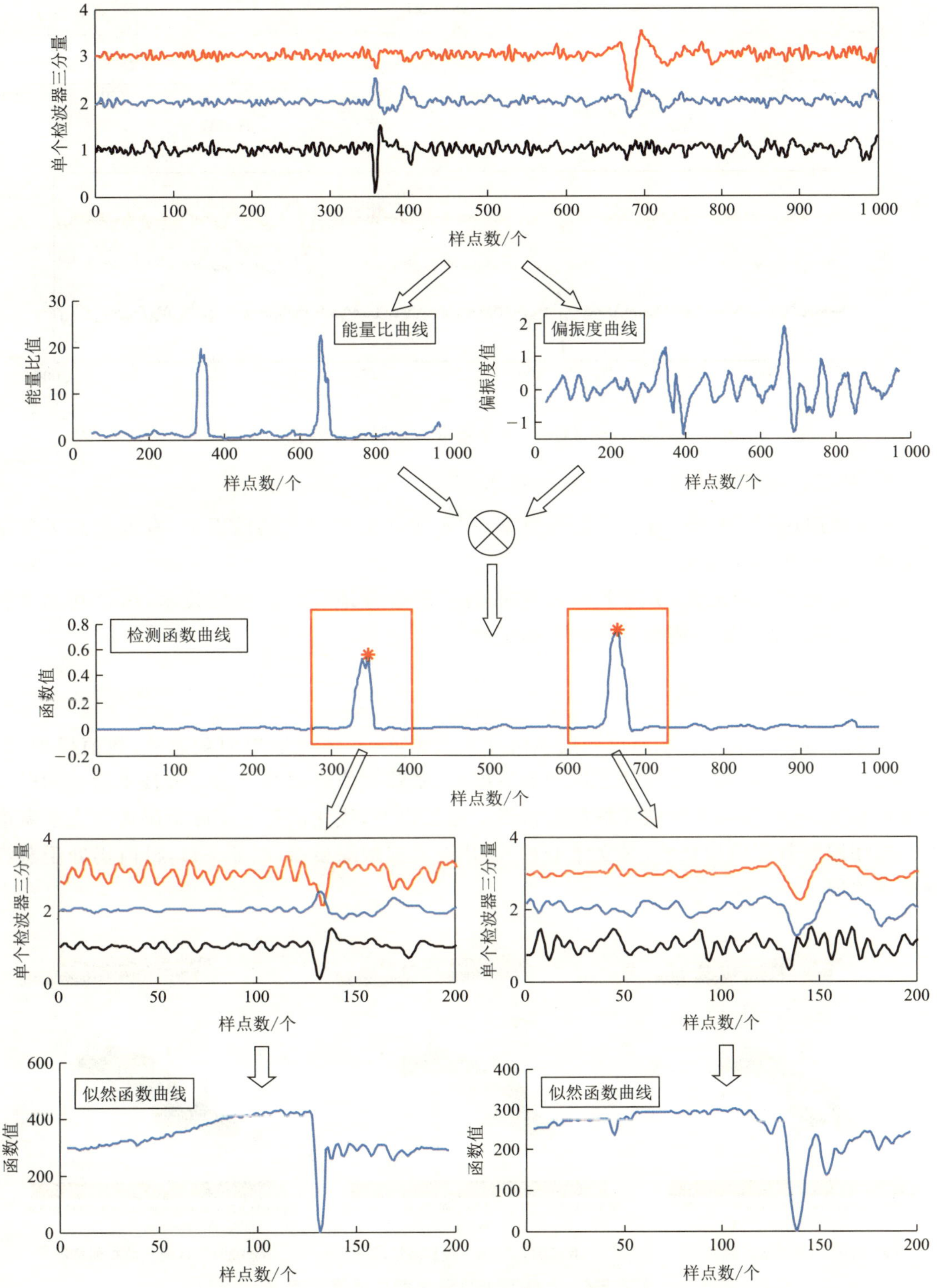

图 8-5-3　初至拾取方法原理示意图

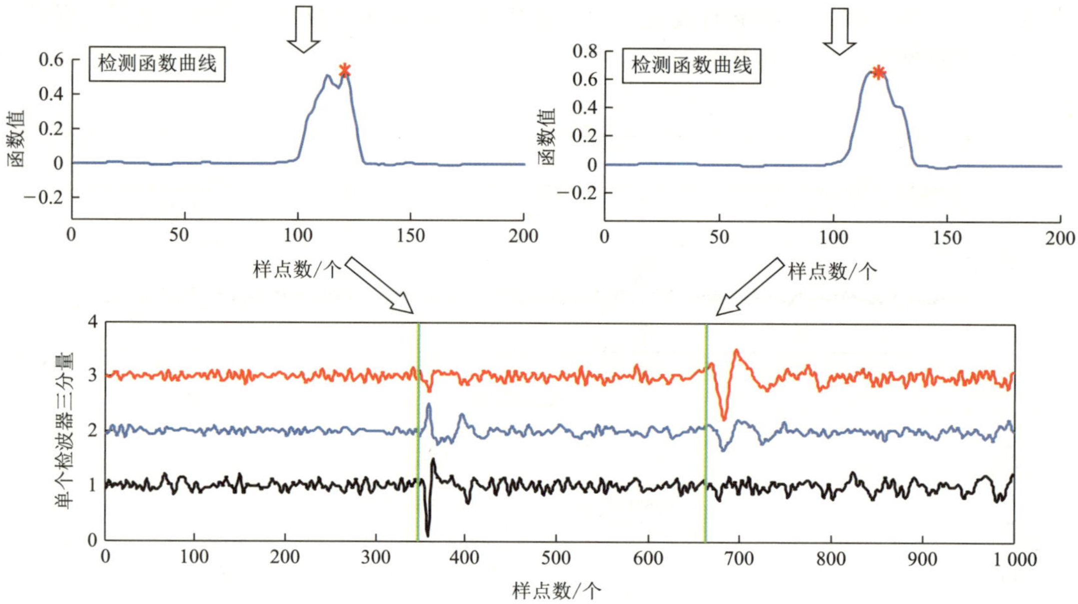

图 8-5-3(续)　初至拾取方法原理示意图

2）井下微地震裂缝监测处理核心技术

(1) 地层速度谱模型：增加了斜层模型，在不增加处理时间的前提下，有效提高了复杂底层条件下的事件定位精度。

(2) 微地震震源定位：采用 P-S 波走时-时差联合微地震震源定位技术，综合利用多种信息，从而尽可能地减小震源定位的不确定性。

2. 跟踪数值模拟技术

油藏跟踪数值模拟技术通过调用油田开发数据库，一体化运用油藏建模、数值模拟、后处理等技术，达到对油田开发动态进行数值模拟、跟踪数值模拟的目的。该技术通过随时添加生产数据，利用不同阶段试井解释资料修正储层模型，优化出符合实际情况的动态油藏模型。应用跟踪数据模拟技术，对立体 HHSD 井组实施跟踪显示(图 8-5-4)，目前仍处于蒸汽腔扩展阶段。

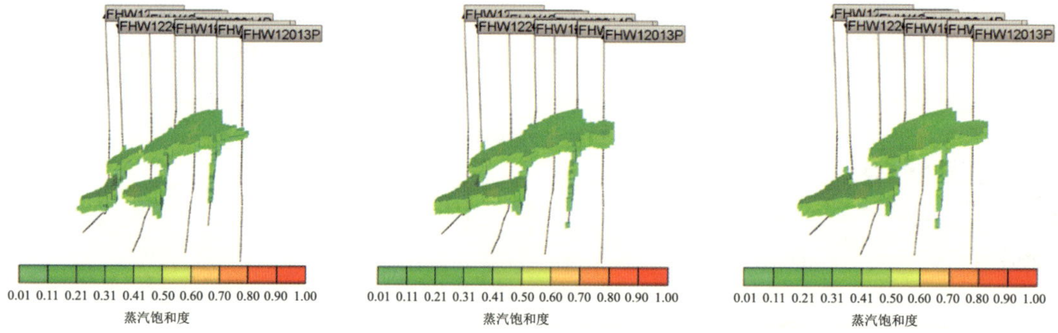

(a) 2016-10 蒸汽腔扩展情况　(b) 2017-01 蒸汽腔扩展情况　(c) 2017-03 蒸汽腔扩展情况

图 8-5-4　立体 HHSD 蒸汽腔扩展情况图

现场蒸汽腔监测采取跟踪数值模拟技术，结合微地震监测（图 8-5-5），综合监控蒸汽腔发育形态，根据蒸汽腔的发育形态调整注汽点。模拟了 VHSD 和立体 HHSD 不同阶段蒸汽腔发育情况（图 8-5-6），结果显示蒸汽腔初期呈“倒三角”形，逐步聚集、融合，并横向扩展。

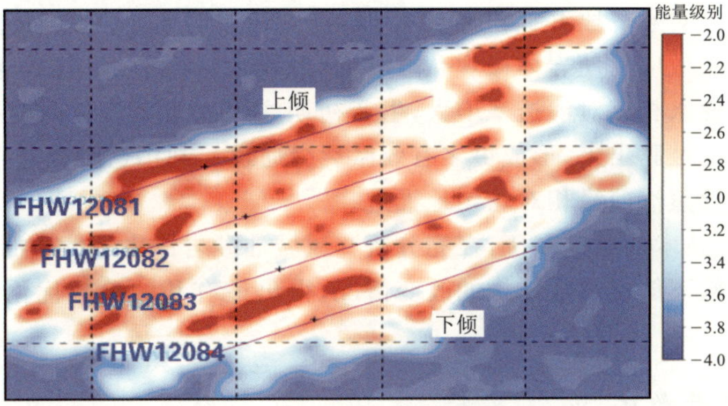

图 8-5-5　VHSD 井组微地震监测图

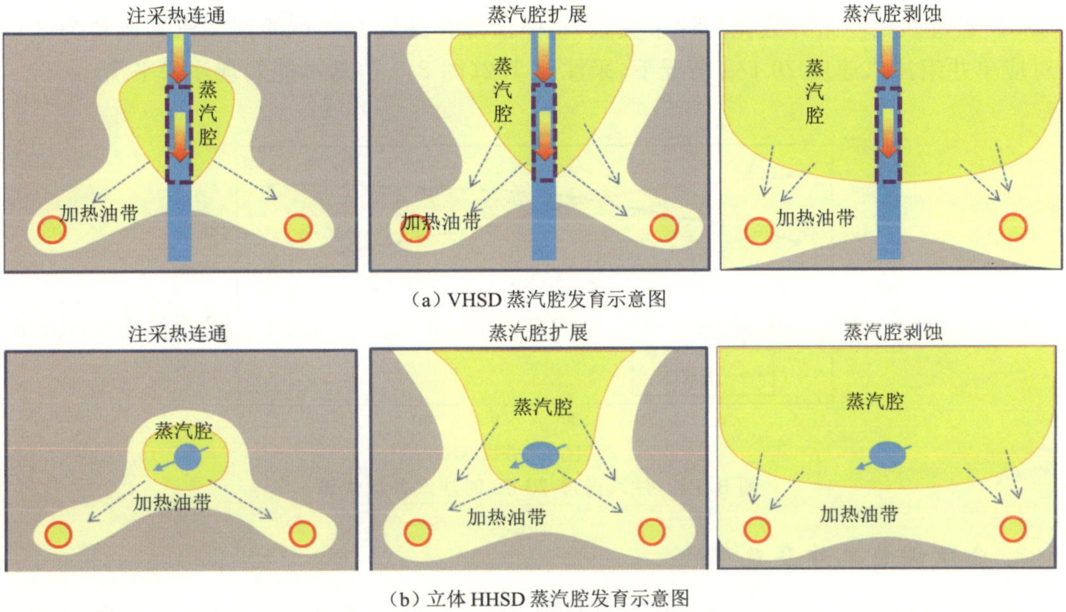

图 8-5-6　两种接替方式不同阶段蒸汽腔发育示意图

三、温度场均匀连通技术

1. 水平井井筒预处理

通过注采热连通阶段在储层中形成相对均匀的初始蒸汽腔，确保复合驱阶段蒸汽前缘均匀推进，从而提高水平段整体驱油效率。

风城超稠油储层以陆相沉积为主，夹杂有条带状或分支状河流沉积相，位于准噶尔盆地东北边缘的尖灭掩冲断层带上，油砂砂砾为棱角状，油砂粒径为 70～1 000 μm，棱角明显的砂砾与砂砾之间紧密内嵌并咬合互锁。在不均匀受压的剪切作用下，砂砾的变形运动特征体现为砂砾间的翻滚和翻转，而这些运动特征导致油砂体积增大。通常这种砂砾运动特征和其导致的砂体变形结果统称为剪胀(即剪切扩容)。剪胀是岩体(实际为油砂体)微观孔隙增大的主要原因，也是上下水平井得以快速连通的基础。

基于上述特点，对水平段井筒进行预处理：首先通过对水平段井筒进行脉冲式增压注水，利用油砂的剪胀效应促使岩体微观孔隙增大，形成大量微裂缝；其次通过注水加大岩体中的水相饱和度，使水相相对渗透率增大，生产初期注入大量蒸汽后，储层裂隙中的水快速被汽化，其所占空间被腾出来，形成更多有效微裂缝通道。利用这种方式可以建立初始均匀渗流通道，从而引导蒸汽前缘相对均匀地推进。

该井筒预处理技术的关键在于，在充分研究风城油砂岩体力学性质的基础上，模拟计算不同压力、流量参数下储层微观结构的改变情况，得出最有利的参数优化结果，并以之为基础，指导现场实施。

2. 优化注采井数比

生产井实际生产能力统计显示，直井平均产液能力为 15 t/d，水平井平均产液能力为 30 t/d。通过匹配注采井数比与注采关系，将驱泄复合开发方式试验区注汽井调整为 8 口，在对应单井组注汽速度 70 t/d 情况下，采注比 1.2(图 8-5-7)基本能实现注采平衡。

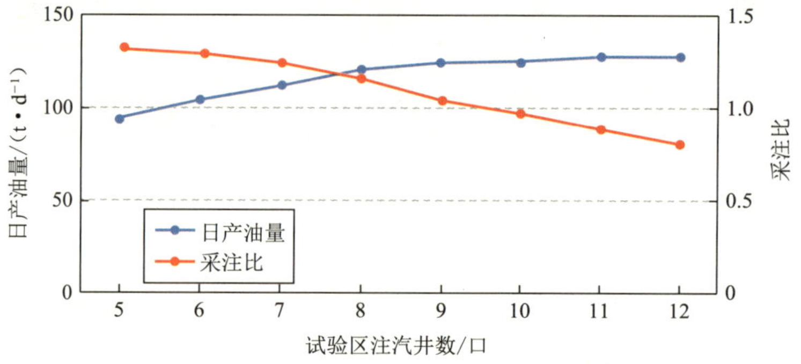

图 8-5-7　注汽速度 70 t/d 时注汽井数优选

3. 合理调整工作参数

当直井液量低于 10 t/d、水平井液量低于 15 t/d、压力小于 0.5 MPa、温度低于 90 ℃时，优化生产井工作参数：生产井能量高，供液充足，上调冲次，提高产液能力；生产井能量下降，供液不足，下调冲次，延长液面恢复时间，稳定产液能力。调整工作参数后，产量稳定提高，蒸汽加快推进，井间热连通加快。

4. 吞吐引效

吞吐引效主要针对见效缓慢、采出程度较低、热连通程度不高等问题，促使蒸汽腔连通、扩展，其注汽强度(每米注汽量)为正常吞吐井的一半(表 8-5-1)。

表 8-5-1　驱泄复合开发吞吐引效注汽量

分　类	井　型	注汽密度/(t·m^{-1})	
		正常吞吐	吞吐引效
VHSD	直　井	120	60
	水平井	10	6
立体 HHSD	水平井	10	6

四、汽腔均衡扩展技术

1. sub-cool 可控制

运用数值模拟技术 CMOST 手段对开发参数进行敏感性分析可知，在驱泄复合方式的蒸汽腔扩展阶段，敏感性的主次关系为注汽速度＞sub-cool＞蒸汽干度，现场采取“定速度，调 sub-cool”的调控手段。sub-cool 越大，蒸汽腔发育越差(图 8-5-8)；sub-cool 越小，调控难度越大。为保持生产稳定，以控制生产井井口相态为目标，保证井口为液相，根据井口回压情况，确定井口合理的 sub-cool 为 10～20 ℃，对应井底合理的 sub-cool 大于 40 ℃，据此制定不同井口 sub-cool 条件下对应的调控对策(表 8-5-2)。

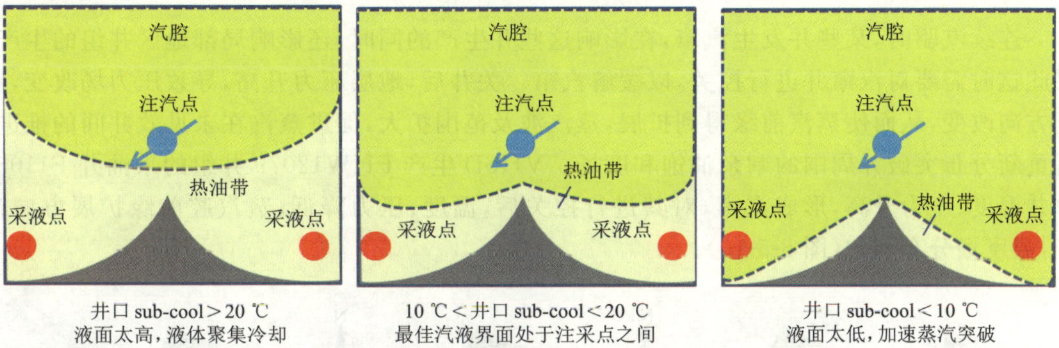

图 8-5-8　驱泄复合最佳汽液界面示意图

表 8-5-2　不同井口 sub-cool 条件下对应调控对策

井口 sub-cool/℃	调控对策	
	注汽井	生产井
＞10	下调注汽量	调节油嘴控制生产
10～20	正常注汽	正常生产
＜20	上调注汽量	调参提液

2. 控液成腔

在蒸汽腔扩展阶段，通过油嘴控制生产，保障蒸汽腔均衡扩展；通过控关见汽生产井，改变蒸汽腔扩展方向，均衡蒸汽腔发育。在不同生产压力下，通过改变油嘴大小(表 8-5-3)，控制合理采液能力，以达到蒸汽腔均衡发育的目的。

表 8-5-3 驱泄复合开采方式蒸汽腔扩展阶段工作制度优化

井口油压/MPa	0.5～0.7	0.7～0.9	0.9～1.1	1.1～1.3	1.3～1.5	>1.5
油嘴/mm	10	8	7	6	5	控 关

例如，VHSD 生产井 FHW12079 的压力、温度突然升高，蒸汽腔突破，加装油嘴进行控液生产后液量得到控制并保持平稳，保持蒸汽腔均衡稳定（图 8-5-9）。

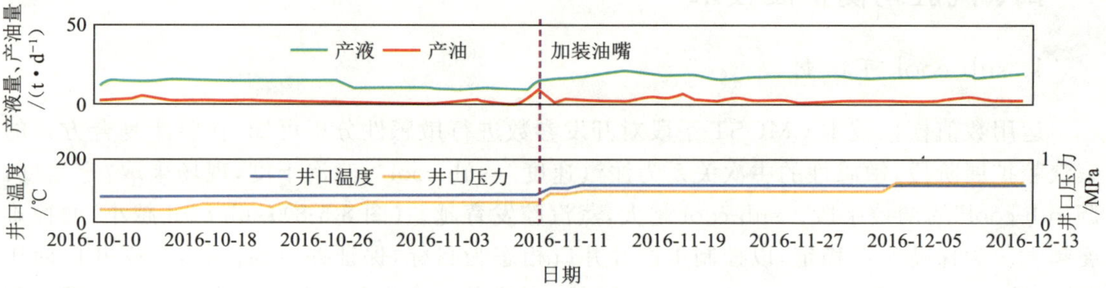

图 8-5-9 VHSD 生产井 FHW12079 控液效果图

3. 控关调向

连续汽驱时，某些井发生汽窜，在影响这些井生产的同时，还影响局部地区井组的生产，因此这时需要对汽窜井进行控关，以缓解汽窜。关井后，地层压力升高，导致压力场改变，液流方向改变，从而使蒸汽前缘得到扩展，蒸汽波及范围扩大，促进蒸汽在未见效井间的推进，可重新分布突破井周围的剩余油饱和度场。VHSD 生产 FHW12079 井组的采油井 F11050 单井温度、压力升高，形成汽窜，对其进行控关后，温度、压力降低，蒸汽腔前缘扩展方向改变，温度场分布均匀（图 8-5-10）。

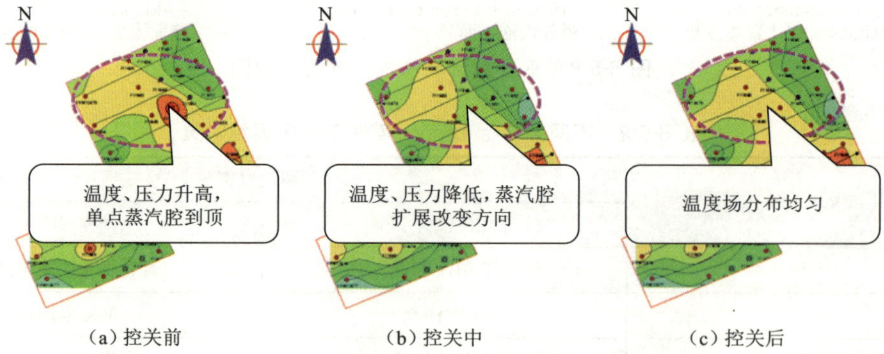

图 8-5-10 VHSD 生产井 FHW12079 井组控关效果图

五、增产提效技术

多介质（尿素＋泡沫剂或 N_2，CO_2＋起泡剂）在地层中遇蒸汽产生气体（NH_3 和 CO_2），达到保压隔热、降黏扩腔的效果。

多介质辅助蒸汽驱是指将蒸汽、尿素溶液或尿素泡沫溶液以混注的方式注入地层，尿素溶液在一定温度下水解生成非凝析气体 CO_2 和 NH_3，在 CO_2 和 NH_3 与蒸汽共同作用下开采稠油的一项技术。

$$CO(NH_2)_2 + H_2O \longrightarrow CO_2\uparrow + 2NH_3$$

多介质辅助蒸汽驱改善开发效果的原理(表 8-5-4)主要有以下几个方面：

表 8-5-4　不同开发阶段多介质辅助蒸汽高温配方体系反应机理

油藏条件	驱油体系	功　能
蒸汽驱早期油藏(汽窜通道形成阶段)	蒸汽＋尿素＋泡沫剂	快速补充地层能量，提高蒸汽热效率，降低原油黏度，调整吸汽剖面
蒸汽驱中后期油藏(重力泄油阶段)	蒸汽＋尿素、CO_2	快速补充地层能量，提高蒸汽热效率，降低原油黏度

1. 补充地层能量

CO_2 和 NH_3 进入地层后，一部分溶于原油中，使原油体积膨胀，增加液体的内动能；另一部分充满地层孔隙，扩大蒸汽波及体积，有利于原油回采。

2. 提高驱油效率，降低残余油饱和度

NH_3 和原油可以就地生成表面活性剂，从而降低界面张力、原油黏度及原油流动的启动压力(表 8-5-5)，使储层中的岩石由亲油变为亲水，提高洗油效果。

表 8-5-5　尿素溶液分解后降低油水界面张力(80 ℃)

尿素质量分数/%	0	5	10	15	20	30
界面张力/($mN\cdot m^{-1}$)	32.50	29.50	16.30	11.40	8.36	7.65

3. 降黏助排

CO_2 易溶于原油和水，溶于油可降低黏度，溶于水可改善相渗(表 8-5-6)。这非常有利于原油克服毛管阻力和摩擦力，从而大大提高原油的流动能力。

表 8-5-6　尿素溶液高温下反应后的降黏效果

尿素溶液与原油质量比	50 ℃黏度/(mPa·s)		降黏率/%
	反应前	反应后	
1∶9	126 800	90 788.8	28.4
2∶8	126 800	95 987.6	24.3

4. 调剖，增大蒸汽波及体积

CO_2 也可与 NH_3 和原油生成的表面活性剂反应，形成具有一定强度的泡沫(阻力因子

达到 10),降低蒸汽在高渗地层中的窜流,起到蒸汽转向、增大蒸汽波及体积的作用。

5. **降低水敏**

NH_3在高温下与水反应生成 OH^- 和 NH_4^+,形成的 NH_4^+ 可与膨胀黏土中的阳离子进行交换,具有稳定黏土、降低水敏的作用。

$$NH_3+H_2O \longrightarrow OH^-+NH_4^+$$

6. **对储层有一定的酸化解堵作用**

CO_2溶于水后呈酸性,并与地层基质发生反应,溶蚀一部分杂质,尤其是在碳酸岩含量较高的地层中,可反应生成溶于水的碳酸氢盐,从而提高油层的渗透率。

针对多元热流体开发现场试验过程中存在的问题,对多介质配方体系进行灵活配制。通过配方优化,可以使多介质辅助蒸汽驱技术适应不同稠油油藏对开发技术的需求。

室内研究表明,多介质辅助蒸汽驱可使蒸汽波及体积提高 28%,采出程度提高 7%(图 8-5-11、图 8-5-12)。

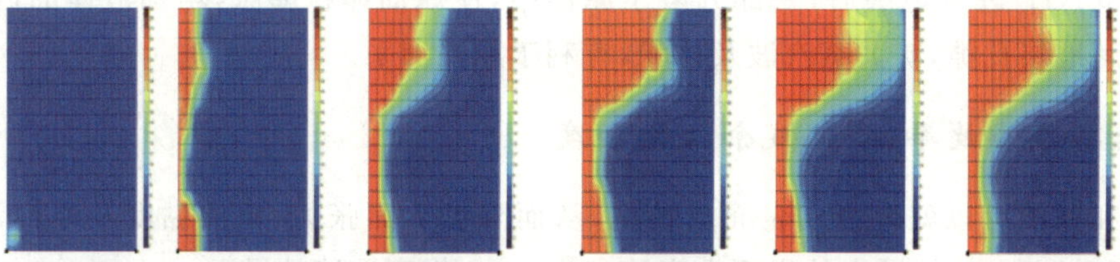

(a) 注蒸汽过程中纵向上的温度场变化(波及体积 48%)

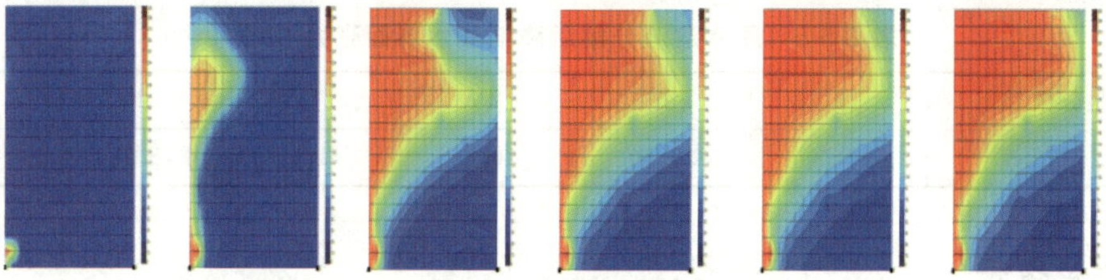

(b) 多介质辅助蒸汽吞吐纵向上的温度场变化(波及体积 76%)

图 8-5-11　单一驱泄和多介质驱泄温度场对比

现场 VHSD FHW12080 井组实施 CO_2 辅助蒸汽驱后,油汽比提高了 0.067,有效期达 120 d(图 8-5-13)。

六、现场应用情况

多介质辅助驱泄复合技术已推广应用 200 余井组。应用该技术后,研究区油汽比较转驱前提高了 93%(目标值 50%);采油速度由 1.8%提高至 3.0%,提高了 67%(目标值 50%);采收率在蒸汽吞吐基础上提高了 28 个百分点(目标值 25 个百分点)。该项技术已成为新疆油田稠油老区转换开发方式的主体技术,年产规模达到 50×10^4 t。后期规划在风城

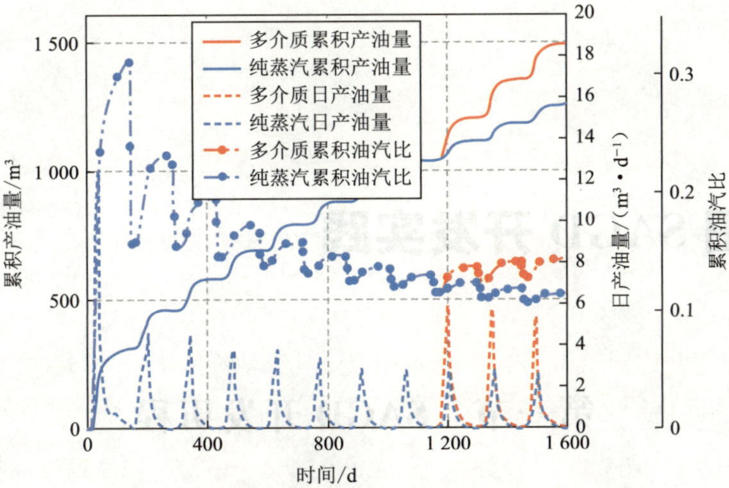

图 8-5-12　单一驱泄和多介质驱泄生产指标对比

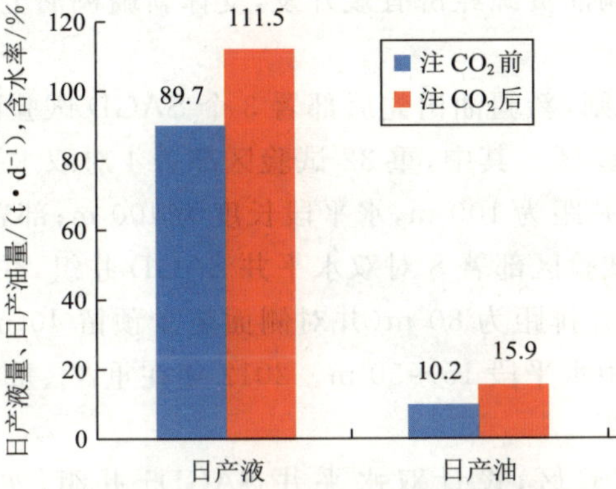

图 8-5-13　FHW12080 井组注 CO_2后生产曲线

油田、克拉玛依油田、红山嘴油田 9 个区块推广该技术，动用地质储量 1.2×10^8 t，新增可采储量 2 459×10^4 t，可累计建产能超过 100×10^4 t，助力新疆稠油 400×10^4 t 稳产。

实践表明，驱泄复合形成的超稠油吞吐后期有效接替开发技术系列可复制、可推广，对同类油藏起到示范、引领作用，有力支撑了新疆稠油 400×10^4 t 稳产，带动了地方经济和地方就业，促进了企、地、兵和谐发展。

第九章
风城油田 SAGD 开发实践

第一节　SAGD 开发历程

截至 2007 年，新疆油田落实超稠油储量为 3.6×10^8 t，先后经过露天开采、常规热采等试验均无法有效动用。为实现超稠油资源经济有效开发，支撑新疆稠油上产，确立了 SAGD 开发先导试验项目。

按照“先易后难，结合产建”原则，新疆油田先后部署 3 个 SAGD 试验区。2008 年、2009 年开辟重 32、重 37 SAGD 先导试验区。其中，重 32 试验区部署 4 对双水平井 SAGD 井组，井对垂距为 5 m，两对水平井间的井距为 100 m，水平段长度为 400 m；部署 12 口观察井，观察井距水平段 15～50 m。重 37 试验区部署 8 对双水平井 SAGD 井组，井对垂距为 5 m，两对水平井间的井距为 100 m，水平井排距为 80 m（井对侧面至少预留 40 m），水平段长度为 400 m；部署 24 口观察井，观察井距水平段 15～50 m。2012 年在重 32、重 1、重 18 等井区开始超稠油Ⅰ类、Ⅱ类油藏工业化推广。

2013 年开辟了重 45 高黏试验区，设计双水平井 SAGD5 井组，水平段长度 600～800 m，井距 70 m，动用含油面积 0.25 km^2，动用地质储量 106.5×10^4 t。2014 年开始超稠油Ⅲ类油藏推广应用。截至 2022 年底，SAGD 累计建产能 176×10^4 t，动用地质储量 $4\,158.2\times10^4$ t，总井数 278 井组，年产油量达 110×10^4 t（图 9-1-1）。

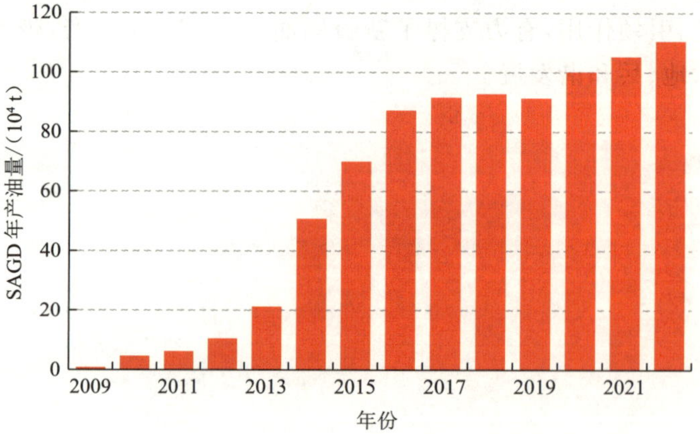

图 9-1-1　SAGD 年产油量柱状图

第二节 储层分类评价

一、SAGD 开发区油藏分类

风城油田 SAGD 各开发区油藏地质特征显示其纵向存在差异，自北向南地质条件变差，南北分区明显。原油藏分类方案仅从原油黏度方面考虑，将 SAGD 开发区分为超稠油Ⅰ，Ⅱ和Ⅲ类，其中超稠油Ⅰ类 SAGD 开发区主要包含重 58、重 22 井区 J_1b 层，超稠油Ⅱ类 SAGD 开发区主要包括重 32、重 37、重 1 及重 18 井区 J_3q_2 层，超稠油Ⅲ类 SAGD 开发区主要为重 18 井区 J_3q_3 层。

本次油藏分类采用两种方法：

(1) 根据各开发区的地质参数，采用聚类进行分类。

从油藏聚类考虑，选取油层埋深、原油密度、原油黏度、含油饱和度、渗透率、孔隙度、P 井上方油层厚度为参数，对 SAGD 开发区进行聚类分析。聚类结果(图 9-2-1)显示，SAGD 开发区可分为 3 类：Ⅰ类为重 22 井区，Ⅱ类为重 32、重 37、重 1、重 18 井区 J_3q_2 层及重 58 井区 J_1b 层，Ⅲ类为重 18 井区 J_3q_3 层和重 45 井区 J_3q_3 层。

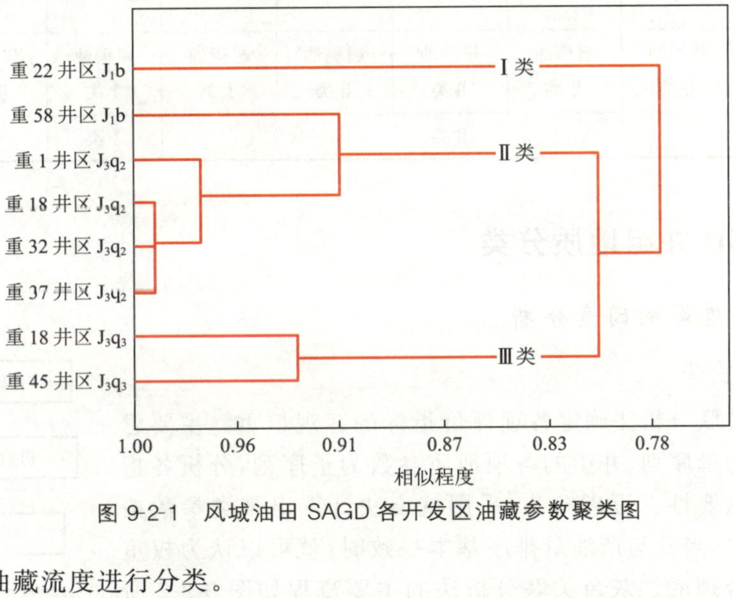

图 9-2-1 风城油田 SAGD 各开发区油藏参数聚类图

(2) 按照油藏流度进行分类。

从油藏流度考虑，根据风城油田 SAGD 开发区油藏参数及流度参数，将 SAGD 开发区分为 3 类(表 9-2-1)：Ⅰ类为重 22 井区，Ⅱ类为重 32、重 37、重 1、重 18 井区 J_3q_2 层及重 58 井区 J_1b 层，Ⅲ类为重 18 井区 J_3q_3 层。

两种分类方法均将油藏分为 3 类，与按超稠油黏度分类方案相比，本次将重 58 井区 J_1b 层与 J_3q_2 层归为一类，其余井区分类与原来相同。从目前生产效果来看，重 58 井区 J_1b 层与重 18 井区 J_3q_2 层相近。

表 9-2-1 风城油田 SAGD 开发区油藏分类参数表

区　块	重 32	重 37	重 1	重 18	重 58	重 22	重 18	
层　位	J_3q_2	J_3q_2	J_3q_2	J_3q_2	J_1b	J_1b	重 18J_3q_3	重 45J_3q_3
沉积类型	辫状河	辫状河	辫状河	辫状河	辫状河	辫状河	辫状河	辫状河
油层埋深/m	190	242	265	287	360	620	449	470
原油密度/(g·cm^{-3})	0.965	0.947	0.96	0.965	0.962	0.955	0.953	0.976
50 ℃原油黏度/(10^4 mPa·s)	2.94	2.88	2.97	2.57	0.90	0.56	5.38	11.50
含油饱和度/%	73.5	68.7	76.4	74.7	70.6	72.0	59.2	62.0
渗透率/(10^{-3} μm^2)	2 552	2 028	2 018	1 479	795	1 400	793	1 056
孔隙度/%	31.7	29.6	34.7	30.0	26.8	31.5	27.8	28.9
动用地质储量/(10^4 t)	774.19	223.67	982.84	261.63	100.27	74.07	1 259.34	86.40
P 井上方油层/m	17.6～35.6	13.6～28.4	24.2～41.5	8.5～15.5	10.4～20.3	8.0～16.5	10.2～18.7	18.5～20.2
流度/[10^{-3} μm^2·(mPa·s)$^{-1}$]	0.09	0.07	0.07	0.06	0.09	0.25	0.01	0.01
原油黏度分类	超稠油Ⅱ类	超稠油Ⅱ类	超稠油Ⅱ类	超稠油Ⅱ类	超稠油Ⅰ类	超稠油Ⅰ类	超稠油Ⅲ类	超稠油Ⅲ类
本次油藏分类	Ⅱ类					Ⅰ类	Ⅲ类	

二、SAGD 井组地质分类

1. 井组地质影响因素分析

1）指标权重法

采用灰色关联分析法确定各项评价指标的客观权重。主要思路是以产油量为母序列、井组的各项地质参数为子序列，分析各指标对产油量的重要性。可理解为：采用试凑法计算出某类参数按权重的得分排序，当其与产油量排序基本一致时，就可以认为权重的分配是比较合理的。灰色关联分析法的主要流程如图 9-2-2 所示。

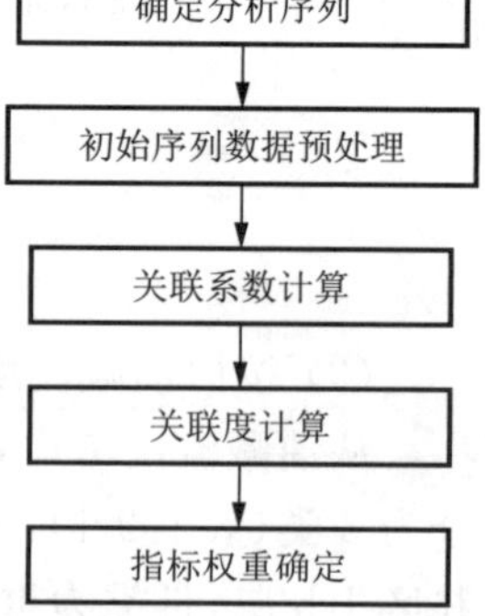

图 9-2-2　灰色关联分析法流程图

2）概率神经网络法

概率神经网络法的主要应用是进行预测分类，它利用贝叶斯概率理论对模式聚类问题提供了一个统一的解决方案。概率神经网络法的优点：① 样本学习的回判率为 100%；② 训练容易，收敛速度快，非常适用于实时处理。概率神经网络由四层前馈神经网络组成，分别为输入层、隐含层、求和层、输出层。

选取风城油田 J_3q_2 层生产正常且正常生产超过 5 年的 100 个 SAGD 井组参数：P 井以上油层厚度（h）、油层水平渗透率（$perm_1$）、油层垂向渗透率（$perm_v$）、油层孔隙度（por_1）、含油饱和度（S_o）、P 井以上储层厚度（H）、地层系数（α）、原油黏度（μ）、埋藏深度（D）、避水高度（h_3）、水平段长度（h_1）、夹层频率（f_1）、夹层密度（f_2）、单个夹层距 P 井的距离（h_2）、单个夹层面积（S）、夹层个数（n）、单个夹层厚度（h_4）、井组夹层厚度（h_5）、单个夹层长度（a）、单个夹层宽度（b）、单个夹层孔隙度（por_2）、单个夹层渗透率（$perm_2$）共计 22 个参数，采用指标权重法、概率神经网络法不断预测及训练学习，但预测及训练学习结果均差异较大。分析认为，目前可能样本数量不足或参数复杂，导致结果不能很好地反映问题。同时，在采用指标权重法和概率神经网络预测及训练学习的过程中，可模糊得到各类地质参数影响因数占比（图 9-2-3）。因此，井组分类中应先从单个隔夹层面积、厚度、距 P 井距离等入手，再到井组。

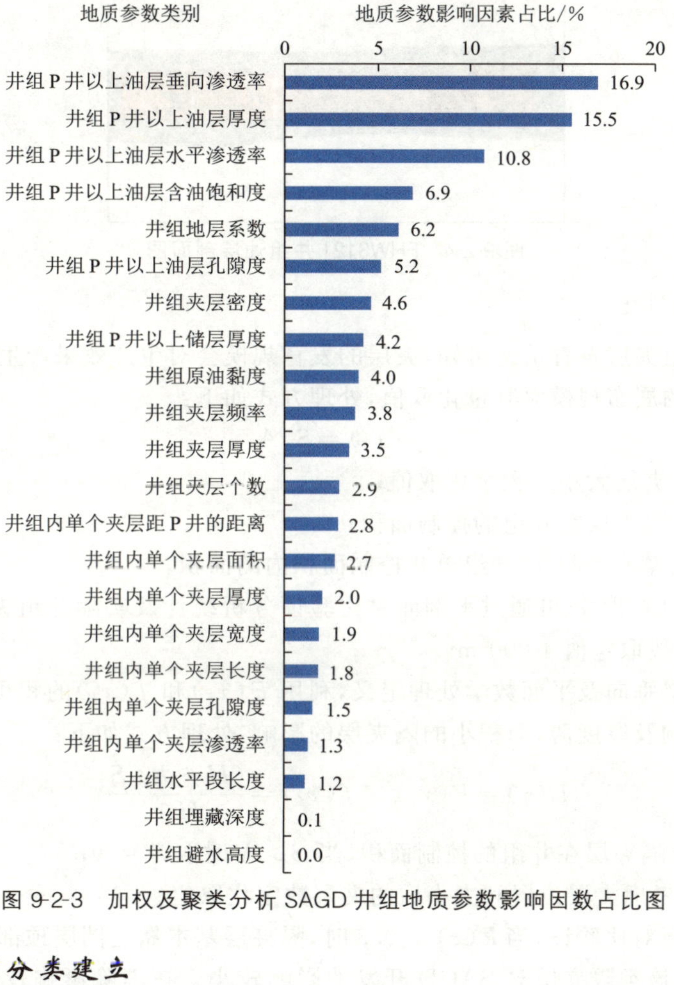

图 9-2-3 加权及聚类分析 SAGD 井组地质参数影响因数占比图

2. 井组地质分类建立

通过地质因素对比分析可知，夹层距 I 井、P 井高度和夹层的发育规模会对生产效果产生影响。通过实际井组夹层发育情况和产油量对比，认为 SAGD 顶部厚度薄、面积小的夹层对 SAGD 生产影响较小或者不影响，因此在井组分类中可予以消除。为了更清楚地表示夹层距 I 井、P 井高度对生产效果的影响，引入无因次高度，（夹层距 P 井高度与盖层距 P 井高度的比值)的概念对井组隔夹层进行数学处理。

1) 隔夹层归一化处理

根据引入的无因次高度的概念,对每个井组隔夹层进行归一化处理,处理方式(图 9-2-4)如下:

$$F(x_i)=1-h_i/H \tag{9-2-1}$$

式中 $F(x_i)$——归一化参数(0~1),越靠近顶部值越接近 0;

H——P 井以上储层厚度,m;

h_i——每个隔夹层距 P 井距离;

x_i——第 i 个夹层。

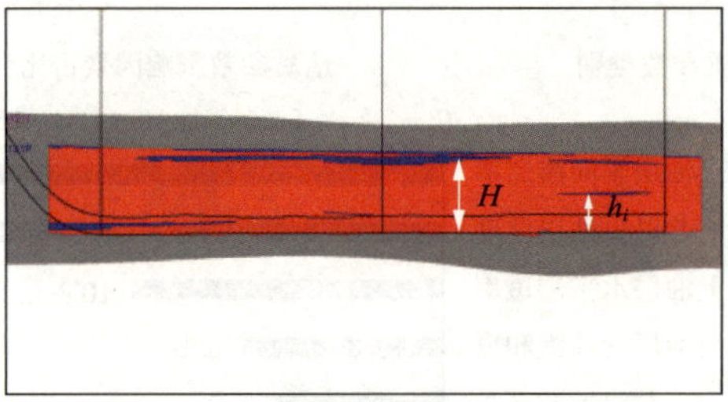

图 9-2-4 FHW3121 井组油层剖面图

2) 隔夹层数值化

根据实际井组夹层发育情况可知,夹层的发育规模会对生产效果产生影响。因此,根据隔夹层在井组内的展布规模对其量化取值,处理方式如下:

$$f(x_i)=S/A \tag{9-2-2}$$

式中 $f(x_i)$——夹层大小的数字化取值;

S——单个隔夹层在井组的控制面积;

A——夹层落在 SAGD 井组单井控制面积内的面积。

当 $f(x_i)>1$ 时,取 1;可通过平剖面对比验证分析统计及实际井组夹层发育情况和产油量对比求取,一般取定值 4 000 m^2。

根据对隔夹层垂向及平面数学处理定义,利用 $F(x_i)$和 $f(x_i)$的积可以消除靠近储层顶部隔夹层的影响及厚度薄、面积小的隔夹层的影响,处理方式如下:

$$F(z)=F(x_i)\times f(x_i)=\frac{(H-h_i)S}{HA} \tag{9-2-3}$$

式中 S——单个隔夹层在井组的控制面积,当 $S>A$ 时取 $S=A$;

$F(z)$——考虑夹层位置和大小后的夹层数字化取值。

通过井组剖面对比验证,当 $F(z)<0.3$ 时,隔夹层基本靠近储层顶部或者为厚度薄、面积较小的隔夹层,该类隔夹层对 SAGD 开发的影响较小。在消除影响较小隔夹层后,求取剩余有影响夹层的厚度和个数、井组夹层的密度及夹层频率,分析它们对生产效果的影响。

通过对隔夹层的消除定义,统计 J_3q_2层井组内 P 井以上隔夹层(共计 246 个),其中对开发影响小的隔夹层有 73 个,影响较大的有 173 个(图 9-2-5);统计 J_3q_3层井组内 P 井以上隔夹层(共计 307 个),其中对开发影响小的隔夹层有 167 个,影响较大的有 140 个(图 9-2-6)。

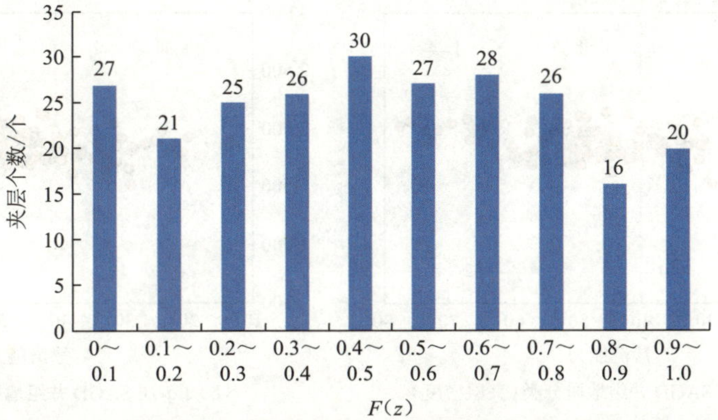

图 9-2-5　J_3q_2层井组内隔夹层分布直方图

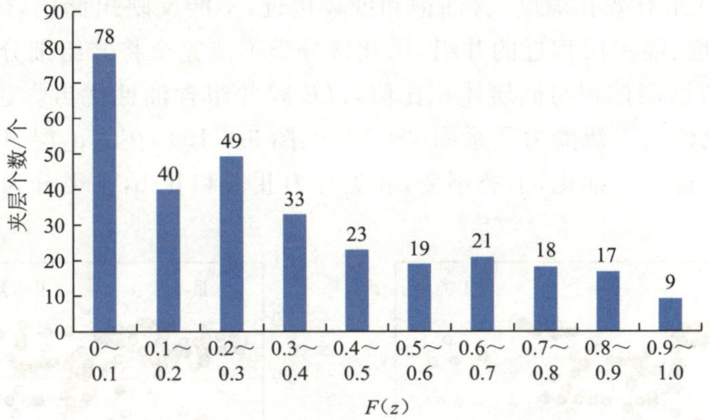

图 9-2-6　J_3q_3层井组内隔夹层分布直方图

3）井组地质分类标准建立

根据地质影响因素分析，选取油层厚度、有效孔隙度、含油饱和度、水平渗透率、垂向渗透率、有效隔夹层密度及频率（消除顶部或面积小、厚度薄的隔夹层），结合 SAGD 井组地质参数，建立单储系数与渗流能力关系图，将 J_3q_2层、J_3q_3层 SAGD 井组分为 3 类（图 9-2-7、图 9-2-8）。

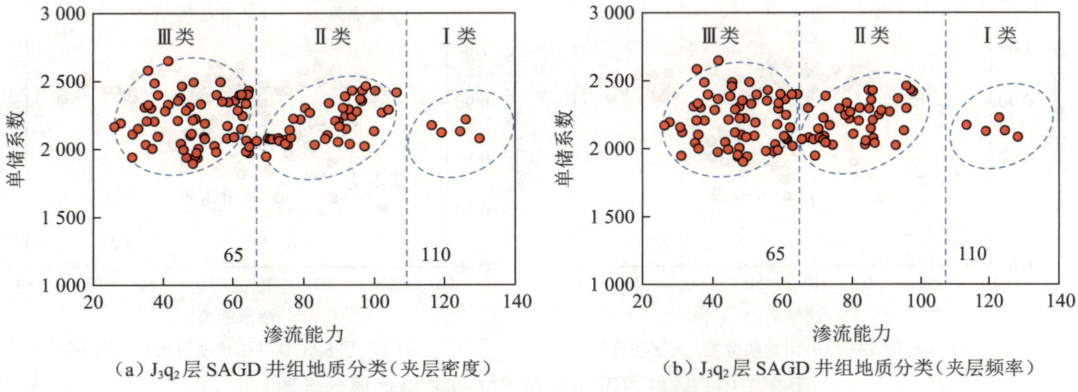

（a）J_3q_2层 SAGD 井组地质分类（夹层密度）　（b）J_3q_2层 SAGD 井组地质分类（夹层频率）

图 9-2-7　风城油田 J_3q_2层 SAGD 井组地质分类图

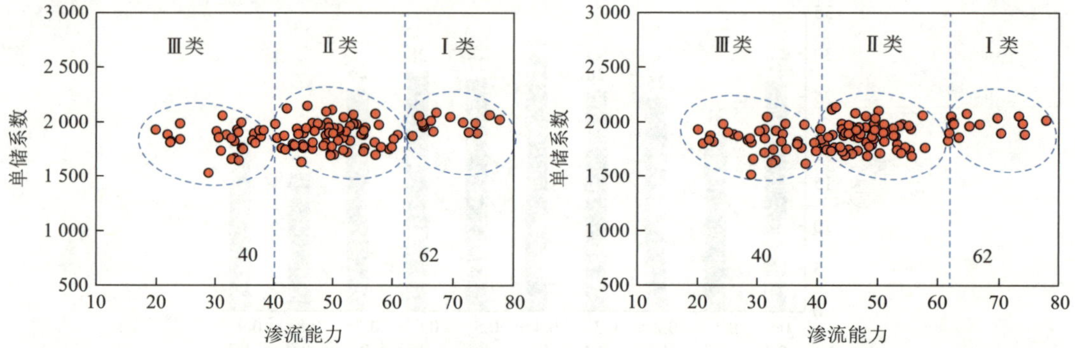

（a）J_3q_3层 SAGD 井组地质分类（夹层密度）　　（b）J_3q_3层 SAGD 井组地质分类（夹层频率）

图 9-2-8　风城油田 J_3q_3层 SAGD 井组地质分类图

由于 SAGD 井组有效孔隙度、含油饱和度较接近，不能反映出储层含油性的优劣，但能反映出渗透率、厚度、隔夹层相近的井组，因此该分类不能完全将井组细分。

选取 P 井上方油层体积与储层体积比值，以反映井组含油性优劣。建立 P 井上方油层体积与储层体积比值与渗流能力关系图（图 9-2-9、图 9-2-10），在 J_3q_2层、J_3q_3层 SAGD 井组分为 3 类的基础上进一步细化，Ⅰ类不变，Ⅱ类分为Ⅱ-a 和Ⅱ-b，Ⅲ类分为Ⅲ-a 和Ⅲ-b。

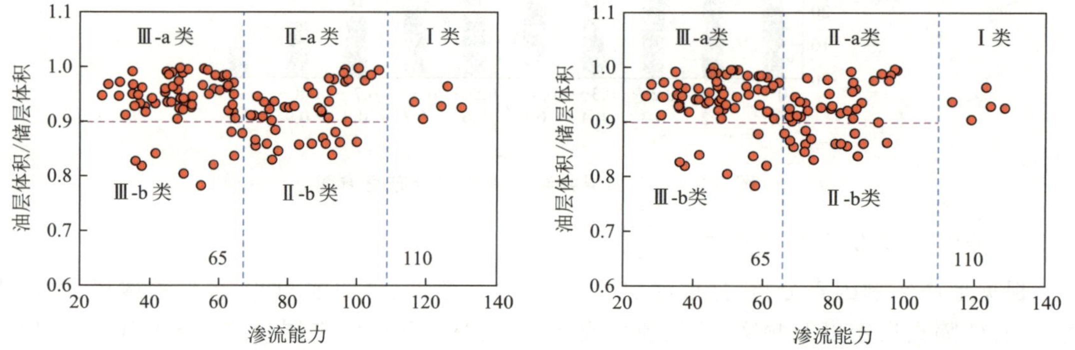

（a）J_3q_2层 SAGD 井组地质分类（夹层密度）　　（b）J_3q_2层 SAGD 井组地质分类（夹层频率）

图 9-2-9　风城油田 J_3q_2层 SAGD 井组地质分类图

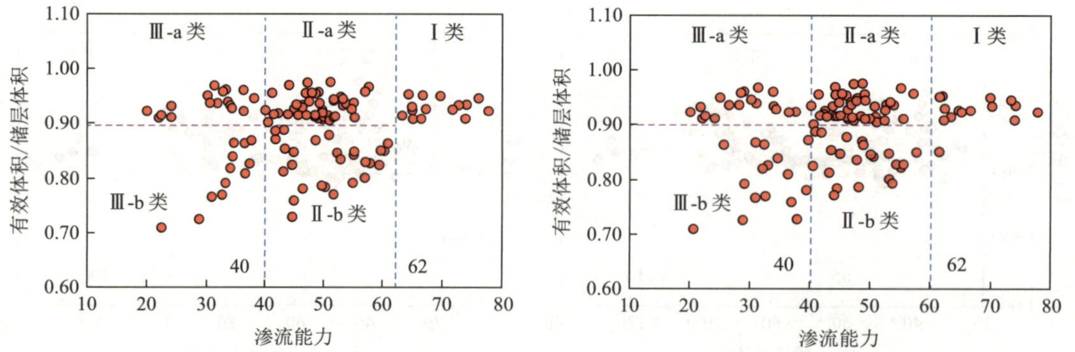

（a）J_3q_3层 SAGD 井组地质分类（夹层密度）　　（b）J_3q_3层 SAGD 井组地质分类（夹层频率）

图 9-2-10　风城油田 J_3q_3层 SAGD 井组地质分类图

根据以上建立的井组地质分类结果，统计井组渗流能力与有效体积占比，将 J_3q_2 层、J_3q_3 层 SAGD 井组进行分类，各类井组地质特征如下。

Ⅰ类井(图 9-2-11)主要特征：轨迹位于油层底部，油层厚度大、物性较好。

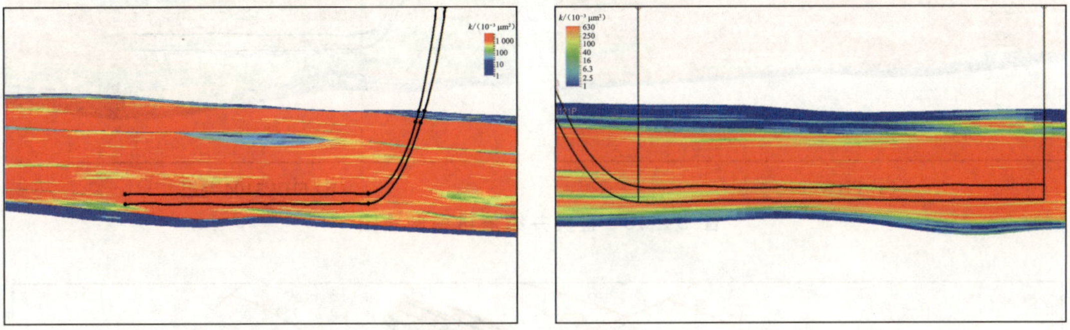

(a) FHW327 井组　　(b) FHW3121 井组

图 9-2-11　Ⅰ类井组渗透率剖面图

Ⅱ类井(图 9-2-12)主要特征：Ⅱ-a 类井，轨迹位于油层中下部，油层厚度大、物性好，P 井以上无夹层或夹层影响较小；Ⅱ-b 类井，轨迹位于油层中下部，油层厚度大、物性相对差，P 井以上存在夹层或物性相对较差的储层。

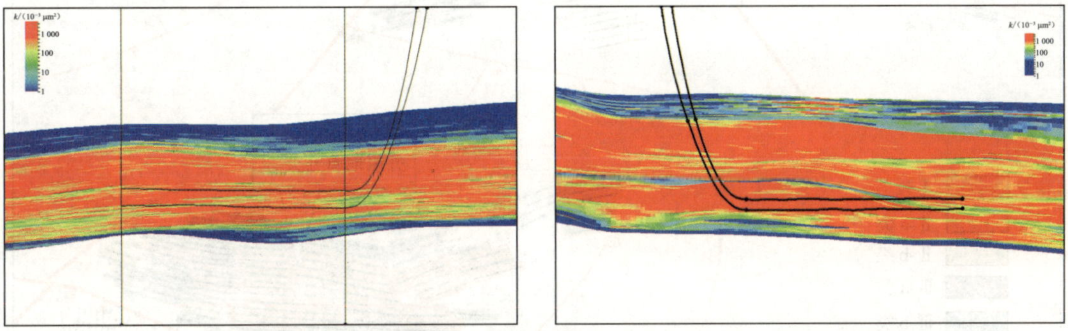

(a) FHW3073 井组　　(b) FHW331 井组

图 9-2-12　Ⅱ类井组渗透率剖面图

Ⅲ类井(图 9-2-13)主要特征：Ⅲ-a 类井，轨迹位于油层顶部，油层厚度薄、物性相对较好；Ⅲ-b 类井，轨迹位于油层中上部，P 井以上存在夹层影响或者物性相对较差。

3. 井组地质分类

根据以上建立的井组地质分类标准，对 J_3q_2 层、J_3q_3 层 SAGD 井组进行分类。J_3q_2 层共 125 井组，其中Ⅰ类井 5 井组，Ⅱ类井 54 井组(Ⅱ-a 类 31 井组，Ⅱ-b 类 23 井组)，Ⅲ类井 66 井组(Ⅲ-a 类 56 井组，Ⅲ-b 类 10 井组)；J_3q_3 层共 117 井组，其中Ⅰ类井 15 井组，Ⅱ类井 73 井组(Ⅱ-a 类 46 井组，Ⅱ-b 类 27 井组)，Ⅲ类井 29 井组(Ⅲ-a 类 17 井组，Ⅲ-b 类 12 井组)。风城油田齐古组 J_3q_2 和 J_3q_3 层 SAGD 井组地质分类如图 9-2-14 所示。

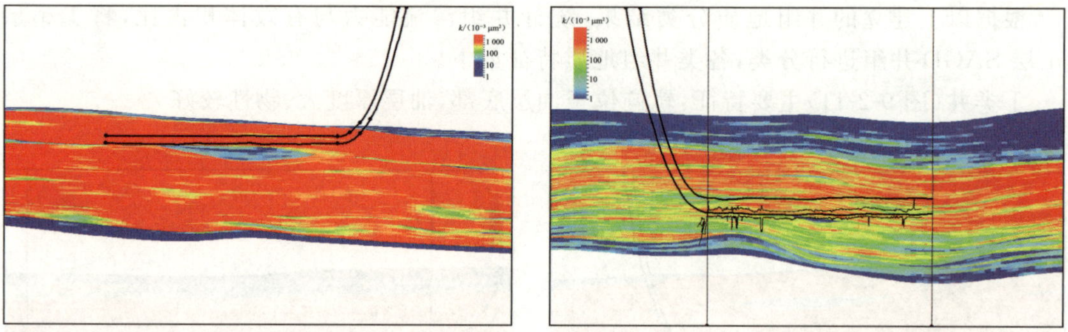

（a）FHW327U 井组　　（b）FHW3104 井组

图 9-2-13　Ⅲ类井组渗透率剖面图

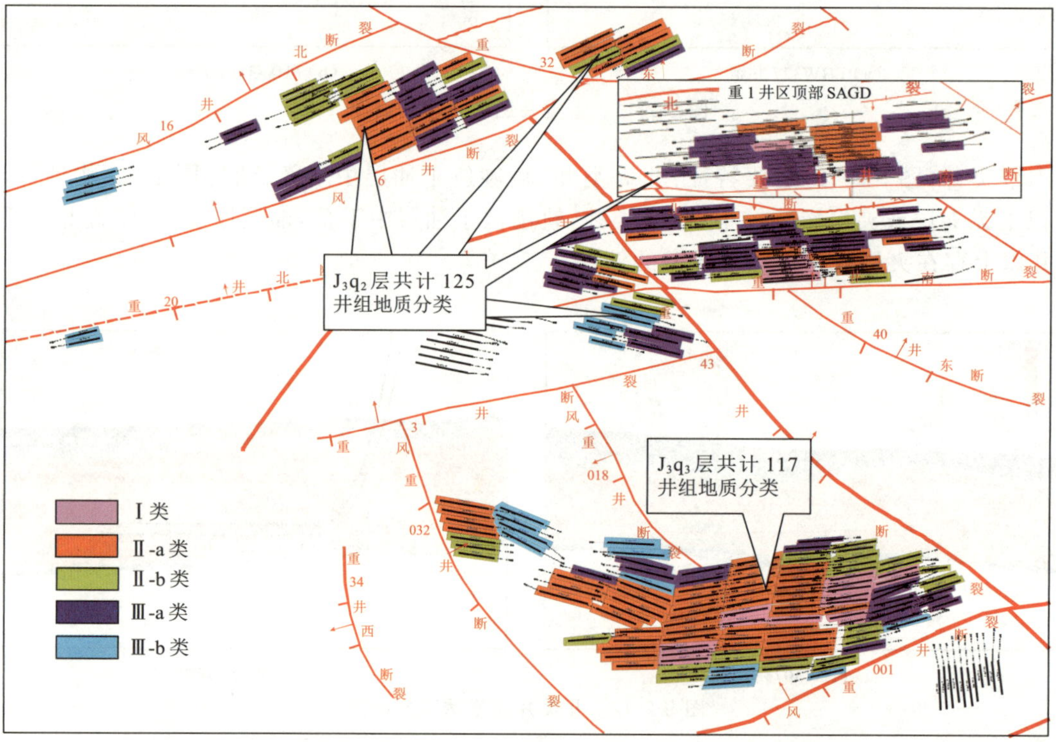

图 9-2-14　风城油田齐古组 J_3q_2 和 J_3q_3 层 SAGD 井组地质分类图

第三节　不同类型井组开发特征

根据风城油田 SAGD 井组分类，对比 J_3q_2 层与 J_3q_3 层的地质参数及生产效果（表 9-3-1、表 9-3-2）。可以看出，整体上 J_3q_3 层相当于 J_3q_2 层Ⅲ-b 类，J_3q_3 层Ⅰ类与 J_3q_2 层Ⅱ类油层厚度及孔隙度相近，J_3q_3 层Ⅱ类与 J_3q_2 层Ⅲ类油层厚度及孔隙度相近，但 J_3q_3 层油层渗透率及含油饱和度均比 J_3q_2 层低，生产效果相对较差。

表 9-3-1　J_3q_2层 SAGD 井组地质分类统计表

类别		井数/口	油层厚度/m	孔隙度/%	含油饱和度/%	渗透率/(10^{-3} μm²)	平均日产油/($t \cdot d^{-1}$)	平均井组累积产油/t	采出程度/%
Ⅰ类	Ⅰ	5	37.4	30.9	69.5	2 349.2	18.4	46 544	13.8
Ⅱ类	Ⅱ-a	31	27.7	30.8	71.1	1 877.5	25.9	83 843	28.8
	Ⅱ-b	23	26.5	30.5	70.1	1 841.1	14.2	40 739	14.8
Ⅲ类	Ⅲ-a	56	15.5	31.0	71.4	1 871.3	22.8	57 014	37.0
	Ⅲ-b	10	16.9	30.4	67.0	1 450.8	7.6	17 085	10.5
合计		125	21.3	30.9	71.0	1 820.3	20.7	59 194	28.1

表 9-3-2　J_3q_3层 SAGD 井组地质分类统计表

类别		井数/口	油层厚度/m	孔隙度/%	含油饱和度/%	渗透率/(10^{-3} μm²)	平均日产油/($t \cdot d^{-1}$)	平均井组累积产油/t	采出程度/%
Ⅰ类	Ⅰ	15	22.9	31.9	61.9	1 083.9	6.6	9 431.5	4.9
Ⅱ类	Ⅱ-a	46	17.1	31.1	61.9	770.8	10.6	25 670.6	15.4
	Ⅱ-b	27	18.5	30.3	58.6	598.6	5.7	7 725.4	6.5
Ⅲ类	Ⅲ-a	17	10.8	30.7	61.6	721.8	8.8	19 352.4	24.2
	Ⅲ-b	12	12.2	30.4	57.5	574.4	6.8	13 933.4	13.5
合计		117	16.7	30.8	60.7	722.9	8.2	16 999.4	12.1

对比J_3q_2层与J_3q_3层相同类井组平均日产油量，结果(表 9-3-3、表 9-3-4)显示，目前J_3q_2层Ⅱ-a 类、Ⅲ-a 类井生产效果较好，Ⅰ类井生产效果有待进一步优化；J_3q_3层Ⅱ-a 类井生产效果相对较好，Ⅰ类井生产效果不理想，没有达到预期效果；其余井组需要进一步优化。

表 9-3-3　J_3q_2层 SAGD 井组地质分类统计表

类别		Ⅰ类	Ⅱ类		Ⅲ类	
			Ⅱ-a 类	Ⅱ-b 类	Ⅲ-a 类	Ⅲ-b 类
不同平均日产油量对应井组数	≤10 t/d	—	—	—	2	6
	>10～15 t/d	—	—	10	9	1
	>15～20 t/d	4	4	5	12	—
	>20～25 t/d	1	15	—	8	—
	>25～30 t/d	—	6	—	10	—
	>30～35 t/d	—	2	—	3	—
	≥35 t/d	—	3	—	4	—
待投产井数		—	—	8	8	3
井数(井组数)		5	31	23	56	10
合计(井组数)		125				

表 9-3-4　J_3q_3层 SAGD 井组地质分类统计表

类　别		Ⅰ类	Ⅱ类		Ⅲ类	
			Ⅱ-a 类	Ⅱ-b 类	Ⅲ-a 类	Ⅲ-b 类
不同平均日产油量对应井组数	≤5 t/d	2	5	9	5	—
	>5～10 t/d	9	14	11	5	10
	>10～15 t/d	—	16	—	1	—
	>15～20 t/d	—	5	—	1	—
	>20～25 t/d	—	1	—	—	—
	>25～30 t/d	—	1	—	—	—
	≥30 t/d	—	—	—	—	—
待投产井数		4	4	7	5	2
井数(井组数)		15	46	27	17	12
合计(井组数)		117				

目前八道湾组 SAGD 井组数较少，仅 21 井组，建立井组地质分类标准较困难。根据 J_3q_2层、J_3q_3层井组分类模式，八道湾组 SAGD 井组整体属于Ⅱ-a～Ⅲ-a 类型。对比 J_3q_2层、J_3q_3层Ⅱ-a～Ⅲ-a 井组生产效果，结合油藏分类及八道湾组 21 井组的地质参数，综合认为重 58 井区八道湾组 SAGD 生产效果优于 J_3q_3层，与重 18 井区 J_3q_2层相近。

第四节　SAGD 开发技术对策

针对不同类型的井组，在 SAGD 预热阶段及生产阶段制定不同的技术对策，目前实施提效对策 10 种，共计 554 井次。针对不同夹层影响 SAGD 开发效果的问题，应用直井辅助 SAGD、水平井辅助 SAGD、多分支 SAGD 等 SAGD 立体井网 108 井组。在 SAGD 预热阶段，为解决预热时间长、水平段连通差的问题，开展溶剂辅助 SAGD 启动技术、电加热辅助 SAGD 启动技术、储层升级扩容研究与应用，共实施 89 井组。在 SAGD 生产阶段，为提高水平段动用程度，开展了电加热辅助 SAGD 技术、SAGD 水平段调剖暂堵技术及流量控制器(FCD)技术，共实施 21 井组；为加快蒸汽腔扩展速度，开展了高压扩腔技术研究与应用，共实施 95 井组；SAGD 中后期为提高油汽比及蒸汽热利用率，开展了氮气辅助 SAGD、降压开采技术，共实施 241 井次。

一、SAGD 立体井网

1. 直井辅助 SAGD 技术

针对受局部夹层(夹层长度小于 1/4 水平段长度)影响，水平段动用差、蒸汽腔发育缓慢的井组，利用动用差水平段附近的直井，通过吞吐方式与 SAGD 蒸汽腔建立热连通，以驱泄复合方式加速 SAGD 蒸汽腔扩展，有效波及受夹层影响的剩余油区。2015 年在重 32 井区开展直井辅助 SAGD 试验，试验井组包括 FHW114 井组、FHW115 井组及 DF311 井。FHW114I 井水平段后段发育连续夹层，导致 SAGD 尾端蒸汽腔发育差，通过附近直井 DF311 辅助注汽方式可提高井组尾端动用程度(图 9-4-1)。与辅助前相比，FHW114 井组日产油提高 17 t/d，FHW115 井组日产油提高 38 t/d。

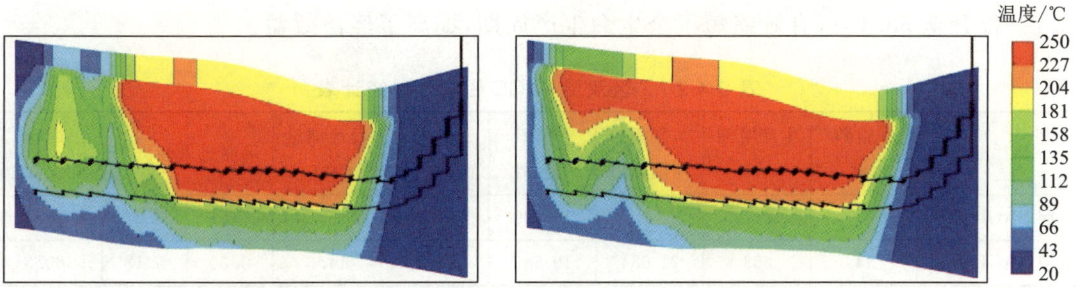

(a) 辅助前　　(b) 辅助后

图 9-4-1　FHW114 井组辅助效果图

2. 水平井辅助 SAGD 技术

针对受不连续夹层(夹层长度在 1/2～1/4 水平段长度)影响，SAGD 采油速度慢，井间三角冷油区无法有效动用的问题，通过在原有的相邻的 SAGD 井组之间加钻一口水平井，形成水平井辅助 SAGD 井网，动用井组间剩余油。当 SAGD 井组蒸汽腔发育至油层顶部时，加密水平井开始吞吐启动，与 SAGD 蒸汽腔连通后转为生产井，横向拉动蒸汽腔。

重 32 井区 FHW128 和 FHW129 两对 SAGD 井组与 FHW12011，FHW12012 和 FHW12013 三口水平井形成平-平组合 SAGD 井网，相对同期邻井井组产油水平提高 8.8 t/d，油汽比提高 0.08，水平井辅助 SAGD 整体采出程度已达 59.6%，生产效果显著(表 9-4-1)。

表 9-4-1　重 32 井区水平井辅助 SAGD 生产效果对比表

项　目	生产时间/d	累积注汽(含辅助)/t	累产油量/t	日注汽量/(t·d^{-1})	日产液量/(t·d^{-1})	日产油量/(t·d^{-1})	油汽比	采出程度/%
FHW128	2 365	191 875	36 213	81.1	57.9	15.3	0.19	49
FHW129	2 070	182 296	29 494	88.1	58.6	14.3	0.16	40.5
平　均	2 217	187 086	32 853	84.4	58.2	14.8	0.18	44.8
同期其他 SAGD 井组	2 092	128 629	12 667	61.5	41.3	6.1	0.1	10.5
对　比				22.9	16.9	8.7	0.08	34.3

3. 双层立体井网 SAGD 开发技术

针对连续夹层(夹层长度大于 1/2 水平段长度)影响，采用上下两层平面等距交错部署 SAGD 井网方式，可有效提高采油速度及储量动用程度。上层井网与下层井网平行交错部署，与下层井网构成立体井网。

2013 年，风城油田 Z 区实施 SAGD 井组 26 对，采用双层 SAGD 立体井网，其中 12 对位于油层上部，14 对位于油层下部。转 SAGD 生产后，上层单井组平均生产 241 d，累积产油 4 387 t，日产油 18.2 t，油汽比 0.22，与下层 SAGD 井组相比，生产效果较好(表 9-4-2)。生产初期阶段，Z 区上下层蒸汽腔尚未连通，保持相对独立的生产状态，对于该实施区来说，采油速度由原设计单层 SAGD 开发的 3.2%提升至 5.7%，预计最终采收率可由设计的 56.7%提升至 68.4%，有效缩短了全生命生产周期，提高了经济效益。

表 9-4-2　Z 区双层 SAGD 生产效果统计表

类　型	井组数/对	生产时间/d	累积注汽量/t	累积产液量/t	累积产油量/t	日产油量/($t \cdot d^{-1}$)	采注比	油汽比	综合含水率/%
上层 SAGD 井组	12	241	20 106	19 529	4 387	18.2	0.97	0.22	77.5
下层 SAGD 井组	14	263	21 684	19 582	3 853	14.6	0.90	0.18	80.3

4. 多分支 SAGD 技术

针对注汽水平井上方不连续夹层导致蒸汽腔整体扩展缓慢、生产效果差的井组，采用多分支注汽水平井注汽的 SAGD 开发方式。多分支 SAGD 的注汽水平井为多分支井，生产水平井为常规水平井，分支沿水平段走向上翘，并尽量穿过夹层。在 SAGD 生产过程中，通过分支注汽在夹层上方形成多个小蒸汽腔，使蒸汽快速波及夹层上方储层并建立泄流通道，从而提高蒸汽腔扩展速度，削弱夹层影响。2015 年，Z 区开展了两井组多分支 SAGD 试验。两井组水平段长度均为 450 m，注汽井上方发育多段泥岩夹层；两井组注汽井为 4 分支交错对称分布水平井，单分支长度 100 m，平面上分支偏移主井眼最大距离为 15 m，垂向上偏移主井眼最大距离 5 m，分支钻穿夹层。与区块类似井组对比，注汽量平均提高 25%，平均单井日产油提高 2.2 t，采油速度为 18%。

5. 驱泄复合技术(VHSD)

针对蒸汽吞吐后期采出程度低、井间剩余油无法动用的问题，采用多直井与水平井组合的驱泄复合泄油方式进一步提高采收率。当蒸汽吞吐方式生产至 8～10 轮时，井间建立了热连通，转入驱泄复合方式生产，即注汽井连续注入蒸汽加热原油，被加热原油在重力和蒸汽驱动力作用下流至油层下部的水平井中被采油井采出。随着蒸汽的连续注入，蒸汽腔不断往两侧和下方扩展，能够更加有效地加热并驱替原油，大幅度提高油藏采收率。基于现场实践及油藏工程研究结果，采用全密闭高温 VHSD 开发方式，产液温度由 100 ℃上升至 150 ℃，原油黏度由 400 mPa・s 降低到 60 mPa・s，大幅度提高了开发效果。实施后，试验区 8 井组高温 VHSD 产量由原来的 55 t/d 提高到 115 t/d，油汽比由 0.121 提高到 0.207。

二、SAGD 预热阶段提效技术

1. 溶剂辅助 SAGD 启动技术

SAGD 预热时间长、效果差的问题主要通过溶剂辅助方式解决。溶剂辅助脉冲式蒸汽吞吐预热技术是在 SAGD 注蒸汽循环预热阶段或之前将溶剂注入油层中，与原油互溶，从而降低原油黏度，加快井间连通速度的技术。溶剂辅助脉冲式蒸汽吞吐预热技术旨在同时利用蒸汽的热力降黏作用和溶剂的溶解降黏作用的双重效果(图 9-4-2)，快速在水平井间建立连通区域，启动 SAGD 的开发过程。

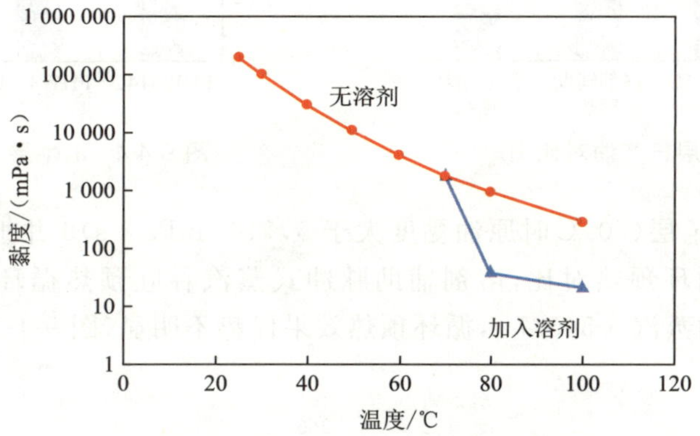

图 9-4-2　加入溶剂后原油黏温曲线

综合以上物理模拟实验研究和油藏数值模拟研究，明确溶剂辅助 SAGD 启动技术可行。该技术的作用机理如下：

(1) 先“热”后“剂”，接力降黏。

利用蒸汽热力降黏和溶剂溶解降黏的接力降黏效果，快速降低原油黏度。

(2) 近“热”远“剂”，快速连通。

近井地带蒸汽热力降黏，远井地带溶剂溶解降黏，快速在水平井间建立连通。

(3) 混相、扩散，均匀启动。

溶剂在原油中混相扩散，能够抑制指进，提高井间动用均匀程度。

利用传质和传热降黏的协同作用，溶剂辅助脉冲式蒸汽吞吐预热技术能更快速、更均匀地实现 SAGD 水平注采井间连通，提高初期生产阶段的产油能力。

溶剂辅助脉冲式蒸汽吞吐预热技术共实施 13 井组，其中常规 SAGD 实施 8 井组(J_3q_2 层 2 井组，J_3q_3 层 6 井组)，鱼骨井 5 井组，这里主要分析 J_3q_2 层常规 SAGD 实施的 2 井组、J_3q_3 层常规 SAGD 实施的 6 井组。

常规 SAGD 实施溶剂辅助脉冲式蒸汽吞吐预热在 J_3q_2 层实施 2 井组(Ⅲ-a 类)，分布在重 1 井区；J_3q_3 层实施 6 井组，其中Ⅱ类 1 井组(Ⅱ-a 类)、Ⅲ类 5 井组(Ⅲ-a 类)。根据实施井组情况，分循环预热及转 SAGD 生产两个阶段对溶剂辅助脉冲式蒸汽吞吐预热效果进行分析评价。

从重 18 井区 J_3q_2 层(50 ℃时原油黏度小于 5×10^4 mPa·s)2 井组溶剂辅助脉冲式蒸汽吞吐预热与常规循环预热对比，溶剂辅助脉冲式蒸汽吞吐预热时间平均延长 37.5%，平均单井多注蒸汽 9 151.2 t，循环预热效果比常规循环预热时间延长，消耗汽量增加，但预热阶段日产油、油汽比高，含水低，均比常规循环预热效果好，整体上生产效果优于常规循环预热阶段(图 9-4-3、图 9-4-4)。

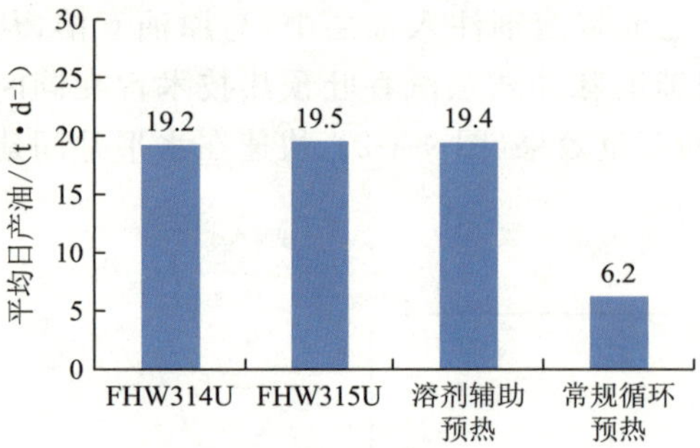

图 9-4-3　J_3q_2层日产油对比图

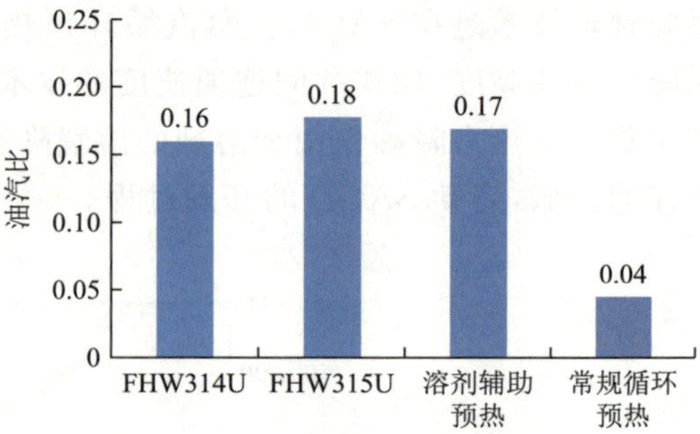

图 9-4-4　J_3q_2层油汽比对比图

从重 18 井区 J_3q_3层(50 ℃时原油黏度大于 5×10^4 mPa·s)6 井组溶剂辅助脉冲式蒸汽吞吐预热与常规循环预热对比，溶剂辅助脉冲式蒸汽吞吐预热循环预热时间平均缩短 7.3%，平均单井节约蒸汽 5 545.7 t，循环预热效果优势不明显(图 9-4-5、图 9-4-6)。

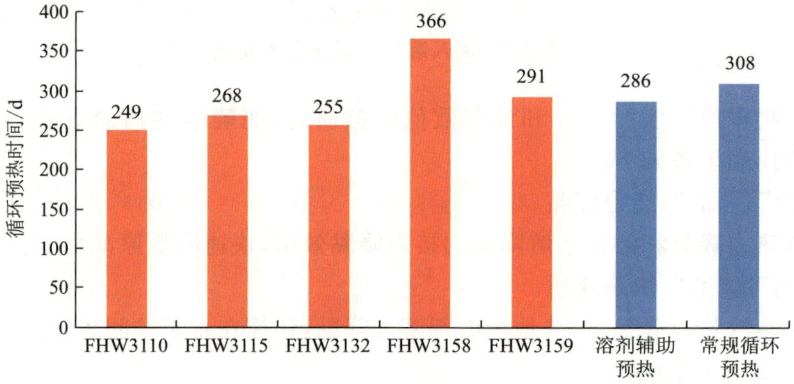

图 9-4-5　J_3q_3层 SAGD 溶剂辅助预热天数对比图

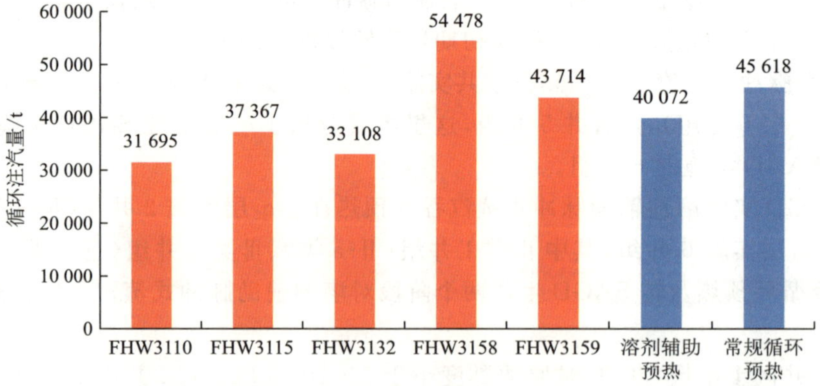

图 9-4-6　J_3q_3层 SAGD 溶剂辅助预热注汽对比图

2. 电加热辅助 SAGD 启动技术

针对 SAGD 预热阶段蒸汽耗量大、水平段连通均匀性差的问题，采用井下电加热方式实现井组间快速均匀连通。基于室内实验及现场实践，明确了水平段电加热器均衡加热，蒸汽定期替液激励加速升温的操作模式，确定了 SAGD 电加热预热采用“恒功率，迅速升温，恒高温，稳定传热”的电控模式（最高加热温度控制在 320 ℃以内），优化了核心操作参数，通过井筒清洗、饱和水、扩容改造、电加热、注汽排液、井筒饱和水步骤逐轮次加热井间地层（图 9-4-7）。

（1）井筒预处理：注入清水 100～150 t 扩容，注入压力小于破裂压力 0.5～1.0 MPa，出现明显水力连通。

（2）替液时机：井筒含油饱和度接近 98%，每 30 d 替液 1 次。

（3）替液方式：长管注汽，短管排液或者油套环空排液，连续替液 3～4 d。

（4）继续注蒸汽：3～4 d，以注蒸汽压力高于排液结束压力 0.5～1.0 MPa 为宜。

（5）加热轮次：根据储层物性及原油黏度确定，一般 4～6 轮。

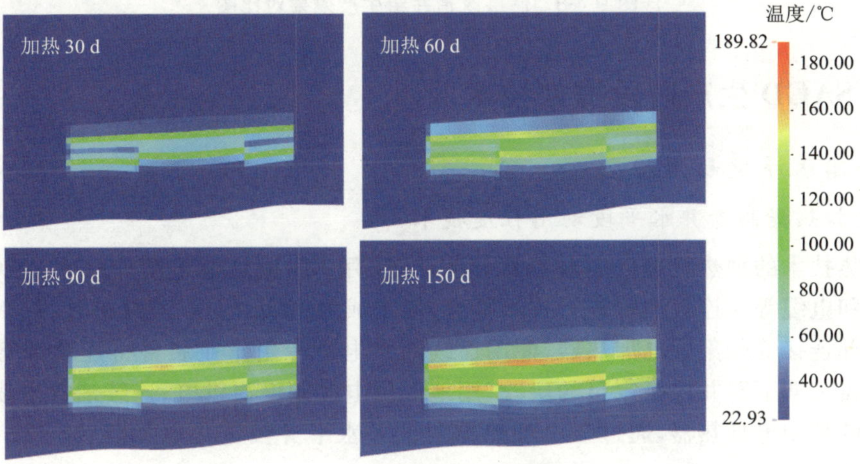

图 9-4-7　不同电加热轮次温度场分布图

在风城油田开展了 1 井组双水平井 SAGD 电加热启动矿场试验，电加热时长 130 d，替液维修 48 d，总耗电 196.5×10^4 kW·h，产油 2 220 t，预热时间减少 40%，节省蒸汽 3.6×10^4 t。

3. 储层升级扩容技术

对于井间或注汽井上方附近大范围夹层严重制约井间连通及蒸汽腔扩展的问题，采用储层升级扩容技术，向 SAGD 上、下水平井挤注溶液，改变储层岩石中的孔隙压力，使岩石发生变形，微压裂改造井筒周围储层，使储层岩石发生剪切扩容及张性扩容，增大岩石孔隙体积，进而在井间及注汽井上方形成一个高渗透率和高孔隙度的扩容带。该技术可提高井间及注汽井上方储层的油藏物性参数，击破井周围不均匀泥岩夹层，增大蒸汽在上方储层的流动能力，促使蒸汽腔向注汽井上方发展，提高单井产量及产油速度。

微地震监测及油藏工程手段证明，合理改造压力下储层改造波及半径在 5～8 m 之间，改造区比周围储层孔隙度提高 1～3 个百分点，渗透率增加 0.1～1 倍。2014 年，Z 井区实施 10 井组储层改造试验（图 9-4-8），相对邻井改造井组的储层吸气能力提高 15%，平均单井日产油提高 1.8 t，油汽比提高 0.01。

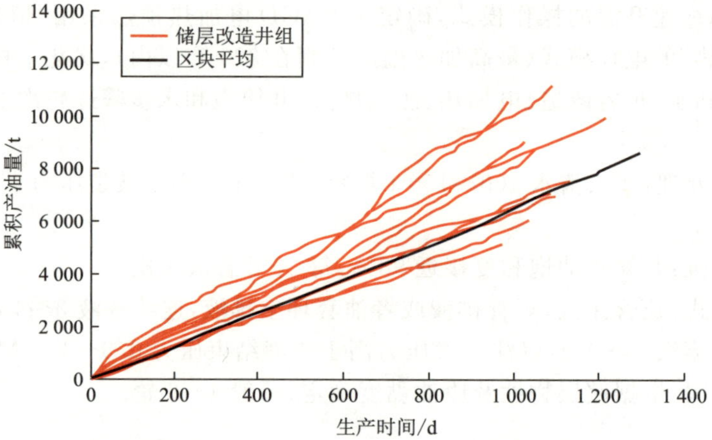

图 9-4-8 储层改造井组生产效果对比图

三、SAGD 生产阶段提效技术

1. 提高水平段动用程度

1）电加热提高老井水平段动用程度技术

电加热技术的加热机理以高温热传导为主，采用 MI 加热电缆制作技术，将电发热体、电器元件和电缆等与连续油管进行技术整合，使之成为密闭、耐压、绝缘的连续整体；连续油管电缆下部连接等径集中电加热器，使用连续油管电缆专用作业装备将连续油管电缆和集中电加热器一同下至井内指定目的层段，用地面供电控制电源供电；连续油管电缆把电能传输到下部的集中电加热器，通过该电加热器对油井水平井段进行电加热，改善 SAGD 上下水平井间的连通性。

电加热技术可以运用于 SAGD 预热启动阶段以及 SAGD 生产阶段的水平段动用改善，其中 SAGD 预热启动阶段要求电加热段长（400～500 m）、功率大（400～500 kW）。为稳妥推进该技术应用，风城油田选取重 1 井区（Ⅱ类油藏）生产阶段水平段动用差的 FHW324U 井组，于 2018 年 6 月开展电加热试验。该试验对电加热段要求较短（100～200 m）、功率要求较低（100～200 kW）。

2018 年 6 月在重 1 井区 FHW324U 井下入电加热设备，措施后产油水平为 20.2 t/d，提高了 2.5 t/d；2019 年 7 月提出电加热器后下入原井测温热电偶，温度曲线显示水平段动用更为均衡，且后端两点温度有明显上升，应用效果较好（图 9-4-9、图 9-4-10、表 9-4-3）。

目前该措施仅在重 1 井区实施 1 井组，措施后效果相对较好，取得了一定的效果，但该技术应用井数较少，影响因素及适应性有待进一步落实。为稳妥推进该技术，建议后期扩大试验，进一步验证该措施的可行性及推广性。

2）SAGD 水平段调剖暂堵技术

根据 SAGD 生产实际，应用高温泡沫体系＋耐温暂堵体系复合堵调技术，达到暂堵优势连通通道、提高动用程度的目的。具体思路如下：

（1）注入高温泡沫体系，利用体系“堵水不堵油、堵高不堵低”的特性，暂堵已动用段泄油通道（图 9-4-11a）。

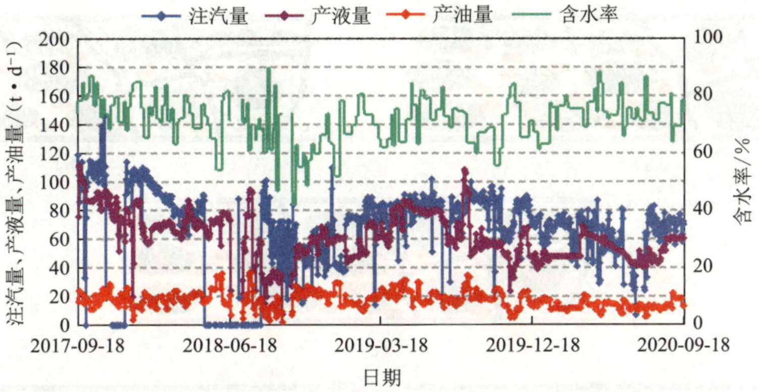

图 9-4-9　重 1 井区 FHW324U 井生产运行曲线

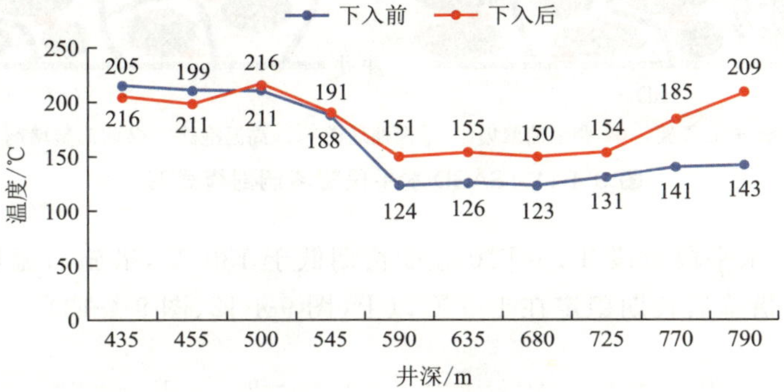

图 9-4-10　重 1 井区 FHW324U 井措施前后井下温度分布图

表 9-4-3　重 1 井区电加热设备下入前后稳定生产数据对比表

状　态	注汽量/(t·d⁻¹)	产液量/(t·d⁻¹)	产油量/(t·d⁻¹)	含水率/%
下泵前	88.8	69.5	17.7	74.5
下泵后	67.9	64.3	20.2	68.6
变　化	−20.9	−5.2	2.5	−5.9

(2) 注入耐温暂堵体系，利用体系的选择注入性，在优势孔道内壁形成累积膜，进一步暂堵已动用段泄油通道(图 9-4-11b)。

(3) 注入少部分破胶剂，破坏未动用段上部暂堵体系，实现未动用段上部体系解堵，为下步后端复产创造条件(图 9-4-11c)。

(4) 动用未动用段，通过一段时间的蒸汽循环后，在 I 井、P 井间给予微压差，重建未动用段泄油通道(图 9-4-11d)。

(5) 前端解堵全段生产，后端动用后注入破胶剂，使前段暂堵体系在蒸汽和破胶剂的作用下水解，恢复泄油能力，达到全段动用、产量提高的目的(图 9-4-11e)。

SAGD 水平段调剖暂堵措施效果主要从封堵汽窜、动用改善、生产改善 3 方面评价。目前 SAGD 调剖暂堵技术已实施 18 井组，2019 年实施的井组平均有效期达 350 d。

FHW3103 井组于 2019 年 11 月 11 日开展 SAGD 水平段调剖暂堵施工，2019 年 11 月 13 日完成措施施工后恢复注汽，措施前水平段 T3 和 T4 测温点优势渗流通道明显(测温点

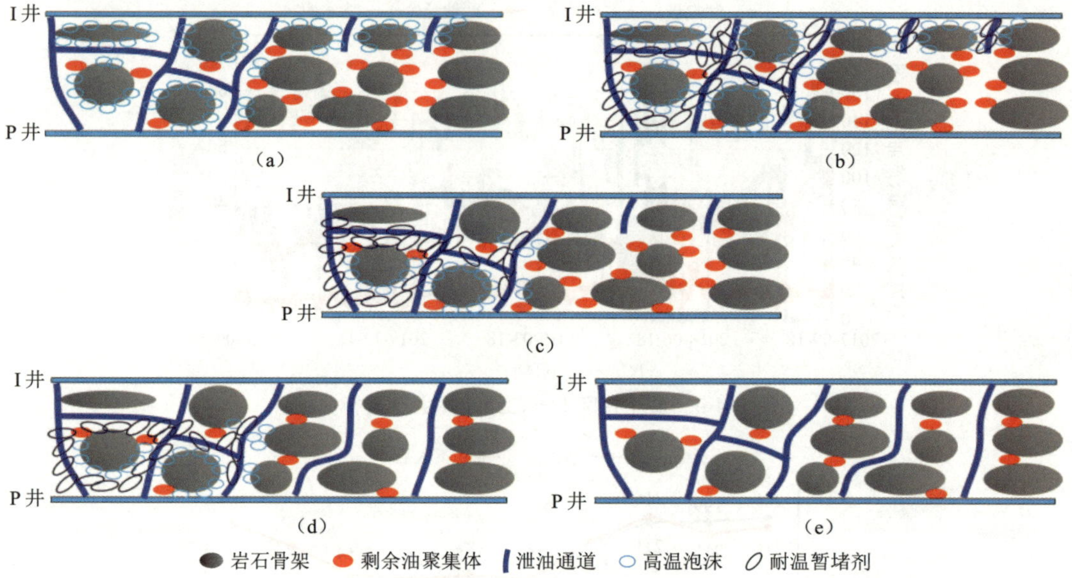

图 9-4-11　SAGD 水平段暂堵调剖模式图

温度大于 250 ℃)，水平段后段 T6～T10 温度长期低于 130 ℃，措施后温度点均有上升，其中 T9 测温点温度措施后长期稳定在 160 ℃以上(图 9-4-12、图 9-4-13)。

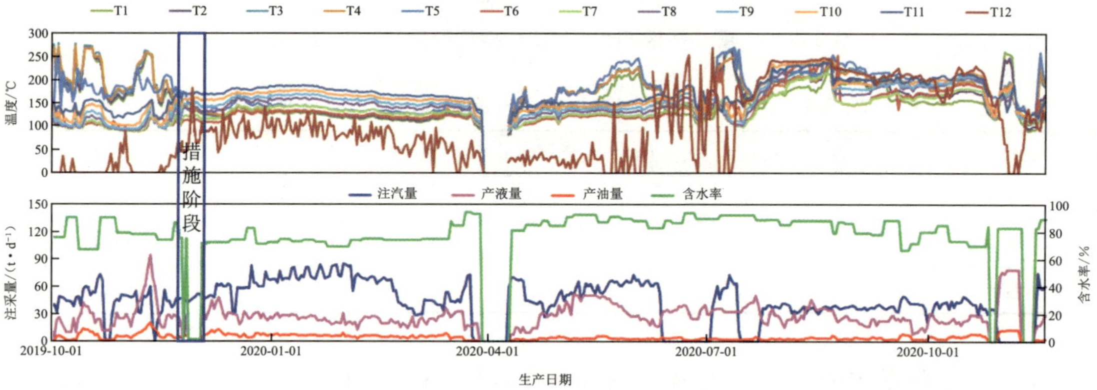

图 9-4-12　FHW3103 井组生产曲线

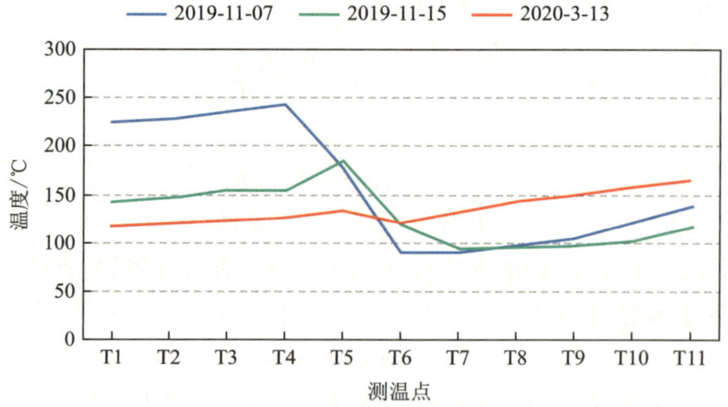

图 9-4-13　FHW3103 井组措施前后水平段温度曲线

FHW122 井组于 2019 年 08 月 26 日完成 SAGD 水平段调剖暂堵施工并恢复注汽，措施前日产液量为 43 t/d，日产油量为 12 t/d，含水率为 71%；有效期后半年日产液量为 48 t/d，日产油量为 15 t/d，含水率为 68%，含水率下降了 3 个百分点（图 9-4-14）。措施前存在 T_3 和 T_5 汽窜，注汽量难以提升，产液量和产油量相比同区块其他井组较低。措施后从生产数据来看，日注汽量缓慢增加，2 个汽窜点汽窜得到控制，4 个温度点得到改善，产液量和产油量均有所提升。

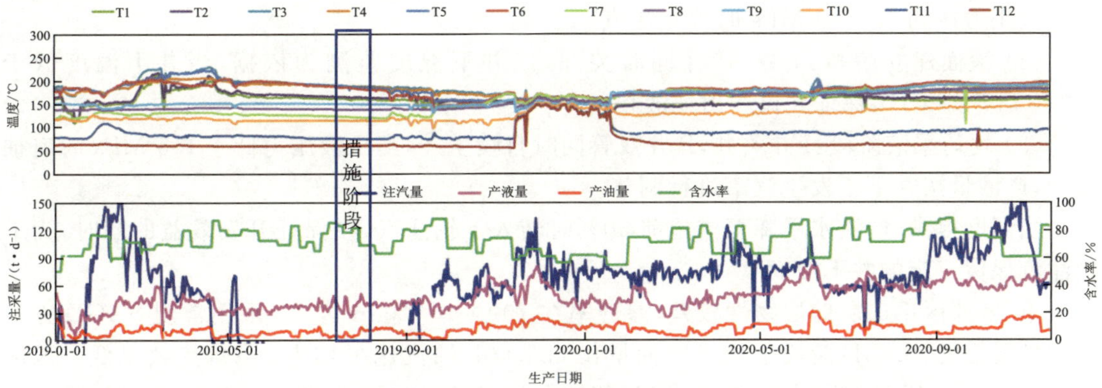

图 9-4-14　FHW122 井组生产曲线

3）流量控制器（FCD）技术

受储层非均质性、完井方式、井眼轨迹、生产制度等因素影响，SAGD 长水平井的潜力难以充分发挥，产油速度、油汽比等关键指标偏低。通过部署流量控制器实施水平井分段管理，可抑制局部汽窜、降低整体 sub-cool 值并改善沿水平井的流入/流出剖面，从而提高 SAGD 水平井段的生产效率，具有成本低、启动效果好、见效快的优势。

SAGD 依靠井间汽液界面实现稳定泄油，当部分水平段采液强度持续高于供液能力时，汽液界面不断降低，最终蒸汽窜入生产井中。流量控制器可在蒸汽窜进部位，利用蒸汽与液体的密度、流速差形成高附加压力损失，延迟或抑制蒸汽产出，提供额外阻汽效应，同时通过压力损失可对沿水平井的流量剖面进行调节，提高水平段动用程度。借助流体力学方法，发展多元热流体经 AICD/OCD 产出动力学模型，考虑不同温度、压力、相变等条件下对流体密度、黏度、流速的影响，合理预测了流量控制器在特定温度、压力、流体组成、流量等工况下的性能，优化了适合风城油田的流量控制器的结构。在风城重 18、重 32 井区试验 2 井组，水平段动用程度提高 30%，增油 300 t 以上。

2. 提高采油速度技术

针对强非均质超稠油油藏因储层物性差和夹层多导致的蒸汽腔发育缓慢的问题，在 SAGD 生产过程中以提高蒸汽波及体积为目标，实施高压扩腔政策，实现强非均质超稠油油藏经济高效开发。高压扩腔的关键机理有高压扩容、增能留热、高速注汽和降压产液。

（1）高压扩容：油砂储层在应力改变时发生剪切扩容，孔隙度提高 1%～3%，渗透率增加 0.1～3 倍。

（2）增能留热：将注汽和采油过程分离，最大可能地将热量作用于油藏，实现热量的高利用率。

（3）高速注汽和降压产液：注汽速度大幅提高，井底干度由70%升至98%。生产时，井底压力降低，热损失减小。

基于油藏工程研究及现场实践将高压扩腔过程划分为注汽激励、液面建立、均匀采液3个主要阶段。

（1）注汽激励阶段：I井双管同时注汽，P井关井，防止井下汽窜，保证水平段均衡注汽，当注汽压力达到8.5～9 MPa时停止注汽。

（2）液面建立阶段：I井、P井同时关井，以井下温度监测为依据，当井下温度低于240 ℃后开井生产，保证井口产出纯液相。

（3）均匀采液阶段：I井关井，P井双管同时自喷生产，当出液压力低于1.5 MPa时启抽生产，产液量按井下不发生汽窜进行调整。

当制度提满、产液水平降至措施前50%时转入下轮注汽，在保证开发效益的同时，为下轮注汽保留一定的井下液面。

重18井区J_3q_3层储层物性较差，渗透率在700×10^{-3} μm^2左右，采用常规SAGD方式汽腔扩展缓慢，SAGD阶段平均日产油量仅6.3 t/d，油汽比平均为0.14，热效率低。该区采用SAGD高压扩腔累计实施95井组，能够有效促进汽腔扩展，恢复SAGD生产后整体生产效果有小幅改善，相较于蒸汽吞吐扩腔前，日产油量提高1.9 t/d。

3. 提高油汽比技术

1）氮气辅助技术

SAGD中后期盖层热损失大、油汽比低的问题，主要通过氮气辅助方式来解决。氮气导热系数低，属于隔热材料。注氮气后，氮气聚集于油层顶部（盖层底部），起到很好的隔热作用，减小了蒸汽腔顶部的热损失，提高了热利用效率。数模统计结果显示，注氮气1年后，未注氮气时热损失速度最大为1.7×10^8 J/d，注氮气后热损失速度最大为0.7×10^8 J/d（图9-4-15）。

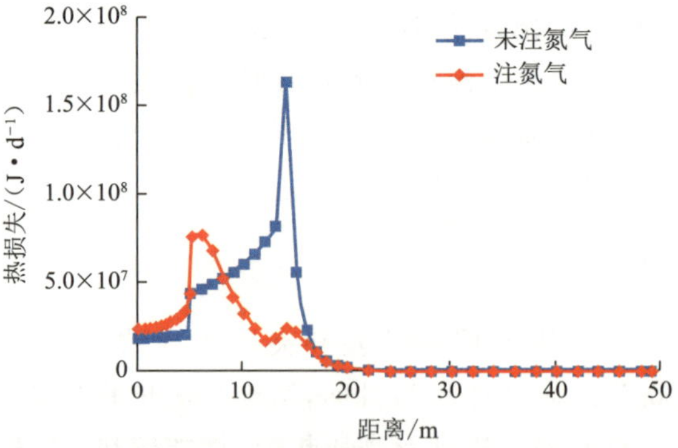

图9-4-15 蒸汽腔顶部热损失对比（注氮气1年后）

注入氮气后，蒸汽腔发育形状得到改善，蒸汽腔中下部得到扩展，而上部扩展稍有抑制，阶段泄油速度提高，如图9-4-16所示。对比未注氮气和注氮气条件下油层中上部蒸汽前缘位置分别在 31 m 处、41 m 处的温度和含油饱和度，差异明显，如图 9-4-17 所示。

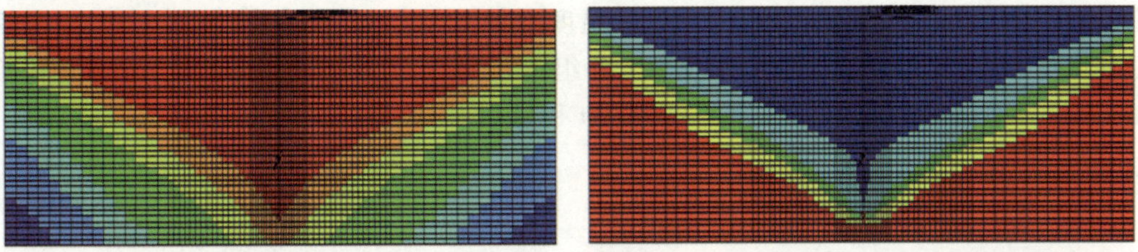

（a）未注氮气

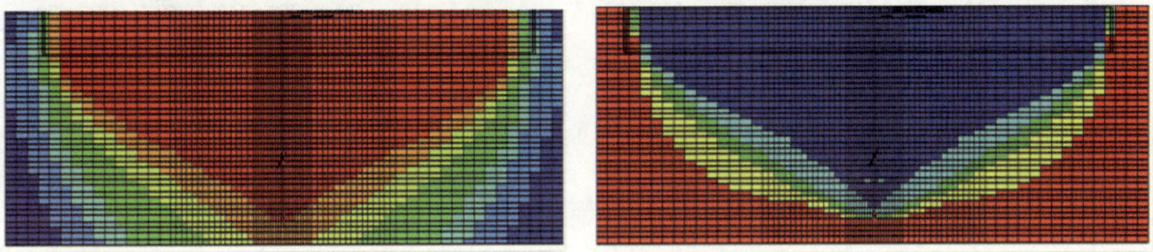

（b）注氮气

图 9-4-16　蒸汽腔形状对比图

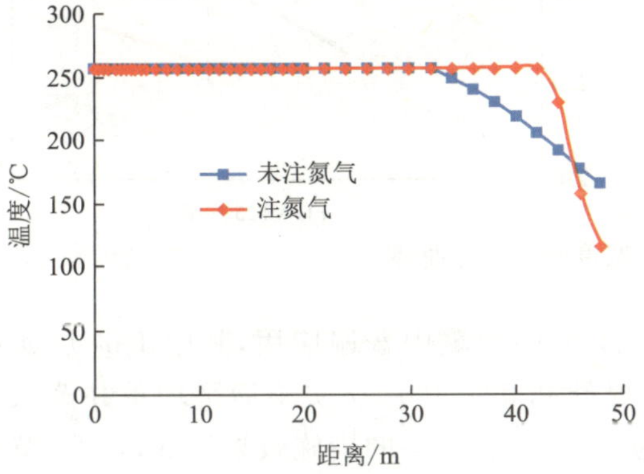

（a）温度

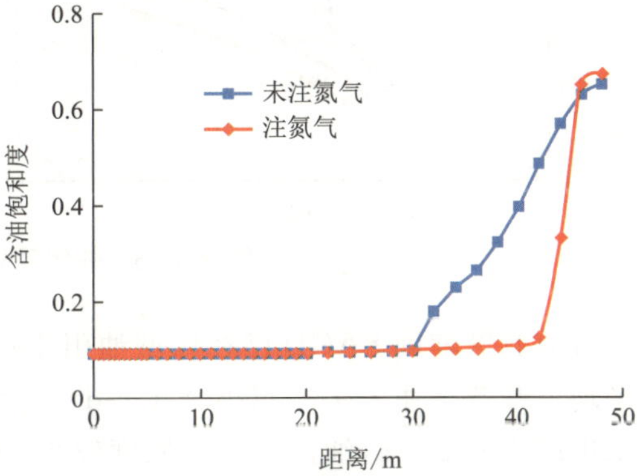

（b）含油饱和度

图 9-4-17　蒸汽腔前缘位置对比图

氮气主要通过增加地层能量来提高原油采收率，其作用机理具体为：① 注氮气有利于保持地层压力，氮气注入地层后具有一定的弹性势能，其能量释放可起到良好的维持蒸汽腔压力的作用；② 注入油藏的氮气会优先占据多孔介质中的原油孔道，将原来呈束缚状态的原油驱出孔道，使之成为可流动的原油，从而提高泄油效率；③ 氮气、油、水三相形成乳状液，降低了原油的黏度，形成非混相驱替，从而提高泄油效率。

氮气辅助 SAGD 技术于 2012 年 11 月首次试验，通过试验总结，在前期试验取得阶段性成功后，2015—2016 年开始规模化应用，措施井组分布在重 32 井区 J_3q_2 层、重 37 井区 J_3q_2 层，重 1 井区 J_3q_2 层、重 18 井区 J_3q_2 层和 J_3q_3 层共四个区块，整体措施效果均较好。该措施是采用最多的措施，目前共计实施 155 井组，其中 J_3q_2 层、J_3q_3 层均有实施，整体措施效果较好。

通过分析氮气辅助 SAGD 措施改善效果认为，各井组在蒸汽腔发育及提高油汽比两方

面均不同程度得以改善:

对比观察井措施前后井温剖面曲线(图 9-4-18)可以看出,措施后横向扩展范围变大,速度明显加快。FHW321 井组措施前 4 个月温度增加 5 ℃,平均每月增加 1.3 ℃,措施后平均每月增加 3 ℃,速度明显加快;FHW125 井组于 2015 年 7 月措施,措施前 3 个月内温度只增加了 1 ℃,而措施后 8 个月增加了 22 ℃,扩腔速度加快。

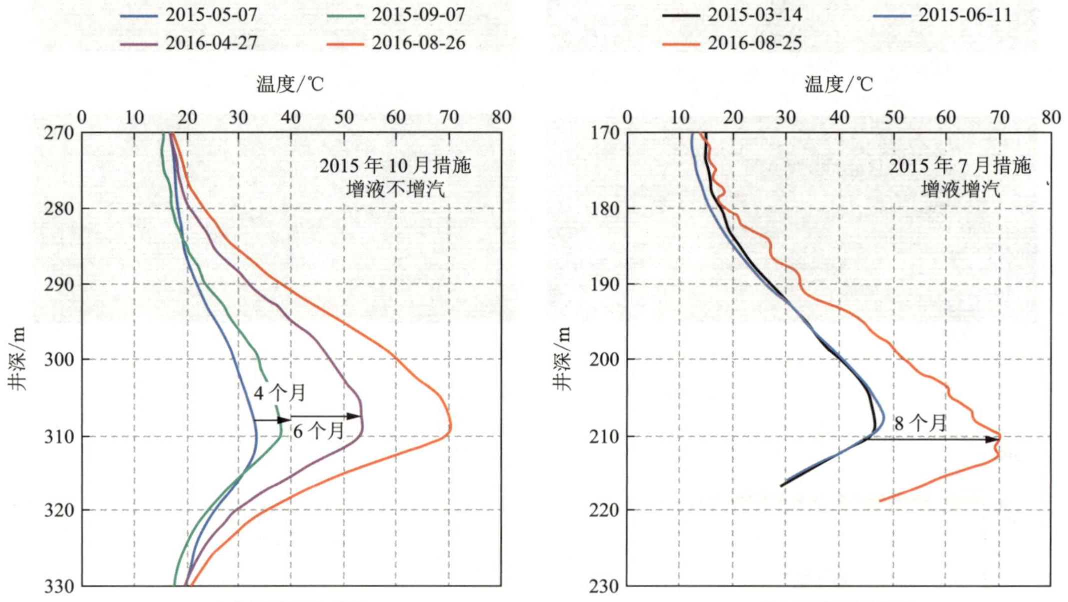

(a) FHW321 井组　　(b) FHW125 井组

图 9-4-18　井组观察井温度测试对比曲线

目前氮气辅助 SAGD 已在风城油田 J_3q_2 层、J_3q_3 层油藏中普遍应用,其中 J_3q_2 层实施后平均单井蒸汽注入水平减小 9.1 t/d,油汽比提升 0.027,J_3q_3 层实施后平均单井蒸汽注入水平减小 6.2 t/d,油汽比提升幅度较小,仅为 0.003。J_3q_2 层的措施效果较好,增油、节汽水平整体呈上升趋势,优于 J_3q_3 层。

2) 降压开采技术

SAGD 开采过程中,利用的主要是蒸汽的汽化潜热。汽化潜热随着压力升高而下降(图 9-4-19)。SAGD 开采初期,为了促进蒸汽腔快速扩展,一般维持较高的操作压力,但随着 SAGD 开发进入中后期,汽腔规模较大并进入横向扩展阶段,此时继续维持较高的操作压力会加大盖层的热损失。在 SAGD 开发中后期,为了提高开发效果,通常采取逐步降低操作压力、降低 sub-cool 的方式,其主要思路为"提液—降压—扩腔—提效",即通过增加采出实施降压,提高采注比,降压后蒸汽汽化潜热提高,进一步提高油汽比,同时通过降低 sub-cool 改变汽腔扩展形态,提高储层动用程度(图 9-4-20)。

对于水平段动用均匀、汽腔规模大且已进入横向扩展的井组,将 sub-cool 由 20~30 ℃降至 5~15 ℃,实现"提液—降压—扩腔—提效"。累计调整优化 86 井组,sub-cool 下降 8 ℃,操作压力下降 0.3 MPa,采出液温度降低 5 ℃,单井组日产液量提高 8.9 t/d,日产油量提高 2.1 t/d,含水率降低 0.3 个百分点,油汽比提高 0.021。

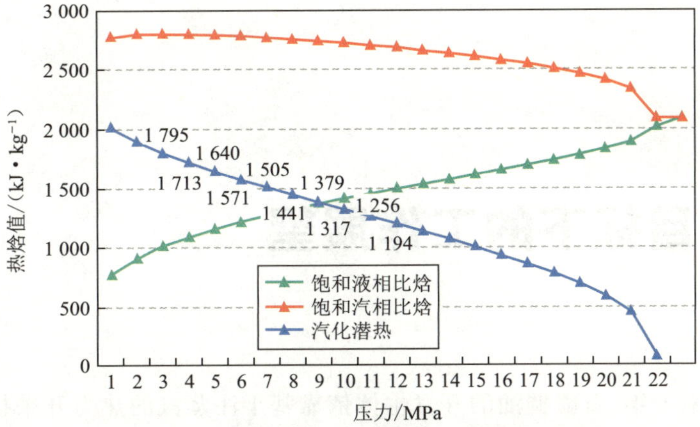

图 9-4-19　蒸汽比焓、汽化潜热与压力的关系图

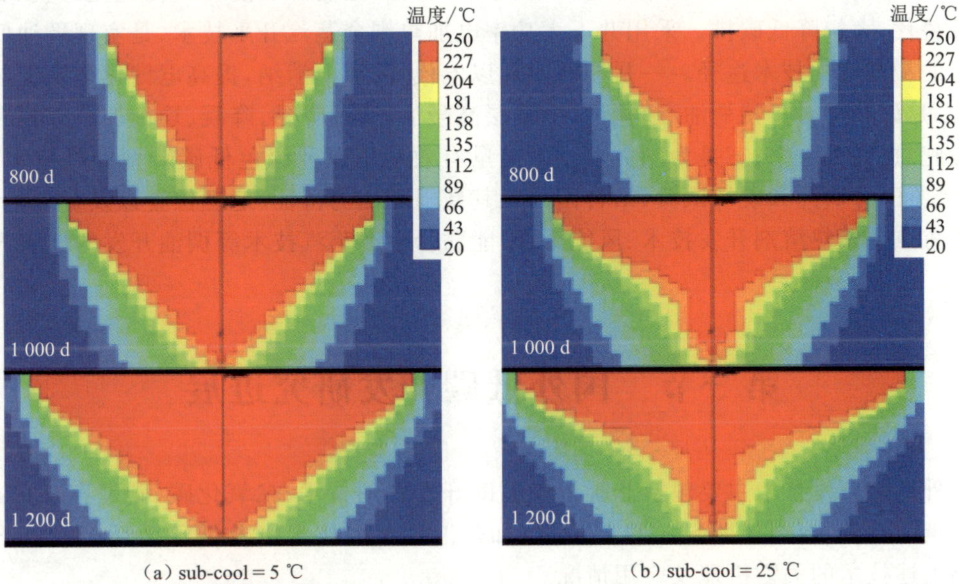

图 9-4-20　蒸汽腔横向扩展阶段不同 sub-cool 条件下蒸汽腔扩展对比图

第十章
“双碳”目标下的工作展望

当前以及未来十年，新疆稠油的开发主体依靠基于注蒸汽的热力开采技术。传统燃煤/燃气锅炉产生蒸汽的方式碳排放高达 1.2 t CO_2/t 油以上，统计 2022 年稠油开发年碳排放高达 1 155×10^4 t。为实现国家“碳达峰、碳中和”目标，亟需开展能耗结构优化调整，实现清洁能源替代、大幅降低碳排。采用井下大功率电加热耦合蒸汽开采技术，是实现稠油低碳效益开发的最现实的技术途径。一是能够实现以电代气、绿电消纳，提高电气化率及天然气商品率；二是该技术对于特稠油/超稠油、中浅层高凝油，通过降黏、降凝、均衡加热等提高动用程度措施，提高采收率；三是为同类型难采储量有效动用以及绿色低碳转型提供技术支撑。同时，借鉴国外研究和现场试验，结合国内尤其新疆稠油的特征、地理位置以及资源优势，需要同步重点探索热溶剂开发技术、风能、太阳能联合生产蒸汽技术等稠油开发的低碳开采技术。

第一节　国外低碳开发研究进展

国外低碳开发技术主要包括非凝析气辅助开发稠油技术、二氧化碳(碳埋存、CCUS)辅助开发稠油技术、溶剂辅助 SAGD 技术、电加热溶剂萃取技术以及低碳循环模式。下面详细介绍上述技术的关键机理及应用情况。

一、非凝析气辅助开发稠油技术

非凝析气包括 N_2,CO_2,CH_4 及烟道气(CO_2+CH_4+CO)。非凝析气辅助开发稠油技术的主要机理为：在注蒸汽开发稠油过程中，通过混注低浓度非凝析气，使之聚集在蒸汽腔上方，降低对上覆岩层的热损失，如图 10-1-1 所示。

通过国外现场实施情况发现，非凝析气辅助开发稠油技术主要是指非凝析气辅助 SAGD 开发技术。在 SAGD 开发中后期，汽腔与盖层接触面积大，热损失大，通过注入非凝析气，可以减少蒸汽与盖层的接触，减少热损失，同时维持汽腔压力，提高油汽比，减少碳排放，从而提高整个 SAGD 项目的开发效果。

调研了加拿大 9 个非凝析气辅助 SAGD 项目，见表 10-1-1。注入气体主要包括天然气、CO_2、烟道气。通过在 SAGD 产量开始下降阶段(中、后期)伴注非凝析气，减少蒸汽用量，

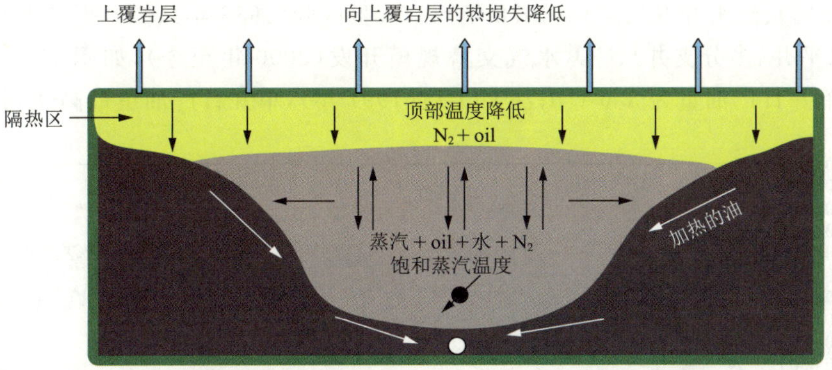

图 10-1-1 非凝析气辅助 SAGD 技术机理示意图(以 N_2-SAGD 为例)

维持蒸汽腔压力，降低汽油比，减少 CO_2 排放。现场试验效果较好，普遍显示出：注非凝析气不会对产油速度产生不利影响，能够达到降低汽油比、维持汽腔压力的效果。

表 10-1-1 加拿大非凝析气辅助 SAGD 现场试验情况统计表

序 号	公司名称	项 目	实施井对数	伴注气体	伴注阶段	单井组伴注气速度/($m^3\cdot d^{-1}$)	平均气汽比
1	Cenovus	Christina Lake	6	天然气	产量下降阶段	1 270～2 450	7～15
2	Cenovus	Foster Creek	33	天然气/CO_2	下降/关闭阶段	220～18 890	1.2～30
3	Japan Canada Oil Sands Limited	Hangingstone	5	天然气	下降阶段	1 200～2 600	5～11
4	MEG Energy Corp.	Christina Lake	35	天然气	产量稳定阶段	1 450～6 610	9.2～22
5	Suncor Energy Inc.	Firebag	3	烟道气	稳产/下降阶段	6 180～7 130	14.5～18.1
6	Suncor Energy Inc.	MacKay River	3	烟道气	下降阶段	3 550～5 180	32.4～98.1
7	Devon Canada	Jackfish 1(East)	3	天然气	下降阶段	2 230～4 440	9.9～13.7
8	Nexen Inc.	Long Lake	3	天然气	下降阶段	2 720～3 140	8.5～16.6
9	Connacher Oil and Gas Limited	Pod 1	5	天然气	下降阶段	360～2 820	18.6～45.4

二、二氧化碳(碳埋存、CCUS)辅助开发稠油技术

CO_2的主要增产机理有：① 原油降黏与膨胀增能；② 降低液面张力；③ 轻烃萃取；④ 酸化解堵；⑤ 润湿性改变。

对于稠油油藏，原油黏度降低和体积膨胀是最主要的增产机理。二氧化碳辅助开发稠油技术可以利用 CO_2 提高驱油效率和采收率，同时将部分 CO_2 埋存在地下，达到碳利用和碳埋存的效果。

土耳其的 Bati Raman 油田属裂缝性石灰岩稠油油藏，地下原油黏度为 450～1 000 mPa·s，埋深 1 300 m，为中深层普通稠油。该油田于 1961 年投产，先后经历了衰竭开发

(采收率 1.5%)、注水开发(1971—1978 年)、CO_2驱试验(1986 年)、CO_2驱扩大开发(共 187 口直井+水平井、多分支井)、CO_2水气交替规模开发(2000 年至今),如图 10-1-2 所示。注 CO_2之前,单井日产油量为 3.6 t/d;注 CO_2后(1991 年),单井日产油量最高达到 14.3 t/d。

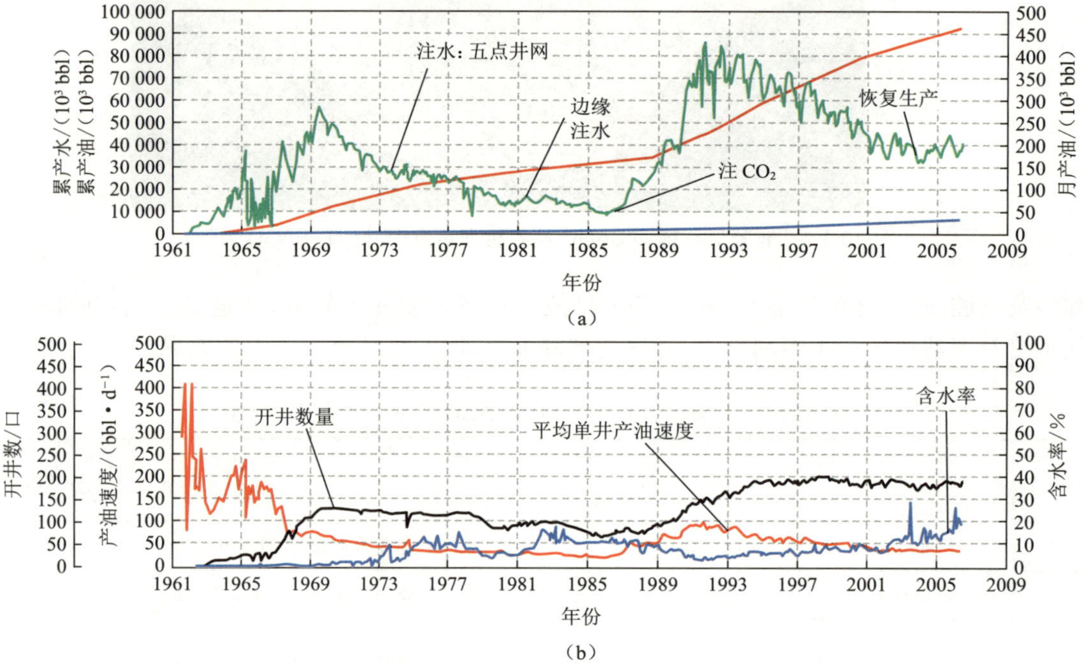

图 10-1-2 Bati Raman 油田开发历史动态曲线图

1 bbl=0.159 m^3

Bati Raman 油田最早在区块西部开始注 CO_2试验(吞吐+连续驱替)。初期,试验区西北部注入能力差(裂缝少,单孔介质),注入压力大(8.3~9.6 MPa);东部和南部注气能力大,单井注入速度可达 3.4×10^4 m^3,注入压力为 4.8 MPa;注入 CO_2后,井底压力从 2.76 MPa 上升至 9~12.4 MPa(连续注气阶段)。初期生产气油比为 3~5 Mscf/STB(588~980 m^3/t)。1986 年 9 月,在试验区东部注水辅助,以提高地层压力和 CO_2溶解度。

截至 2011 年底,累注 CO_2 98.8×10^8 m^3,累产 CO_2 70.8×10^8 m^3,回采率为 71.4%,CO_2增油量为 10×10^6 t,CO_2换油率(油气比)为 0.555 t 油/t CO_2。分析表明,CO_2膨胀和降黏机理是主要的开发机理。通过分析 CO_2注入和增油比例以及 CO_2产出与增油比例变化曲线(图 10-1-3)发现,初期 CO_2消耗量大,主要用于补充油藏压力。

三、溶剂辅助 SAGD 技术

1. 溶剂辅助 SAGD 技术原理

2001 年,T. N. Nasr 等提出了 ES-SAGD(expanded solvent SAGD,溶剂辅助 SAGD)的概念,利用加热降黏和溶剂降黏的共同作用加快超稠油的开采,并申请了相关专利。ES-SAGD 是一种将碳氢化合物添加剂在低浓度下与蒸汽一起注入油藏的重力主导开采工艺,

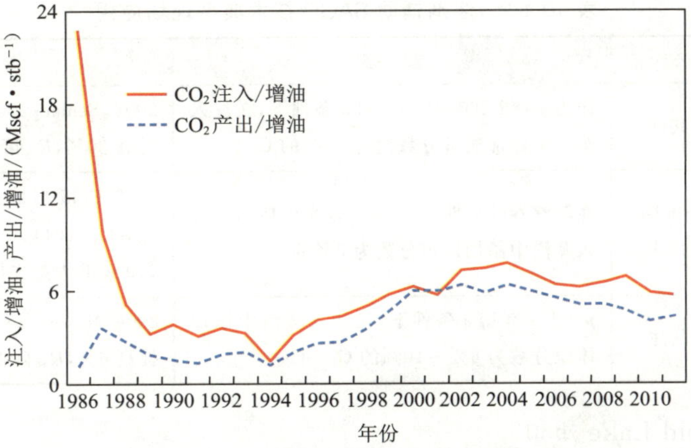

图 10-1-3 CO_2注入与增油以及 CO_2产出与增油比例变化曲线

1 Mscf/stb=0.178 m^3/m^3

类似于 SAGD 过程(图 10-1-4)。碳氢化合物添加剂的筛选依据是在油藏条件下具有与水相近的蒸发和凝结性质,依照这一准则选取的溶剂可以在蒸汽腔边缘处与蒸汽一同凝结。在 ES-SAGD 工艺中,溶剂以气态形式与蒸汽共同注入,在汽腔界面附近凝结的溶剂经扩散后稀释原油,并且在蒸汽加热的作用下共同降低原油的黏度。气态溶剂在蒸汽腔边界凝结、蒸汽加热以及溶剂稀释共同降黏是 ES-SAGD 技术的主要作用机理。

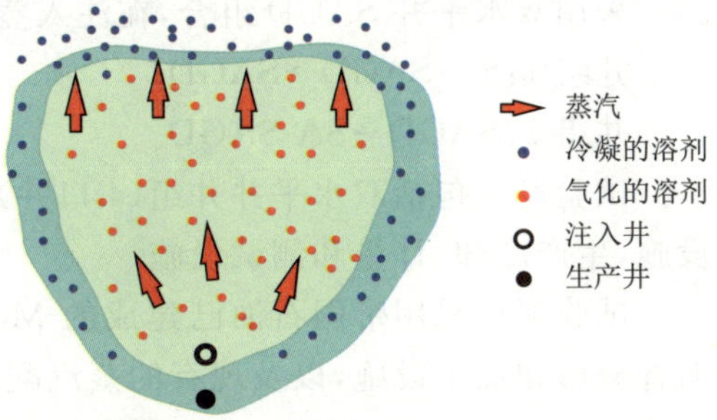

图 10-1-4 ES-SAGD 过程示意图

溶剂辅助 SAGD 工艺是目前各个科研机构的重点研究方向,研究内容包括技术机理、溶剂优选、溶剂注入方案、相态特征等。这里梳理并选取了部分有特点的研究内容予以介绍。

2. 溶剂辅助 SAGD 现场应用实例

在国外,二甲醚辅助 SAGD 研究方向主要以得克萨斯 A&M 大学某课题组的研究为主,课题组在实验与数值模拟方向均有研究,其研究内容较为细致。但目前该课题组因没有资金进行现场试验已经放弃该课题方向。

加拿大现场溶剂辅助蒸汽热采技术的应用有明显增长趋势。在加拿大的油砂储层中,该工艺有许多现场实施,包括 EnCana-Senlac 试验项目(丁烷共注,SAP)、Nexen-Long Lake 试验项目(ES-SAGD)、Laricina Energy-Grosmont 碳酸盐岩先导试验项目(溶剂循环 SAGD,SC-SAGD)、埃克森美孚和帝国石油资源 Cold Lake 项目(LASER,SA-SAGD)、Suncor-Firebag 试验项目(Naphata 共注)及 Devon-Jackfish 试验项目(已烷共注)等。Bayestehparvin 等对溶剂在稠油油藏热采过程中的应用进行了较为全面的评述。

表 10-1-2 列出了 3 种代表性蒸汽-溶剂共注过程的现场方案及试验效果。可以看出,溶剂辅助 SAGD 技术在提高采收率、降低汽油比方面有着显著的效果。下面介绍两种溶剂辅助 SAGD 技术的应用实例。

表 10-1-2　溶剂辅助 SAGD 技术典型现场应用

技　术	方　法	方　案	试验效果
SAP	C_4-蒸汽共注	压力 p=2 500～4 000 kPa 条件下，在注入蒸汽中添加质量分数约为 15% 的 C_4	2002，Senlac；2004，Christina Lake，Δq 提高 30%，R_{so}降低 35%
SA-SAGD	蒸汽吞吐末期 C_5-蒸汽共注	在蒸汽吞吐后期(7 个吞吐轮次以后)，在注入蒸汽中添加体积分数为 6%的 C_{5+}	2002，Cold Lake，Δq 提高 35%，R_{so}降低 32%；2011，Imperial Oil-Cold Lake，240 well 大型先导试验
ES-SAGD	C_6-蒸汽共注	p=1 400 kPa 条件下，在注入蒸汽中添加体积分数为 5%～10%的 C_7～C_{12}	2006，Nexen-Long Lake 先导试验，Δq 提高 6%，R_{so}降低 7%

1）加拿大 Cold Lake 油田

帝国石油公司于加拿大冷湖油田进行了溶剂-蒸汽辅助重力泄油技术(Solvent Assisted-Steam Assisted Gravity Drainage，简称 SA-SAGD)先导试验。

采用双水平井 SAGD 组合，在注入蒸汽中加入 5%～20%溶剂。

井组 1：SA-SAGD→SAGD；

井组 2：SAGD→SA-SAGD。

试验设施包括双水平井井组(4 口井)，6 口观察井，蒸汽和溶剂注入相关设施，人工举升设施，生产冷却、计量和测试设施。

试验项目采用帝国石油已建成的 Mahkeses 处理站，包括蒸汽发生设施、水处理设施、沥青分离和加工设施，以及现有的蒸汽配汽和油气集输系统。该试验项目计划进行 3～5 年作业。

试验区构造剖面如图 10-1-5 所示，井场有效原油储量为 1 062×10^3 m^3(按沥青截止质量含量 8%计算)，平均沥青饱和度为 70%，平均孔隙度为 30%。

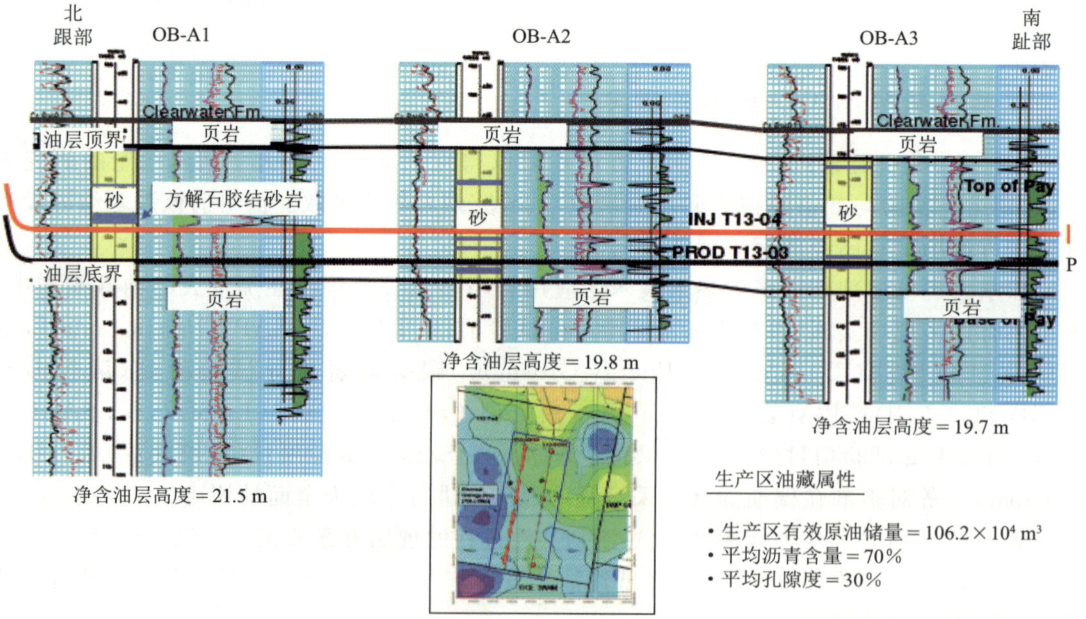

图 10-1-5　T13-03/04 井南北构造剖面

(1) 注采历史。

2012 年 5 月 29 日，井组 1 由 SAGD 模式转为 SA-SAGD 模式；2011 年 9 月 16 日—10 月 19 日，处理站进行维护，蒸汽和溶剂注入暂停。2012 年 5 月 24 日，井组 2 由 SA-SAGD 模式转为 SAGD 模式；2012 年 9 月 21 日—2012 年 10 月 1 日，计划维护作业，设施暂停运转（图 10-1-6）。

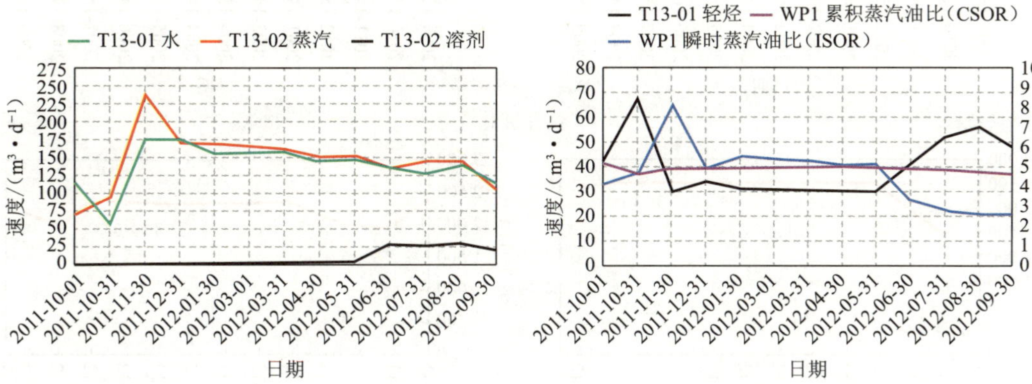

(a) 井组 1

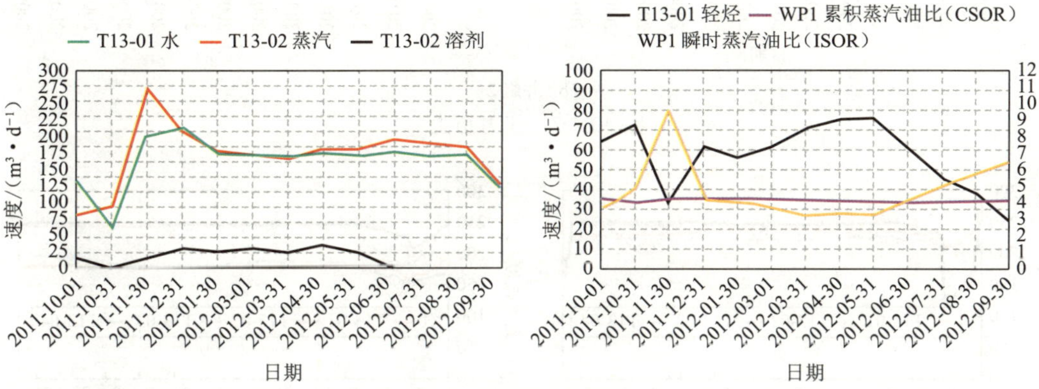

(b) 井组 2

图 10-1-6　注采历史

(2) 压力历史。

目标注入压力接近油藏压力，相应测量到的生产井生产压力为 2 000～2 500 kPa（图 10-1-7）。

(3) 温度历史。

在饱和蒸汽条件下注入蒸汽，井底蒸汽预计为 90%以上。SAGD 作业的跟部 sub-cool 目标为 5～15 ℃，SA-SAGD 作业的跟部 sub-cool 目标为 15～25 ℃（图 10-1-8）。

(4) 观察井温度。

观察井的温度观测提供了一种测量传输到油藏的热量的方法。所有与井组 2（SA-SAGD）相邻的观察井均达到了蒸汽温度，OB-B1 井（井组 1 跟部位置）也达到了蒸汽温度，如图 10-1-9 所示。

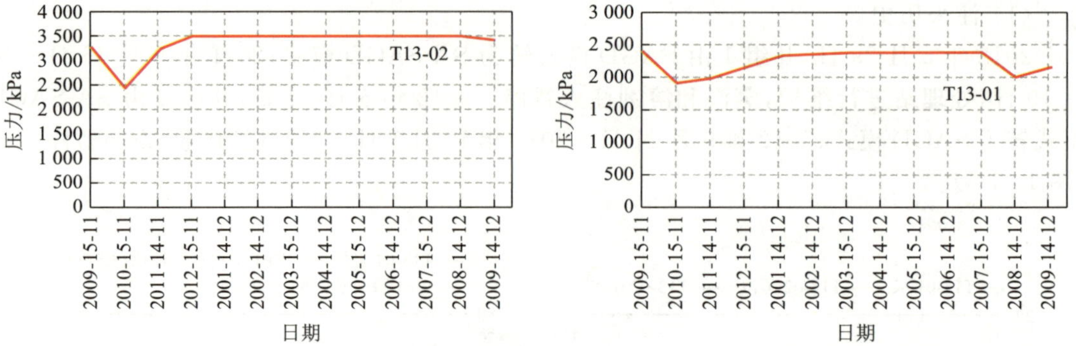

（a）井组 1

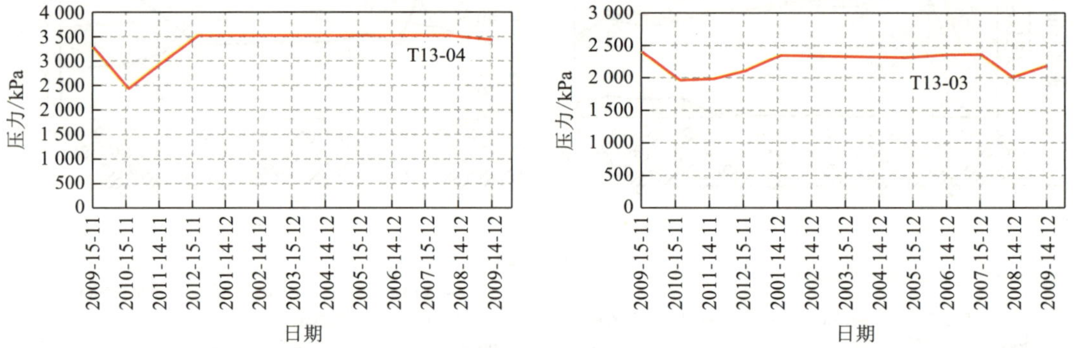

（b）井组 2

图 10-1-7　压力历史

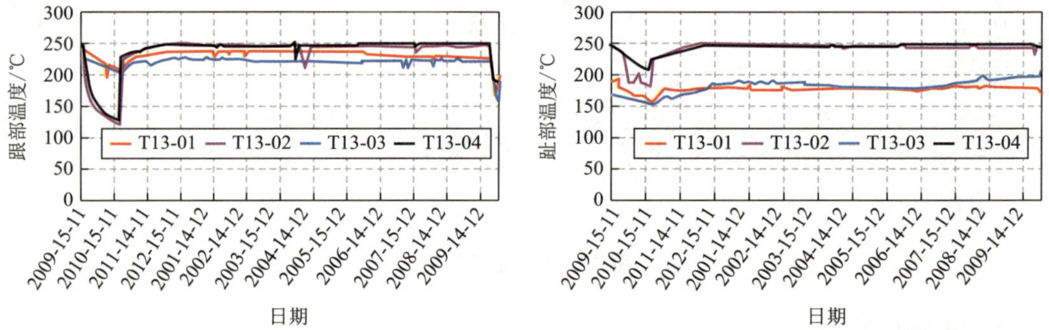

（a）全井根部温度　　（b）全井趾部温度

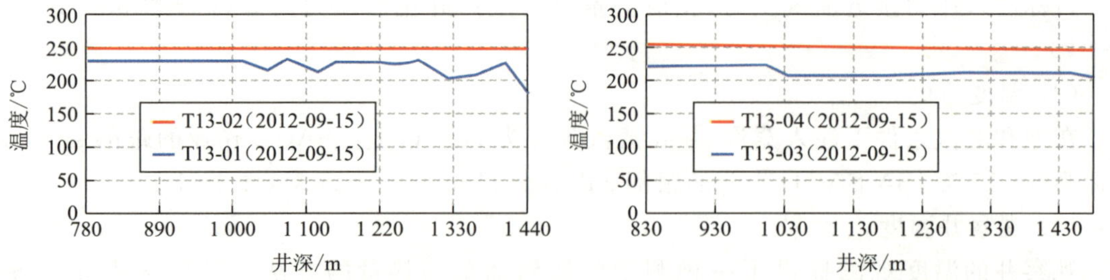

（c）井组 1 温度剖面　　（d）井组 2 温度剖面

图 10-1-8　温度历史

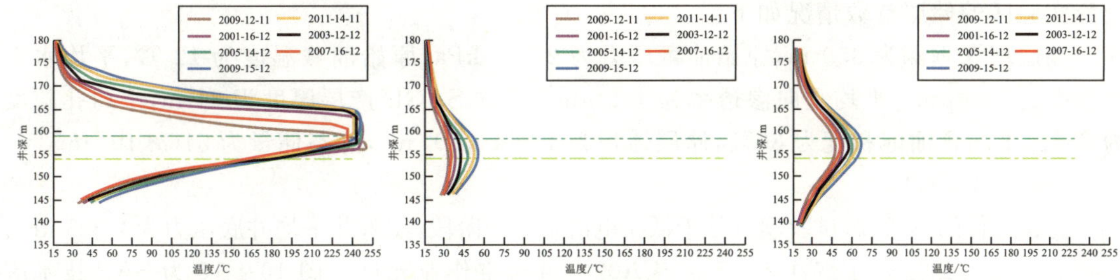

(a) 井组 1 附近观察井

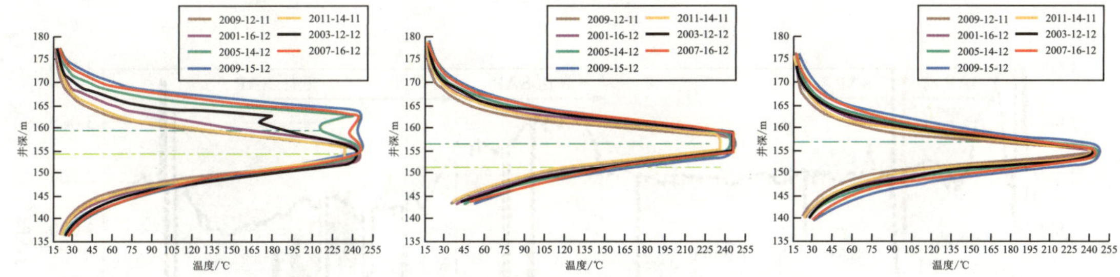

(b) 井组 2 附近观察井

图 10-1-9 观察井温度

(5) 生产效果。

该试验区储量为 1 062×10^3 m^3，产油量为 62.8×10^3 m^3，预期采收率为 40%～50%，目前采收率仅 5.9%。

综上可知：

(1) SAGD 作业的汽油比为 4～6 m^3蒸汽/m^3原油，符合 Clearwater 地层 SAGD 作业预期范围。

(2) SA-SAGD 作业的汽油比为 3～5 m^3蒸汽/m^3原油，符合 Clearwater 地层 SA-SAGD 作业建模分析结果。

(3) 根据 6 口观察井中的热电偶温度计数据，可解释得出油藏受热范围。OB-B1 井(距离生产井 9.2 m)温度于 2010 年末达到蒸汽温度，表明蒸汽腔范围达到井组 1 跟部位置。OB-A1 井、OB-A2 井和 OB-A3 井也有温度响应，表明井组 2 蒸汽腔在长轴方向上扩展。已知本区域存在方解石胶结砂岩，可能形成区域障碍，阻碍蒸汽腔的垂向发育。

(4) 2010 年 10 月后期井组 2 进行溶剂注入，产油量明显大量增加。无法排除两井组间的地质差异造成产量不同的可能性。

(5) 2012 年 5 月两井组进行溶剂注入作业调整，新近进行 SA-SAGD 作业的井组产油量上升，新近暂停 SA-SAGD 作业的井组产油量相应下降。沥青产量的增加和减少在 30%～50%范围内。

(6) 井组 2 累积溶剂采收率估计为注入体积的 70%～80%，结果与数值模拟良好吻合。该井组在 SAGD 模式后 4 个月仍继续产出溶剂，最终采收率将高于目前采收率。

未来 5 年内该井场无废弃计划，试验预计进行 3～5 年。根据试验结果，预计采用 SAGD 或 SA-SAGD 模式中的一种继续作业。

2) Cenovus 公司的 Christina Lake 油田项目

Cenovus 公司在 Christina Lake 油田应用 SAP 技术进行了先导试验。

实验区的储层参数情况如下：

储层埋深垂深为 350 m，原始油藏压力为 2 500 kPa，原始油藏温度为 12 ℃，平均水平渗透率为 7.0 μm^2，平均垂向渗透率为 4.2 μm^2，平均 SAGD 产层厚度为 21 m，平均孔隙度为 33%，平均含油饱和度为 80%，储层体积为 1 954×10^6 m^3，静态储量为 516×10^6 m^3。

(1) SAP 项目。

正在进行的 A02-2S 试验项目处于低压电潜泵生产阶段，注入井平均井底压力为 2 325 kPa。将在 A02-2 井组进行丁烷注入，已获得 A02-2 井排空作业允许。图 10-1-10 为 SAP 技术应用前后对比，图 10-1-11 为 CSOR 和 ISOR 对比情况。

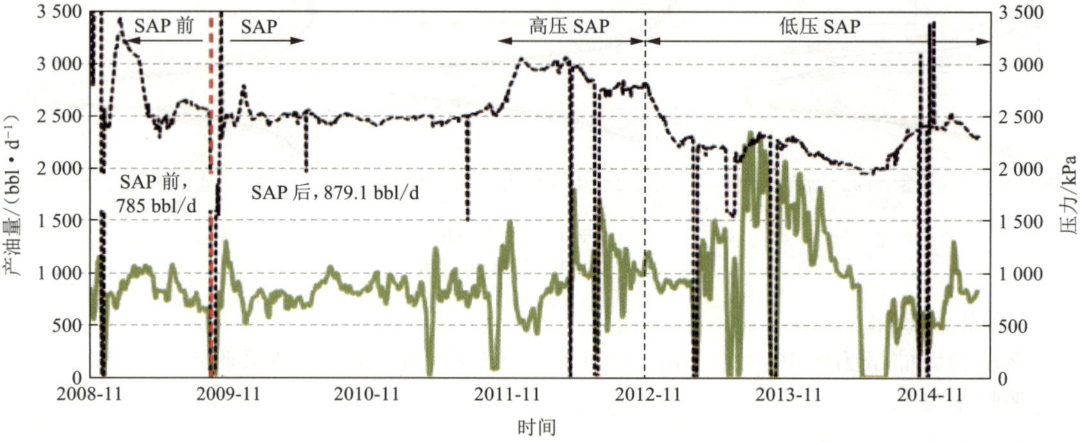

图 10-1-10 SAP 技术应用前后对比

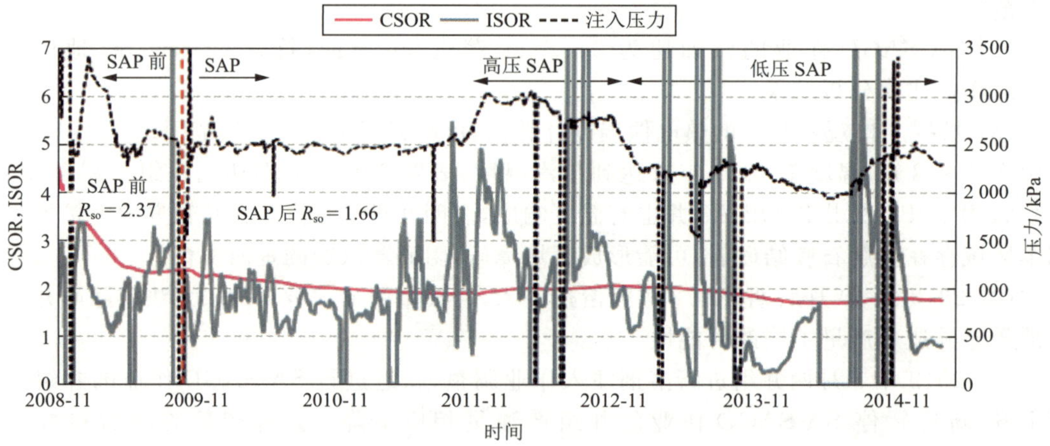

图 10-1-11 CSOR 和 ISOR 对比

项目应用表明，溶剂提高了原油产量，降低了蒸汽消耗量，减小了汽油比，提高了收益和采出量。Christina Lake 地区 A02-2 井组采用 SAP 技术，汽油比减小 30%，产量增加 20%。目前丁烷回采率为 65%，在排空期间将进一步升高(不存在大量丁烷消耗在漏失层)。由于地质和井身剖面的原因，SAP 不会导致产量急剧升高。

（2）CondenSAP 项目。

Cenovus 公司采用凝析油混合物作为溶剂，在 B01-7 井组进行了 CondenSAP 试验。井组采用电潜泵，在 2012 年 12 月至 2013 年 12 月注入溶剂。目前生产压力与气顶压力平衡。B01-7 井组的生产情况如图 10-1-12 所示。

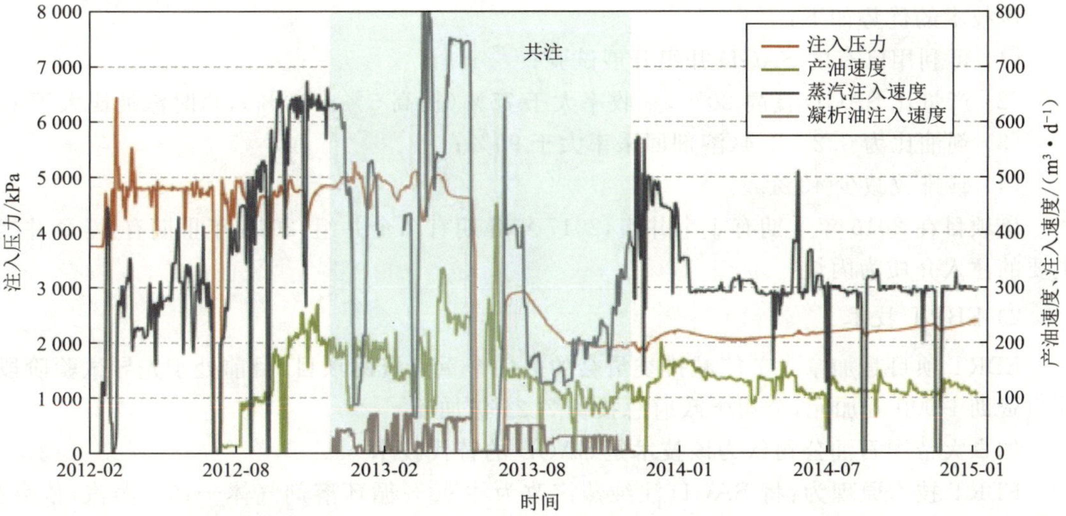

图 10-1-12 生产动态曲线

由生产动态曲线可见，产油量得到明显提高并保持在较高的水平，表明注溶剂能够有效提高产量，实现加速泄油、提高采油速度的目的。

3. 国外溶剂辅助其他相关技术

1）EMVAPEX 技术

该技术是加拿大节能减排委员会重点资助项目，目前已经处于第三期试验阶段。

EMVAPEX 技术原理：鉴于单纯溶剂萃取的溶剂腔上升阻力大的问题，先采用 SAGD 使蒸汽腔上升到油层顶部，再注入 100%溶剂气体或溶剂＋蒸汽（10%以内）进行溶剂萃取，即依靠前期蒸汽上升形成蒸汽腔并预热油层，促进后续热溶剂扩腔和生产。该技术主要分为以下 3 个阶段（图 10-1-13）。

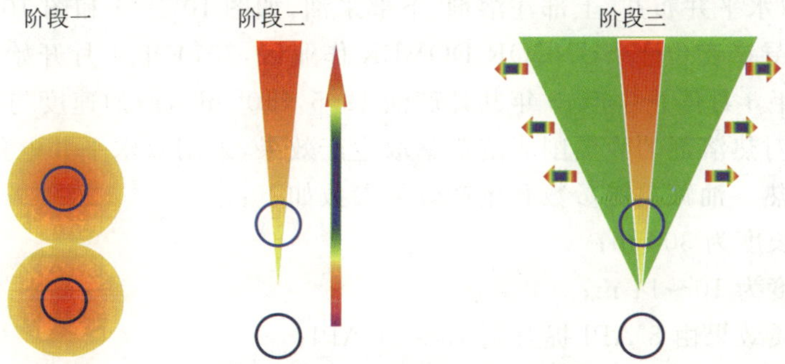

图 10-1-13 EMVAPEX 技术原理

阶段一：电预热启动；

阶段二：SAGD 蒸汽腔上升到油层顶部（蒸汽向上扩腔）；

阶段三：热溶剂或者溶剂＋蒸汽（10％以内）循环萃取。

该技术于 2016 年在 Christina Lake Regional Project（CLRP）开展试验，并于 2023 年规模推广。

该技术的优势如下：

（1）可利用已有的 SAGD 井组开展试验；

（2）产量比 SAGD 提高 20％，采收率大于 75％（提高 5％～10％），瞬时汽油比大于 10；

（3）剂油比为 0.2～0.4，溶剂回采率大于 90％；

（4）碳排放减少 43％。

该项目在 2016 年Ⅰ期有 1 个井组，2017 年Ⅱ期有 7 个井组，2018 年Ⅲ期有 10 个井组，主要的注入介质为丙烷。

2）EBRT 技术

EBRT 项目是加拿大节能减排委员会的另一个重点资助项目，目前处于先导试验阶段，政府资助 1 000 万加元，公司＋政府总投资 2.24 亿加元。

加拿大帝国石油公司认为该技术是 SAGD 的替代技术。

EBRT 技术原理为：将 SAGD 注纯蒸汽改为注 90％循环溶剂气体＋10％蒸汽，依靠少量蒸汽加热溶剂，辅助溶剂气体扩腔。

EBRT 技术的优势如下：

（1）初期固定资产投资减少 50％；

（2）蒸汽用量减少 90％，碳排放减少 60％以上，地面产出液处理费大幅减少；

（3）低压开采，适应发育“贼”层的强非均质油藏；

（4）产量达到 SAGD 水平，采收率达到 70％以上，溶剂回采率达到 90％以上。

四、电加热溶剂萃取技术

1. 热溶剂萃取技术

热溶剂萃取（N-SOLV）技术原理：向油藏中注入 C_3～C_4 轻烃热溶剂，利用轻烃溶剂在原油中的萃取改质、溶解降黏和重力泄油等机理开采稠油。N-SOLV 布井方式与 SAGD 布井方式相同，即双水平井布井，上部注溶剂，下部采油，如图 10-1-14 和图 10-1-15 所示。

N-SOLV 先导试验位于 SUNCOR DOVER 作业区，2014 年 1 月开始对 1 个井对进行先导试验；2017 年 3 月停止生产，3 年共计产油 12.5×10^4 bbl，产油速度与 SAGD 相当。为防止蒸汽冷凝水对热溶剂的吸热削弱溶剂萃取生产效果，采用双水平井电预热启动，最终实现了无水成功预热。油藏关键参数和生产效果参数如下：

（1）水平段长度为 300 m；

（2）油层厚度为 10～14 m；

（3）原油改质效果由 8°API 提升到 13～14°API；

（4）镍、钒等重金属含量小于 125×10^{-6}，渣油含量约为 5％；

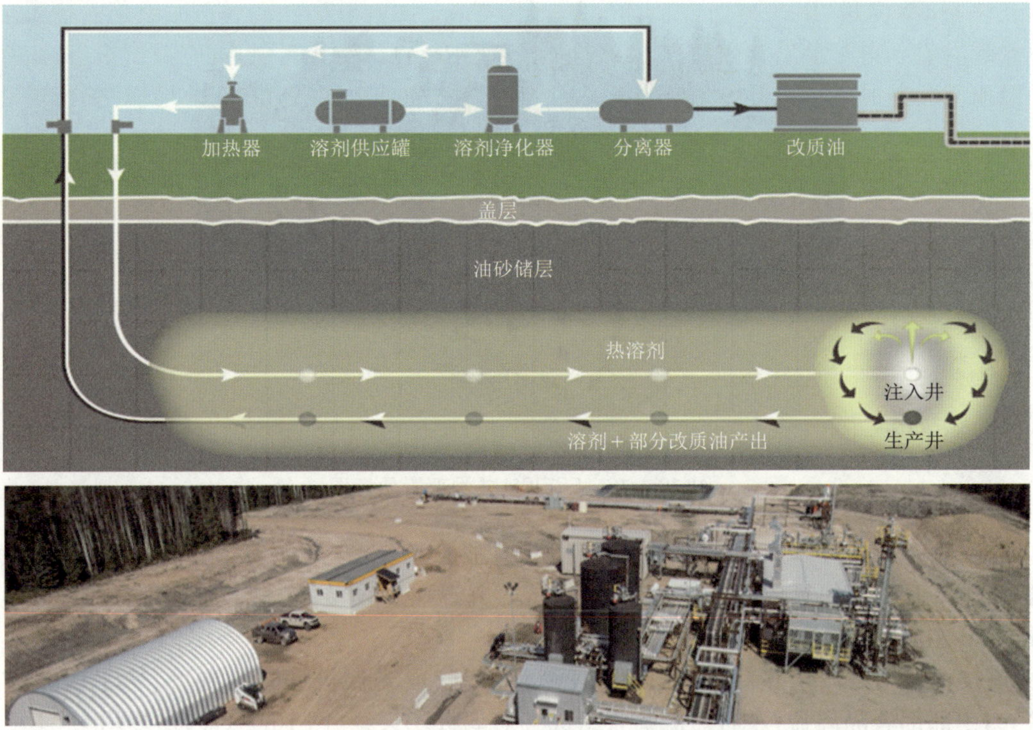

图 10-1-14 热溶剂萃取流程示意图

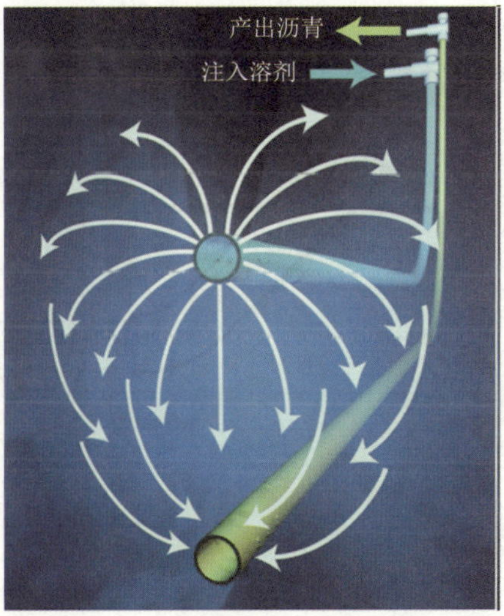

图 10-1-15 热溶剂萃取布井方式示意图

(5) 标定采收率大于 65%；

(6) 剂油比小于 5；

(7) 溶剂损失率小于 0.2 bbl 溶剂/bbl 采出油；

(8) CO_2 排放比 SAGD 减少 80%以上。

2. 电磁波辅助循环热溶剂萃取(ESEIEH)技术

电磁波辅助循环热溶剂萃取(ESEIEH)的原理是利用微波或射频进行加热。与电阻加热相比，该描述可以穿过 5 m 左右的油层，加热范围更大，试验时间最长。

ESEIEH 采用与 SAGD 相同的平行管柱结构，井筒内下入射频加热天线和溶剂注入管；注入丙烷，原位升温到 80～100 ℃，促进丙烷溶解和油砂降黏并进行开采，如图 10-1-16 所示。该技术的优势：节能减排，比 SAGD 节约热能 75%；无水操作，绿色环保；无地面注热、高温产液处理；产油水平与 SAGD 相当；采收率在 60%以上。

目前已经具备成熟的商业化模拟器 CEMRS，用于电磁波开采原油油藏工程设计，它采用 HARRIS 一体化井筒偶极子天线，地面工艺简单成熟。

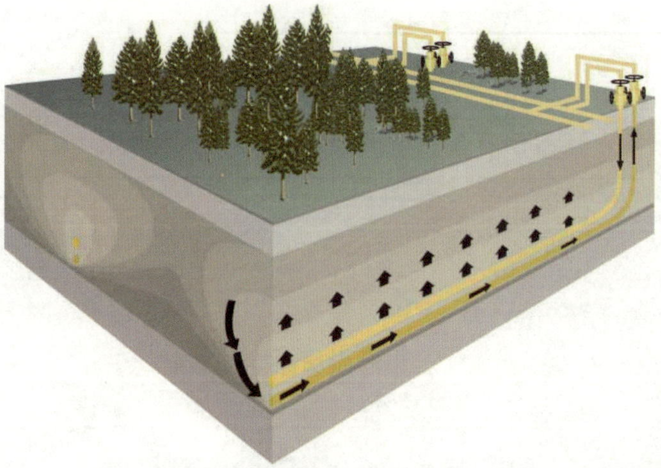

图 10-1-16　ESEIEH 井网部署示意图

电磁射频加热可以穿透 5 m 左右的油层，且波长越长，穿透能力越强，最终实现油藏大体积加热。而电阻加热依靠单纯的热传导，传热升温速度较慢，仅用于加热井筒和近井地带半径 1 m 左右的范围。

该技术采用一体化井筒设计、水平段筛管定制、成套偶极子天线完井；水平段长度为 200 m，中部部署隔离器，左右两侧筛管组成一对偶极子天线（图 10-1-17）；加热均匀，不受夹层影响，可用于非均质强、蒸汽效率低的中深层与盖层不完整的超浅层。

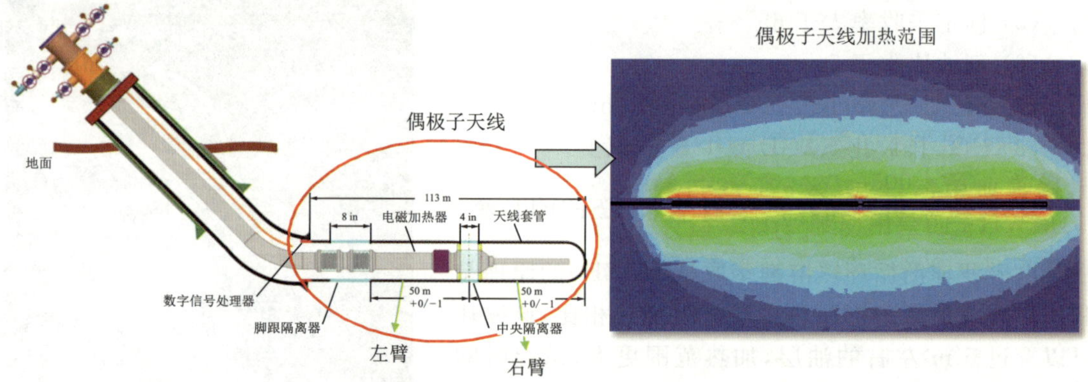

图 10-1-17　电磁加热井结构以及加热范围示意图

国内电磁加热先导试验的技术难点是没有一体化的射频天线工艺。从技术成熟度看，国内最成熟的是电阻加热技术。

五、低碳循环模式

1. 太阳能蒸汽生产技术

近年来，国际大石油公司非常重视稠油绿色低碳技术的攻关与试验，以降低碳排放与开发成本。太阳能生产蒸汽开采稠油技术在阿曼、美国得到了大规模应用。

太阳能是目前可再生能源开发利用的重要领域，具有清洁、广泛、易得的特点，利用太阳能进行稠油开采不仅可降低燃气消耗，还可满足低碳环保开发的要求，是节能、降本、环保的重要方法。近年来，美国玻点(GlassPoint)公司研发的太阳能稠油热采技术已从概念阶段快速发展到商业化应用，取得了一系列进展，代表了稠油热采技术的新方向。

1) 太阳能蒸汽生产技术在美国的应用

2011 年 2 月，玻点公司推出了世界上第一个商业化太阳能提高采收率项目，位于美国加利福尼亚州的 Berry 石油公司的 San Joaquin Valley 油田。该系统由玻点公司与当地公司 TJ Cross Engineers、PCL 产业服务合伙投资建设，占地面积 52 609 m^2，利用太阳辐射能每小时可产 1 MMBtu(1 MMBtu＝2.52×10^5 kcal)的热量，日产蒸汽 140 t/d，可以获得碳排放额度 9 600 个(表 10-1-3、图 10-1-18)。

表 10-1-3 加利福尼亚州太阳能 EOR 项目主要参数

参 数	占地面积/m^2	日产蒸汽量/($t\cdot d^{-1}$)	年产生热量/kcal	锅炉温度/℃	蒸汽压力/MPa	获得碳排放额度
数 值	52 609	140	3.63×10^{10}	338	13.8	9 600

图 10-1-18 加利福尼亚州太阳能蒸汽生产现场

2019 年，Aera 能源公司在加利福尼亚州 Belridge 油田开展了太阳能提高采收率项目，该项目是目前全球第二大太阳能提高采收率项目(光热 850 MWth)。该油田还配有一个装机 26.5 MWe 的光伏项目，用于电力供应。该项目年产蒸汽可达 1 200×10^4 bbl/a(4 700 t/d)，用于稠油开采。美国加利福尼亚州稠油日产量达 37×10^4 bbl/d，需消耗 140×10^4 bbl/d 蒸汽。美国加利福尼亚州计划将 25%的 EOR 项目采用太阳能驱动，在 2022 年前将部署超过 6.5 GWth 的太阳能 EOR 项目。

2) 太阳能蒸汽生产技术在阿曼的应用

2012 年，玻点公司和阿曼石油开发公司合作，在阿曼南部沙漠的 Amal West 油田开展了太阳能蒸汽锅炉先导试验。该项目由玻点公司负责，2012 年 1 月开始建设，12 月完成，2013 年 5 月投入运行。该项目占地面积为 17 280 m^2，日产蒸汽 50 t/d，蒸汽干度为 80%(图 10-1-19)。这虽然只是总需求的一小部分，但在项目运行的前 10 个月就累计节省了

66×10^4 m^3 天然气。与传统方式相比，天然气消耗量降低 80%以上。试验中所注蒸汽白天由太阳能生产，夜间由天然气生产。如果昼夜稳定注汽，则天然气消耗量可降低 25%；如果采用白天加大注入量、夜间减少注入量的不稳定注汽方式，天然气消耗量可降低 80%。模拟研究表明，稳定和不稳定注汽方式对采收率没有影响，采收率只取决于在一定时间跨度内蒸汽累积注入量的多少，证明太阳能的周期性应用对整个生产没有影响。本试验全年平均正常运行效率高达 98.6%。试验在运行期间的前 12 个月产出近 14 000 t 蒸汽，超出预期值 2%。玻点公司的太阳能蒸汽生产系统不仅节省了天然气资源，降低了碳排放量，还创造了大量的工作机会，促进了当地经济发展。

图 10-1-19 阿曼太阳能生产蒸汽先导试验

在先导试验成功的基础上，2017 年，玻点公司完成了全球最大的太阳能 EOR（稠油开采）项目的一期建设，规模超过 1 GW，投资 40.64 亿人民币，占地 30.35×10^4 m^2，蒸汽温度为 300 ℃，日产蒸汽 6 000 t。这大大减少了蒸汽用量，降低了碳排放。

此外，科威特北部 Lower Fars 层的浅层稠油油藏储量超过 120 亿桶（约 17×10^8 t）。稠油是科威特 2020—2030 年投资战略的重要组成部分，热采需要大量蒸汽，而科威特天然气严重短缺，同时还有二氧化碳排放压力。科威特常年有大量阳光辐射，太阳能充足。因此，科威特也已规划应用太阳能产生蒸汽来开发稠油（图 10-1-20）。该规划一期规模为 100 MW，产生蒸汽 3 000 bbl/d（熔盐储热 9 h）；二期规模为 19 GW，产生蒸汽 200 000 bbl/d。

图 10-1-20 科威特太阳能生产蒸汽开发稠油规划

第二节 工作展望

在“双碳”目标的时代大背景下，针对新疆稠油开发确立了“少用蒸汽、不用蒸汽、利用余热”的技术攻关方向和路径，深化溶剂辅助 SAGD、无水 SAGD 和控温水热裂解机理认识和技术实践，深入推动“低碳、零碳、负碳”开发，逐步完善浅层超稠油低碳高效技术系列，为减少碳排放提供技术指导。

1. 溶剂辅助SAGD技术

将溶剂以超临界状态注入油藏，随着泄油过程的进行，溶剂发生聚集，形成连续、多相态分布的溶剂腔，在近井内核区为超临界态，而在外围靠近泄油前缘处为欠饱和态。原油依靠高温溶剂传热传质，实现改质降黏。随着溶剂向冷油区扩散，泄油前缘温度逐渐下降，溶剂从超临界态转为欠饱和态，并随原油一并采出。在此过程中，原油与凝结溶剂的混合物为液态，可维持泄油面动态液封，通过回采溶剂重复利用，实现连续注采，保持注入、产出平衡。

室内实验表明，超临界溶剂辅助SAGD的采油速度与SAGD相近，溶剂易于回收分离并循环使用，可大幅降低能耗和碳排放，提高经济效率；此外，溶剂辅助SAGD技术可降低残余油饱和度5个百分点以上。下一步将持续攻关，明确溶剂组分、溶剂超临界特性及扩散机制，最大限度降低蒸汽量，实现“低碳”开发超稠油。

2. 电加热辅助热溶剂萃取技术

该技术通过向油藏中注入轻烃溶剂并沿井筒进行电加热，利用热溶剂破坏胶质、沥青质分子的平面堆砌，使其结构松散，降低稠油黏度，达到萃取原油的目的。热溶剂通过循环的方式逐步扩展腔体，达到多方式组合降黏、重力泄油驱动的一体化低温低压物理改质开采，实现SAGD的无水开发。

室内实验及国外现场实践表明：电加热辅助热溶剂萃取技术可将稠油开采温度从200 ℃降至80～100 ℃；热溶剂超覆作用明显，溶解速度快，气液界面控制难度小；剂油比为1.06～1.13，溶剂回采率为92%，采收率可达到73%，碳排放降低60%以上。下一步将开展溶剂轻烃组分、萃取特性、电加热配套工艺及地面循环利用工艺等技术攻关，实现“零碳”开发超稠油。

3. 超稠油水热裂解技术

SAGD/VHSD开发中后期热效率低、蒸汽用量大，原油改质温度通常大于300 ℃，利用SAGD/VHSD生产中后期蒸汽腔余热（100～250 ℃）对原油进行改质，提高超稠油开发效益，是SAGD/VHSD生产中后期节省蒸汽用量的关键。超稠油水热裂解技术可根据蒸汽腔温度选择合适的催化剂体系，充分利用蒸汽腔内部余热对原油进行改质，降低原油黏度，进一步提高SAGD/VHSD开发中后期采收率。

下一步将开展超稠油水热裂解的蒸汽腔余热分布特征、催化剂优选、控温改质机理、微压差重力泄油规律、水平段均衡动用及合理举升配套等技术研究，最大限度地利用蒸汽腔余热，实现“负碳”开发超稠油。

参考文献

[1] BUTLER R M. A new approach to the modeling of steam-assisted gravity drainage [J]. JCPT,1985,24(3):52-61.

[2] HONG K C. 蒸汽驱油藏管理[M]. 北京:石油工业出版社,1996.

[3] 岳清山,李平科. 对蒸汽驱几个问题的探讨[J]. 特种油气藏,1997,4(2):10-13.

[4] 贾学军. 高黏度稠油开采方法的现状与研究进展[J]. 石油天然气学报,2008,30(2):529-531,537.

[5] 阳鑫军. 稠油开采技术[J]. 海洋石油,2003,23(2):55-60.

[6] 薛瑞新. 国内外稠油开采技术研发趋势[J]. 科技创新导报,2008(27):25.

[7] 王大为,周耐强,牟凯. 稠油热采技术现状及发展趋势[J]. 西部探矿工程,2008(12):129-131.

[8] WILLMAN B T,et al. Laboratory studies of oil recovery by steam injection[J]. JPT,1961,13(7):681-690.

[9] ISEA A. Geological synthesis of the Orinoco oil belt[J]. Eastern Venezuela Journal of Petroleum Geology,1987,10:135-148.

[10] KIRKBY L L. Proppant settling velocities in nonflowing slurries[C]. SPE 13906, 1985.

[11] 杨光华,范耀华,杨劲. 石油大学稠油研究论文集[M]. 北京:石油工业出版社,1990.

[12] MARTIN J C. A theoretical analysis of steam stimulation[J]. JPT,1967,19(3):411-418.

[13] KUO C H,SHAIN S A,PHOCAS D M,et al. A gravity drainage model for the steam-soak process[J]. SPEJ,1969,10(2):119-126.

[14] MANDL G,VOLEK C W. Heat and mass transport in steam-drive processes[J]. SPEJ,1969,9(1):59-79.

[15] BUTLER R M,STEPHENS D J. The gravity drainage of steam heated heavy oil to parallel horizontal wells[J]. Journal of Canadian Petroleum Technology,1981,20(2):90-96.

[16] BUTLER R M,MCNAB G S,LO H Y. Theoretical studies on the gravity drainage of heavy oil during in situ steam heating[J]. Canadian Journal Chemical Engineering,1981,59(4):455.

[17] WANG S J,HUANG Y Z,CIVAN F. Experimental and theoretical investigation of

the Zaoyuan Field heavy oil flow through porous media[J]. Journal of Petroleum Science and Engineering,2006,50(1):83-101.

[18] 庄丽. D229 块薄层超稠油 SAGD 试验优化部署设计[J]. 断块油气田,2009,16(6):79-81.

[19] AZAD A,CHALATURNYK R J. An improved SAGD analytical simulator:Circular steam chamber geometry[J]. Journal of Petroleum Science and Engineering,2012,82-83:27-37.

[20] FAIRBRIDGE J K,CEY E,GATES I D. Impact of intraformational water zones on SAGD performance[J]. Journal of Petroleum Science and Engineering,2012,83:187-197.

[21] 朱斌. 杜 84 块蒸汽与非凝析气推进(SAGD)技术研究[D]. 东营:中国石油大学(华东),2008.

[22] 蒋维红. 杜 229 块兴隆台油层超稠油油藏储层非均质与剩余油分布规律研究[D]. 东营:中国石油大学(华东),2007.

[23] 王喜泉. 冷家油田 SAGD 试验区方案设计[D]. 东营:中国石油大学(华东),2007.

[24] 康国仁,臧世军. SAGD 高干度蒸汽流动模拟实验研究[J]. 承德石油高等专科学校学报,2010,12(2):50-54.

[25] 刘宝良. 薄层稠油油藏 SAGD 物理模拟研究[J]. 化学工程师,2010(8):15-18.

[26] 武毅,张丽萍,李晓漫,等. 超稠油 SAGD 开发蒸汽腔形成及扩展规律研究[J]. 特种油气藏,2007,16(6):40-44.

[27] 陈铁铮. 超稠油油藏双水平 SAGD 优化设计[J]. 辽宁石油化工大学学报,2007,27(2):20-23.

[28] 刘尚奇,王晓春,高永荣,等. 超稠油油藏直井与水平井组合 SAGD 技术研究[J]. 石油勘探与开发,2007,34(2):234-237.

[29] 孟巍,贾东,谢锦男,等. 超稠油油藏中直井与水平井组合 SAGD 技术优化地质设计[J]. 大庆石油学院学报,2006,30(2):44-48.

[30] 张金红. 洼 38 块沙三段油藏 SAGD 与蒸汽驱组合提高采收率技术研究[D]. 大庆:大庆石油学院,2009.

[31] 王佩虎. 蒸汽辅助重力泄油(SAGD)开发超稠油研究[D]. 大庆:大庆石油学院,2006.

[32] PATHAK V,BABADAGLI T,EDMUNDS N R. Heavy oil and bitumen recovery by hot solvent injection[J]. Journal of Petroleum Science and Engineering,2011,78(4):637-645.

[33] GUAN W,XI C,CHEN Y,et al. Fire-flooding technologies in post-steam-injected heavy oil reservoirs[J]. Petroleum Exploration and Development,2011,38(4):452-463.

[34] GOTAWALA D R,GATES I D. Stability of the edge of a SAGD steam chamber in a bitumen reservoir[J]. Chemical Engineering Science,2011,66(8):1802-1809.

[35] ALALI N, PISHVAIE M R, JABBARI H. A new semi-analytical modeling of steam-assisted gravity drainage in heavy oil reservoirs[J]. Journal of Petroleum Sci-

ence and Engineering,2009,69(4):261-270.

[36] TAO L,LI Z,BI Y,et al. Multi-combination exploiting technique of ultra-heavy oil reservoirs with deep and thin layers in Shengli Oilfield[J]. Petroleum Exploration and Development,2010,37(6):732-736.

[37] HEIDARI M,DARVISH M P,AZAIEZ J,et al. Effect of drainage height and permeability on SAGD performance[J]. Journal of Petroleum Science and Engineering, 2009,68(2):99-106.

[38] MOGHADAM S,NOBAKHT M,GU Y. Theoretical and physical modeling of a solvent vapour extraction(VAPEX)process for heavy oil recovery[J]. Journal of Petroleum Science and Engineering,2009,65(2):93-104.

[39] SWENSON P,TANCHUK B,BASTIDA E,et al. Water desalination and de-oiling with natural zeolite membranes—Potential application for purification of SAGD process water[J]. Desalination,2012,286:442-446.

[40] 刘彦成,王健,李拥军,等. 稠油开采技术的发展趋势[J]. 重庆科技学院学报(自然科学版),2010,12(4):17-19.

[41] 窦宏恩. 稠油热采应用 SAGD 技术的探讨[J]. 石油科技论坛,2003(4):50-53.

[42] 赵武生,罗东坤,张俊. 克拉玛依油田风城超稠油资源规模开发构想[J]. 新疆石油地质,2009(6):50-53.

[43] 尤洪军,王宏远,刘洪涛,等. 温度观察井系统在超稠油 SAGD 开发中的应用[J]. 油气地质与采收率,2008,15(3):99-103.

[44] 杨睿,关志刚,蒋刚,等. 新疆风城油田 SAGD 平行水平井钻井技术[J]. 石油机械,2009,37(8):79-82.

[45] 王强. 油藏监测技术在 SAGD 开发中的应用[J]. 特种油气藏,2007,14(6):91-95.

[46] AZIN R,KHARRAT R,GHOTBI C,et al. Simulation study of the VAPEX process in fractured heavy oil system at reservoir conditions[J]. Journal of Petroleum Science and Engineering,2008,60(1):51-66.

[47] KISMAN K E,YEUNG K C. Numerical study of the SAGD process in the Burnt Lake oil sands lease[C]. SPE 30276,1995.

[48] 高孝田,吴官生,沈德煌. 稠油油藏过热蒸汽驱蒸馏作用机理试验研究[J]. 石油天然气学报,2010,32(3):344-346.

[49] 吕广忠,陆先亮. 热水驱驱油机理研究[J]. 新疆石油学院学报,2004,16(4):37-40.

[50] 杨乃群. 超常规稠油油藏改进的蒸汽辅助重力泄油方式应用研究[J]. 中国海上油气(地质),2003,17(2):123-127.

[51] 王选茹. 蒸汽辅助重力泄油对油藏及流体适应性研究[J]. 西南石油学报,2006,28(3):57-60.

[52] SHIN H,POLIKAR M,ALBERTA U. Optimizing the SAGD process in three major Canadian oil-sands areas[C]. SPE 95754,2005.

[53] 万仁溥. 采油工程手册(下册)[M]. 北京:石油工业出版社,2000.

[54] CHEN Q,GERRITSEN M G,KOVSCEK A R. Effects of reservoir heterogeneities

on the steam-assisted gravity drainage process[C]. SPE 95754,2005.

[55] NUKHAEV M,PIMEMOV V,SHANDRYGIN A,et al. A new analytical model for the SAGD production phase[C]. SPE 102084,2006.

[56] ITO Y,SUZUKI S. Numerical simulation of the SAGD process in the Hanging Stone oil sands reservoir[C]. Annual Technical Conference,Calgary Canada,June 1996.

[57] BUTLER R M. Steam-assisted gravity drainage:Concept,development,performance and future[J]. JCPT,1994(6):44-55.

[58] COLLINS P M. Geomechanical effects on the SAGD process[C]. SPE 97905,2005.

[59] ITO Y,LPEK G. Steam-fingering phenomenon during SAGD process[C]. SPE 97729,2005.

[60] BURTON R C,CHIN L Y,DAVIS E R,et al. North slope heavy-oil sand-control strategy:Detailed case study of sand production predictions and field measurements for Flaskan heavy oil multilateral field[C]. SPE 97279,2005.

[61] BUTLER R M. Application of SAGD related process growing in Canada[J]. Oil&Gas Journal,2001,99(20):74-76.

[62] BUTLER R M. Thermal recovery of oil and bitumen[M]. Calgary:Prentice-Hall, Inc.,1998.

[63] DAS S. Improving the performance of SAGD[C]. SPE 97921,2005.

[64] NEUMAN C H. A gravity override model of steam drive[J]. JPT,1985:163-169.

[65] KUMAR M. Injection schedules and production strategies for optimizing steamflood performance[C]. SPE 20763,1990.

[66] VOGEL J V. Simplified heat calculations for steam floods[J]. JPT,1984,36(7):1127-1136.

[67] LIU S Q,GAO Y R. Study on steam assisted gravity study with horizontal wells for super-heavy crude reservoir[C]. The 7th UNITAR Conference on Heavy Crude and Tar Sand,Beijing,China,1998.

[68] LIU S Q,XU X W. New technology for the development of super-heavy oil reservoir[C]. The 7th UNITAR Conference on Heavy Crude and Tar Sand,Beijing,China,1998.

[69] BEZAIRE G E,MARKIW I A. Esso resources horizontal hole project at Cold Lake [C]. The 30th Annual Technical Meeting of the Petroleum Society of the CIM,Banff,May 8-11,1979.

[70] EDMUNDS N R,KOVALSKY J A,et al. Review of phase a steam-assisted gravity drainage test:A underground test facility[C]. SPE 21529,2008.

[71] EDMUNDS N R,GITTINS S D. Effective steam assisted gravity drainage to long horizontal well pairs[C]. The Petroleum Society of CIM Annual Technical Meeting,Banff,April 21-29,1991.

[72] JESPERSEN P J,FONTAINE T J C. The Tangleflags North Pilot:A horizontal

well steam flood[C]. JCPT,1993.
[73] 张宇,常金荣,张伟,等. 浅层稠油热坑道内开采技术[J]. 石油钻探技术,2007,35(2):73-75.
[74] 孟强,孙旭东,李志政. 超稠油水平井监测技术研究与应用[J]. 石油地质与工程,2008,22(6):107-110.
[75] WATTS W. Reservoir simulation:Past,present and future[C]. SPE 38441,1997.
[76] CROOKSTON R B,CULHAM W E,CHEN W H. A numerical simulation model for thermal recovery processes[J]. Society of Petroleum Engineers Journal,1970,19(1):37-58.
[77] ISLAM M R. Comprehensive mathematical modeling of horizontal wells[C]. 2nd European Conference on the Mathematics of Oil Recovery,1990.
[78] BARRY R B,BUCHANAN W L. A general purpose thermal model[J]. Society of Petroleum Engineers Journal,1985,25(2):202-214.
[79] VALK P V,YANG P. Investigation of key parameters in SAGD wellbore design and operation[J]. JCPT,2007,46(6):49-56.
[80] LI P,CHAN M,FROEHLICH W. Steam injection pressure and the SAGD ramp-up process[J]. JCPT,2009,48(1):36-41.
[81] BARILLAS J L M,DUTRA T V,Jr,MATA W. Reservoir and operational parameters influence in SAGD process[J]. Journal of Petroleum Science and Engineering,2006(54):34-42.
[82] MCLENNAN J A,DEUTSCH C V. Permeability modeling for the SAGD process using minimodels[C]. SPE 103083,2006.
[83] BAGCI A S. Experimental and simulation studies of SAGD process in fractured reservoirs[C]. SPE 99920,2006.
[84] 刘文章. 稠油注蒸汽热采工程[M]. 北京:石油工业出版社,1997.
[85] 牛嘉玉,刘尚奇,门存贵,等. 稠油资源地质与开发利用[M]. 北京:科学出版社,2002.
[86] 岳清山,等. 稠油油藏注蒸汽开发技术[M]. 北京:石油工业出版社,1998.
[87] 李平科,张侠,岳清山. 蒸汽驱开发采收率预测新方法[J]. 石油勘探与开发,1996,23(1):51-54.
[88] 刘翔鄂,龙海骧,孙洪林,等. 第九次改善石油采收率会议译文集[C]. 北京:石油工业出版社,1995.
[89] 刘宝和. 中国石油天然气股份有限公司油气田开发技术座谈会文集[C]. 北京:石油工业出版社,2001.
[90] 田利. 洼38块转换开发方式三维比例模拟技术研究[D]. 大庆:大庆石油学院,2006.
[91] 张啸枫. 蒸汽辅助重力驱注蒸汽热损失及产量预测[D]. 成都:西南石油学院,2005.
[92] 李静. 杜229断块超稠油油藏剩余油分布研究[D]. 青岛:中国石油大学(华东),2009.
[93] 罗海山. 裂缝性油藏稠油蒸汽注采数值模拟自适应网格法的研究[D]. 北京:中国科学技术大学,2009.

[94] 张锐,等. 稠油热采技术[M]. 北京:石油工业出版社,1999.
[95] 万仁溥. 中国不同类型油藏水平井开采技术[M]. 北京:石油工业出版社,1997.
[96] 刘翔鹗,刘尚奇. 国外水平井技术应用论文集[M]. 北京:石油工业出版社,1999.
[97] 刘尚奇,许心伟,张锐. 稠油油藏水平井热采应用研究[J]. 石油勘探与开发,1996,23(2):65-70.
[98] 孙川生,彭顺龙,等. 克拉玛依油九区热采稠油油藏[M]. 北京:石油工业出版社,1998.
[99] 常毓文,张毅,胡用久,等. 稠油热采技术新进展[M]. 北京:石油工业出版社,1998.
[100] 王选茹,程林松,刘双全,等. 蒸汽辅助重力泄油渗流机理研究[J]. 西南石油学院学报,2006(2):44-47.
[101] 韩大匡,等. 油藏数值模拟基础[M]. 北京:石油工业出版社,1993.
[102] 陈月明. 油藏数值模拟基础[M]. 东营:石油大学出版社,1989.
[103] 尹志成. 杜 84 块馆陶组超稠油油藏 SAGD 高产井培育关键技术[J]. 中外能源,2015,20(1):61-64.
[104] 石兰香,李秀峦,马德胜,等. 快速均匀启动技术改善蒸汽辅助重力泄油预热效果[J]. 油气地质与采收率,2017,24(4):94-98.
[105] 郭二鹏,刘尚奇,王晓春,等. 直井与水平井组合的蒸汽辅助重力泄油产量预测[J]. 断块油气田,2010,15(3):71-74.
[106] 李萁,陈掌星,吴克柳,等. 特超稠油 SAGD 高效开发技术研究综述[J]. 中国科学:技术科学,2020,50(6):729-741.
[107] 边晓强. 双水平井 SAGD 超稠油生产优化研究[D]. 成都:西南石油大学,2017.
[108] 郝晶,王为民,李思宁,等. 稠油开采技术的发展[J]. 当代化工,2013,42(10):1434-1436.
[109] 郑小雄. 蒸汽辅助重力泄油技术的优化设计[D]. 东营:中国石油大学(华东),2007.
[110] BAKER R O,FONG C,LI T,et al. Practical considerations of reservoir heterogeneities on SAGD projects[C]. SPE 117525,2008.
[111] MUNOZ R. Simulation sensitivity study and design parameters optimization of SAGD process[C]. SPE 165387,2013.
[112] HUANG S,YANG L,XIA Y,et al. An experimental and numerical study of a steam chamber and production characteristics of SAGD considering multiple barrier layers[J]. Pet Sci Eng,2019,180:716-726.
[113] SHIN H,CHOE J. Shale barrier effects on the SAGD performance[C]. SPE 125211,2009.
[114] 孔令晓,齐梅,张帅超,等. 泥质薄夹层不同参数对油砂 SAGD 开发效果的影响[J]. 现代地质,2018,32(3):537-546.
[115] AZAD A,CHALATURNYK R J. A mathematical improvement to SAGD using geomechanical modelling[J]. J Can Pet Tech,2010,49(10):53-64.
[116] KESHAVARZ M,HARDING T G,CHEN Z J. Modification of Butler's unsteady-state SAGD theory to include the vertical growth of steam chamber[C]. SPE

180733,2016.

[117] ZARGAR Z, ALI S M F. Analytical modelling of steam chamber rise stage of steam-assisted gravity drainage(SAGD) process[J]. Fuel,2018,233:732-742.